개정판

ATmega128을 이용한

실시간 모터제어

이 인 석 저

홍릉과학출판사

머리말

ATmega 128

필자가 제어 이론을 배우고 나서 처음 가졌던 의문은 "제어기를 어떻게 만들지?"였다. 그래서 처음 시도해 본 것이 DC 모터의 위치 제어기 구성이었다. 마이크로컨트롤러를 쉽게 사용할 수 없던 아주 오래 전이라 OP 앰프인 741을 사용하여 PID 제어기를 구성하고 제어를 시도하였다. 모터가 전혀 움직일 생각을 하지 않았다. 분명 제어기의 잘못은 아닌 데 이유를 도무지 알 수가 없었다. 이후 석사 논문을 쓰느라 제어기의 구성은 뒷전으로 미루어졌고 박사를 마칠 때까지 제어이론만을 공부하였다. 박사학위 취득 후 연구소에서 비행 시뮬레이터를 제작하면서 실제 시스템에 대한 제어기 구성을 다시 시도하게 되었고 그때야 비로소 옛날의 잘못을 인식하게 되었다. 제어이론에서 제어시스템을 구성하는 블록선도에서는 제어기의 신호가 제어 대상 시스템의 입력이 된다. 이에 따라 모터에 대한 지식이 거의 없던 필자는 제어기 출력 신호인 OP 앰프의 신호를 모터의 입력단에 직접 연결한 것이다. OP 앰프 신호로는 모터를 구동할 수 없고 트랜지스터를 사용하여 전력을 증폭해야 한다는 사실을 몰랐던 것이다. 제어시스템이 제대로 구성된 후 제어이론에 따라 제어이득을 변화시켜 보았고, 제어이론에서 다루는 많은 현상들이 실제 시스템에서 그대로 재현되는 것을 체험할 수 있었다. 실제 제어시스템을 구성해보는 것이 전체 제어시스템을 이해하는 데 매우 중요함을 절실하게 느끼는 순간이었다.

제어기로서 과거에는 OP 앰프를 사용한 아날로그 제어기가 많이 사용되었지만 디지털 컴퓨터가 발달한 현재에는 마이크로컨트롤러를 사용한 디지털 제어기가 주류를 이루고 있다. 이에 메카트로닉스 또는 제어시스템을 전공하는 학생들은 대부분 마이크로컨트롤러 교과목을 수강한다. 하지만 마이크로컨트롤러 교과목에서 제어이론에 의한 제어기를 구성하는 내용까지 다루지는 못한다. 따라서 제어이론 교과목과 마이크로컨트롤러 교과목을 이수하였더라도 두 교과목의 연관성을 학생들이 피부로 느끼지 못한다. 이 책에서는 이러한 괴리를 극복하기 위하여 제어이론을 바탕으로 설계한 제어기를 마이크로컨트롤러에 구현하여 디지털 제어시스템을 구축하는 방법을 다루고 있다. 아울러 마이크로컨트롤러로 구현된 디지털 제어기를 실제 제어시스템에 적용하고 실험을 통해 제어기의 성능을 검증하는 과정을 통하여 제어 분야에 대한 정확한 이해를 돕고자 하였다.

이 책에서는 DC 모터를 제어 대상으로 선택하였고 디지털 제어기를 구현할 마이크로 컨트롤러는 AVR ATmega128을 채택하였다. 책의 구성은 3부로 이루어져 있다. 각 부의 특징을 서술하면 다음과 같다.

- 1부 AVR ATmega128 마이크로컨트롤러
  - ✔ 프로그램 개발 환경을 서술하고 있으며 제어기 구성에 필요한 기능 중심으로 ATmega128의 기능을 설명하고 있다.

- 2부 DC 모터 제어시스템
  - ✔ 실험에 사용할 DC 모터의 사양을 서술하고 있다.
  - ✔ 디지털 제어기를 구성하기 위한 제어시스템의 회로를 상세히 기술하였다.
  - ✔ 제어시스템에서 사용하고 있는 각 장치의 드라이버를 작성하는 방법을 기술하였고 작성된 드라이버를 제어시스템에 적용하여 장치의 사용방법을 습득하도록 하였다.

- 3부 제어기 설계
  - ✔ 3부에서는 제어기를 설계하여 실제 시스템에 적용하는 방법을 다루고 있다. 첫 번째로 여기에서 사용하는 저사양의 마이크로컨트롤러로 실시간 제어시스템을 구성하는 방법을 기술하고 있다.
  - ✔ 제어기 설계를 위하여 제어대상 시스템의 전달함수를 실험을 통하여 구하는 방법을 논하였다.
  - ✔ 실험을 통해 얻은 제어시스템 모델에 대해 근궤적 방법을 사용하여 속도 및 위치 제어기를 설계하고 이를 마이크로컨트롤러에 구현하는 방법을 설명하였으며 실험을 통하여 제어기를 검증하였다.

끝으로 책의 출간에 물심양면으로 많은 도움을 주신 E^2 반도체인재양성센터의 정종대 교수와 류길하교수께 감사드린다. 그리고 실습장치 구성에 많은 도움을 준 장헌탁선생에게도 감사드린다.

2011년 6월

Contents

차 례

ATmega 128

05 범용 입출력 장치 • 39

06 인터럽트(Interrupt) • 43

07 16비트 타이머/카운터 • 51

08 아날로그 디지털 변환기 • 69

09 직렬 통신 • 83

10 Serial Peripheral Interface(SPI) • 97

11 외부 메모리 • 107

제2부 DC 모터 제어시스템 / 117

19 DC 모터의 속도제어 • 311

20 DC 모터의 위치제어 • 361

제1부

AVR ATmega128 마이크로컨트롤러

01
제어시스템의 구성

ATmega 128

일반적으로 제어시스템의 해석 및 설계를 위해서 그림 1.1과 같이 각 블록을 전달함수 형태로 표현하는 것이 편리하다. 전달함수를 사용함으로써 시스템의 특성을 수학적으로 분석하는 것이 용이하기 때문이다. 그러나 전달함수는 블록의 신호적인 특성을 나타내기는 하지만 물리적인 특성을 나타내지는 못한다. 예를 들어 전기시스템과 기계시스템은 물리적으로 전혀 다른 시스템이지만 같은 전달함수를 가질 수 있다. 따라서 실제 제어시스템을 구성할 때는 전달함수로 표현하는 것보다 그림 1.2와 같이 실제 물리적인 시스템으로 블록선도를 나타내는 것이 편리하다. 그림 1.2는 구성품으로 표시된 블록을 사용하여 모터 제어시스템을 나타낸 것이다.

그림 1.2에서 제어 대상인 모터를 제외한 각 블록에 대해 요구하는 기능을 수행하기 위해 다음과 같이 여러 종류의 시스템 중 하나를 선택할 수 있다.

- 제어기 : 디지털 제어기, 아날로그 제어기, 기계시스템
- 전력증폭기 : 선형증폭기, 스위칭증폭기
- 속도센서 : 타코제너레이터, 엔코더
- 위치센서 : 포텐셔메터, 리졸버, 엔코더

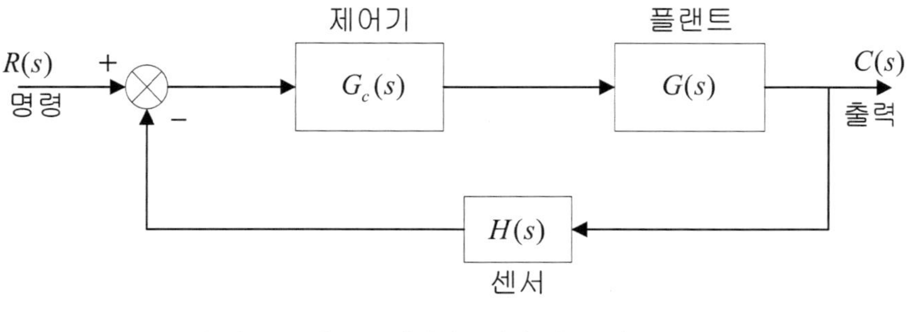

그림 1.1 폐루프 제어시스템의 블록 선도

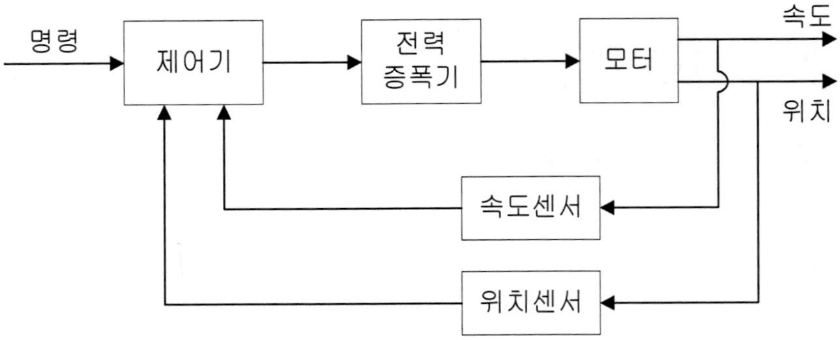

그림 1.2 실제 구성품을 사용한 모터 제어시스템 표현

각 구성품들은 고유의 신호 특성을 가지고 있으므로 선택한 시스템에 따라 적절한 인터페이스를 설계하여야 한다. 예를 들어 제어기로 디지털 제어기, 속도센서로 타코제너레이터를 선택하면 디지털 컴퓨터에는 타코제너레이터의 아날로그 신호를 받아들일 수 있는 A/D 컨버터가 필요하다. 물론 유사한 신호 특성을 갖는 구성품으로 시스템을 구성하는 것이 편리하다. 디지털 제어기를 사용할 때는 센서의 출력과 증폭기의 입력이 펄스 또는 디지털 출력이면 사용하기 편리하고 외부 노이즈에 강인한 시스템을 구축할 수 있다.

여기서는 DC 모터를 제어 대상으로 다음과 같이 제어시스템을 구성한다.

- 제어기 : 디지털 컴퓨터 - AVR ATmega128 사용
- 속도센서 : 엔코더
- 위치센서 : 엔코더
- 전력증폭기 : 스위칭증폭기

디지털 제어기를 사용할 때 실시간 제어라 함은 제어기가 주어진 시간 내에 반응할 수 있는 제어를 말한다. 여기서 "시간 내"라 함은 매우 상대적인 개념이다. 예를 들어 항공기 좌석 예약시스템의 경우 제어기가 초단위의 시간 내에 반응을 하면 실시간 제어라 말할 수 있으나, 우주왕복선의 자세 제어시스템의 경우는 msec 단위 내에 반응하여야 실시간 제어라 말할 수 있다. 여기서 실시간을 위한 시간 설정은 제어대상의 시정수에 상대적으로 결정된다. 모터 제어와 같은 경우는 수 msec 내에 시스템이 반응하여야 한다.

02

AVR ATmega128 마이크로컨트롤러

ATmega 128

Atmel사의 AVR 계열 마이크로컨트롤러는 메모리 용량과 입출력 장치에 따라 다양한 종류가 있어 개발할 제어시스템의 필요에 따라 선택할 수 있을 뿐 아니라 프로그램 개발의 편리함으로 산업현장에서 많이 사용되고 있다. 이 책에서는 AVR ATmega128 마이크로컨트롤러를 사용한다. 이 마이크로컨트롤러는 128Kbyte의 프로그램 메모리를 가질 뿐 아니라 64Kbyte까지 외부 데이터 메모리를 확장할 수 있어 교육목적상 필요한 여러 가지 실험을 수행하고 분석하는데 요구되는 메모리를 충분히 확보할 수 있다.

2.1 ATmega128의 특징

마이크로컨트롤러 이름의 128은 128Kbyte의 프로그램 메모리가 내장되어 있음을 나타낸다. ATmega128의 특징을 요약하면 다음과 같다.

- 8비트 RISC 마이크로프로세서
- 16MHz 클록을 사용할 때 16MIPS의 연산속도를 갖는다.
- 프로그램 메모리와 데이터 메모리가 별도인 Harvard architecture를 채택하고 있다. 각 메모리는 다음과 같이 구성되어 있다.
  - 128Kbyte In-system-Reprogrammable Flash Memory
    : In-system Programming방법으로 10,000번 읽기/지우기가 가능
  - 4Kbyte EEPROM : 100,000번 읽기/지우기가 가능
  - 4Kbyte 내부 SRAM
  - 64Kbyte까지 외부 메모리 장착 가능
  - In-system Programming을 위한 SPI 인터페이스 제공
- 제공하고 있는 입출력 장치는 다음과 같다.
  - 독립적인 프리스케일러와 비교모드를 갖는 8비트 타이머/카운터 2개

- 독립적인 프리스케일러, 비교모드와 캡쳐모드를 갖는 확장 16비트 타이머/카운터 2개
- 독립적인 오실레이터를 갖는 실시간 카운터
- 2개의 8비트 PWM 채널
- 2비트~16비트로 프로그램 가능한 분해능을 갖는 6개의 PWM 채널
- Output Compare Modulator
- 8채널의 10비트 A/D 컨버터
- Byte-oriented Two Wire Serial Interface
- 2개의 프로그램 가능한 직렬 USARTs
- Master/Slave SPI 직렬 인터페이스
- 내장 오실레이터를 갖는 프로그램 가능한 와치독 타이머
- 내장 아날로그 비교기
- 53개의 프로그램 가능한 입출력 선

2.2 핀의 기능

그림 2.1은 ATmega128의 핀 형상을 보여준다. 핀의 기능은 다음과 같다.

Vcc	전원 핀
GND	접지
PORT A(PA.7..PA.0)	내부 풀업이 있는 8비트 양방향 I/O 포트이다. 그림 2.1의 특별한 기능도 수행한다.
PORT B(PB.7..PB.0)	내부 풀업이 있는 8비트 양방향 I/O 포트이다. 그림 2.1의 특별한 기능도 수행한다.
PORT C(PC.7..PC.0)	내부 풀업이 있는 8비트 양방향 I/O 포트이다. 그림 2.1의 특별한 기능도 수행한다.
PORT D(PD.7..PD.0)	내부 풀업이 있는 8비트 양방향 I/O 포트이다. 그림 2.1의 특별한 기능도 수행한다.
PORT E(PE.7..PE.0)	내부 풀업이 있는 8비트 양방향 I/O 포트이다. 그림 2.1의 특별한 기능도 수행한다.

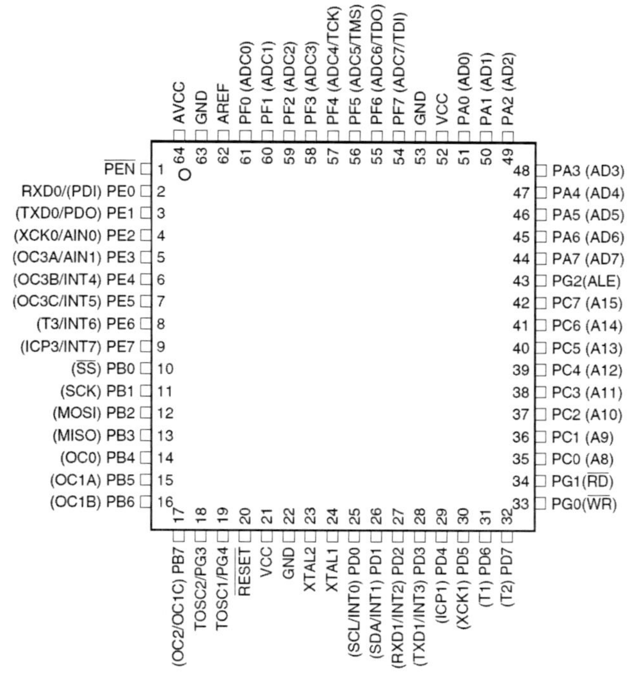

그림 2.1 ATmega128 핀 형상

PORT F(PF.7..PF.0)	내부 풀업이 있는 8비트 양방향 I/O 포트이다. A/D 컨버터의 입력 핀으로도 동작한다.
PORT G(PG.4..PG.0)	내부 풀업이 있는 5비트 양방향 I/O 포트이다.
/RESET	리셋 입력이다. 최소 펄스폭보다 긴 LOW 레벨 신호를 인가하면 프로세서가 리셋된다.
XTAL1	반전 오실레이터 증폭기에 대한 입력이며 내부 클록 동작 회로에 대한 입력이다.
XTAL2	반전 오실레이터 증폭기의 출력이다.
AVCC	A/D 컨버터의 전원이다. A/D 컨버터를 사용하지 않을 때에도 Vcc에 연결해야 하고, A/D 컨버터를 사용할 때는 저주파 통과필터를 거쳐 Vcc와 연결되어야 한다.
AREF	A/D 컨버터의 기준 전압이다.
PEN	SPI 직렬 프로그래밍 모드에서 프로그래밍을 가능하게 하는 핀이다.

2.3 레지스터

레지스터는 메모리처럼 임시 또는 중간 결과를 저장하는 데 사용된다. 하지만 메모리와는 별도의 구성이 된다. 대부분의 명령어에서 레지스터를 사용하는 것이 메모리를 사용하는 것보다 실행속도가 빠르고 명령어 크기도 작다. 따라서 레지스터에 데이터를 저장하여 사용하는 것이 가장 우수하지만 개수가 매우 한정되어 있어 데이터를 임시로 저장하는 데 사용된다. 일반적으로 레지스터는 C-언어에서 사용자가 직접 제어할 수는 없으나 ATmega128는 레지스터에 주소를 부여하여 사용자가 C-프로그램으로 레지스터를 제어할 수 있도록 하였다. 주소를 부여한 레지스터를 Memory Mapped Register(MMR)이라 한다.

여기서는 ATmega128이 가지고 있는 레지스터 중 C-프로그램을 이해하는 데 필요한 몇 개만 설명하도록 한다.

상태 레지스터(Status Register) : SREG

비트	7	6	5	4	3	2	1	0	
	I	T	H	S	V	N	Z	C	SREG
읽기/쓰기	R/W	R/W	R/W	R/W	R/W	R/W	R/W	R/W	
초기값	0	0	0	0	0	0	0	0	

상태 레지스터는 읽기/쓰기가 가능한 레지스터로 연산결과에 대한 상태를 나타내고 있다. C-언어 프로그램에서 비트 7만 관련이 있으므로 이 비트만 설명한다.

- 비트 7 - I : Global Interrupt Enable(전역 인터럽트 가능)
  CPU 인터럽트를 전역으로 제어하는 비트이다. 이 비트를 1로 세트하여야 인터럽트를 사용할 수 있다. 이 비트가 0이면 모든 인터럽트가 불능이 된다.

범용 레지스터 파일(General Purpose Register File) : R0 ~ R31

그림 2.2와 같이 32개의 1바이트 범용 레지스터를 가지고 있다. 여러 레지스터가 순서대로 쌓여 있어서 레지스터 파일이라 부른다.

연산에 있어서 레지스터를 사용하는 것이 메모리를 사용하는 것보다 효율적이다. C-언어에서는 `register` 키워드를 사용하여 레지스터 사용을 지정할 수 있다. 특히 R26~R31은 주소지정에 사용되며 다른 이름으로 X, Y, Z 레지스터라 불린다.

범용 레지스터

7 0	주소	
R0	00H	
R1	01H	
R2	02H	
...		
R13	0DH	
R14	0EH	
R15	0FH	
R16	10H	
R17	11H	
...		
R26	1AH	X-레지스터의 하위 바이트
R27	1BH	X-레지스터의 상위 바이트
R28	1CH	Y-레지스터의 하위 바이트
R29	1DH	Y-레지스터의 상위 바이트
R30	1EH	Z-레지스터의 하위 바이트
R31	1FH	Z-레지스터의 상위 바이트

그림 2.2 범용 레지스터 파일

원래 레지스터는 주소를 가지고 있지 않으나 그림 2.2와 같이 각 레지스터에 SRAM 영역의 주소를 지정하였다. 비록 SRAM 영역의 주소를 레지스터가 차지하고 있지만 물리적으로 SRAM과는 별도로 구성되어 있다. 단지 주소를 부여함으로써 어셈블리 프로그램의 유연성을 높인다.

2.4 메모리

ATmega128은 프로그램 메모리와 데이터 메모리가 별도로 구성되는 Harvard Architecture를 채택하고 있다.

2.4.1 In-system Reprogrammable FLASH 프로그램 메모리

마이크로컨트롤러의 주용도는 제어 전용 내장형(Embedded) 시스템이므로 프로그램은 전원을 꺼도 지워지지 않는 비휘발성 메모리에 저장된다. ATmega128은 비휘발성 메모리로 FLASH 메모리를 사용하고 있으며, 프로그램 메모리는 모두 FLASH 메모리로 구성되어 있다. 특히 이 메모리는 ISP(In-System-Programming) 기술을 사용하여 PC에서 직접 프로그램을 다운로드할 수 있도록 되어 있다.

일반적으로 메모리의 기본 단위는 바이트이며 주소 역시 각 바이트 당 부여된다. 그러나 ATmega128의 프로그램 메모리의 기본 단위는 워드(2바이트)이다. 주소 역시 워드 단위로 부여된다. 이는 ATmega128의 모든 명령어가 2바이트의 배수로 되어 있어 효율성을 높이기 위해서이다. 그림 2.3은 프로그램 메모리의 구조를 보여준다. 프로그램 메모리의 크기는 64Kword = 2 × 64Kbyte = 128Kbyte이다. ATmega128의 명칭은 128Kbyte FLASH 메모리를 가졌음을 표시한다.

ISP를 사용하여 FLASH 메모리에 데이터를 다운로드한 후에는 프로그램에서 FLASH 메모리의 내용을 변경할 수 없고 읽기만 가능하다. FLASH 메모리에는 10,000번의 쓰기, 즉 다운로드가 가능하다.

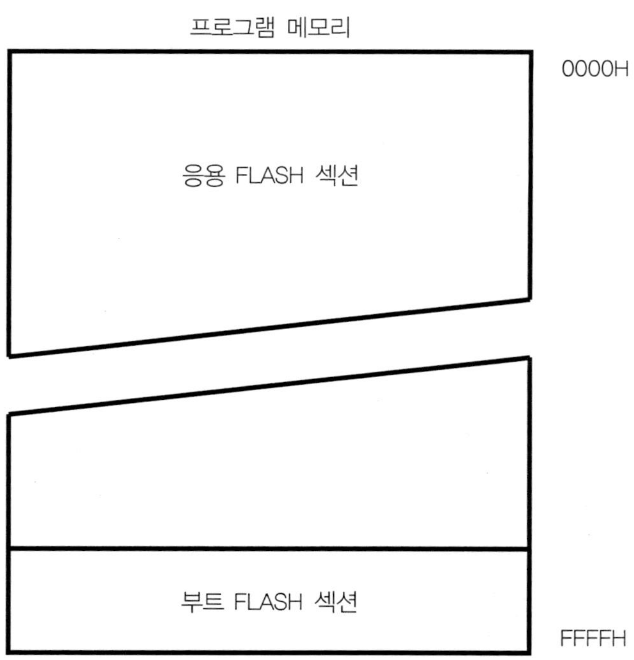

그림 2.3 FLASH 프로그램 메모리

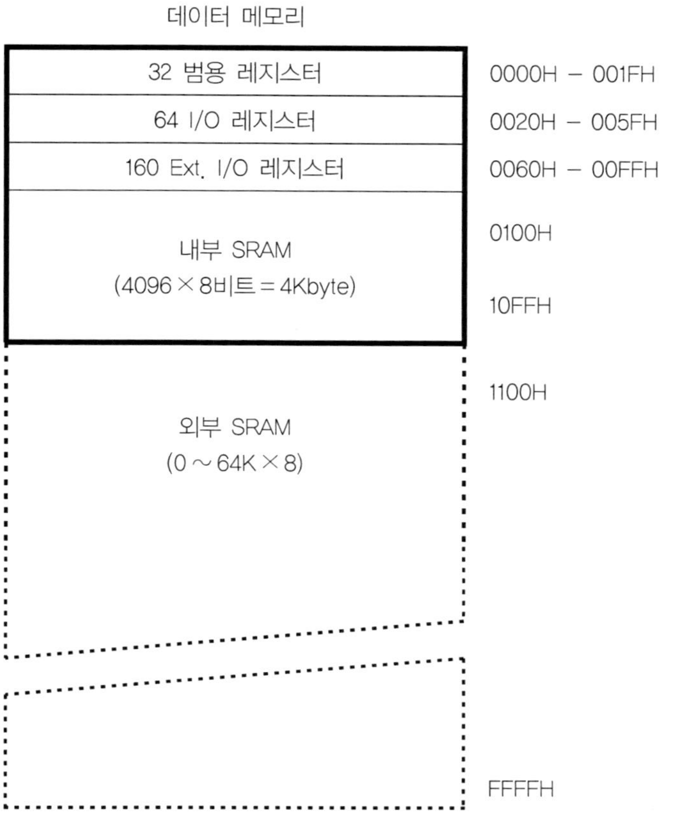

그림 2.4 데이터 메모리 맵

2.4.2 데이터 메모리

데이터 메모리는 쓰기/읽기가 가능한 메모리이다. 그림 2.4는 데이터 메모리 맵을 보여준다. 메모리는 바이트 단위로 주소가 지정된다.

- **레지스터 파일** : 주소 0000H~001FH는 그림 2.2의 레지스터 파일이 사용하고 있다. 실제로 이 부분은 SRAM이 아니지만 메모리의 주소영역을 사용하고 있다.
- **내부 SRAM** : 주소 0100H~10FFH에 4Kbyte의 SRAM이 내부에 장착되어 있다.
- **외부 SRAM** : 내부 SRAM의 용량이 부족할 경우 외부에 주소 1100H부터 FFFFH까지 약 60Kbyte의 SRAM을 장착할 수 있다. 외부 SRAM을 사용하는 것이 내부 SRAM을 사용하는 것보다 실행속도는 느리다.

- **I/O 레지스터** : I/O 레지스터는 SRAM과 달리 ATmega128에서 제공하고 있는 입출력 장치를 직접 제어하는데 사용된다. 이들 역시 SRAM의 주소영역에 주소가 할당되어 있다. 이는 주소 0020H~005FH를 사용하는 I/O 레지스터 60개와 주소 0060H~00FFH를 사용하는 160개의 확장 I/O 레지스터로 구성되어 있다. 표 2.1은 각 레지스터의 주소 및 각 비트의 기능을 나타낸다. I/O 레지스터의 주소는 두 가지로 표시되어 있는데 괄호 속의 주소는 레지스터의 메모리 주소를 나타내고, 괄호 밖의 주소는 입출력 주소를 나타낸다. 메모리 오퍼레이션을 사용해서 I/O 레지스터를 조작할 때는 메모리 주소를 사용하고, 입출력 오퍼레이션을 사용해서 조작할 때는 입출력 주소를 사용한다.

2.4.3 EEPROM 메모리

ATmega128은 프로그램 메모리와 데이터 메모리 이외에 4Kbyte의 EEPROM 메모리를 제공한다. 이는 프로그램 메모리 및 데이터 메모리와는 별도의 주소영역을 사용한다. 따라서 이 부분은 I/O 레지스터를 사용하여 주소를 지정하는 방법으로 접근이 가능하다. 매우 접근하기가 번거로운 부분이지만 제어 전용시스템을 구축할 때 유용하게 사용할 수 있다.

제공하는 EEPROM은 비휘발성 메모리이지만 FLASH 메모리와는 달리 프로그램에서 데이터의 쓰기/읽기를 할 수 있다. 프로그램 수행 중에는 새로운 데이터들이 만들어지는데 이들 데이터가 전원이 꺼지더라도 보존을 해야 하는 데이터이면 휘발성 메모리인 SRAM에 보관할 수 없고 비휘발성 메모리인 EEPROM에 저장하여야 한다. PC에서는 이런 데이터를 하드디스크에 저장하면 되지만 하드디스크와 같은 장치가 없는 제어 전용시스템에서 내장 EEPROM을 데이터 보관용으로 매우 유용하게 쓸 수 있다.

EEPROM의 내용을 읽을 때는 회수에 제한이 없으나 쓰기는 100,000번까지 할 수 있다. 이 정도 회수이면 응용에 따라 제한이 있을 것이나 갑작스런 전원공급의 중단에 대해 EEPROM을 사용한다하면 시스템의 수명보다 더 길게 사용할 수 있을 것이다.

표 2.1 I/O 레지스터

Address	Name	Bit 7	Bit 6	Bit 5	Bit 4	Bit 3	Bit 2	Bit 1	Bit 0
($FF)	Reserved	–	–	–	–	–	–	–	–
..	Reserved	–	–	–	–	–	–	–	–
($9E)	Reserved	–	–	–	–	–	–	–	–
($9D)	UCSR1C	–	UMSEL1	UPM11	UPM10	USBS1	UCSZ11	UCSZ10	UCPOL1
($9C)	UDR1	USART1 I/O Data Register							
($9B)	UCSR1A	RXC1	TXC1	UDRE1	FE1	DOR1	UPE1	U2X1	MPCM1
($9A)	UCSR1B	RXCIE1	TXCIE1	UDRIE1	RXEN1	TXEN1	UCSZ12	RXB81	TXB81
($99)	UBRR1L	USART1 Baud Rate Register Low							
($98)	UBRR1H	–	–	–	–	USART1 Baud Rate Register High			
($97)	Reserved	–	–	–	–	–	–	–	–
($96)	Reserved	–	–	–	–	–	–	–	–
($95)	UCSR0C	–	UMSEL0	UPM01	UPM00	USBS0	UCSZ01	UCSZ00	UCPOL0
($94)	Reserved	–	–	–	–	–	–	–	–
($93)	Reserved	–	–	–	–	–	–	–	–
($92)	Reserved	–	–	–	–	–	–	–	–
($91)	Reserved	–	–	–	–	–	–	–	–
($90)	UBRR0H	–	–	–	–	USART0 Baud Rate Register High			
($8F)	Reserved	–	–	–	–	–	–	–	–
($8E)	Reserved	–	–	–	–	–	–	–	–
($8D)	Reserved	–	–	–	–	–	–	–	–
($8C)	TCCR3C	FOC3A	FOC3B	FOC3C	–	–	–	–	–
($8B)	TCCR3A	COM3A1	COM3A0	COM3B1	COM3B0	COM3C1	COM3C0	WGM31	WGM30
($8A)	TCCR3B	ICNC3	ICES3	–	WGM33	WGM32	CS32	CS31	CS30
($89)	TCNT3H	Timer/Counter3 – Counter Register High Byte							
($88)	TCNT3L	Timer/Counter3 – Counter Register Low Byte							
($87)	OCR3AH	Timer/Counter3 – Output Compare Register A High Byte							
($86)	OCR3AL	Timer/Counter3 – Output Compare Register A Low Byte							
($85)	OCR3BH	Timer/Counter3 – Output Compare Register B High Byte							
($84)	OCR3BL	Timer/Counter3 – Output Compare Register B Low Byte							
($83)	OCR3CH	Timer/Counter3 – Output Compare Register C High Byte							
($82)	OCR3CL	Timer/Counter3 – Output Compare Register C Low Byte							
($81)	ICR3H	Timer/Counter3 – Input Capture Register High Byte							
($80)	ICR3L	Timer/Counter3 – Input Capture Register Low Byte							
($7F)	Reserved	–	–	–	–	–	–	–	–
($7E)	Reserved	–	–	–	–	–	–	–	–
($7D)	ETIMSK	–	–	TICIE3	OCIE3A	OCIE3B	TOIE3	OCIE3C	OCIE1C
($7C)	ETIFR	–	–	ICF3	OCF3A	OCF3B	TOV3	OCF3C	OCF1C
($7B)	Reserved	–	–	–	–	–	–	–	–
($7A)	TCCR1C	FOC1A	FOC1B	FOC1C	–	–	–	–	–
($79)	OCR1CH	Timer/Counter1 – Output Compare Register C High Byte							
($78)	OCR1CL	Timer/Counter1 – Output Compare Register C Low Byte							
($77)	Reserved	–	–	–	–	–	–	–	–
($76)	Reserved	–	–	–	–	–	–	–	–
($75)	Reserved	–	–	–	–	–	–	–	–
($74)	TWCR	TWINT	TWEA	TWSTA	TWSTO	TWWC	TWEN	–	TWIE
($73)	TWDR	Two-wire Serial Interface Data Register							
($72)	TWAR	TWA6	TWA5	TWA4	TWA3	TWA2	TWA1	TWA0	TWGCE
($71)	TWSR	TWS7	TWS6	TWS5	TWS4	TWS3	–	TWPS1	TWPS0
($70)	TWBR	Two-wire Serial Interface Bit Rate Register							
($6F)	OSCCAL	Oscillator Calibration Register							
($6E)	Reserved	–	–	–	–	–	–	–	–
($6D)	XMCRA	–	SRL2	SRL1	SRL0	SRW01	SRW00	SRW11	
($6C)	XMCRB	XMBK	–	–	–	–	XMM2	XMM1	XMM0
($6B)	Reserved	–	–	–	–	–	–	–	–
($6A)	EICRA	ISC31	ISC30	ISC21	ISC20	ISC11	ISC10	ISC01	ISC00
($69)	Reserved	–	–	–	–	–	–	–	–
($68)	SPMCSR	SPMIE	RWWSB	–	RWWSRE	BLBSET	PGWRT	PGERS	SPMEN
($67)	Reserved	–	–	–	–	–	–	–	–
($66)	Reserved	–	–	–	–	–	–	–	–
($65)	PORTG	–	–	–	PORTG4	PORTG3	PORTG2	PORTG1	PORTG0
($64)	DDRG	–	–	–	DDG4	DDG3	DDG2	DDG1	DDG0
($63)	PING	–	–	–	PING4	PING3	PING2	PING1	PING0
($62)	PORTF	PORTF7	PORTF6	PORTF5	PORTF4	PORTF3	PORTF2	PORTF1	PORTF0

표 2.1 I/O 레지스터(계속)

Address	Name	Bit 7	Bit 6	Bit 5	Bit 4	Bit 3	Bit 2	Bit 1	Bit 0
($61)	DDRF	DDF7	DDF6	DDF5	DDF4	DDF3	DDF2	DDF1	DDF0
($60)	Reserved	–	–	–	–	–	–	–	–
$3F ($5F)	SREG	I	T	H	S	V	N	Z	C
$3E ($5E)	SPH	SP15	SP14	SP13	SP12	SP11	SP10	SP9	SP8
$3D ($5D)	SPL	SP7	SP6	SP5	SP4	SP3	SP2	SP1	SP0
$3C ($5C)	XDIV	XDIVEN	XDIV6	XDIV5	XDIV4	XDIV3	XDIV2	XDIV1	XDIV0
$3B ($5B)	RAMPZ	–	–	–	–	–	–	–	RAMPZ0
$3A ($5A)	EICRB	ISC71	ISC70	ISC61	ISC60	ISC51	ISC50	ISC41	ISC40
$39 ($59)	EIMSK	INT7	INT6	INT5	INT4	INT3	INT2	INT1	INT0
$38 ($58)	EIFR	INTF7	INTF6	INTF5	INTF4	INTF3	INTF	INTF1	INTF0
$37 ($57)	TIMSK	OCIE2	TOIE2	TICIE1	OCIE1A	OCIE1B	TOIE1	OCIE0	TOIE0
$36 ($56)	TIFR	OCF2	TOV2	ICF1	OCF1A	OCF1B	TOV1	OCF0	TOV0
$35 ($55)	MCUCR	SRE	SRW10	SE	SM1	SM0	SM2	IVSEL	IVCE
$34 ($54)	MCUCSR	JTD	–	–	JTRF	WDRF	BORF	EXTRF	PORF
$33 ($53)	TCCR0	FOC0	WGM00	COM01	COM00	WGM01	CS02	CS01	CS00
$32 ($52)	TCNT0	Timer/Counter0 (8 Bit)							
$31 ($51)	OCR0	Timer/Counter0 Output Compare Register							
$30 ($50)	ASSR	–	–	–	–	AS0	TCN0UB	OCR0UB	TCR0UB
$2F ($4F)	TCCR1A	COM1A1	COM1A0	COM1B1	COM1B0	COM1C1	COM1C0	WGM11	WGM10
$2E ($4E)	TCCR1B	ICNC1	ICES1	–	WGM13	WGM12	CS12	CS11	CS10
$2D ($4D)	TCNT1H	Timer/Counter1 – Counter Register High Byte							
$2C ($4C)	TCNT1L	Timer/Counter1 – Counter Register Low Byte							
$2B ($4B)	OCR1AH	Timer/Counter1 – Output Compare Register A High Byte							
$2A ($4A)	OCR1AL	Timer/Counter1 – Output Compare Register A Low Byte							
$29 ($49)	OCR1BH	Timer/Counter1 – Output Compare Register B High Byte							
$28 ($48)	OCR1BL	Timer/Counter1 – Output Compare Register B Low Byte							
$27 ($47)	ICR1H	Timer/Counter1 – Input Capture Register High Byte							
$26 ($46)	ICR1L	Timer/Counter1 – Input Capture Register Low Byte							
$25 ($45)	TCCR2	FOC2	WGM20	COM21	COM20	WGM21	CS22	CS21	CS20
$24 ($44)	TCNT2	Timer/Counter2 (8 Bit)							
$23 ($43)	OCR2	Timer/Counter2 Output Compare Register							
$22 ($42)	OCDR	IDRD/OCDR7	OCDR6	OCDR5	OCDR4	OCDR3	OCDR2	OCDR1	OCDR0
$21 ($41)	WDTCR	–	–	–	WDCE	WDE	WDP2	WDP1	WDP0
$20 ($40)	SFIOR	TSM	–	–	–	ACME	PUD	PSR0	PSR321
$1F ($3F)	EEARH	–	–	–	–	EEPROM Address Register High			
$1E ($3E)	EEARL	EEPROM Address Register Low Byte							
$1D ($3D)	EEDR	EEPROM Data Register							
$1C ($3C)	EECR	–	–	–	–	EERIE	EEMWE	EEWE	EERE
$1B ($3B)	PORTA	PORTA7	PORTA6	PORTA5	PORTA4	PORTA3	PORTA2	PORTA1	PORTA0
$1A ($3A)	DDRA	DDA7	DDA6	DDA5	DDA4	DDA3	DDA2	DDA1	DDA0
$19 ($39)	PINA	PINA7	PINA6	PINA5	PINA4	PINA3	PINA2	PINA1	PINA0
$18 ($38)	PORTB	PORTB7	PORTB6	PORTB5	PORTB4	PORTB3	PORTB2	PORTB1	PORTB0
$17 ($37)	DDRB	DDB7	DDB6	DDB5	DDB4	DDB3	DDB2	DDB1	DDB0
$16 ($36)	PINB	PINB7	PINB6	PINB5	PINB4	PINB3	PINB2	PINB1	PINB0
$15 ($35)	PORTC	PORTC7	PORTC6	PORTC5	PORTC4	PORTC3	PORTC2	PORTC1	PORTC0
$14 ($34)	DDRC	DDC7	DDC6	DDC5	DDC4	DDC3	DDC2	DDC1	DDC0
$13 ($33)	PINC	PINC7	PINC6	PINC5	PINC4	PINC3	PINC2	PINC1	PINC0
$12 ($32)	PORTD	PORTD7	PORTD6	PORTD5	PORTD4	PORTD3	PORTD2	PORTD1	PORTD0
$11 ($31)	DDRD	DDD7	DDD6	DDD5	DDD4	DDD3	DDD2	DDD1	DDD0
$10 ($30)	PIND	PIND7	PIND6	PIND5	PIND4	PIND3	PIND2	PIND1	PIND0
$0F ($2F)	SPDR	SPI Data Register							
$0E ($2E)	SPSR	SPIF	WCOL	–	–	–	–	–	SPI2X
$0D ($2D)	SPCR	SPIE	SPE	DORD	MSTR	CPOL	CPHA	SPR1	SPR0
$0C ($2C)	UDR0	USART0 I/O Data Register							
$0B ($2B)	UCSR0A	RXC0	TXC0	UDRE0	FE0	DOR0	UPE0	U2X0	MPCM0
$0A ($2A)	UCSR0B	RXCIE0	TXCIE0	UDRIE0	RXEN0	TXEN0	UCSZ02	RXB80	TXB80
$09 ($29)	UBRR0L	USART0 Baud Rate Register Low							
$08 ($28)	ACSR	ACD	ACBG	ACO	ACI	ACIE	ACIC	ACIS1	ACIS0
$07 ($27)	ADMUX	REFS1	REFS0	ADLAR	MUX4	MUX3	MUX2	MUX1	MUX0
$06 ($26)	ADCSRA	ADEN	ADSC	ADFR	ADIF	ADIE	ADPS2	ADPS1	ADPS0
$05 ($25)	ADCH	ADC Data Register High Byte							
$04 ($24)	ADCL	ADC Data Register Low byte							
$03 ($23)	PORTE	PORTE7	PORTE6	PORTE5	PORTE4	PORTE3	PORTE2	PORTE1	PORTE0
$02 ($22)	DDRE	DDE7	DDE6	DDE5	DDE4	DDE3	DDE2	DDE1	DDE0
$01 ($21)	PINE	PINE7	PINE6	PINE5	PINE4	PINE3	PINE2	PINE1	PINE0
$00 ($20)	PINF	PINF7	PINF6	PINF5	PINF4	PINF3	PINF2	PINF1	PINF0

03
ATmega128 보드

ATmega 128

3.1 사용 마이크로컨트롤러 보드

www.avrmall.com에서 구입할 수 있는 Avrmall ATmega128 보드(그림 3.1)를 사용한다. 보드의 특징은 다음과 같다.

- 사용 CPU : ATmega128-16AI
- 사용 클록 : 16MHz

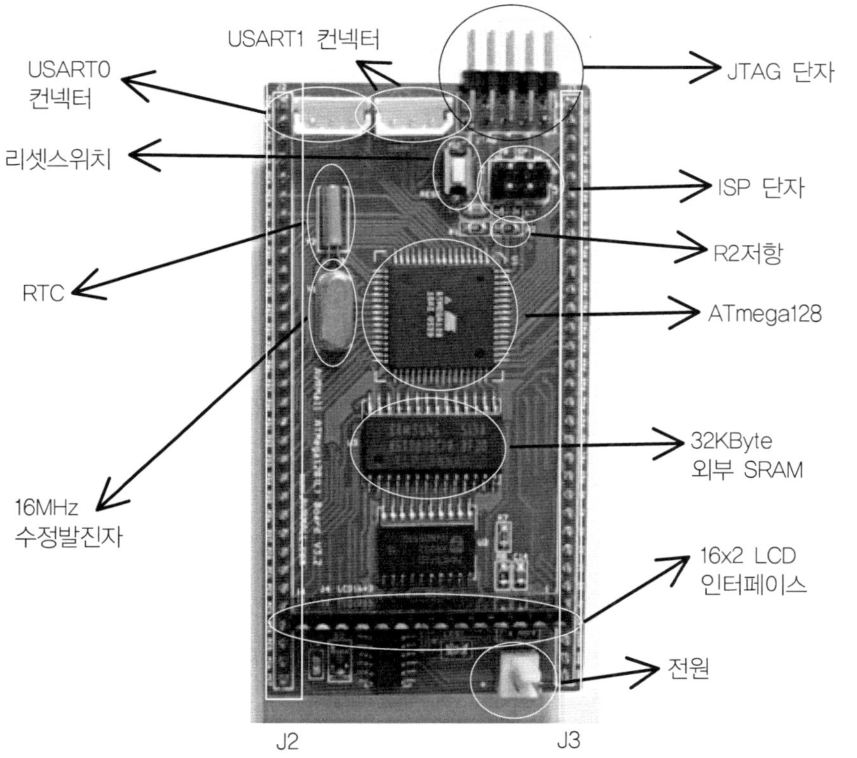

그림 3.1 마이크로컨트롤러 보드

- 32Kbyte 외부 SRAM 장착 : 내부 SRAM 영역을 제외한 1000H~7FFFH까지 사용
- 두 채널 RS232C 가능(Max232 내장)
- RTC-32(RealTime Clock), 32.768kHz 내장
- Memory-mapped I/O 방식으로 LCD 구동
  명령 읽기/쓰기 주소 : 8000H
  데이터 읽기/쓰기 주소 : C000H
- Atmel ISP 포트, JTAG 포트 지원
- 동작 전원 : 4.5V ~ 5.5V

보드 양편의 32핀 단자 J2와 J3를 사용하여 외부 장치와 연결할 수 있다. 각 핀의 기능은 표 3.1과 같다.

그림 3.2는 보드의 메모리 맵을 나타낸다. 32Kbyte의 외부 SRAM이 장착되어 있고 메모리 주소영역 8000H와 C000H에 LCD가 위치하고 있다. 외부 SRAM과 LCD를 사용하려면 프로그램 상에서 외부 메모리를 사용하도록 설정하여야 한다.

표 3.1 J2, J3 단자의 핀 기능

J2		J3	
핀 번호	기능	핀 번호	기능
1	PE0(RXD0/PDI)	1	Vcc
2	PE1(TXD0/PDO)	2	Vcc
3	PE2(XCK0/AIN0)	3	PF0(ADC0)
4	PE3(OC3A/AIN1)	4	PF1(ADC1)
5	PE4(OC3B/INT4)	5	PF2(ADC2)
6	PE5(OC3C/INT5)	6	PF3(ADC3)
7	PE6(T3/INT6)	7	PF4(ADC4/TCK)
8	PE7(ICP3/INT7)	8	PF5(ADC5/TMS)
9	PB0(/SS)	9	PF6(ADC6/TDO)
10	PB1(SCK)	10	PF7(ADC7/TDI)
11	PB2(MOSI)	11	PA0(AD0)
12	PB3(MISO)	12	PA1(AD1)
13	PB4(OC0)	13	PA2(AD2)
14	PB5(OC1A)	14	PA3(AD3)
15	PB6(OC1B)	15	PA4(AD4)
16	PB7(OC2/OC1C)	16	PA5(AD5)
17	PD0(SCL/INT0)	17	PA6(AD6)
18	PD1(SDA/INT1)	18	PA7(AD7)
19	PD2(RXD1/INT2)	19	PG0(ALE)
20	PD3(TXD1/INT3)	20	PG1(/RD)
21	PD4(ICP1)	21	PG2(/WR)
22	PD5(XCK1)	22	A0
23	PD6(T1)	23	A1
24	PD7(T2)	24	A2
25	PC0(A8)	25	A3
26	PC1(A9)	26	A4
27	PC2(A10)	27	A5
28	PC3(A11)	28	A6
29	PC4(A12)	29	A7
30	PC5(A13)	30	AREF
31	PC6(A14)	31	GND
32	PC7(A15)	32	GND

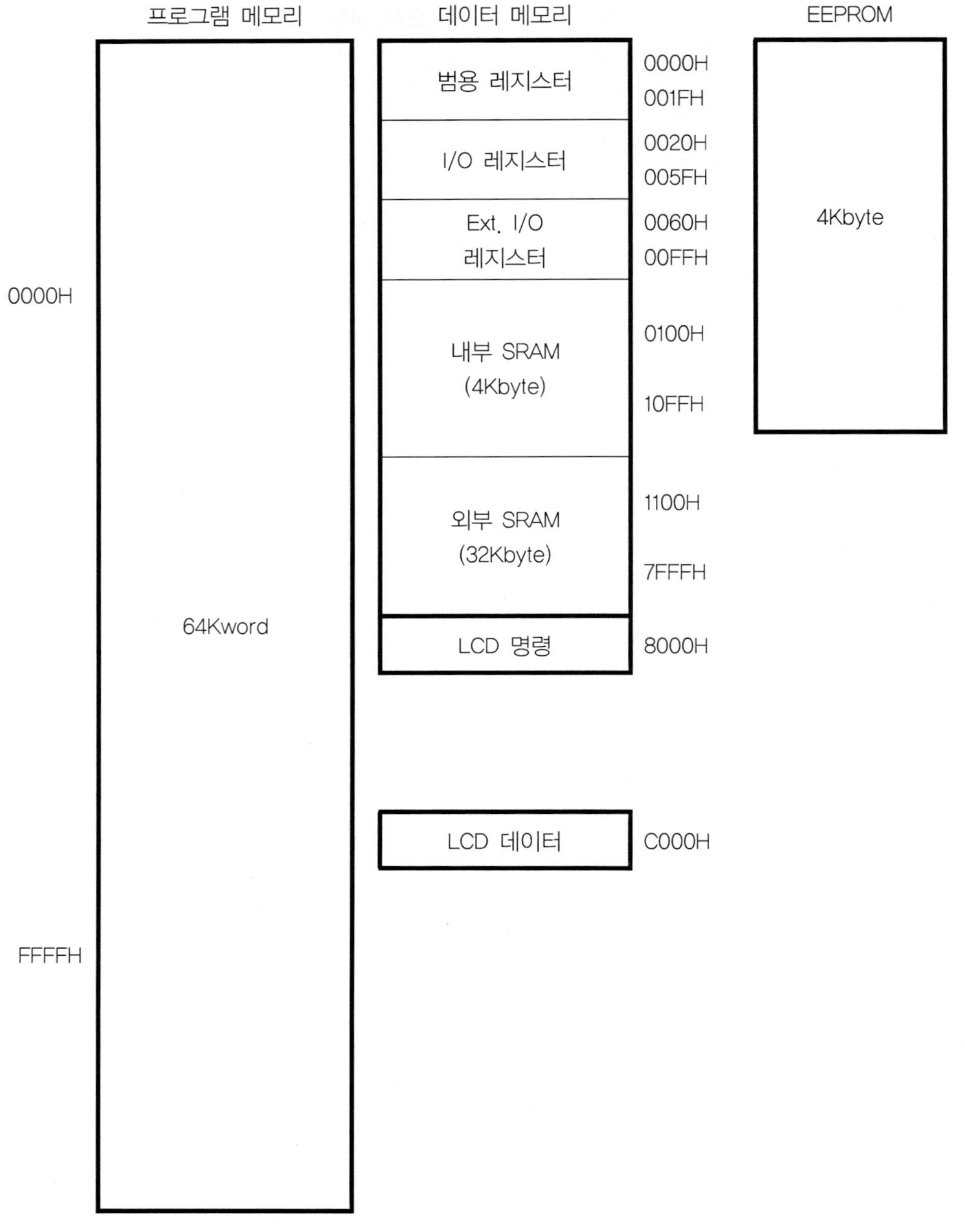

그림 3.2 ATmega128 보드의 메모리 맵

3.2 AVR Programmer

FLASH 메모리에 프로그램을 다운로드하는 장치이다. 그림 3.3은 PC의 USB 포트를 이용하여 AVR 마이크로컨트롤러에 프로그램을 다운로드하는 USBISP v3.0이다. 이는 Atmel사 AVRISP와 호환되는 Programmer이다.

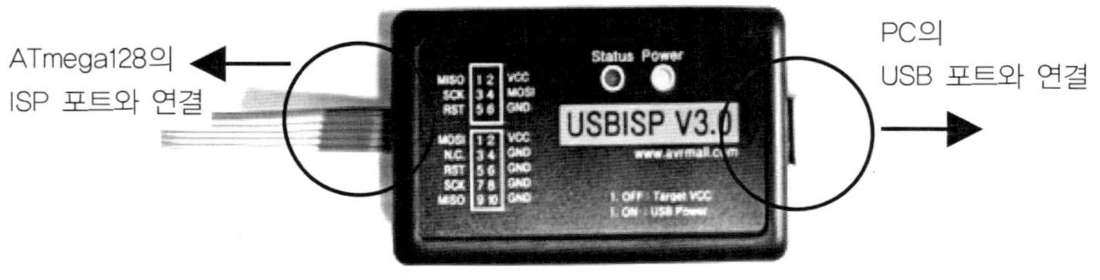

그림 3.3 USBISP v3.0 Programmer

3.3 ATmega128 보드와 AVR Programmer의 연결

USB 케이블을 사용하여 USBISP를 연결한다. USBISP의 6핀 플랫케이블로 ATmega128 보드와 그림 3.4와 같이 연결한 후 보드의 전원을 켜면 USBISP의 LED에 불이 켜진다. ATmega128 보드에 전원을 공급하는 방법은 두 가지가 있다.

(1) ATmega128 보드의 전원 단자에 외부 전원을 직접 연결한다. USBISP의 스위치 1을 OFF 위치로 세팅한다.

(2) PC의 USB 포트 전원을 사용하는 방법으로 USBISP의 스위치 1을 ON 위치로 세팅한다. 프로그램 개발 중에는 프로그램을 다운로드하기 위해 USBISP를 사용하므로 이 방법이 매우 편리하다. 그러나 USB 포트에서 제공하는 전원의 용량이 제한되어 있어 많은 주변장치를 작동시킬 때는 보드가 동작하지 않을 수 있다.

이후 USBISP의 드라이버를 요구하면 USBISP 드라이버가 있는 CD를 삽입하고 드라이버를 설치한다. 드라이버는 USB를 직렬 통신으로 변환시켜주는 USB High Speed Serial

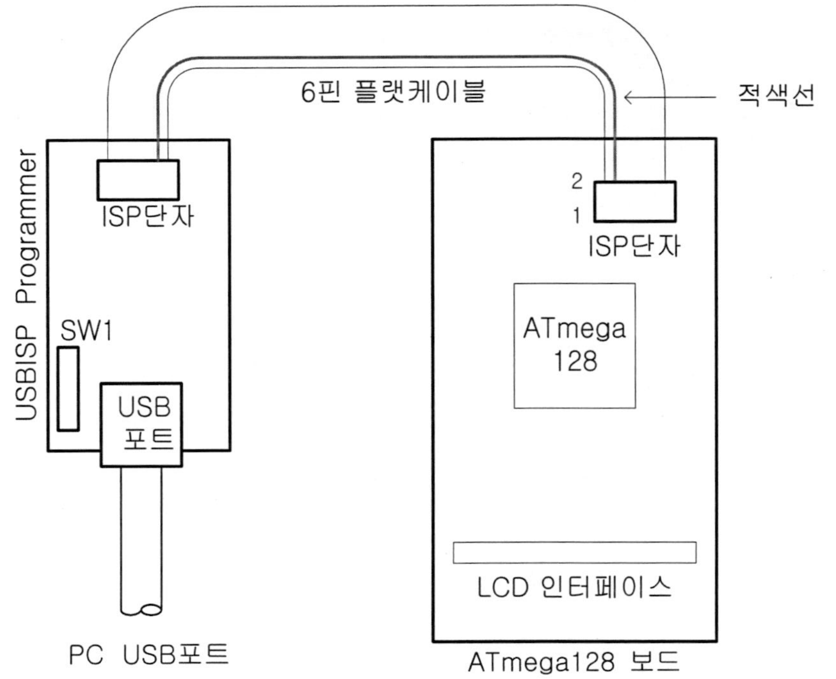

그림 3.4 ATmega128 보드와 USBISP의 연결

Converter와 직렬 통신 포트인 USB Serial Port에 대해 필요하며 다음 순서로 설치한다.

- USB High Speed Serial Converter
  1. 새 하드웨어 발견(USB ↔ Serial)
  2. 새 하드웨어 검색 마법사 시작(목록 또는 특정 위치에서 설치 선택)
  3. 검색 안 함. 설치할 드라이버 직접 선택
  4. 하드웨어 종류(모든 장치표시 선택)
  5. 설치할 하드웨어 장치 드라이버 선택(디스크 있음에서 설치 드라이버 선택 → FTDIPORT.INF 선택)
  6. USB High Speed Serial Converter 선택
  7. OS가 Windows-XP일 경우 호환성 테스트
  8. 새 하드웨어 검색 마법사 완료(USB High Speed Serial Converter 마침)

- USB Serial Port

1. 새 하드웨어 발견(USB Serial Port)
2. 새 하드웨어 검색 마법사 시작(목록 또는 특정 위치에서 설치 선택)
3. 검색 안 함. 설치할 드라이버 직접 선택
4. 하드웨어 종류(모든 장치 표시 선택)
5. 설치할 하드웨어 장치 드라이버 선택(디스크 있음에서 설치 드라이버 선택 → FTDIPORT.INF 선택)
6. USB Serial Port 선택
7. OS가 Windows-XP일 경우 호환성 테스트
8. 새 하드웨어 검색 마법사 완료(USB Serial Port 마침)

드라이버 설치 이후 제어판→시스템→하드웨어→장치관리자→포트(COM 및 LPT)를 선택하면 USB Serial Port가 나온다. 이때 USB Serial Port에 할당된 COM 포트를 확인한다. 이 COM 포트를 사용하여 프로그램을 다운로드하므로 꼭 기억하기 바란다.

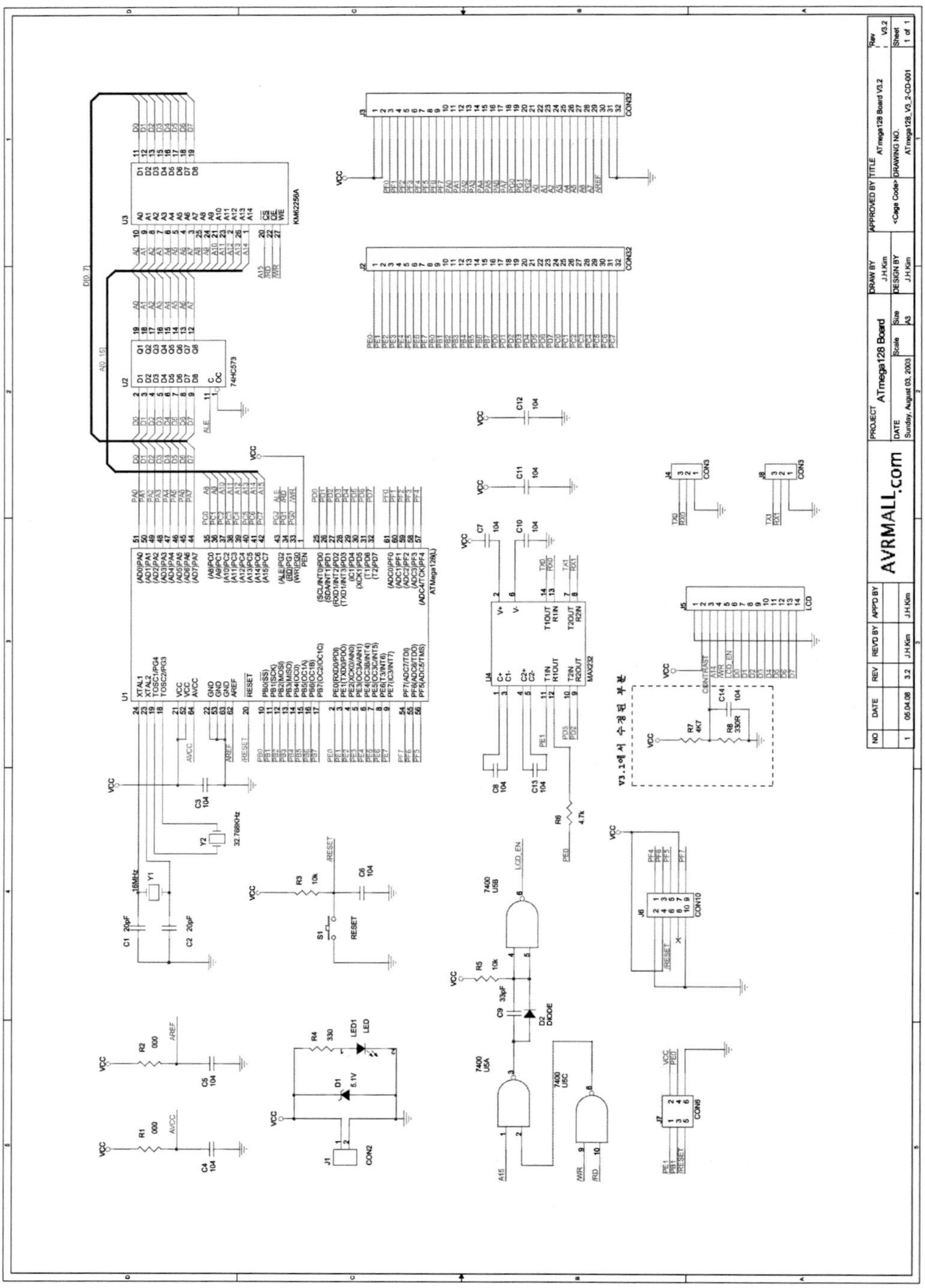

그림 3.5 ATmega128 보드 회로도

04
ATmega128 프로그램 개발 환경

ATmega 128

4.1 교차 컴파일러

ATmega128의 개발에 사용할 수 있는 교차 컴파일러 중 대표적인 것들은 다음과 같다. 모두 다 컴파일러 외에 링커, Hex파일 컨버터, 디버거를 동시에 사용할 수 있는 통합 환경을 제공한다.

(1) AVR Studio 4

ATmega128의 제조사인 Atmel사의 홈페이지 http://www.atmel.com에서 다운로드 받을 수 있는 무료 소프트웨어이다. 어셈블러, 디버거, ISP를 제공한다. C-컴파일러는 별도로 설치하여야 한다.

(2) CodeVisionAVR

HP Info Tech사의 교차 C-컴파일러이다. CodeVisionAVR은 ISP 다운로더를 내부에 탑재하고 있는 통합 환경을 제공한다. AVR Studio 4와 함께 사용하여 프로그램 디버깅을 할 수 있다. 무료 평가판을 http://www.hpinfotech.ro/html/download.htm에서 다운로드 받을 수 있다. 평가판으로 프로그램 사이즈 2Kbyte 내의 프로그램을 실행시킬 수 있다. 프로그램 사이즈 제한으로 이 책에서는 사용할 수 없다.

(3) IAR EWAVR C

IAR사의 교차 C-컴파일러이다. ISP 다운로더는 AVR Studio 4를 사용한다. http://www.iar.com에서 교육용을 무료로 다운로드 받을 수 있으나 이 역시 프로그램 사이즈가 2Kbyte로 제한되어 있다.

(4) WinAVR

http://sourceforge.net/projects/winavr에서 다운로드 받을 수 있는 무료 공개 소프트웨어이다. gcc C-컴파일러를 내장하고 있으며 프로그램 사이즈 제한이 없다. 단 무료 소프트웨어이므로 소프트웨어에 대한 보장이 없으며 사용 환경이 상용 소프트웨어에 비해 조금 부실하다. 그러나 최근에 공개된 버전은 AVR Studio 4의 환경에서 직접 이 소프트웨어를 통합해서 사용할 수 있도록 기능이 보강되어 많이 편리해졌다. 2010년 12월 현재 최근 버전은 WinAVR 20100110(2010년 1월 10일 버전)이다.

이 책에서는 무료 공개 소프트웨어인 AVR Studio 4와 WinAVR C-컴파일러를 사용한다.

4.2 프로그램 개발과정

일반 PC용 프로그램(Visual C++, Visual Basic 등)과 가장 큰 다른 점은 소스 프로그램의 작성은 PC에서 하지만 실행은 마이크로컨트롤러 보드에서 해야 한다는 것이다. 그러므로 소스 프로그램을 기계어로 번역할 때에 마이크로컨트롤러 ATmega128에 맞는 기계어로 번역해야만 하고, 실행 프로그램도 PC에서 마이크로컨트롤러 보드상의 프로그램 메모리인 FLASH 메모리로 옮겨 놓아야만 실행될 수가 있다. 기계어로 번역하는 것을 "컴파일(Compile)"이라 하고 프로그램을 PC에서 마이크로컨트롤러로 옮기는 것을 "다운로드(Download)"라 한다. 프로그램을 다운로드할 대상인 마이크로컨트롤러 보드를 타깃 보드(Target Board)라 부른다.

프로그램 개발과정을 요약하면 그림 4.1과 같다.

1단계 : PC에서 편집기를 사용해서 C나 어셈블리 소스파일을 작성한다.

☞ C 파일의 확장자는 "c"이고 어셈블리 파일의 확장자는 "asm"이다.

예 ctest.c, asmtest.asm

2단계 : 교차 컴파일러를 사용하여 소스파일을 컴파일한다.

☞ 컴파일 결과 생성되는 파일을 오브젝트파일이라 하며 확장자는 WinAVR은 "o"이다.

예 ctest.o

☞ 오브젝트파일은 주소관련 부분을 제외하고 모두 기계어로 번역된 파일이다. 주소관련 부분은 링커가 정리하여 준다.

3단계 : 링커를 사용하여 실행파일을 만든다.

☞ 실행파일의 확장자는 "elf"이다.

4단계 : HEX파일 컨버터를 사용하여 HEX파일 생성한다.

☞ HEX파일의 확장자는 "hex"이다.

5단계 : HEX파일을 ISP를 사용하여 FLASH 메모리에 다운로드한다.

⇨ WinAVR과 CodeVisionAVR과 같은 통합 환경에서는 앞의 2, 3, 4단계를 "Build" 또는 "Make" 라는 명령으로 한 번에 수행된다.

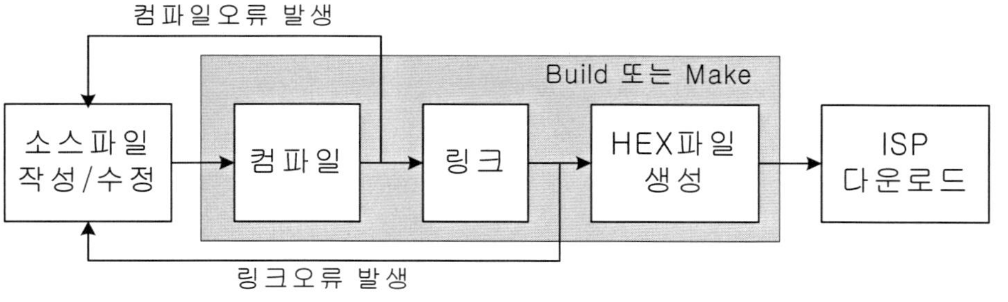

그림 4.1 소프트웨어 개발과정

4.3 WinAVR 컴파일러

최신 버전의 WinAVR 컴파일러는 AVR Studio 4에 Plug-in으로 설치되어 AVR Studio 4의 환경에서 사용할 수 있다. 각 홈페이지에서 최신 버전을 다운로드 받아 설치한다. 2011년 1월 현재 다운로드할 수 있는 최신 버전은 다음과 같다.

(1) Atmel사의 홈페이지 www.atmel.com :

AVR Studio 4 : `aStudio4b623.exe`

(2) WinAVR의 홈페이지 winavr.sourceforge.net :

WinAVR 20100110 : `WinAVR-20100110-install.exe`

위 순서대로 설치하면 AVR Studio 4의 통합 환경에서 C-소스파일의 편집, WinAVR C-컴파일러를 사용한 소스파일의 컴파일 및 Hex파일의 타겟보드로의 다운로드를 할 수 있다.

WinAVR C-컴파일러를 사용하는 자세한 방법은 사용자 매뉴얼을 참고하기 바라며 여기서는 ATmega128 마이크로컨트롤러를 사용하기 위해 필요한 몇 가지만 언급한다.

4.3.1 데이터 형

제한된 메모리를 가지고 있는 마이크로컨트롤러의 프로그램에 있어서 메모리의 효율적인 사용은 매우 중요하며 이를 위해 C-언어에서 사용하는 변수의 데이터 형을 정확히 이해하여야 한다.

WinAVR에서 사용되는 데이터 형은 표 4.1과 같다.

표 4.1 WinAVR C-컴파일러의 데이터 형

데이터 형	비트수	바이트수	값 범위
char	8	1	-128 ~ 127
unsigned char	8	1	0 ~ 255
signed char	8	1	-128 ~ 127
int	16	2	-32768 ~ 32767
short int	16	2	-32768 ~ 32767
unsigned int	16	2	0 ~ 65535
signed int	16	2	-32768 ~ 32767
long int	32	4	-2^{31} ~ $2^{31}-1$
unsigned long int	32	4	0 ~ $2^{32}-1$
signed long int	32	4	-2^{31} ~ $2^{31}-1$
float	32	4	±1.175e-38 ~ ±3.402e38
double	32	4	±1.175e-38 ~ ±3.402e38

- "int"형과 "double"형을 제외한 모든 데이터 형에 대해 대부분의 컴파일러가 동일한 바이트수를 사용한다. 그러나 "int"형과 "double"형은 컴파일러에 따른 사용 바이트수가 다를 수 있다. PC의 윈도즈 프로그램에 사용되는 Visual C++ 컴파일러는 "int"형과 "double"형에 대해 각각 4바이트와 8바이트를 사용한다.
- "int"형은 컴파일러에 따라 바이트수의 차이를 보일 수 있으므로 2바이트 변수를 지정하려면 "int"을 사용하는 것보다는 "short int"형을 쓰는 것이 바람직하다.

4.3.2 I/O 레지스터 읽기/쓰기

ATmega128의 입출력 장치의 조작은 표 2.1의 I/O 레지스터와 확장 I/O 레지스터를 통해 수행된다. 이들 레지스터에는 표 2.1과 같이 메모리 주소가 할당되어 있으므로 C-언

어의 메모리 읽기/쓰기 조작으로 각 레지스터에 데이터를 읽기/쓰기 할 수 있다. 헤더파일 “avr/io.h”를 소스파일에 포함시키면 표 2.1에 정의된 레지스터 이름을 마치 변수인 것처럼 사용할 수 있다.

(예) 표 2.1에서 메모리주소 22H에 있는 레지스터를 DDRE라 부른다. 이 레지스터에 데이터를 읽기/쓰기를 하려면 헤더파일 “avr/io.h”를 소스에 포함시킨 후 DDRE를 마치 unsigned char형 변수인 것처럼 사용하면 된다(DDRE는 1바이트 레지스터이고 부호가 없으므로 C-언어의 형으로는 unsigned char형에 해당한다).

```
#include <avr/io.h>
. . .
unsigned char data;
DDRE = 0x01;              // 레지스터에 쓰기
data  = DDRE;             // 레지스터 값 읽기
DDRE += 0x01;             // 레지스터 값 읽고/쓰기
```

4.4 AVR Studio 4에서 WinAVR 사용하기

AVR Studio 4에 WinAVR을 Plug-in함으로써 파일 편집기, 어셈블러, C-컴파일러, 디버거, 다운로드 작업을 모두 관리할 수 있는 통합 개발 환경을 제공한다.

> ✚ 소프트웨어 버전에 따라 한글을 인식하지 못할 수 있으므로 파일명 및 파일이 위치하는 폴더의 이름에는 한글을 쓰지 않도록 한다.
> c:/usr/프로그램/abc.c ==> 이와 같이 폴더명에 한글이 들어가지 않도록 한다.

4.4.1 프로젝트 만들기

하나의 실행파일을 만들기 위해서는 여러 개의 소스파일이 필요하며 여러 가지 속성을 설정해야 한다. 이를 프로젝트별로 관리한다.

가. 새 WinAVR 프로젝트 만들기

1. [Project] → [New Project] 메뉴 선택하면 그림 4.2가 나타난다.

2. 창에서 다음에 기술한 사항을 선택한 후 "Finish" 버튼을 누르면 새 프로젝트가 만들어진다.

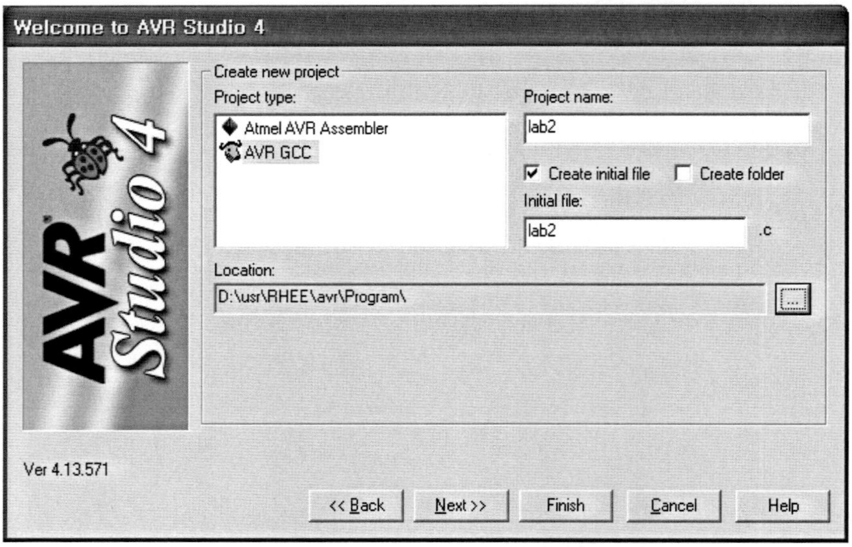

그림 4.2 새 프로젝트 생성 창

Project type : WinAVR을 사용하기 위해 "AVR GCC"를 선택한다. WinAVR을 사용하는 프로젝트를 "AVR GCC" 프로젝트라 부른다.

Project name : 사용하고자 하는 프로젝트명을 기입한다. 여기서는 설명을 위해 프로젝트명으로 lab2를 사용하였다고 하자(오동작할 수 있으므로 프로젝트 명으로 한글을 사용하지 말 것).

Initial file : "Create initial file" 체크 박스가 선택되어 있으면 "Initial file"에 프로젝트명과 같은 이름인 lab2가 기입된다. 이 파일은 프로젝트가 만들어지면 초기 파일인 "lab2.c"가 자동적으로 생성되어 프로젝트에 포함된다(초기 파일 이름은 변경할 수도 있고 아니면 만들지 않을 수도 있다).

Location : 프로젝트가 만들어지면 "Location"창에 표시되어 있는 위치 아래에 프로젝트명과 같은 폴더가 생성된다. 원하는 "Location"은 오른쪽 버튼을 눌러서 선택할 수 있다.

3. 새 프로젝트가 만들어지면 프로젝트의 속성을 설정하기 위해 [Project] → [Configuration Options] 메뉴를 선택한다. 그림 4.3에서 왼쪽의 "General" 아이콘을 선택하고 그림에서 사각형으로 표시된 부분을 그림과 같이 선택한다.

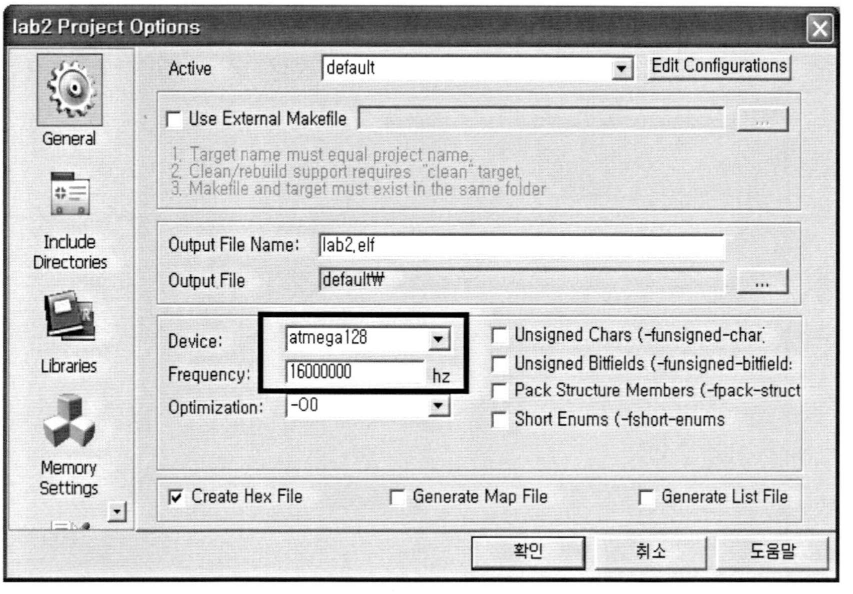

그림 4.3 프로젝트 Configuration Options 창

Active : 사용할 Configuration을 선택한다. 프로젝트 빌드 후 생성되는 오브젝트 파일, 실행파일, Hex파일은 프로젝트 폴더 아래 Configure명의 폴더에 저장된다. Configuration "default"는 프로젝트생성 후 자동적으로 생성된다.

Output File Name : 실행파일명을 나타낸다. 디폴트로 실행파일명은 프로젝트명과 같고, 저장 폴더는 예에서는 "lab2/default"이다.

Device : 사용할 마이크로컨트롤러를 선택한다. 여기에 "atmega128"을 선택한다.

Frequency : 사용하는 마이크로컨트롤러의 클록 주파수를 Hz 단위로 기입한다. 사용하는 보드의 클록 주파수는 16MHz이므로 16000000을 기입한다.

Create Hex File : Hex파일을 보드에 다운로드하여야 하므로 체크박스에 체크 표시하여 Hex파일이 만들어 지도록 한다.

나. 기존 프로젝트 열기

1. [Project] → [Open Project] 메뉴 선택한다.
2. 프로젝트 파일의 확장자는 "aps"이다. 열고자 하는 프로젝트를 열기 창에서 선택하고 [열기]를 선택한다.

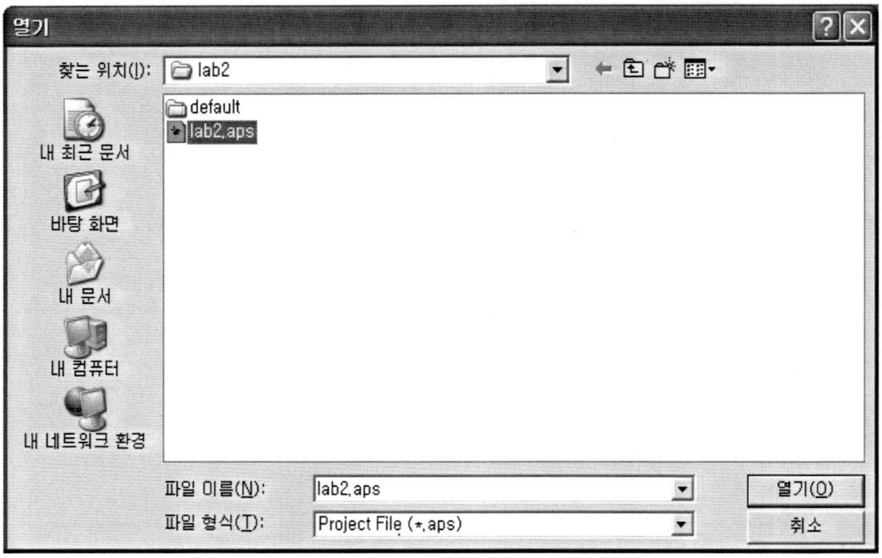

다. 열려있는 프로젝트 닫기

1. [Project] → [Close Project] 메뉴 선택한다.

라. 프로젝트 마법사(Project Wizard) 사용하기

Project Wizard를 사용하면 프로젝트를 손쉽게 생성, 열기, 최근에 사용하였던 프로젝트 열기 등을 할 수 있다. AVR Studio 4가 실행되면 자동적으로 Project Wizard 창이 나타나거나, 다음과 같이 메뉴를 선택하면 그림 4.4가 나타난다.

1. [Project] → [Project Wizard] 메뉴 선택한다.

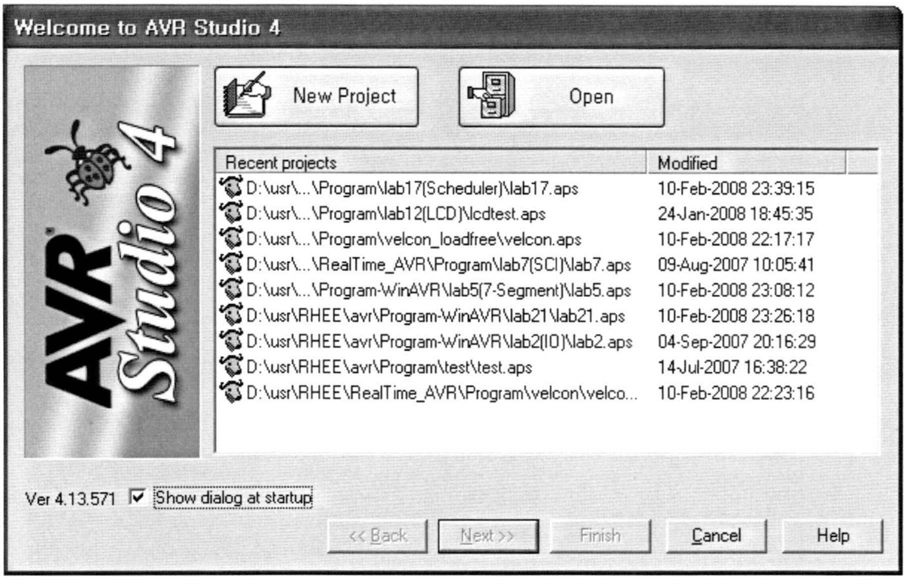

그림 4.4 Project Wizard 창

New Project Button : 새 프로젝트를 만든다.

Open Button : 기존 프로젝트를 연다.

Recent Projects 창 : 최근에 열었던 프로젝트 목록을 보여준다. 열고 싶은 프로젝트가 있으면 선택한 후 두 번 클릭하거나, 선택 후 Finish 버튼을 누르면 해당 프로젝트가 열린다.

4.4.2 소스파일 만들기

가. 새 소스파일 만들기

1. [File] → [New File] 메뉴 선택하고 빈 창이 나타나면 내용을 입력한다.

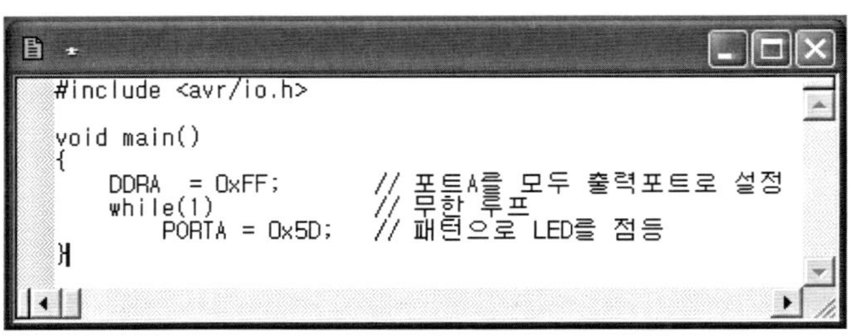

2. 입력이 완료되면 [File] → [Save] 메뉴를 선택하여 파일을 저장한다. 이때 C-언어 소스파일이므로 확장자를 "c"로 하는 이름을 기입하고 [저장] 버튼을 누른다(오동작할 수 있으므로 한글을 파일명으로 사용하지 말 것).

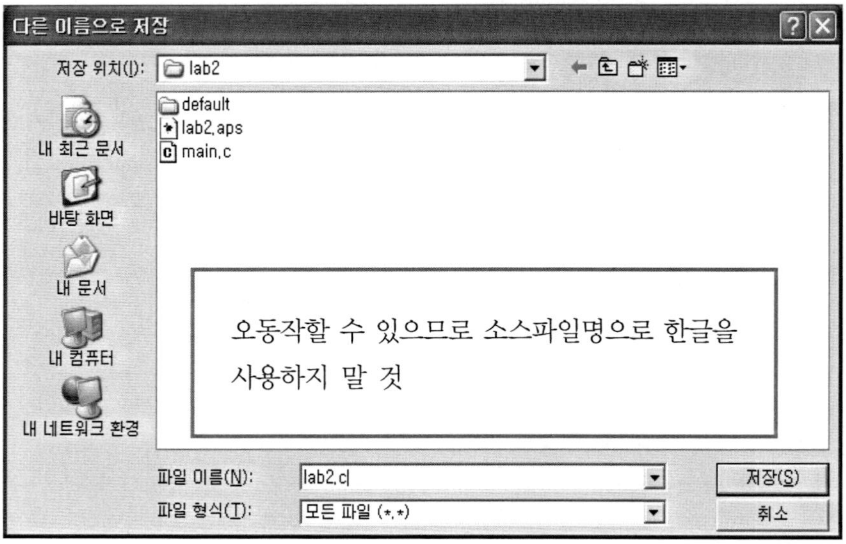

나. 기존 소스파일 수정하기

1. [File] → [Open File] 메뉴 선택한다.

2. 파일을 선택하고 [열기] 버튼을 누른다. 소스파일이 나타나면 파일을 수정한다. 수정 후 [File] → [Save] 메뉴를 선택하여 저장한다.

4.4.3 프로젝트에 소스파일 추가/삭제하기

앞에서와 같이 AVR-GCC 프로젝트를 생성하고 소스파일을 만들면 그림 4.5와 같은 AVR Studio 4의 실행화면을 볼 수 있다.

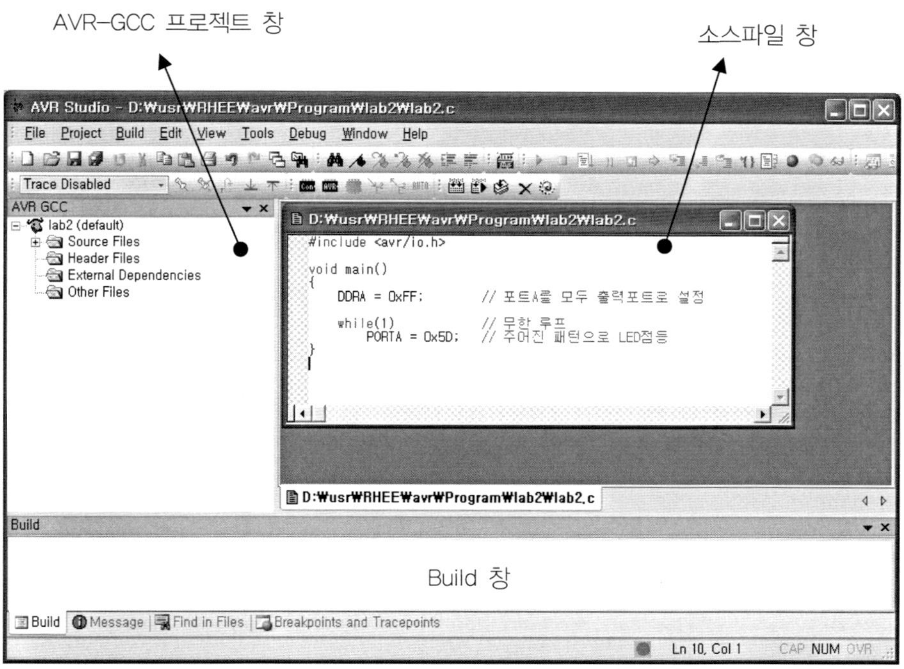

그림 4.5 AVR-GCC 프로젝트 수행 AVR Studio 4

AVR-GCC 프로젝트 창 : AVR-GCC 프로젝트의 내용을 보여주는 창이다. 이는 창 아래 "AVR GCC" 탭을 선택하면 나타난다. I/O View 탭을 선택하면 AVR 마이크로 컨트롤러의 I/O 레지스터의 상태를 보여준다.

소스파일 창 : 소스파일의 내용을 보여준다.

Build 창 : 프로젝트를 Build하여 실행파일과 Hex파일을 만든 후 결과를 나타내는 창이다.

가. 프로젝트에 소스파일 추가하기

프로젝트는 여러 개의 소스파일로 구성된다. 이 때 필요한 소스파일을 프로젝트에 추가하여야 한다.

1. AVR-GCC 창의 프로젝트(여기서는 lab2(default))에 마우스를 위치시키고 오른쪽 버튼을 누르면 리스트가 나타난다.
2. "Add Existing File(s)"를 선택하면 파일 선택 창이 나타난다. 추가할 파일을 선택하고 [열기] 버튼을 누르면 파일이 프로젝트의 "Source Files"에 추가된다.

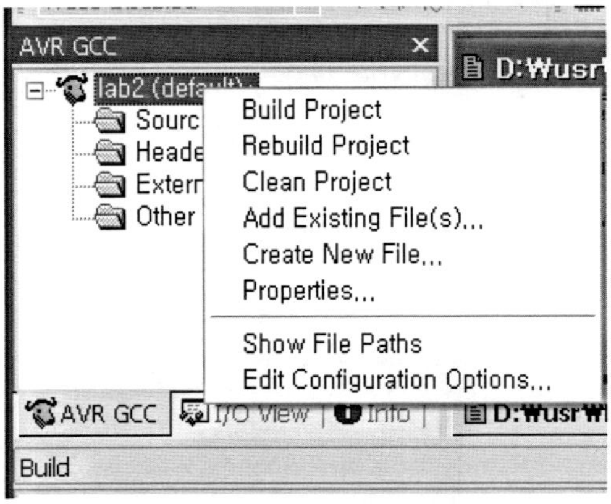

나. 프로젝트에서 소스파일 삭제하기

프로젝트의 소스파일 구성은 "Source Files"의 왼쪽 "+"를 누르면 "-"로 바뀌면서 구성소스파일이 나타난다.

1. 삭제하고자 하는 파일을 한 번 클릭하고 키보드의 "Delete"키를 누르면 프로젝트에서 파일이 삭제된다.

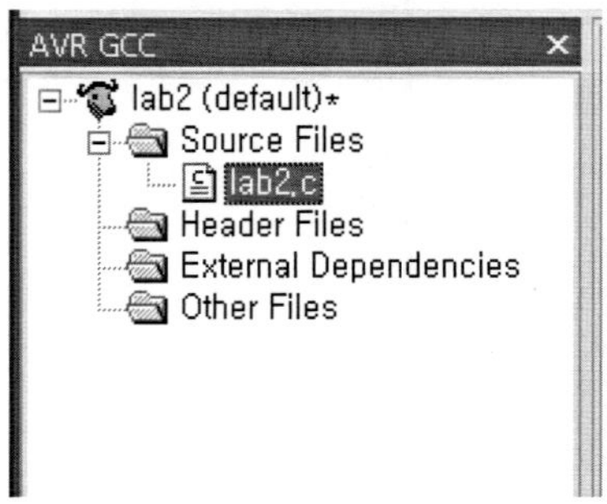

4.4.4 프로젝트 컴파일/빌드하기

실행파일을 생성하려면 소스파일의 컴파일/링크/HEX파일 변환을 거쳐야 한다. 빌드는 세 가지를 한꺼번에 수행하는 것을 말한다. 컴파일은 개개 소스파일에 대해 수행되고 빌드는 프로젝트 단위로 수행이 된다.

가. 컴파일(Compile)하기

AVR-GCC 창에서 소스파일을 두 번 클릭하면 소스파일이 편집 창에 뜬다.

1. 컴파일 할 소스파일을 편집 창에서 선택한다.
2. [Build] → [Compile] 메뉴를 선택한다. 에러가 있으면 Build 창에 에러 메시지가 표시된다.

컴파일은 소스파일을 오브젝트 파일로만 만들기 때문에 실행파일을 생성하려면 빌드 과정을 또 거쳐야 한다.

나. 빌드(Build)하기

빌드는 프로젝트 내의 모든 소스파일을 컴파일/링크한 후 HEX파일을 한 명령으로 생성하는 과정이다. 빌드를 수행할 때는 앞의 컴파일 과정을 할 필요가 없다.

1. 빌드할 프로젝트를 AVR-GCC 창에서 클릭하여 선택한다.
2. [Build] → [Build] 메뉴를 선택한다. 컴파일/링크 도중 에러가 있으면 Build 창에 표시된다.
3. 빌드 결과 생성되는 실행파일과 HEX파일의 이름은 프로젝트명과 같다.

4.4.5 타깃 보드에 프로그램 다운로드

프로젝트의 빌드가 에러없이 수행되면 타깃 보드에 프로그램을 ISP를 통하여 다운로드할 수 있다. 우선 그림 4.4와 같이 타깃 보드와 USBISP를 연결하고 다음 순서에 따른다.

1. [Tools] → [Program AVR] → [Auto Connect] 메뉴를 선택한다. 접속이 성공되면 순서 3으로 넘어가고 접속이 실패하면 다음 창이 화면에 나타난다.

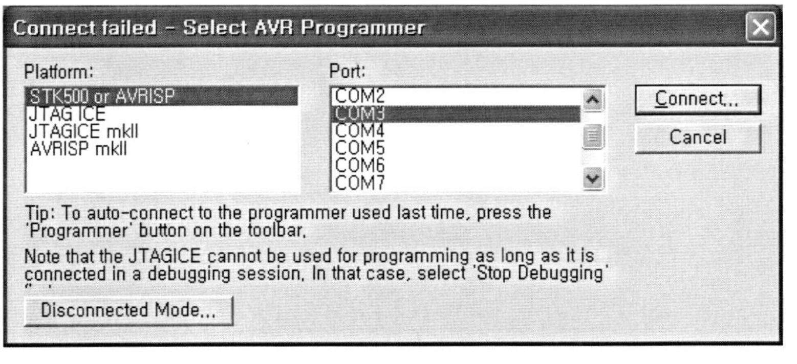

2. 접속이 실패하였으므로 다음 세 가지를 확인하고 [Connect] 버튼을 누른다.
   - [Platform] 창에서 "STK500 or AVRISP" 항목 선택 확인
   - 3.3절의 USBISP 드라이버 설치 이후 USB Serial Port에 할당된 COM 포트로 [Port] 창의 항목 선택
   - ATmega128 보드와 연결 확인 및 전원공급 확인

3. 사용하는 USBISP 버전에 따라 다음 창이 나타날 수 있다. 이때 [취소] 버튼을 누른다.

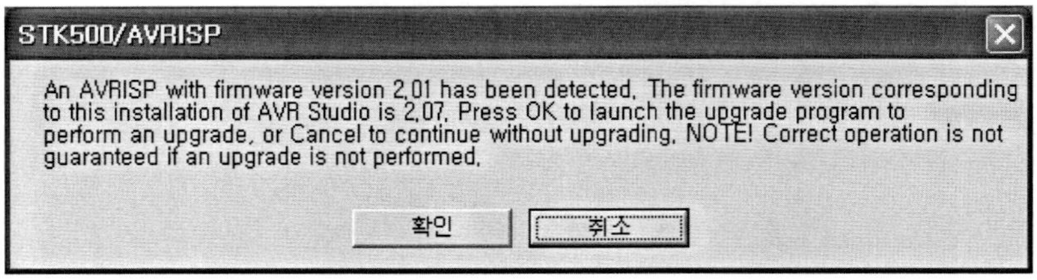

4. 연결이 되면 그림 4.6의 AVRISP 창이 나타난다. 기본적으로 설정하여야 할 탭은 [Main]과 [Program] 탭이다. 설정을 마친 후 [Program] 탭에서 [Flash] 항목의 [Program] 버튼을 누르면 프로그램이 타깃 보드에 다운로드되고 즉시 실행된다.

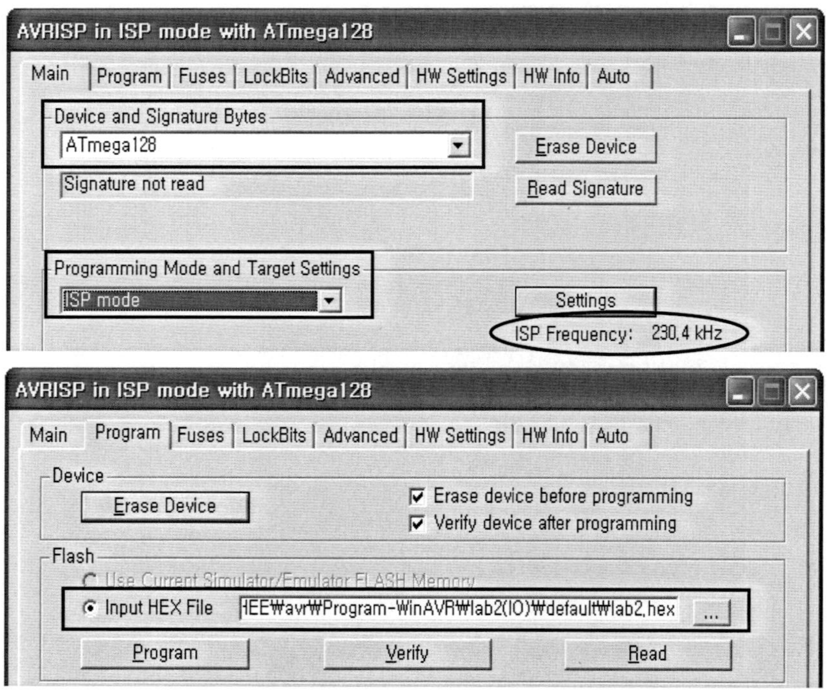

그림 4.6 AVRISP 프로그래머 창

Device and Signature Bytes : "ATmega128" 항목 선택 확인

Programming Mode and Target Settings : "ISP mode"를 선택하고 ISP Frequency 가 230.4kHz임을 확인한다. 이 보다 작은 주파수로 설정되어 있으면 다운로드 속도가 느리므로 "Setting" 버튼을 눌러 주파수를 조정한다.

Flash : 플래시 메모리에 다운로드할 HEX파일은 선택하는 항목으로 선택 항목 오른쪽 버튼을 눌러 다운로드할 HEX파일을 설정한다.

➤ HEX파일은 항상 가장 최근에 다운로드하였던 파일이 디폴트로 표시된다. 프로젝트가 바뀌더라도 새로이 설정된 프로젝트의 HEX파일이 디폴트로 표시되지 않으므로 반드시 파일을 확인하여야 한다.

➤ HEX파일이 저장되는 위치는 프로젝트폴더 아래 현재 사용 중인 Configuration 폴더에 저장되어 있다. 그림 4.6에서는 사용 중인 Configuration은 "default"임을 나타낸다.

4.4.6 타깃 보드의 Fuse Bit 세팅

ATmega128 마이크로컨트롤러는 Fuse Bit와 Lock Bit라는 것이 있어 클록, Security 모드, Bootloader 모드 등을 설정할 수 있다. 이 책에서는 이들 비트 중 하나를 제외하고 디폴트상태로 사용하고 있다. 예외 비트는 입출력 포트 F와 핀을 공유해서 사용하는 JTAG 사용에 관한 비트이다. 여기서는 입출력 포트 F를 사용하므로 JTAG 사용을 금지하여야 한다. 이를 위해

1. 그림 4.6에서 [Fuses] 탭을 선택하면 그림 4.7의 창이 나타난다.
2. "M103" 항목은 ATmega128의 이전 버전인 ATmega103의 호환을 설정하는 항목으로 체크를 해제한다.
3. "JTAGEN" 항목은 입출력 포트 F와 JTAG 핀의 공유를 설정하는 것으로 여기서는 포트 F를 사용하므로 해제하여야 한다.
4. "SUT_CKSEL" 항목은 사용 클록을 설정하는 것으로 그림 4.7과 같이 외부 클록으로 설정한다.
5. [Program] 버튼을 눌러 퓨즈를 프로그램한다.

➤ 퓨즈비트 프로그램은 단 한 번만 하면 된다.

➤ Fuse Bit와 Lock Bit 설정은 여기서는 다루고 있지 않다.

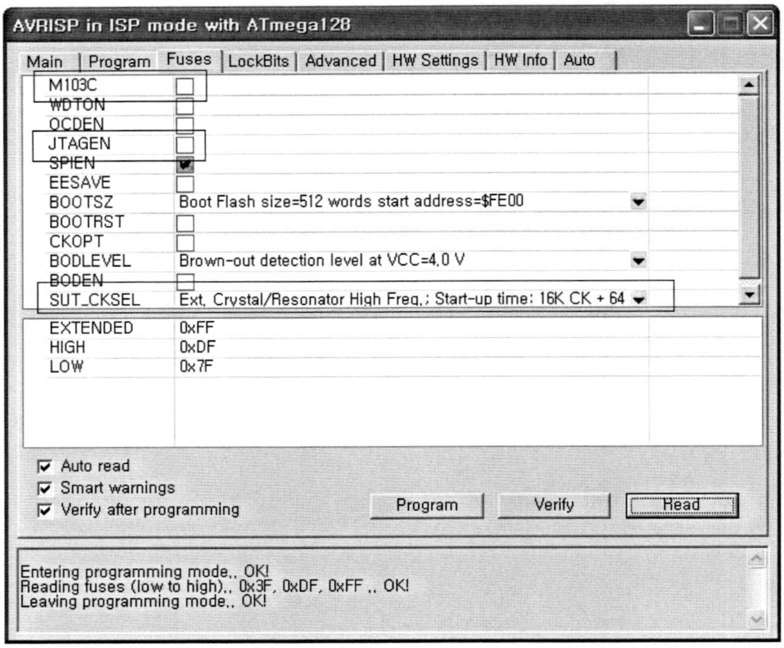
AVRISP in ISP mode with ATmega128
Main
Program
Fuses
LockBits
Advanced
HW Settings
HW Info
Auto
M103C
WDTON
OCDEN
JTAGEN
SPIEN
EESAVE
BOOTSZ
Boot Flash size=512 words start address=$FE00
BOOTRST
CKOPT
BODLEVEL
Brown-out detection level at VCC=4.0 V
BODEN
SUT_CKSEL
Ext. Crystal/Resonator High Freq.; Start-up time: 16K CK + 64
EXTENDED
0xFF
HIGH
0xDF
LOW
0x7F
Auto read
Smart warnings
Verify after programming
Program
Verify
Read
Entering programming mode.. OK!
Reading fuses (low to high).. 0x3F, 0xDF, 0xFF .. OK!
Leaving programming mode.. OK!

그림 4.7 퓨즈 설정

05
범용 입출력 장치

ATmega 128

5.1 범용 입출력 포트

ATmega128은 6개의 양방향 8비트 포트(포트 A, B, C, D, E, F)와 1개의 양방향 5비트 포트인 포트 G를 가지고 있다. 내부에서 제공하는 모든 입출력기능은 표 2.1의 I/O 레지스터를 통하여 제어한다. 범용 입출력 포트는 다음 레지스터들에 의해 제어된다.

■ **특수기능 IO 레지스터(Special Function IO Register): SFIOR**

비트	7	6	5	4	3	2	1	0	
	TSM	–	–	–	ACME	PUD	PSR0	PSR321	SFIOR
읽기/쓰기	R/W	R	R	R	R/W	R/W	R/W	R/W	
초기값	0	0	0	0	0	0	0	0	

- 비트 2 - PUD: 풀업 불능(Pull-up disable)

  이 비트가 1이면 I/O 포트의 풀업이 불능이 된다.

➤ 각 포트에 대해서 3개의 레지스터가 연관되어 있는데 각 포트에 대해 같은 역할을 한다. 다음 레지스터의 표기에 있어서 x는 포트 A, B, C, D, E, F, G를 나타내고 n은 비트 0, 1, 2, ..., 7을 나타낸다. 단 포트 G에 대해서는 비트 0, 1, 2, 3, 4만 지정된다.

■ **포트 데이터 레지스터(Port Data Register): PORTx**

비트	7	6	5	4	3	2	1	0	
	PORTx7	PORTx6	PORTx5	PORTx4	PORTx3	PORTx2	PORTx1	PORTx0	PORTx
읽기/쓰기	R/W	R/W	R/W	R/W	R/W	R/W	R/W	R/W	
초기값	0	0	0	0	0	0	0	0	

■ **데이터 방향 레지스터(Data Direction Register): DDRx**

비트	7	6	5	4	3	2	1	0	
	DDx7	DDx6	DDx5	DDx4	DDx3	DDx2	DDx1	DDx0	DDRx
읽기/쓰기	R/W	R/W	R/W	R/W	R/W	R/W	R/W	R/W	
초기값	0	0	0	0	0	0	0	0	

■ **포트 입력 핀 레지스터(Port Input Pins Address): PINx**

비트	7	6	5	4	3	2	1	0	
	PINx7	PINx6	PINx5	PINx4	PINx3	PINx2	PINx1	PINx0	PINx
읽기/쓰기	R	R	R	R	R	R	R	R	
초기값	N/A	N/A	N/A	N/A	N/A	N/A	N/A	N/A	

*N/A : Not Available

표 5.1은 각 레지스터의 비트에 따른 입출력 포트의 상태를 보여준다.

➤ 포트의 핀을 출력으로 하려면 방향 레지스터 DDRx의 해당 비트를 DDxn=1로 설정하면 된다. 이때 PORTxn 비트를 0으로 리셋하면 포트 핀에 0V가 PORTxn 비트를 1로 세트하면 5V가 출력된다.

➤ 방향 레지스터 DDRx의 비트 DDxn=0으로 하면 포트는 입력이 된다. 단 풀업이 되어 있을 때 입력이 가능하다. 외부 풀업을 이용하거나 표 5.1 및 그림 5.1에 따라 비트를 설정하여(PORTXn=1, PUD=0) 내부 풀업을 사용할 수 있다. 핀에 0V가 걸렸을 때 PINxn을 읽으면 0이 읽히고, 핀에 5V가 걸렸을 때는 PINxn의 값으로 1이 읽힌다.

표 5.1 포트 출력 핀의 형태

DDxn	PORTxn	PUD(in SFIOR)	입출력	내부풀업	비고
0	0	X	입력	No	Hi-Z 상태† : 외부 풀업 필요
0	1	0	입력	Yes	입력
0	1	1	입력	No	Hi-Z 상태† : 외부 풀업 필요
1	0	X	출력	No	LOW 출력 – Sink
1	1	X	출력	No	High 출력 – Source

† 전기적인 절연상태로 Tri-State라고도 한다. Z는 Impedance를 뜻한다.

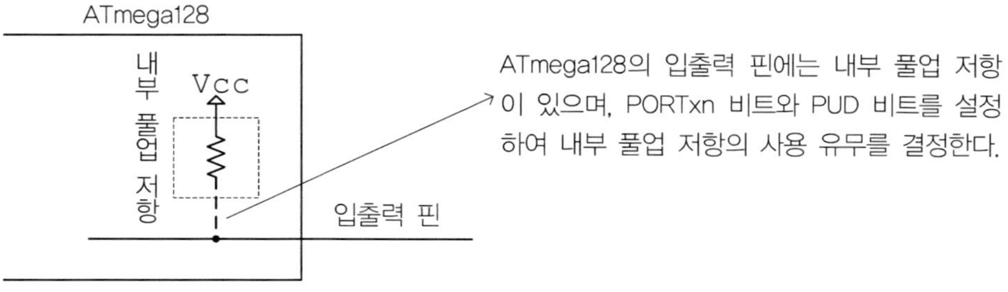
ATmega128
내부 풀업 저항
Vcc
입출력 핀
ATmega128의 입출력 핀에는 내부 풀업 저항이 있으며, PORTxn 비트와 PUD 비트를 설정하여 내부 풀업 저항의 사용 유무를 결정한다.

그림 5.1 내부 풀업 설정

06
인터럽트(Interrupt)

ATmega 128

6.1 ATmega128의 인터럽트

ATmega128은 35개의 인터럽트 소스에 대해 반응한다. 표 6.1은 각 인터럽트에 대한 인터럽트 벡터, 분기 주소를 나타내고 있다.

그림 6.1은 ATmega128의 인터럽트 허용/금지 메커니즘을 보여준다.

- 각 인터럽트에 대해서 인터럽트 마스크 비트가 존재하며 이를 사용하여 개별적으로 인터럽트의 허용/금지를 제어할 수 있다.
- 상태 레지스터의 비트 SREG.I를 리셋하면 모든 인터럽트가 금지된다.
- SREG.I를 세트하면 개별적으로 허용된 인터럽트만 허용된다.
- WinAVR에서는 헤더파일 "avr/interrupt.h"를 포함하고 다음 함수를 호출하면 인터럽트를 허용/금지할 수 있다.

```
sei();        // 인터럽트 허용
cli();        // 인터럽트 금지
```

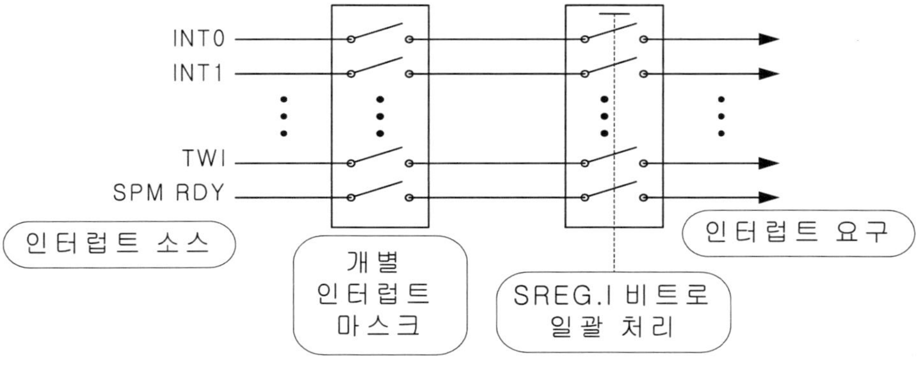

그림 6.1 인터럽트 허용/금지 메커니즘

표 6.1 리셋 및 인터럽트 벡터

우선순위	벡터번호	분기 주소	인터럽트 원인	인터럽트 정의
	1	0000H	RESET	리셋
	2	0002H	INT0	외부 인터럽트 요구 0
	3	0004H	INT1	외부 인터럽트 요구 1
	4	0006H	INT2	외부 인터럽트 요구 2
	5	0008H	INT3	외부 인터럽트 요구 3
	6	000AH	INT4	외부 인터럽트 요구 4
	7	000CH	INT5	외부 인터럽트 요구 5
	8	000EH	INT6	외부 인터럽트 요구 6
높음	9	0010H	INT7	외부 인터럽트 요구 7
	10	0012H	TIMER2 COMP	타이머/카운터 2 비교일치
⇑	11	0014H	TIMER2 OVF	타이머/카운터 2 오버플로
	12	0016H	TIMER1 CAPT	타이머/카운터 1 캡처
	13	0018H	TIMER1 COMPA	타이머/카운터 1 비교일치 A
	14	001AH	TIMER1 COMPB	타이머/카운터 1 비교일치 B
	15	001CH	TIMER1 OVF	타이머/카운터 1 오버플로
	16	001EH	TIMER0 COMP	타이머/카운터 0 비교일치
우선순위	17	0020H	TIMER0 OVF	타이머/카운터 0 오버플로
	18	0022H	SPI, STC	SPI 전송 완료
	19	0024H	USART0, RX	USART0 수신 완료
	20	0026H	USART0, UDRE	USART0 데이터 레지스터 빔
	21	0028H	USART0, TX	USART0 송신 완료
	22	002AH	ADC	ADC 변환 완료
⇓	23	002CH	EE READY	EEPROM 준비
	24	002EH	ANALOG COMP	아날로그 비교기
낮음	25	0030H	TIMER1 COMPC	타이머/카운터 1 비교일치 C
	26	0032H	TIMER3 CAPT	타이머/카운터 3 캡처
	27	0034H	TIMER3 COMPA	타이머/카운터 3 비교일치 A
	28	0036H	TIMER3 COMPB	타이머/카운터 3 비교일치 B
	29	0038H	TIMER3 COMPC	타이머/카운터 3 비교일치 C
	30	003AH	TIMER3 OVF	타이머/카운터 3 오버플로
	31	003CH	USART1, RX	USART1 수신 완료
	32	003EH	USART1, UDRE	USART1 데이터 레지스터 빔
	33	0040H	USART1, TX	USART1 송신 완료
	34	0042H	TWI	Two-wire Serial Interface
	35	0044H	SPM READY	Store Program Memory 준비

표 6.1을 보면 각 인터럽트에 대해 우선순위가 정해져 있다. 우선순위에 따라 인터럽트가 처리되는 과정은 다음과 같다.

- 여러 인터럽트가 동시에 처리를 요구하면 우선순위가 가장 높은 인터럽트가 가장 먼저 처리된다.
- 인터럽트가 발생하면 인터럽트에 해당하는 플래그 비트가 세트된다. 이 플래그 비트는 (1) 프로그램에서 비트를 강제로 리셋할 수도 있고, (2) 해당 인터럽트 서비스루틴이 시작되면 자동으로 리셋된다.
- 인터럽트 서비스루틴을 수행할 때 CPU는 자동적으로 SREG.I를 리셋하여 모든 인터럽트를 금지하고 서비스루틴의 종료와 함께 인터럽트를 허용한다. 따라서 인터럽트 수행 중 우선순위가 더 높은 인터럽트가 발생하더라도 이의 처리는 이미 수행하고 있는 서비스루틴의 종료까지 연기된다.
- 인터럽트 서비스루틴 수행 중에 발생하는 인터럽트는 당장 처리되지는 않으나 플래그 비트를 세트한다. CPU는 현재 수행 중인 인터럽트 서비스루틴을 종료한 후 모든 플래그 비트를 조사하여 플래그가 세트된 인터럽트 중 가장 우선순위가 높은 인터럽트를 처리하게 된다.
- 인터럽트 서비스루틴의 시작과 동시에 CPU가 인터럽트를 금지시키므로 한 번 시작된 인터럽트 서비스루틴은 다른 인터럽트에게 선점(Preempt)되지 않는다. 경우에 따라서 다른 인터럽트의 선점을 허용해야 하는데 이는 인터럽트 서비스루틴 내에서 모든 인터럽트를 허용하는 어셈블리 명령 sei를 수행하면 된다. 물론 마스크비트가 세트된 인터럽트만 허용된다.

6.2 WinAVR에서 인터럽트 사용

WinAVR 컴파일러에서는 다음과 같이 인터럽트 서비스루틴을 작성하여야 한다.

```
#include <avr/interrupt.h>    // 인터럽트 헤더파일
ISR(vector)
{
        // 여기에 인터럽트 서비스 작업 코드를 삽입할 것
}
```

- 인자인 vector는 표 6.2에 정의된 매크로를 사용한다.

표 6.2 WinAVR에서 인터럽트 벡터의 매크로

벡터번호	매크로	벡터번호	매크로
2	INT0_vect	19	USART0_RX_vect
3	INT1_vect	20	USART0_UDRE_vect
4	INT2_vect	21	USART0_TX_vect
5	INT3_vect	22	ADC_vect
6	INT4_vect	23	EE_READY_vect
7	INT5_vect	24	ANALOG_COMP_vect
8	INT6_vect	25	TIMER1_COMPC_vect
9	INT7_vect	26	TIMER3_CAPT_vect
10	TIMER2_COMP_vect	27	TIMER3_COMPA_vect
11	TIMER2_OVF_vect	28	TIMER3_COMPB_vect
12	TIMER1_CAPT_vect	29	TIMER3_COMPC_vect
13	TIMER1_COMPA_vect	30	TIMER3_OVF_vect
14	TIMER1_COMPB_vect	31	USART1_RX_vect
15	TIMER1_OVF_vect	32	USART1_UDRE_vect
16	TIMER0_COMP_vect	33	USART1_TX_vect
17	TIMER0_OVF_vect	34	TWI_vect
18	SPI_STC_vect	35	SPM_READY_vect

6.3 외부 인터럽트

ATmega128은 8개의 외부 인터럽트 INT0~INT7을 제공한다. 이들은 표 6.3과 같이 연관되어 있는 외부 핀들이 인터럽트 소스가 된다.

표 6.3 외부 인터럽트 소스 핀

인터럽트	핀의 다른 용도	보드 핀	인터럽트	핀의 다른 용도	보드 핀
INT0	PD0, SCL	J2,17	INT4	PE4, OC3A	J2,5
INT1	PD1, SDA	J2,18	INT5	PE5, OC3C	J2,6
INT2	PD2, RXD1	J2,19	INT6	PE6, T3	J2,7
INT3	PD3, TXD1	J2,20	INT7	PE7, IC3	J2,8

- 인터럽트를 사용할 때 INTn 핀과 공유하는 입출력 핀의 방향은 입력으로 설정하여야 한다(예: INT0을 사용할 때 DDRD.0 = 0).
- 인터럽트를 사용하더라도 공유하는 입출력 핀을 읽으면 인터럽트 신호의 상태를 알 수 있다.

외부 인터럽트와 관련된 레지스터를 요약하면 다음과 같다.

■ 외부 인터럽트 제어 레지스터 A(External Interrupt Control Register A) : EICRA

비트	7	6	5	4	3	2	1	0	
	ISC31	ISC30	ISC21	ISC20	ISC11	ISC10	ISC01	ISC00	EICRA
읽기/쓰기	R/W	R/W	R/W	R/W	R/W	R/W	R/W	R/W	
초기값	0	0	0	0	0	0	0	0	

- 비트 7:0 - 외부 인터럽트 0~3의 인터럽트 감지 방법을 제어한다. 각 비트의 선택에 따른 인터럽트 감지 방법은 표 6.4와 같다.

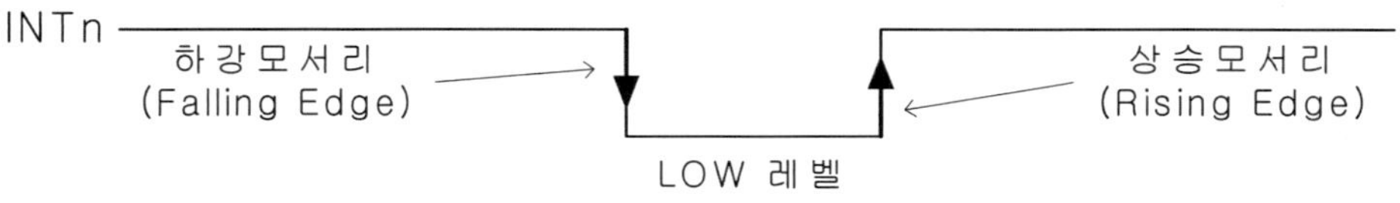

그림 6.2 신호 형태

표 6.4 인터럽트 감지 제어(n=0,1,2,3)

ISCn1	ISCn0	설명
0	0	INTn 핀의 Low 레벨 신호가 인터럽트 요구
0	1	사용하지 않음
1	0	INTn 핀의 하강 모서리가 비동기적으로 인터럽트 요구
1	1	INTn 핀의 상승 모서리가 비동기적으로 인터럽트 요구

■ 외부 인터럽트 제어 레지스터 B(External Interrupt Control Register B) : EICRB

비트	7	6	5	4	3	2	1	0	
	ISC71	ISC70	ISC61	ISC60	ISC51	ISC50	ISC41	ISC40	EICRB
읽기/쓰기	R/W	R/W	R/W	R/W	R/W	R/W	R/W	R/W	
초기값	0	0	0	0	0	0	0	0	

- 비트 7:0 - 외부 인터럽트 4~7의 인터럽트 감지 방법을 제어한다. 각 비트의 선택에 따른 인터럽트 감지 방법은 표 6.5와 같다.

표 6.5 인터럽트 감지 제어(n=4,5,6,7)

ISCn1	ISCn0	설명
0	0	INTn 핀의 Low 레벨 신호가 인터럽트 요구
0	1	INTn 핀의 하강 모서리/상승 모서리 모두 인터럽트 요구
1	0	INTn 신호의 두 샘플 사이의 하강 모서리가 인터럽트 요구
1	1	INTn 신호의 두 샘플 사이의 상승 모서리가 인터럽트 요구

여기서 하강 모서리와 상승 모서리를 인터럽트의 소스로 사용하는 3가지의 감지 방법은 I/O 클록을 사용하여 신호변경을 감지하므로 I/O 클록이 동작을 멈추는 SLEEP 상태에서는 이들을 인터럽트 소스로 사용할 수 없다. 따라서 SLEEP 상태를 깨우는 인터럽트로는 레벨 트리거 방법을 사용하여야 한다(단 SLEEP 상태 중 IDLE 모드에서는 I/O 클록이 동작한다).

■ **외부 인터럽트 마스크 레지스터(External Interrupt Mask Register) : EIMSK**

비트	7	6	5	4	3	2	1	0	
	INT7	INT6	INT5	INT4	INT3	INT2	INT1	INT0	EIMSK
읽기/쓰기	R/W	R/W	R/W	R/W	R/W	R/W	R/W	R/W	
초기값	0	0	0	0	0	0	0	0	

- 비트 7:0 - 비트 n을 세트하면 전역으로 인터럽트가 허용되었을 때(SREG.I가 세트) 외부 인터럽트 INTn이 허용된다. 리셋하면 해당 인터럽트가 금지된다.

■ **외부 인터럽트 플래그 레지스터(External Interrupt Flag Register) : EIFR**

비트	7	6	5	4	3	2	1	0	
	INTF7	INTF6	INTF5	INTF4	INTF3	INTF2	INTF1	INTF0	EIFR
읽기/쓰기	R/W	R/W	R/W	R/W	R/W	R/W	R/W	R/W	
초기값	0	0	0	0	0	0	0	0	

- 비트 7:0 - INTn의 로직 변경 또는 신호모서리가 인터럽트를 요구하면 해당 플래그 비트가 세트된다. 이 플래그가 세트되어 있을 때 전역으로 인터럽트가 허용되

고(SREG.I가 세트) EIMSK 레지스터의 해당 마스크 비트가 세트되어 있으면 인터럽트 벡터로 분기하여 인터럽트 서비스루틴을 수행한다. 이 플래그는 인터럽트 서비스루틴을 수행하면 자동적으로 리셋된다. 또한 해당 플래그에 논리 1을 쓰면 플래그가 지워진다. 레벨 트리거 모드에서는 이 플래그는 항상 0으로 리셋되어 있다.

07
16비트 타이머/카운터

ATmega 128

7.1 ATmega128의 타이머/카운터

ATmega128은 8비트 타이머/카운터 2개와 16비트 타이머/카운터 2개를 제공한다. 타이머/카운터 0과 타이머/카운터 2는 8비트이며 타이머/카운터 1과 타이머/카운터 3은 16비트 타이머/카운터이다. 이 책에서는 16비트 타이머/카운터를 사용한다.

각 타이머/카운터는 독립적인 프리스케일러(prescaler)를 가지고 있다. 프리스케일러는 설정 분주비로 타이머의 입력 클록의 주파수를 낮춘다.

ATmega128은 타이머/카운터에 비교 유닛(Compare Unit)을 제공한다. 이를 이용하여 파형 및 PWM 신호를 생성할 수 있다.

7.2 Pulse Width Modulation(PWM) 신호

PWM 신호는 그림 7.1과 같이 톱니파와 비교하여 비대칭형으로 구현하거나 그림 7.2와 같이 삼각파와 비교하여 대칭형으로 구현할 수 있다.

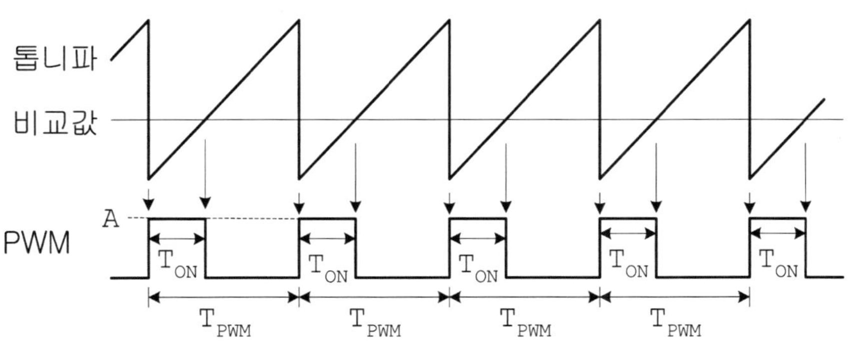

그림 7.1 비대칭형 PWM 신호

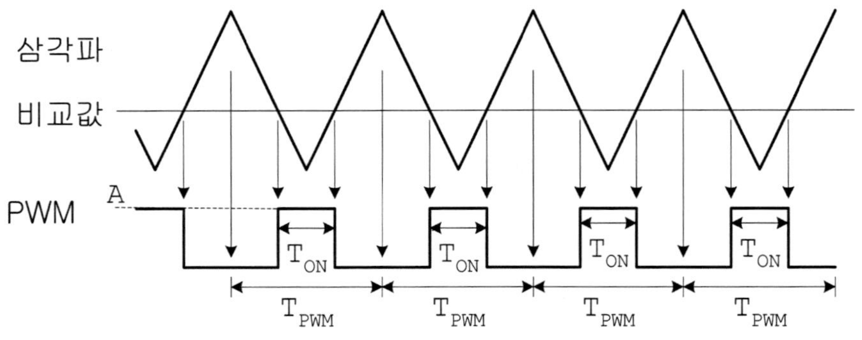

그림 7.2 대칭형 PWM 신호

- 두 모양 모두 톱니파(삼각파)가 비교값보다 작을 때 HIGH를 출력하고 비교값보다 클 때 LOW를 출력한다. 물론 출력을 반대로 할 수 있다.
- T_{PWM}은 일정하며 PWM 신호의 반송주기(Carrier Period)라 한다. 반송 주파수(Carrier frequency)는 $1/T_{PWM}$이다.
- 그림 7.2는 반송 주기 내의 파형이 대칭이므로 대칭형 PWM 신호이다.
- T_{ON}은 펄스가 ON이 되는 시간을 말하며 비교값의 크기에 비례한다. 전체 주기 중에 ON이 되는 시간의 비를 듀티비(Duty Ratio)라 하며 단위는 %를 사용한다.

$$\text{듀티비}(\%) = T_{ON} / T_{PWM} \times 100\% \qquad (7.1)$$

- PWM 신호의 주기는 일정하므로 T_{ON} 또는 듀티비를 사용하여 정보를 전달한다. 즉 비교값의 크기에 대한 아날로그 정보를 디지털 신호인 펄스 형태로 전달할 수 있다.
- 듀티비 100%인 PWM 신호는 DC 신호가 된다. $T_{ON} = 0.3T_{PWM}$이면, 즉 30% 듀티비일 때 시간당 가해지는 신호의 평균값은 DC 신호의 30%가 된다. 즉 30%의 DC 신호가 가해지는 것과 거의 유사한 효과를 갖게 된다.

7.3 16비트 타이머/카운터 1과 타이머/카운터 3

16비트 타이머/카운터로 타이머/카운터 1과 타이머/카운터 3을 제공한다. 설명을 위해 몇 가지 용어를 정의하자.

BOTTOM	카운터 값이 0이 되면 카운터가 BOTTOM에 도달했다고 한다.
MAX	8비트 타이머/카운터에 대해 카운터 값이 0xFFFF(65535)가 되면 MAX에 도달했다 말한다.
TOP	카운터 값이 최대값이 되었을 때 카운터가 TOP에 도달했다 말한다. 최대값은 0xFF, 0x1FF, 0x3FF, 0xFFFF이거나 비교 레지스터 OCRnA(n=1,3)로 설정할 수 있다.

7.3.1 16비트 타이머/카운터의 개략도

그림 7.3은 ATmega128 매뉴얼의 16비트 타이머/카운터 개략도를 보여준다.

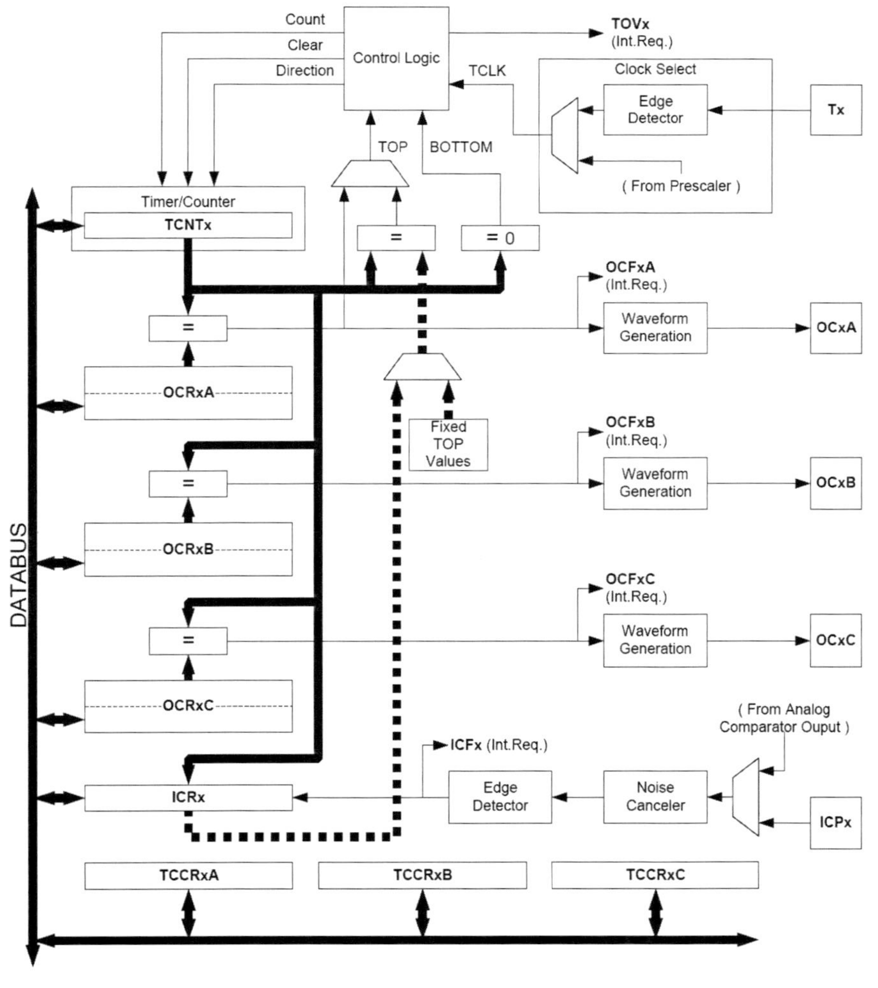

그림 7.3 16비트 타이머/카운터의 개략도

➤ 각 타이머는 3개의 출력 비교 레지스터를 가지고 있다. 이를 이용하여 각각 최대 3개의 PWM 신호를 생성할 수 있다.

➤ 타이머/카운터 1과 타이머/카운터 3은 8비트 타이머/카운터 2와 프리스케일러를 공유한다. 그러나 각 타이머에 대한 프리스케일 값은 독립적으로 설정할 수 있다.

➤ 각 타이머는 입력 캡처 유닛을 가지고 있어 입력 캡처 사건(ICP1, ICP3의 신호변화 또는 아날로그 비교기의 값 변화) 시점을 기록할 수 있다.

7.3.2 관련 레지스터

■ **타이머/카운터 제어레지스터 A**
(Timer/Counter-n Control Register A): TCCRnA(n=1,3)

비트	7	6	5	4	3	2	1	0	
	COMnA1	COMnA0	COMnB1	COMnB0	COMnC1	COMnC0	WGMn1	WGMn0	TCCRnA
읽기/쓰기	R/W	R/W	R/W	R/W	R/W	R/W	R/W	R/W	
초기값	0	0	0	0	0	0	0	0	

- 비트 7:6 - COMnA1:0: 비교일치 출력 모드
- 비트 5:4 - COMnB1:0: 비교일치 출력 모드
- 비트 3:2 - COMnC1:0: 비교일치 출력 모드

이 비트는 출력 핀 OCnA/OCnB/OCnC의 동작을 제어한다. 이 비트들 중 하나 이상의 비트가 세트되면 OCnA/OCnB/OCnC는 공유하는 범용 I/O 핀의 기능을 대신한다(OC1A:C는 각각 PB5:7과 핀을 공유하고 OC3A:C는 각각 PE3:5와 핀을 공유한다). 그러나 OCnA/OCnB/OCnC **핀을 사용하기 위해서는 공유 범용 I/O 핀의 방향을 출력으로 설정**하여야 한다. 표 7.1은 비 PWM 모드(Normal 모드와 CTC 모드)일 때 비트의 설정에 따른 출력 핀 OCnX의 동작 모드를 나타낸다.

표 7.1 비 PWM 모드일 때 비교 출력 모드(n=1,3 : X=A, B, C)

COMnX1	COMnX0	설명
0	0	범용 I/O로 동작한다. OCnX 핀은 연결되지 않는다.
0	1	비교일치가 될 때 OCnX 핀의 상태를 반전시킨다.
1	0	비교일치가 될 때 OCnX 핀에 0을 출력한다.
1	1	비교일치가 될 때 OCnX 핀에 1을 출력한다.

표 7.2는 Fast PWM 모드일 때 비트의 설정에 따른 출력 핀 OCnA/ OCnB/OCnC의 동작 모드를 나타낸다.

표 7.2 Fast PWM 모드일 때 비교 출력 모드(n=1,3 : X=A, B, C)

COMnX1	COMnX0	설명
0	0	범용 I/O로 동작한다. OCnX 핀은 연결되지 않는다.
0	1	WGMn3:0=15; 비교일치될 때 OCnA를 반전하고 OCnB/OCnC 핀은 연결되지 않고 범용 I/O로 동작한다. 다른 WGMn 세팅에는 OCnX는 범용 I/O로 동작한다.
1	0	비교일치가 될 때 OCnX 핀을 0으로 하고 TOP에서 1을 출력한다.
1	1	비교일치가 될 때 OCnX 핀을 1로 하고 TOP에서 0을 출력한다.

표 7.3은 Phase Correct(P.C.) PWM 모드와 Phase and Frequency Correct(P.F.C) PWM 모드일 때 비트의 설정에 따른 출력 핀 OCnA/OCnB/OCnC의 동작 모드를 나타낸다.

표 7.3 P.C. PWM 모드와 F.C. PWM 모드일 때 비교 출력 모드(n=1,3 X=A, B, C)

COMnX1	COMnX0	설명
0	0	범용 I/O로 동작한다. OCnX 핀은 연결되지 않는다.
0	1	WGMn3:0=9 또는 14; 비교일치될 때 OCnA를 반전, OCnB/OCnC핀은 연결되지 않고 범용 I/O로 동작한다. 다른 WGMn세팅에는 OCnX는 범용 I/O로 동작한다.
1	0	카운터 증가 모드일 때 비교일치가 되면 OCnX 핀에 0을 출력한다. 카운터 감소 모드일 때 비교일치가 되면 OCnX 핀에 1을 출력한다.
1	1	카운터 증가 모드일 때 비교일치가 되면 OCnX 핀에 1을 출력한다. 카운터 감소 모드일 때 비교일치가 되면 OCnX 핀에 0을 출력한다.

- 비트 1:0 - WGMn1:0: 파형 생성 모드(Waveform generation mode)

  이 비트는 TCCRnB의 WGMn3:2 비트와 함께 카운터의 계수 순서, TOP을 설정하는 방법, 그리고 파형 생성 모드를 표 7.4와 같이 설정한다.

표 7.4 파형 생성 모드 비트 설명

모드	WGMn3	WGMn2	WGMn1	WGMn0	타이머/카운터 동작 모드	TOP	OCRnX 갱신시점	TOVn 플래그 세트 시점
0	0	0	0	0	Normal	0xFFFF	즉시	MAX
1	0	0	0	1	P.C. PWM, 8비트	0x00FF	TOP	BOTTOM
2	0	0	1	0	P.C. PWM, 9비트	0x01FF	TOP	BOTTOM
3	0	0	1	1	P.C. PWM, 10비트	0x03FF	TOP	BOTTOM
4	0	1	0	0	CTC	OCRnA	즉시	MAX
5	0	1	0	1	Fast PWM, 8비트	0x00FF	TOP	TOP
6	0	1	1	0	Fast PWM, 9비트	0x01FF	TOP	TOP
7	0	1	1	1	Fast PWM, 10비트	0x03FF	TOP	TOP
8	1	0	0	0	P.F.C PWM	ICRn	BOTTOM	BOTTOM
9	1	0	0	1	P.F.C PWM	OCRnA	BOTTOM	BOTTOM
10	1	0	1	0	P.C PWM	ICRn	TOP	BOTTOM
11	1	0	1	1	P.C PWM	OCRnA	TOP	BOTTOM
12	1	1	0	0	CTC	ICRn	즉시	MAX
13	1	1	0	1	예약됨	-		
14	1	1	1	0	FAST PWM	ICRn	TOP	TOP
15	1	1	1	1	FAST PWM	OCRnA	TOP	TOP

- **타이머/카운터-n 제어레지스터 B**
  (Timer/Counter n Control Register B): TCCRnB(n=1,3)

비트	7	6	5	4	3	2	1	0	
	ICNCn	ICESn	–	WGMn3	WGMn2	CSn2	CSn1	CSn0	TCCRnB
읽기/쓰기	R/W	R/W	R	R/W	R/W	R/W	R/W	R/W	
초기값	0	0	0	0	0	0	0	0	

- 비트 7 - ICNCn: 입력 캡처 잡음 제거기(Input Capture Noise Canceler)

  이 비트를 세트하면 입력 캡처 잡음 제거기를 활성화시킨다. 잡음 제거기가 활성화되면 입력 캡처 핀(ICPn)의 입력이 필터링된다. 필터 기능은 ICPn를 연속 네 번 샘플링한 값이 필요하다. 따라서 잡음 제거기능이 활성화되면 입력 캡처는 4 클록 지연이 된다.

- 비트 6 - ICESn: 입력 캡처 모서리 선택(Input Capture Edge Select)
  이 비트는 캡처의 실제 사건을 트리거하기 위해 입력 캡처 핀(ICPn)의 어느 모서리를 사용할 것인지 선택한다. ICESn 비트에 0을 쓰면 하강 모서리를 트리거로 사용하고 1을 쓰면 상승 모서리를 트리거로 사용한다. ICESn의 세팅에 따라 캡처가 트리거되면 카운터 값이 입력 캡처 레지스터 ICRn에 복사된다. 이 사건은 입력 캡처 플래그를 세트하고 인터럽트가 허용되어 있으면 입력 캡처 인터럽트를 발생시킨다.

- 비트 4:3 - WGMn3:2 : 파형 생성 모드
  표 7.4를 참조한다.

- 비트 2:0 - CSn2:0 : 클록 선택
  표 7.5에 비트에 따른 클록을 요약하였다.

표 7.5 타이머/카운터 n의 클록 선정(n=1, 3)

CSn2	CSn1	CSn0	설명
0	0	0	타이머/카운터 정지(클록 사용하지 않음)
0	0	1	$clk_{I/O}$ (프리스케일링 없음)
0	1	0	$clk_{I/O}$/8(프리스케일링 입력)
0	1	1	$clk_{I/O}$/64(프리스케일링 입력)
1	0	0	$clk_{I/O}$/256(프리스케일링 입력)
1	0	1	$clk_{I/O}$/1024(프리스케일링 입력)
1	1	0	Tn 핀의 외부 클록 사용. 하강 모서리에서 클록을 함
1	1	1	Tn 핀의 외부 클록 사용. 상승 모서리에서 클록을 함

외부 클록 사용 모드를 사용하면 Tn 핀이 출력방향으로 설정되더라도 클록으로 동작한다.

■ 타이머/카운터 n 제어레지스터 C (Timer/Counter n Control Register C): TCCRnC(n=1,3)

비트	7	6	5	4	3	2	1	0	
	FOCnA	FOCnB	FOCnC	–	–	–	–	–	TCCRnC
읽기/쓰기	W	W	W	R	R	R	R	R	
초기값	0	0	0	0	0	0	0	0	

- 비트 7:5 - FOCnX(n=1,3, X=A,B,C) : Force Output Compare for Channel
WGMn3:0 비트를 비 PWM 모드로 선택했을 때 이 비트들은 활성화된다. 이 비트에 1을 쓰면 파형 생성 유닛(Waveform Generation Unit)에 즉각적인 비교일치를 전달한다. 출력 핀 OCnX의 값은 COMnX1:0 핀 세팅에 따라 변한다. FOCnX 비트의 세트는 인터럽트를 발생시키지 않는다.

■ **타이머/카운터 n(Timer Counter n):TCNTnH, TCNTnL(n=1,3)**

비트	7	6	5	4	3	2	1	0	
	TCNTn[15:8]								TCNTnH
	TCNTn[7:0]								TCNTnL
읽기/쓰기	R/W	R/W	R/W	R/W	R/W	R/W	R/W	R/W	
초기값	0	0	0	0	0	0	0	0	

16비트 타이머/카운터 레지스터 TCNTn은 두 개의 8비트 레지스터로 구성되었다. 각각 상위 바이트 TCNTnH와 하위 바이트 TCNTnL이다.

■ **출력 비교 레지스터 nX(Output Compare Register nX):**
OCRnXH, OCRnXL(n=1,3, X=A,B,C)

비트	7	6	5	4	3	2	1	0	
	OCRnX[15:8]								OCRnXH
	OCRnX[7:0]								OCRnXL
읽기/쓰기	R/W	R/W	R/W	R/W	R/W	R/W	R/W	R/W	
초기값	0	0	0	0	0	0	0	0	

16비트 타이머/카운터 레지스터 OCRnX는 두 개의 8비트 레지스터로 구성되었다. 각각 상위 바이트 OCRnXH와 하위 바이트 OCRnXL이다. OCRnX는 타이머/카운터 레지스터 TCNTn과 지속적으로 비교된다. 비교일치는 출력 비교일치 인터럽트나 OCnX 핀에 파형을 출력할 때 사용된다.

■ **입력 캡처 레지스터 n(Input Capture Register n): ICRnH, ICRnL(n=1,3)**

비트	7	6	5	4	3	2	1	0	
	ICRn[15:8]								ICRnH
	ICRn[7:0]								ICRnL
읽기/쓰기	R/W	R/W	R/W	R/W	R/W	R/W	R/W	R/W	
초기값	0	0	0	0	0	0	0	0	

16비트 타이머/카운터 레지스터 ICRn은 두 개의 8비트 레지스터로 구성되었다. 각각 상위 바이트 ICRnH와 하위 바이트 ICRnL이다. ICRn은 ICPn 핀(또는 타이머/카운터 1에 대해서는 아날로그 비교 출력 핀)에 사건이 발생하는 시점에 타이머/카운터 TCNTn으로 갱신된다. 그리고 이 레지스터의 값은 카운터의 TOP을 설정하는 데 사용될 수 있다.

■ **타이머/카운터 인터럽트 플래그 레지스터(Timer/Counter Interrupt Flag Register): TIFR**

비트	7	6	5	4	3	2	1	0	
	OCF2	TOV2	ICF1	OCF1A	OCF1B	TOV1	OCF0	TOV0	TIFR
읽기/쓰기	R/W	R/W	R/W	R/W	R/W	R/W	R/W	R/W	
초기값	0	0	0	0	0	0	0	0	

■ **확장 타이머/카운터 인터럽트 플래그 레지스터(Extended Timer/Counter Interrupt Flag Register): ETIFR**

비트	7	6	5	4	3	2	1	0	
	–	–	ICF3	OCF3A	OCF3B	TOV3	OCF3C	OCF1C	ETIFR
읽기/쓰기	R/W	R/W	R/W	R/W	R/W	R/W	R/W	R/W	
초기값	0	0	0	0	0	0	0	0	

- TIFR 비트 5, ETIFR 비트 5 – ICFn(n=1,3) : 입력 캡처 플래그(Input Capture Flag)
  ICPn 핀에 캡처 사건이 발생했을 때 이 플래그는 세트된다. WGMn3:0를 ICRn 레지스터가 TOP으로 사용되도록 설정하면 ICFn 플래그는 카운터가 TOP에 도달했을 때 입력 캡처 플래그가 세트된다. 이 플래그는 해당 인터럽트 서비스루틴이 수행되면서 자동으로 지워진다. 이 비트를 지우는 다른 방법으로 ICFn 비트에 1을 쓰면 플래그가 지워진다.

- TIFR 비트 4:3, ETIFR 비트5:3, 비트1:0 – OCFnX(n=1,3, X=A,B,C)
  : 타이머/카운터 n 출력 비교 X 플래그(Output Compare X Match Flag)
  타이머 값 TCNTn과 비교 레지스터 값 OCRnX가 같을 때 플래그 OCFnX가 세트된다. 이 플래그는 해당 인터럽트 서비스루틴이 수행되면서 자동으로 지워진다. 이 비트를 지우는 다른 방법으로 OCFnX 비트에 1을 쓰면 플래그가 지워진다.

- TIFR 비트 2, ETIFR 비트 2 - TOVn(n=1,3)
  : 타이머/카운터 n 오버플로 플래그(Timer/Counter 1 Overflow Flag)

이 플래그 세팅은 WGMn3:0 비트의 세팅에 좌우된다. 표준 모드와 CTC 모드에서는 타이머 값 TCNTn에 오버플로가 생길 때 플래그 TOVn이 세트된다. 다른 WGMn3:0 세팅에 대한 TOVn 비트의 세팅은 표 7.4를 참조하기 바란다. 이 플래그는 해당 인터럽트 서비스루틴이 수행되면서 자동으로 지워진다. 이 비트를 지우는 다른 방법으로 TOVn 비트에 1을 쓰면 플래그가 지워진다.

■ **타이머/카운터 인터럽트 마스크 레지스터(Timer/Counter Interrupt Mask Register): TIMSK**

비트	7	6	5	4	3	2	1	0	
	OCIE2	TOIE2	TICIE1	OCIE1A	OCIE1B	TOIE1	OCIE0	TOIE0	TIMSK
읽기/쓰기	R/W	R/W	R/W	R/W	R/W	R/W	R/W	R/W	
초기값	0	0	0	0	0	0	0	0	

■ **확장 타이머/카운터 인터럽트 마스크 레지스터(Extended Timer/Counter Interrupt Mask Register): ETIMSK**

비트	7	6	5	4	3	2	1	0	
	–	–	TICIE3	OCIE3A	OCIE3B	TOIE3	OCIE3C	OCIE1C	ETIMSK
읽기/쓰기	R	R	R/W	R/W	R/W	R/W	R/W	R/W	
초기값	0	0	0	0	0	0	0	0	

- TIMSK 비트 5, ETIMSK 비트 5 – TICIEn(n=1,3) : 타이머/카운터 n 입력 캡처 인터럽트 허용(Input Capture Interrupt Enable)

  TICIEn 비트가 1이고 SREG 레지스터의 I 비트가 1이면 입력 캡처 인터럽트를 허용한다. TIFR 또는 ETIFR의 ICFn 플래그는 세트되면 해당 인터럽트 서비스루틴이 실행된다.

- TIMSK 비트 4:3, ETIMSK 비트 4:3, 비트 1:0 – OCIEnX(n=1,3, X=A,B,C) : 타이머/카운터 n 출력 비교일치 X 인터럽트 허용(Timer/Counter Output Compare X Match Interrupt Enable)

  OCIEnX 비트가 1이고 SREG 레지스터의 I 비트가 1이면 타이머/카운터 n 출력 비교일치 X 인터럽트를 허용한다. 출력 비교일치 인터럽트는 타이머 값 TCNTn과 비교레지스터 값 OCRnX가 같을 때, 즉 출력 비교 플래그 OCFnX가 세트될 때 발생한다.

- TIMSK 비트 2, ETIMSK 비트 2 – TOIEn(n=1,3) : 타이머 n 오버플로 인터럽트 허용(Timer/Counter Overflow Interrupt Enable)
  TOIEn 비트가 1이고 SREG 레지스터의 I 비트가 1이면 타이머 오버플로 인터럽트를 허용한다. 타이머 오버플로 인터럽트는 타이머 값 TCNTn가 오버플로가 생길 때 즉 타이머/카운터 오버플로 플래그 TOVn이 세트될 때 발생한다.

■ 특수기능 IO 레지스터(Special Function IO Register): SFIOR

비트	7	6	5	4	3	2	1	0	
	TSM	–	–	–	ACME	PUD	PSR0	PSR321	SFIOR
읽기/쓰기	R/W	R	R	R	R/W	R/W	R/W	R/W	
초기값	0	0	0	0	0	0	0	0	

- 비트 7 - TSM : 타이머/카운터 동기 모드(Timer/Counter Synchronization Mode)
  8비트 타이머/카운터를 참조한다.

- 비트 0 - PSR321 : 프리스케일러 리셋 타이머/카운터 1,2,3(Prescaler Reset Timer /Counter1,2,3)
  이 비트가 1로 세트되면 타이머/카운터 1, 2, 3의 프리스케일러가 리셋된다. TSM 비트가 1일 때를 제외하고 표준적으로 이 비트는 하드웨어에 의해 즉시 0으로 지워진다. 타이머/카운터 1, 2, 3은 같은 프리스케일러를 사용하므로 이 비트의 조작은 타이머/카운터 1, 2, 3 모두에 영향을 미친다.

7.3.3 16비트 레지스터 조작

타이머/카운터 1과 타이머/카운터 3의 동작 설정에 필요한 레지스터 TCNTn, OCRnX, ICRn은 16비트 레지스터이다. 8비트 CPU인 ATmega128은 8비트 데이터버스를 사용하므로 16비트 레지스터를 직접적으로 동시에 읽기/쓰기를 할 수 없다. 그러나 ATmega128은 그림 7.4와 같이 임시 레지스터를 사용하여 16비트 레지스터를 동시에 읽기/쓰기가 가능하도록 하였다.

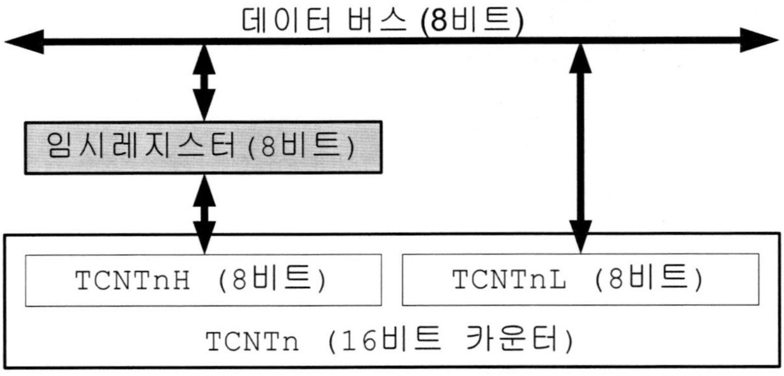

그림 7.4 임시 레지스터를 사용한 16비트 레지스터 읽기/쓰기

➤ 16비트 레지스터를 바이트 단위로 쓸 때는 상위 바이트, 하위 바이트 순으로 써야 한다.

예
```
unsigned char data_l, data_h;
TCNT1H = data_h;
TCNT1L = data_l;
```

➤ 16비트 레지스터를 바이트 단위로 읽을 때는 하위 바이트, 상위 바이트 순으로 읽어야 한다.

예
```
unsigned char data_l, data_h;
data_l = TCNT1L;
data_h = TCNT1H;
```

➤ C-언어에서 2바이트 변수를 사용하여 16비트 레지스터를 읽기/쓰기할 때는 컴파일러에 따라 상위 바이트와 하위 바이트를 읽기/쓰기하는 순서가 다를 수 있으므로 매우 조심해서 사용하여야 한다.

WinAVR **컴파일러** : 16비트 정수형으로 읽기/쓰기를 할 수 있다.

예
```
unsigned short data;
data = TCNT1;                // 카운터 1 읽기
TCNT1 = data;                // 카운터 1 값 쓰기
TCNT3 = data;                // 카운터 3 값 쓰기
```

7.3.4 동작모드

16비트 타이머/카운터의 동작 모드는 TCCRnA, TCCRnB 레지스터의 WGMn3:0 비트와 COMnX1:0 비트로 설정한다.

(가) 표준 모드(n=1,3)

- TCCRnA, TCCRnB 레지스터의 WGMn3:0=0로 설정하는 가장 간단한 동작 모드이다.
- 타이머/카운터 값 TCNTn은 항상 증가하며 값이 16비트의 최대값(TOP = 0xFFFF)을 지나면 바닥(BOTTOM=0x0000)부터 다시 카운트를 시작한다.
- TCNTn이 0xFFFF에서 0x0000으로 변할 때 0x0000이 되는 시점에서 오버플로가 발생하고 오버플로 플래그 TOVn이 세트된다.
- 출력 비교 레지스터 OCRnX를 사용하여 주어진 시점에 출력 비교값 일치 인터럽트를 발생시킬 수 있다. 그러나 출력 비교 레지스터를 사용하여 파형을 생성하는 것은 과도한 CPU 시간을 소비하기 때문에 권고되지 않는다.

(나) CTC(Clear Timer on Compare Match) 모드(n=1,3)

- TCCRnA, TCCRnB 레지스터의 WGMn3:0=4 또는 WGMn3:0=12로 설정하는 동작 모드이다.
- WGMn3:0=4일 때는 TOP을 OCRnA 레지스터로 설정하고 WGMn3:0=12일 때는 ICRn 레지스터로 설정하는 동작 모드이다.
- 타이머/카운터 값 TCNTn는 TOP까지 증가하고 이후 TCNTn는 0으로 지워지고, WGMn3:0 설정에 따라 출력 비교 인터럽트 플래그 OCFnA 비트 또는 입력 캡처 인터럽트 플래그 ICFn 비트가 세트된다.
- 출력 핀 OCnA의 동작은 COMnA1:0의 값으로 제어한다(표 7.1). OCnA 핀에 출력을 사용하려면 공유 범용 I/O 핀의 방향을 출력으로 설정해야 한다.

그림 7.5는 CTC 모드에서 COMnA1:0=1로 설정되었을 때 출력 핀, 비교 인터럽트, 입력 캡처의 동작을 보여준다. 그림 7.5에서 조그만 수평바는 TCNTn이 TOP과 일치할 때를 나타낸다. TCNTn이 TOP과 일치하면 TCNTn이 0으로 지워지고 WGMn3:0 설정에 따라 비교일치 인터럽트 플래그 OCFnA 또는 ICFn이 세트된다. 동시에 COMnA1:0=1 세팅에 따라 출력 핀 OCnA의 값은 반전(Toggle)된다.

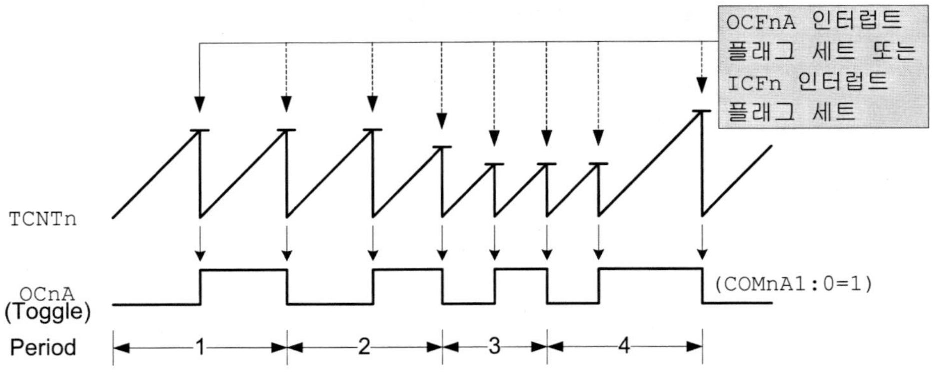

그림 7.5 CTC 모드 타이밍도

➤ 생성되는 파형의 주파수는 TOP으로 설정할 수 있다.

– WGMn3:0=4 일 때 TOP = OCRnA

WGMn3:0=12일 때 TOP = ICRn

주기 : $T_{OCn} = 2 \cdot N \cdot (TOP+1)/f_{clk\_I/O}$ sec (7.2)

주파수 : $f_{OCn} = f_{clk\_I/O}/(2 \cdot N \cdot (TOP+1))$ Hz (7.3)

여기서 N은 프리스케일러 값으로 N=1, 8, 64, 256, 1024이다.

(다) Fast PWM 모드(n=1,3, X=A,B,C)

이 모드는 그림 7.1과 같은 비대칭형 PWM 신호를 만들어 낸다.

➤ 비교 레지스터 OCRnA, OCRnB, OCRnC를 사용하여 최대 3개의 PWM 신호를 발생시킬 수 있다.

➤ TCCRn 레지스터의 WGMn3:0=5, 6, 7, 14, 15로 설정하는 동작 모드이다. TOP은 표 7.4의 동작 모드에 따라 설정된다.

➤ 타이머/카운터 값 TCNTn은 항상 증가하며 TOP을 지나면 바닥(BOTTOM=0x00)부터 다시 카운트를 시작한다. 이때 OCRnX와 TOP이 업데이트되고 오버플로 인터럽트 플래그 TOVn이 세트된다. 그리고 모드에 따라 OCFnA 또는 ICFn 플래그가 세트된다. 타이머/카운터값이 PWM 생성을 위한 톱니파를 형성한다.

➤ 타이머/카운터 값 TCNTn는 TOP과 일치될 때와 TCNTn이 0이 될 때 COMnX1:0값의 설정(표 7.2)에 따라 핀 OCnX에 출력을 한다. 단 OCnX에 출력을 하려면 해당 공유 I/O 포트 핀을 출력으로 설정하여야 한다.

그림 7.6은 Fast PWM 모드에서 출력 핀의 동작을 보여준다.

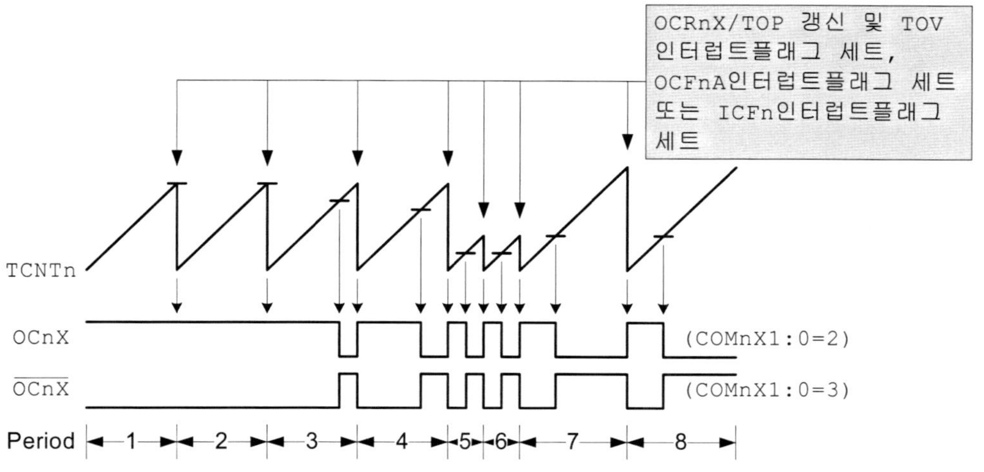

그림 7.6 Fast PWM 모드 타이밍도

➤ 생성되는 PWM 신호의 반송주파수는 TOP으로 설정할 수 있다.

- WGMn3:0=5,6,7 일 때 각각 TOP = 0x00FF, 0x01FF, 0x03FF

  WGMn3:0=15 일 때 TOP = ICRn

  WGMn3:0=16 일 때 TOP = OCRnA

  주기 : $T_{OCn} = N \cdot (TOP+1)/f_{clk\_I/O}$ sec (7.4)

  주파수 : $f_{OCn} = f_{clk\_I/O}/(N \cdot (TOP+1))$ Hz (7.5)

  여기서 N은 프리스케일러 값으로 N=1, 8, 64, 256, 1024이다.

➤ PWM 신호의 듀티비는 출력 비교레지스터 값으로 설정할 수 있다.

$$\text{듀티비}(\%) = (OCRnX + 1)/(TOP + 1) \times 100(\%)$$

➤ FAST PWM 모드의 최대해상도는 16비트, 즉 2^{16}=0xFFFF=65536등분이다.

(라) Phase Correct PWM 모드

이 모드는 그림 7.2와 같은 대칭형 PWM 신호를 만들어 낸다. 신호의 대칭 특성으로 모터의 구동에 적합하다.

➤ TCCRn 레지스터의 WGMn3:0=1, 2, 3, 10, 11로 설정하는 동작 모드이다.

➤ 타이머/카운터 값 TCNTn은 TOP까지 증가하였다가 BOTTOM까지 감소하며 삼각파를 형성한다. 타이머/카운터 값이 0이 될 때 오버플로 플래그 TOVn이 세트된다. OCRnX은 TCNTn이 TOP이 될 때 업데이트가 되고 모드에 따라 OCFnA 또는 ICFn 플래그가 세트된다.

➤ 타이머/카운터 값 TCNTn는 TOP과 일치될 때 증가 모드와 감소 모드에서 COMnX 1:0값의 설정(표 7.2)에 따라 핀 OCnX에 출력을 한다. 단 OCnX에 출력을 하려면 해당 공유 I/O 포트 핀을 출력으로 설정하여야 한다.

그림 7.7은 Phase Correct PWM 모드에서 출력 핀의 동작을 보여준다.

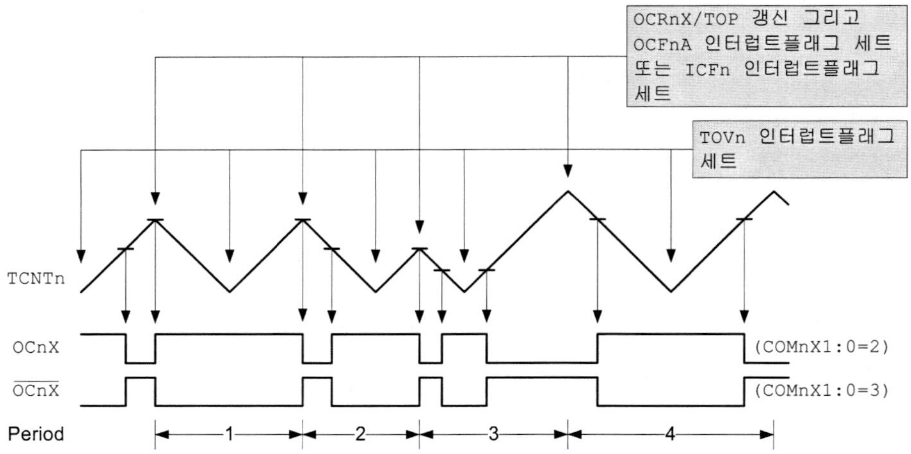

그림 7.7 Phase Correct PWM 모드 타이밍도

➤ 생성되는 PWM 신호의 반송주파수는 TOP으로 설정할 수 있다.

- WGMn3:0=1,2,3 일 때 각각 TOP = 0x00FF, 0x01FF, 0x03FF

  WGMn3:0=10 일 때 TOP = ICRn

  WGMn3:0=11 일 때 TOP = OCRnA

  주기 : $T_{OCn} = 2 \cdot N \cdot TOP/f_{clk\_I/O}$ sec (7.6)

  주파수 : $f_{OCn} = f_{clk\_I/O}/(2 \cdot N \cdot TOP)$ Hz (7.7)

  여기서 N은 프리스케일러 값으로 N=1, 8, 64, 256, 1024이다.

➤ PWM 신호의 듀티비는 출력 비교레지스터 값으로 설정할 수 있다.

$$\text{듀티비}(\%) = OCRnX / (TOP + 1) \times 100(\%)$$

➤ Phase Correct PWM 모드의 최대해상도는 16비트, 즉 65536등분이다.

➤ Phase Correct PWM 모드의 PWM 신호 반송주기는 Fast PWM 모드의 약 두 배이다.

(마) Phase Frequency Correct PWM 모드

이 모드는 OCRnX와 TOP이 업데이트가 되는 시점을 제외하고 Phase Correct PWM 모드와 동일하다. 그림 7.8은 Phase Frequency Correct PWM 모드에서 출력 핀의 동작을 보여준다.

➤ OCRnX와 TOP은 TCNTn이 BOTTOM이 될 때 업데이트 된다.

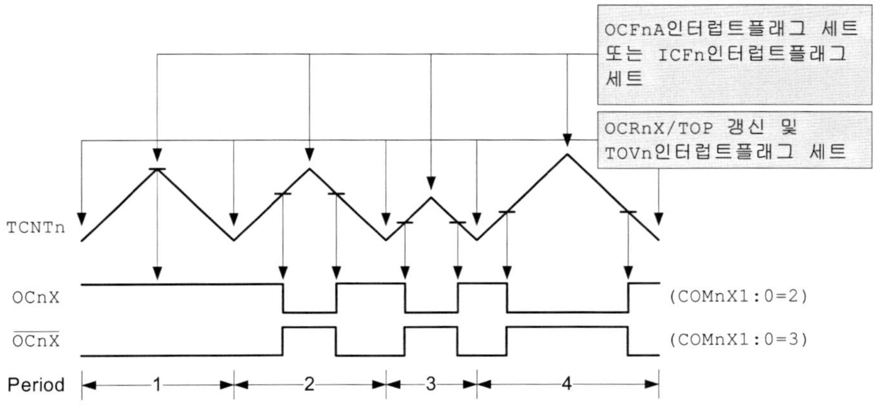

그림 7.8 Phase Frequency Correct PWM 모드 타이밍도

08 아날로그 디지털 변환기

ATmega 128

8.1 아날로그 디지털 변환기(Analog-to-Digital Converter)

아날로그 디지털 변환기는 이름 그대로 아날로그 전압 신호를 받아 마이크로컨트롤러가 인지할 수 있는 디지털값으로 변환하는 장치이며, 줄여서 영문 약자로 ADC라고 표기한다.

ADC의 사양 중 하나는 디지털값을 표시하는 비트수이다. 10비트 ADC라 함은 아날로그 전압을 10비트의 디지털 수로 표시하는 것을 의미한다. 10비트를 사용하여 나타낼 수 있는 수의 개수는 2^{10}(=1024)이므로 10비트 ADC는 기준 전압을 1023(=2^{10}-1)등분하여 1024개의 디지털값으로 표시한다. 아울러 전압을 1024개 디지털값으로 분해할 수 있다하

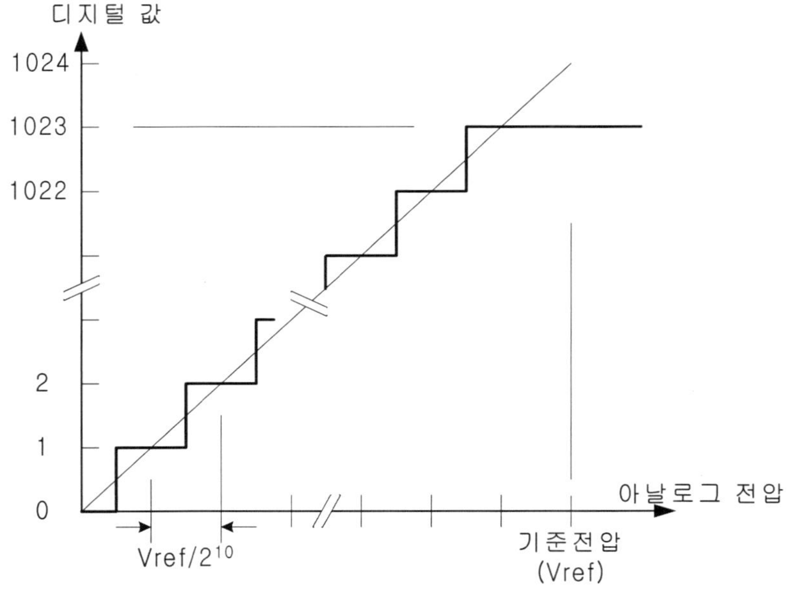

그림 8.1 10비트 ADC의 아날로그 디지털 변환

여 1024 분해능(resolution) 또는 10비트 분해능을 갖는다고 말한다. 그림 8.1은 10비트 ADC가 아날로그 전압을 디지털값으로 변환하는 방법을 보여준다. 기준 전압을 1023등분하여 계단 형태로 아날로그 전압을 디지털값으로 변환한다. 이처럼 연속적인 물리량을 등분하여 디지털값으로 나타내는 것을 양자화(Quantization)라 한다.

참고로 10비트 ADC가 기준 전압을 디지털로 변환하였을 때 2^{10}-1=1023임을 유의하기 바란다(1024는 10비트로 표시할 수 없음).

여러 개의 아날로그 신호를 디지털로 변환하려면 각 신호마다 ADC를 장착하여야 하지만 일반적으로는 그림 8.2와 같이 하나의 ADC와 멀티플렉서를 사용하여 여러 채널의 아날로그 신호를 디지털로 변환할 수 있도록 한다. 멀티플렉서는 스위치로서 선택된 채널의 신호를 ADC에 전달하도록 한다.

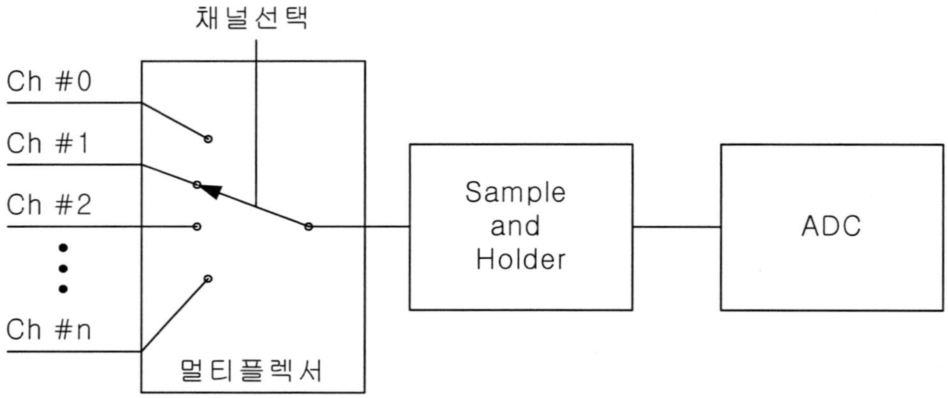

그림 8.2 일반적인 ADC의 구성

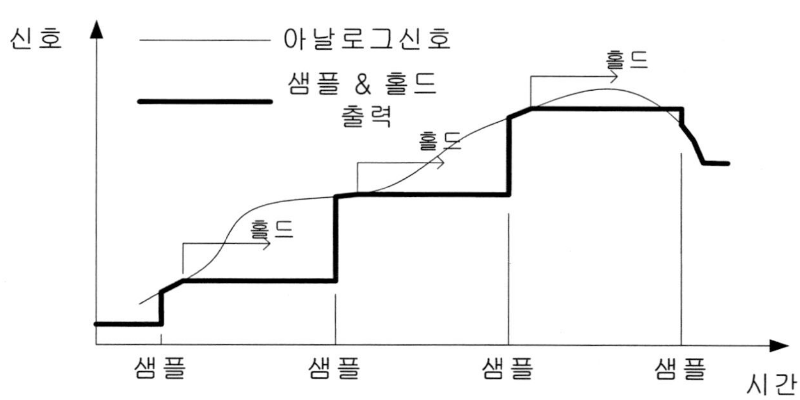

그림 8.3 아날로그 신호의 샘플 & 홀드

ADC에서 아날로그 신호를 변환하는 동안 신호는 일정한 값을 유지하고 있어야 한다. 샘플 & 홀드(Sample and Holder)는 그림 8.3과 같이 샘플한 신호를 아날로그-디지털 변환 기간 동안 유지시켜 신호가 올바로 변환되도록 한다. 따라서 멀티플렉서를 거친 신호는 샘플 & 홀드를 거쳐 ADC에 전달된다.

8.2 싱글엔드(Single-ended) 입력과 차동(Differential) 입력

신호를 입력받는 방법으로 싱글엔드(Single-ended) 입력과 차동(Differential) 입력이 있다. 싱글엔드 입력은 신호의 크기를 신호의 접지에 대하여 측정한다. 따라서 하나의 입력 신호를 위해 하나의 선이 필요하다. 반면 차동 입력에는 두 개의 선이 들어간다. 입력 신호는 두 선의 전압차로 주어진다. 오른쪽 그림과 같이 신호선을 Signal+와 Signal−로 표시하면 입력 신호는 다음과 같다.

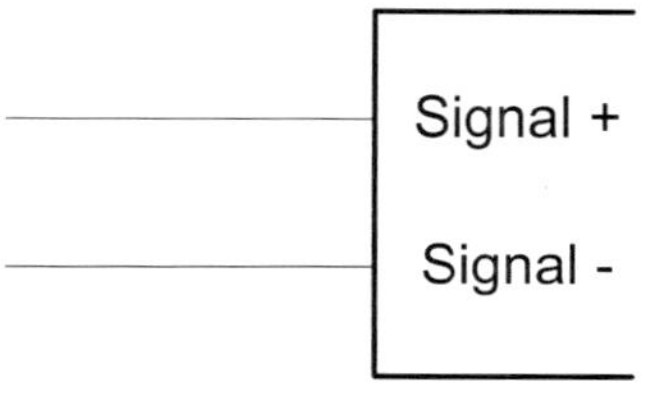

입력 신호 = (Signal+) − (Signal−)

차동 입력은 싱글엔드 입력에 비해 잡음에 강한 특성을 가진다. 싱글엔드 입력은 신호선이 잡음을 타면 입력에 잡음이 그대로 나타난다. 차동 입력을 사용할 경우 그림 8.4와 같이 두 신호선에 잡음이 공통으로 나타나게 되면 두 신호의 차에는 잡음이 제거된다.

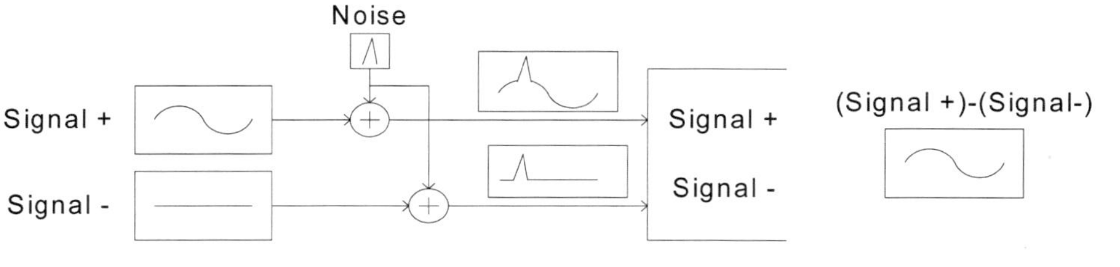

그림 8.4 차동 입력의 공통 모드 잡음 제거

두 신호선에 공통으로 나타나는 잡음을 공통 모드 잡음(Common Mode Noise)이라 한다. 차동 입력을 사용하면 공통 모드 잡음을 제거할 수 있다. 그러나 공통 모드가 아닌 잡음인 경우는 제거하지 못한다. 차동 입력의 경우 잡음에 강하므로 잡음이 많은 환경에서는 우수한 성능을 보여준다. 아울러 미세 신호를 측정할 때는 차동 입력을 사용하는 것이 좋다.

8.3 ATmega128의 ADC 채널

8.3.1 ATmega128의 ADC 사양

- 10비트 분해능
- 10~260msec 변환 시간
- 최대 분해능으로 15kSPS(kilo Samples Per Second)까지 샘플링 속도
- 8채널의 싱글엔드 입력
- 7채널의 차동 입력
- 10x과 200x 이득을 갖는 2채널의 차동 입력
- 2.56V 내부 기준 전압 선택 가능
- Free Running 또는 Single Conversion 모드
- ADC 변환 완료 시 인터럽트 발생
- Sleep Mode Noise Canceler

ATmega128은 축차근사형(Successive Approximation) 10비트 ADC를 제공한다. ADC는 8채널 아날로그 멀티플렉서에 연결되어 있어 8개의 싱글엔드 전압 입력을 받아들일 수 있다. ADC 전압 입력 핀은 포트 F의 핀을 공유하여 사용한다.

그리고 16개의 차동 입력 조합을 제공한다. 그 중 두 차동 입력은 프로그램 가능한 증폭이득을 설정할 수 있다. 증폭이득은 1x, 10x, 200x이며 ADC 변환 이전에 신호를 증폭한다.

싱글엔드 입력 모드에서는 단극성 신호(+신호)만 측정할 수 있으나 차동 입력 모드에서는 양극성 신호를 측정할 수 있다.

ATmega128는 2.56V의 내부 기준 전압을 제공하고 있다. ADC 변환 시 세 가지 기준 전압 중 하나를 선택할 수 있다. 2.56V 내부 기준 전압, AVCC 핀의 전압, 그리고 AREF 핀에 가해지는 외부 기준 전압이다. 2.56V 내부 기준 전압 또는 AVCC 핀의 전압을 ADC 기준 전압으로 사용할 때는 AREF 핀에 커패시터를 달아서 AREF와 ADC 기준 전압을 분리하면 좋은 잡음 특성을 얻을 수 있다.

8.3.2 관련 레지스터

■ **ADC 멀티플렉서 선택 레지스터(ADC Multiplexer Selection Register): ADMUX**

비트	7	6	5	4	3	2	1	0	
	REFS1	REFS0	ADLAR	MUX4	MUX3	MUX2	MUX1	MUX0	ADMUX
읽기/쓰기	R/W	R/W	R/W	R/W	R/W	R/W	R/W	R/W	
초기값	0	0	0	0	0	0	0	0	

- 비트 7:6 - REFS1:0 : 기준 설정 비트(Reference Selection Bits)

  이 비트의 설정에 따라 표 8.1과 같이 ADC 변환에 사용하는 기준 전압을 선택한다. ADC 변환 중에 이 비트들을 바꾸면 변환이 완료될 때까지 영향을 미치지 않는다. AREF **핀에 외부 기준 전압을 가하면 내부 기준 전압 옵션을 사용할 수 없다.**

표 8.1 ADC의 기준 전압 선택

REFS1	REFS0	기준 전압 선택
0	0	AREF(내부 Vref를 끔)
0	1	AVCC(AREF 핀과 접지를 외부 캐패시터로 연결)
1	0	예약됨
1	1	내부 2.56V 전압(AREF 핀과 접지를 외부 캐패시터로 연결)

- 비트 5 - ADLAR : ADC 결과의 왼쪽 정렬(ADC Left Adjust Result)

  ADLAR 비트로 ADC 결과를 저장하는 방법을 선택한다. ADLAR을 1로 설정하면 ADC 결과는 왼쪽 정렬로 ADC 데이터 레지스터에 저장되고, 0으로 설정하면 오른쪽 정렬로 ADC 데이터 레지스터에 저장된다. 이 비트의 설정은 ADC 변환 중이더라도 즉시 영향을 미친다.

- 비트 4:0 - MUX4:0 : 아날로그 채널 및 이득 선택 비트(Analog Channel and Gain Selection Bits)

  이 비트의 설정으로 표 8.2와 같이 아날로그 채널 및 이득을 선택한다. ADC 변환 중에는 이 비트의 변경이 영향을 미치지 않는다.

표 8.2 입력 채널 및 이득 선택

MUX4:0		싱글엔드 입력	차동 입력 Signal +	차동 입력 Signal −	이득(GAIN)
0	00000	ADC0	N/A		
1	00001	ADC1			
2	00010	ADC2			
3	00011	ADC3			
4	00100	ADC4			
5	00101	ADC5			
6	00110	ADC6			
7	00111	ADC7			
8	01000	N/A	ADC0	ADC0	10x
9	01001		ADC1	ADC0	10x
10	01010		ADC0	ADC0	200x
11	01011		ADC1	ADC0	200x
12	01100		ADC2	ADC2	10x
13	01101		ADC3	ADC2	10x
14	01110		ADC2	ADC2	200x
15	01111		ADC3	ADC2	200x
16	10000		ADC0	ADC1	1x
17	10001		ADC1	ADC1	1x
18	10010		ADC2	ADC1	1x
19	10011		ADC3	ADC1	1x
20	10100		ADC4	ADC1	1x
21	10101		ADC5	ADC1	1x
22	10110		ADC6	ADC1	1x
23	10111		ADC7	ADC1	1x
24	11000		ADC0	ADC2	1x
25	11001		ADC1	ADC2	1x
26	11010		ADC2	ADC2	1x
27	11011		ADC3	ADC2	1x
28	11100		ADC4	ADC2	1x
29	11101		ADC5	ADC2	1x
30	11110	1.23V(VBG)	N/A		
31	11111	0V(GND)			

■ **ADC 제어 및 상태 레지스터(ADC Control and Status Register): ADCSRA**

비트	7	6	5	4	3	2	1	0	
	ADEN	ADSC	ADFR	ADIF	ADIE	ADPS2	ADPS1	ADPS0	ADCSRA
읽기/쓰기	R/W	R/W	R/W	R/W	R/W	R/W	R/W	R/W	
초기값	0	0	0	0	0	0	0	0	

- 비트 7 - ADEN : ADC 가능(ADC Enable)

  이 비트에 1을 쓰면 ADC가 가능하게 되고, 0을 쓰면 ADC 기능이 꺼진다.

- 비트 6 - ADSC : ADC 변환 시작(ADC Start Conversion)

  단일 변환 모드(Single Conversion Mode)에서는 이 비트에 1을 쓰면 ADC 변환이 시작된다. Free Running Mode에서는 이 비트에 1을 쓰면 첫 변환을 시작한다. 이 비트는 ADC 변환 중에는 1로 세트되어 있고 변환이 종료됨과 동시에 0으로 세트된다.

- 비트 5 - ADFR : ADC Free Running Select

  이 비트에 1을 쓰면 ADC는 Free Running 모드로 동작한다. 이 모드에서는 ADC는 연속적으로 입력을 샘플하고 결과를 데이터 레지스터에 저장한다.

- 비트 4 - ADIF : ADC 인터럽트 플래그(ADC Interrupt Flag)

  ADC 변환이 완료되고 결과가 데이터 레지스터에 저장되면 이 비트가 세트된다. ADIE 비트와 레지스터 SREG의 I 비트가 세트되어 있으면 ADIF 비트가 세트될 때 인터럽트가 CPU에 걸린다. ADIF 비트는 해당 인터럽트 서비스루틴이 수행될 때 자동적으로 리셋된다. 다른 방법으로 ADIF 비트에 1을 쓰면 ADIF 비트는 리셋된다.

- 비트 3 - ADIE : ADC 인터럽트 허용(ADC Interrupt Enable)

  이 비트와 레지스터 SREG의 I 비트가 세트되어 있으면 ADIF 비트가 세트될 때 인터럽트가 CPU에 걸린다.

- 비트 2:0 - ADPS2:0 : ADC 프리스케일러 선택 비트

  이 비트로 XTAL 주파수와 ADC에 공급되는 클록 간의 나눗셈 인자(division factor)를 표 8.3과 같이 선택한다.

표 8.3 ADC 프리스케일러 선택

ADPS2	ADPS1	ADPS0	Division Factor
0	0	0	2
0	0	1	2
0	1	0	4
0	1	1	8
1	0	0	16
1	0	1	32
1	1	0	64
1	1	1	128

- **ADC 데이터 레지스터(ADC Data Register): ADCL, ADCH**

ADMUX 레지스터의 비트 ADLAR=0일 때(오른쪽 정렬):

비트	15	14	13	12	11	10	9	8	
	–	–	–	–	–	–	ADC9	ADC8	ADCH
	ADC7	ADC6	ADC5	ADC4	ADC3	ADC2	ADC1	ADC0	ADCL
	7	6	5	4	3	2	1	0	
읽기/쓰기	R	R	R	R	R	R	R	R	
	R	R	R	R	R	R	R	R	
초기값	0	0	0	0	0	0	0	0	
	0	0	0	0	0	0	0	0	

ADMUX 레지스터의 비트 ADLAR=1일 때(왼쪽 정렬):

비트	15	14	13	12	11	10	9	8	
	ADC9	ADC8	ADC7	ACD6	ADC5	ADC4	ADC3	ADC2	ADCH
	ADC1	ADC0	–	–	–	–	–	–	ADCL
	7	6	5	4	3	2	1	0	
읽기/쓰기	R	R	R	R	R	R	R	R	
	R	R	R	R	R	R	R	R	
초기값	0	0	0	0	0	0	0	0	
	0	0	0	0	0	0	0	0	

ADC 변환이 완료되면 변환 결과는 이 두 레지스터에 저장된다. ADMUX 레지스터로 차동 입력 모드를 선택하면 변환 결과는 **2의 보수로 이 두 레지스터에 저장된다.**

변환 결과를 읽을 때는 반드시 하위 바이트 ADCL 레지스터를 먼저 읽고 난 후 상위 바이트인 ADCH 레지스터를 읽어야 한다. C-언어를 사용할 경우 2바이트 변수를 사용하여 ADC 변환 값을 읽을 수 있다.

ADMUX 레지스터의 ADLAR 비트가 세트되면 변환결과는 왼쪽 정렬하여 레지스터 ADC에 저장되고, ADLAR 비트가 리셋되면 오른쪽 정렬하여 레지스터 ADC에 저장된다.

- 비트 9:0 - ADC9:0 : ADC 변환 결과(ADC Conversion Result)
  ADC 변환 결과를 저장한다.

8.4 ATmega128의 ADC 사용

8.4.1 ADC 클록 설정 및 변환 속도

➤ ATmega128의 ADC를 사용하여 아날로그 신호를 최대 분해능으로 디지털 변환하려면 50kHz~200kHz의 클록을 ADC에 공급하여야 한다.

➤ 시스템 클록은 이 주파수보다 훨씬 빠르므로 프리스케일러를 사용하여 주파수를 낮추어서 ADC에 공급하여야 한다. 공급 주파수가 높을수록 변환 속도가 빠르므로 가능하면 주파수가 높도록 설정하는 것이 좋다.

➤ 선택 가능한 프리스케일러의 비는 표 8.3과 같다. 현재 사용하는 시스템 클록의 주파수는 16MHz이므로 ADC 클록의 주파수가 50kHz~200kHz이 되도록 하는 프리스케일러 비는 표 8.3에서 128뿐이다.

$$\text{ADC 클록} = 16\text{MHz} \ / \ 128 = 125\text{kHz}$$

➤ ADCSRA 레지스터의 ADEN 비트가 세트된 후 첫 변환에는 25클록이 소요되고 다음의 정상 변환부터는 13클록이 소요된다. 따라서 정상 변환의 최대 변환속도는 다음과 같다.

$$\text{ADC 샘플속도} = 125\text{kHz}/13 = 9.6\text{kSPS}$$

여기서 kSPS는 Kilo Samples per Second를 나타낸다.

8.4.2 입력 채널 설정 및 기준 전압 선택

- ADC 변환기의 입력 채널은 레지스터 ADMUX의 MUX4:0 비트로 설정한다. 표 8.2는 선택할 수 있는 입력 채널과 입력 모드를 나타내고 있다. MUX4:0이 0~0x07 사이로 설정되어 있으면 싱글엔드 입력 모드이고 나머지는 차동 입력 모드를 나타낸다.
- ADC의 기준 전압은 레지스터 ADMUX의 REFS1:0 비트로 선택하며 표 8.1과 같이 다음 3가지 중 하나를 선택할 수 있다.

  AREF : AREF 핀에 걸린 전압
  AVCC : AVCC 핀에 걸린 전압
  내부전압 : CPU에서 생성한 2.56V의 전압

- AVCC 또는 내부 전압을 기준 전압으로 사용할 때는 AREF 핀과 접지를 외부 커패시터로 연결한다.
- AREF 핀에 전압이 걸리면 내부 전압을 기준 전압으로 사용할 수 없다.

8.4.3 AD 변환값과 데이터 정렬

싱글엔드 입력 모드와 차동 입력 모드에 대해 서로 다른 방법으로 변환을 한다.

싱글엔드 입력

ATmega128의 ADC는 싱글엔드 입력 모드일 때 단극성(Unipolar) 입력(+전압)만 받아들일 수 있다. 그림 8.1은 싱글엔드 입력 모드일 때 입력 전압을 디지털값으로 변환하는 방법을 보여준다. 식으로 표현하면 다음과 같다.

$$\mathrm{ADC} = \frac{V_{\mathrm{IN}} \cdot 1024}{V_{\mathrm{REF}}} \tag{8.1}$$

여기서 V_{IN} : 입력전압, V_{REF} : 기준 전압, ADC : 변환된 디지털값을 나타낸다.

AD 변환 후 결과 값은 레지스터 ADC에 저장된다. 이때 저장되는 데이터의 정렬은 ADMUX 레지스터의 비트 ADLAR에 따라 결정된다. 예를 들어 기준 전압 V_{REF}=5V일 때 입력 전압이 V_{IN}=3V이면 변환결과는

$$\text{ADC} = \frac{3 \cdot 1024}{5} = 614 = \texttt{0x266} = \texttt{0b1001100110} \tag{8.2}$$

이다. 비트 ADLAR에 따라 위 결과는 ADC에 다음과 같이 저장된다.

ADLAR=0(오른쪽 정렬)

비트	15															0	십진수
ADC	0	0	0	0	0	0	1	0	0	1	1	0	0	1	1	0	= 614

ADLAR=1(왼쪽 정렬)

비트	15															0	십진수
ADC	1	0	0	1	1	0	0	1	1	0	0	0	0	0	0	0	= 614×2^6

➤ 십진수 값은 ADC를 부호 없는 2바이트 정수로 읽었을 때의 값이다.

➤ 오른쪽 정렬하였을 때 레지스터 ADC의 값은 변환값 식 (8.2)와 동일하나 왼쪽 정렬하였을 때는 오른쪽 정렬값을 왼쪽으로 6비트 이동한 것과 같다. 따라서 레지스터 ADC의 값은 변환 값의 $2^6 = 64$배이다.

♣ 십진법에서 왼쪽으로 한자리 이동하면 원래 수의 10배가, 오른쪽으로 한자리 이동하면 원래 수의 1/10배가 된다.

10 ==> 100 (왼쪽으로 한자리 이동)

10 ==> 1 (오른쪽으로 한자리이동)

♣ 유사하게 이진법에서 왼쪽으로 한자리 이동(1비트 이동과 같음)하면 원래 수의 2배가, 오른쪽으로 1비트 이동하면 원래 수의 1/2배가 된다. 따라서 왼쪽으로 n-비트 이동하면 2^n배가 되며, 오른쪽으로 n-비트 이동하면 $1/2^n$배가 된다.

➤ 오른쪽 정렬을 하였을 때는 레지스터 ADC의 부호 비트인 비트 15가 항상 0이므로 레지스터 ADC의 값은 항상 양의 정수이다. 따라서 레지스터 ADC를 부호 없는 2바이트 변수 또는 부호 있는 2바이트 변수 어느 것을 사용하여도 무방하다.

```
unsigned short result;
result = ADC;
```

```
short result;
result = ADC;
```

➤ 왼쪽 정렬을 하였을 때는 위의 예와 같이 변환값에 따라 부호 비트인 비트 15가 1이 되는 경우가 있다. 이런 값을 부호 있는 2바이트 정수로 읽어들이면 결과는 음의 값을 나타내게 된다. 싱글엔드 입력은 양의 전압만 받으므로 결과가 오류이다. 따라서 왼쪽 정렬의 경우는 반드시 부호 없는 2바이트 정수로 읽어야 한다.

```
unsigned short result;
result = ADC;
```

```
short result;
result = ADC;   // 결과 오류
```

➤ 이상으로 싱글엔드 입력에서는 오른쪽 정렬을 하는 것이 편리하다.

차동 입력

ATmega128의 ADC는 차동 입력 모드일 때는 양극성(bipolar) 입력(-/+전압)을 받아들인다. 그림 8.5는 차동 입력 모드일 때 입력 전압을 디지털값으로 변환하는 방법을 보여준다.

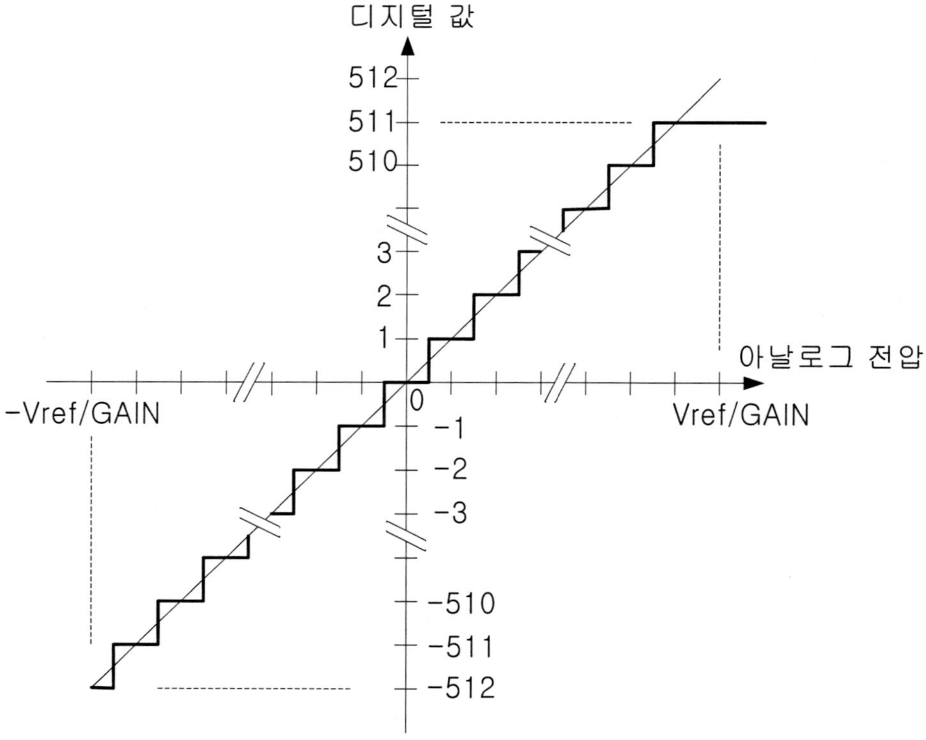

그림 8.5 차동 입력 모드에서 변환 그래프

이를 식으로 표현하면 다음과 같다.

$$ADC = \frac{(V_{POS} - V_{NEG}) \cdot GAIN \cdot 512}{V_{REF}} \tag{8.3}$$

여기서 V_{POS}은 "Signal +"단의 입력 전압, V_{NEG} 은 "Signal −"단의 입력 전압, 그리고 GAIN은 증폭 이득을 나타낸다.

- 싱글엔드 입력 모드와는 달리 양극성 신호를 받아들일 수 있고 입력에 대한 이득을 설정할 수 있다.
- 큰 이득을 설정하면 범위가 매우 작은 신호를 읽어들일 수 있다. 예를 들어 V_{REF}=5V, GAIN=200으로 설정하면 그림 8.5로부터 읽을 수 있는 신호의 범위는 -5V/200(=-25mV) ~ +5V/200(=25mV)이다. 매우 미약한 신호를 읽을 수 있다.

다음은 차동 입력 모드에서 데이터 정렬에 대해 알아보자. V_{REF}=5V, GAIN=1로 설정하였을 때 $V_{POS} - V_{NEG}$ = 3V, -3V인 경우를 고려해 보자. 식 (8.3)으로부터

3V : ADC = (3×512)/5 = 307 = 0b0100110011

−3V : ADC = (−3×512)/5 = −307 = 0b1011001101

-3V일 때 ADC에 저장되는 이진수 값은 10비트 이진수의 보수로 나타난다(0b0100110011의 보수 ==> 0b1011001100+1 = 0b1011001101). 데이터 정렬 방법에 따른 레지스터 ADC의 값은 다음과 같다.

(1) $V_{POS} - V_{NEG}$ = 3V:

ADLAR = 0(오른쪽 정렬)

비트	15															0	십진수
ADC	0	0	0	0	0	0	0	1	0	0	1	1	0	0	1	1	= 307

↳ 부호 비트

ADLAR = 1(왼쪽 정렬)

비트	15															0	십진수
ADC	0	1	0	0	1	1	0	0	1	1	0	0	0	0	0	0	= 307×2^6

↳ 부호 비트

(2) $V_{POS} - V_{NEG}$ = -3V:

ADLAR = 0(오른쪽 정렬)

비트	15															0		십진수
ADC	0	0	0	0	0	0	1	0	1	1	0	0	1	1	0	1	=	717

↳ 부호 비트

ADLAR = 1(왼쪽 정렬)

비트	15															0		십진수
ADC	1	0	1	1	0	0	1	1	0	1	0	0	0	0	0	0	=	-307×2^6

↳ 부호 비트

➤ 차동 입력 모드일 때는 양극성 전압을 읽어 들이므로 레지스터 ADC를 부호 있는 2 바이트 정수로 읽는 것이 바람직하다. 위의 우측 십진수 값은 ADC를 부호 있는 2 바이트 정수로 읽었을 때의 값이다.

➤ 오른쪽 정렬을 하였을 때는 ADC의 부호 비트인 비트 15가 항상 0이므로 ADC 결과 값은 항상 양의 값을 갖는다. 따라서 입력 전압의 부호에 대한 정보를 잃어버린다. 특히 음의 전압을 읽었을 때 ADC 결과값은 부호뿐 아니라, 값도 원래의 데이터값을 보존하지 못한다.

➤ 왼쪽 정렬을 하면 결과값은 부호에 대한 정보를 보존하고 있으며 전압의 부호에 관계없이 결과값은 변환값의 2^6=64배이다.

➤ 따라서 차동 입력 모드일 때는 왼쪽 정렬을 택하고 다음과 같이 부호 있는 정수로 읽어 들인 후 64로 나누면 된다.

```
short result;              // 부호 있는 2바이트 정수
ADMUX |= (1<<ADLAR);       // 왼쪽 정렬
. . . . .
result = ADC;              // 왼쪽 정렬로 데이터 입력
result = result/64;        // 64로 나누어 데이터 획득
```

➤ 이상으로 차동 입력 모드에서는 왼쪽 정렬이 편리하다.

09
직렬 통신

ATmega 128

9.1 USART를 이용한 직렬 통신

직렬 통신(Serial Communication)은 하나의 신호선을 통하여 데이터를 전달하는 통신 방법을 말한다. USART(Universal Synchronous and Asynchronous serial Receiver and Transmitter)는 직렬 통신 방법으로 데이터를 전달하는 장치로 수신부와 송신부가 각각 하나의 신호선을 사용한다. 그림 9.1과 같이 송신부는 통신 상대방의 수신부에, 수신부는 상대방의 송신부에 연결한다.

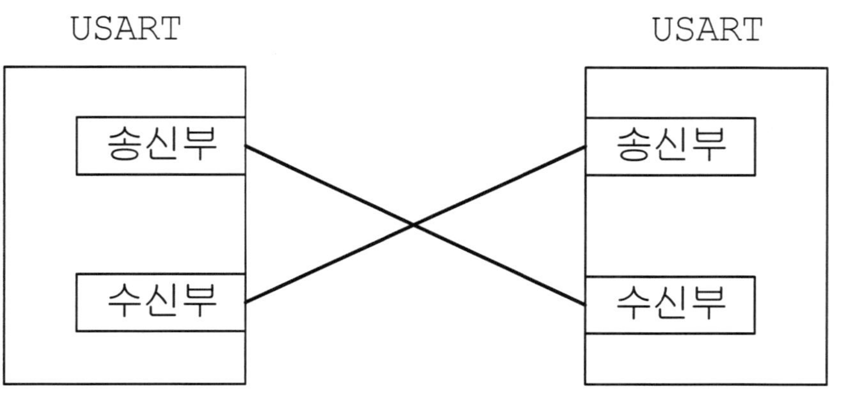

그림 9.1 USART 연결

송신부와 수신부가 각각의 신호선을 사용하므로 데이터의 송신과 수신을 동시에 할 수 있다. 이러한 통신 방식을 전이중방식(full-duplex)이라 한다. 말을 하면서 상대방의 말을 들을 수 있는 전화는 전이중방식이다. 이에 비해 워키토키와 같이 송신과 수신을 동시에 할 수 없는 방식을 반이중방식(half-duplex)이라 한다.

한국어만 사용하는 사람이 영어만 사용하는 사람과 서로 의사소통을 할 수 없는 것과 마찬가지로 양자 간에 데이터를 교환하는 통신에서 데이터를 해석하는 규약이 서로 다르면 통신을 할 수 없다. 통신에서는 송신부는 정해진 규약에 따라 데이터를 구성하여 전달하고 수신부 역시 같은 규약에 따라 수신 데이터를 해석해야 한다. 이러한 규약을 프로토콜(protocol)이라 한다.

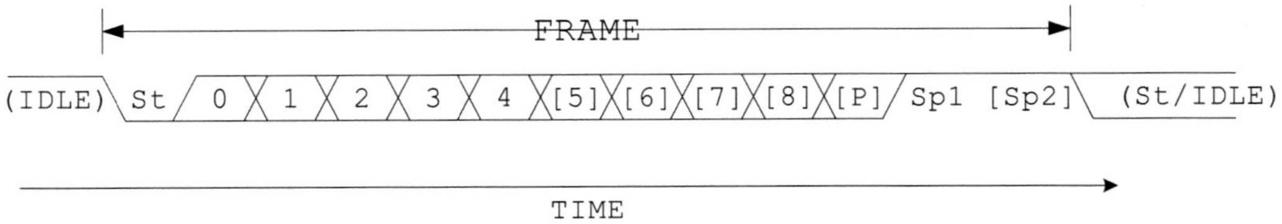

St	시작 비트, 항상 LOW
(n)	데이터 비트(0–8)
P	패리티 비트(홀수 또는 짝수)
Sp	정지 비트, 항상 High
IDLE	통신 라인(RxD, TxD)에 데이터가 전송되지 않음, 항상 High
[ ]	옵션을 나타냄

그림 9.2 전송 프레임 형식

통신 프로토콜은 역할에 따라 여러 층으로 구분되어 있으며, 데이터 전송을 직접 담당하는 하드웨어 인터페이스는 가장 하위층을 구성한다. 하드웨어 인터페이스인 USART는 데이터를 그림 9.2와 같은 프레임으로 전달된다.

프레임의 각 요소는 비트를 나타내며 시간에 따라 순서대로 전송된다. 직렬 전송 프레임은 동기 비트(시작 비트와 정지 비트)와 함께 1문자의 데이터 비트로 정의된다. 이에 더해 오류검출을 위한 패리티 비트를 옵션으로 선택할 수 있다. 그림 9.2에서 [ ]로 표시되는 비트는 옵션을 나타낸다. ATmega128의 USART는 그림 9.2의 옵션 조합에 따라 다음 30개의 프레임 형식을 지원한다.

- 1 시작 비트
- 5, 6, 7, 8 또는 9 데이터 비트
- 패리터 없음, 짝수 패리티, 홀수 패리티(none, even, odd)
- 1 또는 2 정지 비트

일반적으로 1문자는 1바이트, 즉 8비트로 이루어지나 문자의 종류가 제한되는 경우는 5, 6 또는 7비트로만 표시될 수 있다. 이에 따라 데이터 비트의 개수를 옵션으로 설정한다. USART는 그림 9.1과 같이 1:1 통신을 기본적으로 지원하나, ATmega128은 9 데이터 비트를 사용하여 1:다수 통신이 가능한 다중-프로세서 통신 모드를 제공한다. 이 책에서는 다중 프로세서 통신 모드는 다루지 않는다. 필요한 경우는 ATmega128 매뉴얼을 참조하기 바란다.

- 그림 9.2에서와 같이 프레임은 항상 Low인 시작 비트로 시작한다.
- 이후 데이터를 나타내는 데이터 비트가 옵션에 따라 최대 9비트까지 전송된다.
- 패리티를 사용하도록 옵션이 설정되어 있으면(짝수 또는 홀수) 정지 비트 전에 패리티 비트가 삽입된다.
- 프레임은 항상 High인 정지 비트로 종료된다.
- 한 프레임이 완전히 종료된 후에 바로 다음 프레임이 전송되거나 또는 IDLE 모드로 전환된다.

패리티 비트

통신은 양자간의 데이터 교환이므로 전송 중에 데이터가 손상될 수 있다. 따라서 수신부에서는 수신된 데이터의 오류를 검사할 수 있는 방법이 필요하다. 패리티 검사는 오류 검사 방법 중 하나이다.

USART 옵션에서 패리티를 사용하도록 선택하면(짝수 또는 홀수 패리티) 패리티 비트는 다음과 같이 프레임 데이터 비트의 배타적 논리합(Exclusive OR)으로 생성된다.

$$P_{even} = d_{n-1} \oplus \ldots \oplus d_3 \oplus d_2 \oplus d_1 \oplus d_0 \oplus 0 \quad : \text{짝수 패리티}$$

$$P_{odd} = d_{n-1} \oplus \ldots \oplus d_3 \oplus d_2 \oplus d_1 \oplus d_0 \oplus 1 \quad : \text{홀수 패리티}$$

여기서 $\oplus$는 배타적 논리합을 나타낸다. 생성된 패리티 비트는 데이터 비트와 정지 비트 사이에 삽입된다.

패리티 비트를 생성하는 방법을 수식으로 표현하면 위와 같이 표시되지만 실제로는 매우 간단하게 설명될 수 있다.

- 짝수 패리티를 설정하면 데이터 비트와 패리티 비트 중 1인 비트의 개수가 짝수가 되도록 패리티 비트를 설정한다.

데이터	패리티 비트(짝수 패리티)	데이터 비트와 패리티 비트 중 1인 비트의 개수
0b00010100	0	2 - 짝수
0b00010101	1	4 - 짝수

➤ 홀수 패리티를 설정하면 데이터 비트와 패리티 비트 중 1인 비트의 개수가 홀수가 되도록 패리티 비트를 설정한다.

데이터	패리티 비트(홀수 패리티)	데이터 비트와 패리티 비트 중 1인 비트의 개수
0b00010100	1	3 - 홀수
0b00010101	0	3 - 홀수

패리티를 사용하여 오류를 검출하는 방법은 그림 9.3과 같다.

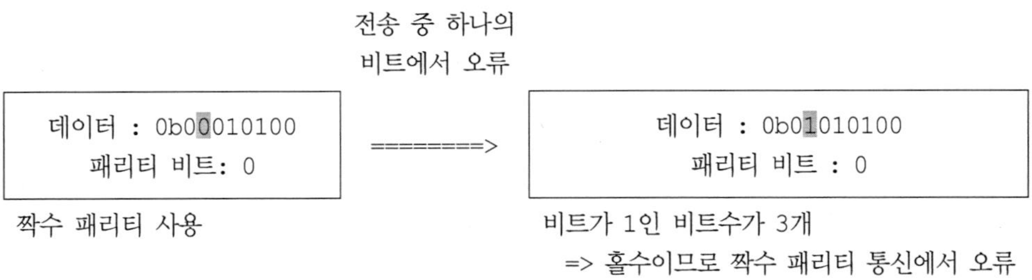

그림 9.3 패리티를 사용한 오류 검출

➤ 그림 9.3과 같이 짝수 패리티를 사용하여 전송한 데이터에 하나의 비트가 손상된 경우 수신측에서 비트가 1인 수를 세어보면 홀수가 나온다. 짝수 패리티를 사용하므로 전송 도중 오류가 발생하였음을 알 수 있다.

➤ 짝수 개의 비트에서 오류가 생기면 패리티를 사용하여 오류를 검출할 수 없다.

➤ 패리티 오류는 하드웨어에서 검사하고 오류 시 플래그를 세트한다.

동기 통신과 비동기 통신

그림 9.2에서 하나의 프레임은 여러 비트로 구성된다. 시작/정지 비트는 프레임 간 구분을 위해 사용된다. 그러나 프레임 내의 비트는 시간으로 구분한다. 프레임의 전송 속도가 정해지면 비트 간의 시간 간격을 알 수 있으므로 시간을 사용하면 각 비트를 구분할 수 있다. 시간을 측정하기 위해 두 가지 방법을 사용할 수 있다.

(1) **동기(Synchronous) 통신** : 통신 두 당사자의 시계를 동기시켜 서로 같은 시간을 사용하도록 한다. 같은 시간을 사용하므로 송신부와 수신부 각각에서 프레임 내의 데이터를 구분하는 데 오차가 없다. 그러나 이 방법을 사용하기 위해서는 데이터

전송선과 더불어 동기 신호선이 추가적으로 필요하다. 이러한 통신 방법을 동기 통신이라 한다. USART의 동기 통신에서는 마스터로 지정된 USART가 통신 상대방인 슬레이브 USART에 동기신호인 클록 신호를 전달한다.

(2) **비동기(Asynchronous) 통신** : 동기 통신과는 달리 송신부와 수신부가 각각의 시계를 사용하므로 두 시계는 동기되어 있지 않다. 두 시계는 정확히 서로 일치하지 않아서 프레임 내의 비트를 구분하는 시간 간격이 서로 다르다. 하지만 한 프레임을 전송하는데 걸리는 시간은 매우 짧아서 두 시계 간의 오차를 무시할 수 있다. 이 방법을 비동기 통신이라 한다. 이때 시간 신호선이 달리 필요하지 않다.

ATmega128의 직렬 통신 장치는 동기/비동기 통신 모두를 지원하므로 USART(Universal Synchronous and Asynchronous serial Receiver and Transmitter)이고, 비동기 통신만을 지원하는 장치는 UART(Universal Asynchronous serial Receiver and Transmitter)라 불리운다.

9.2 ATmega128의 USART

9.2.1 USART 사양

ATmega128에서 제공하는 USART의 주요사양은 다음과 같다.

- 전이중(Full Duplex) 동작
- 동기/비동기 동작
- 마스터 또는 슬레이브로 동기 통신
- 고해상도 보레이트(Baud Rate) 생성기
- 5, 6, 7, 8 또는 9 데이터 비트와 1 또는 2 정지 비트를 사용하는 프레임 지원
- 홀수/짝수 패리티 비트 생성 및 하드웨어로 패리티 검사
- 데이터 오버런 검출
- 프레임 오류 검출
- 다중 프로세서 통신 모드

ATmega128은 위 사양의 USART를 두 개 제공한다. 각각 USART0와 USART1이라 부른다. 각 USART가 데이터 통신을 위해 사용하는 핀은 표 9.1과 같다.

표 9.1 USART가 사용하는 핀

	USART0		USART1	
	사용 핀	공유기능	사용 핀	공유기능
수신 핀	RXD0	PE0	RXD1	PD2
송신 핀	TXD0	PE1	TXD1	PD3
동기 통신 클록 핀	XCK0	PE2	XCK1	PD5

동기 통신 클록 핀은 비동기 모드에서는 사용하지 않는다.

9.2.2 관련 레지스터

■ **USARTn 입출력 데이터 레지스터(I/O Data Register) : UDRn(n=0,1)**

비트	7	6	5	4	3	2	1	0	
	RXBn[7:0]								UDRn(읽기)
	TXBn[7:0]								UDRn(쓰기)
읽기/쓰기	R/W	R/W	R/W	R/W	R/W	R/W	R/W	R/W	
초기값	0	0	0	0	0	0	0	0	

USARTn 송신 데이터 버퍼 레지스터(Transmit Data Buffer Register) TXBn과 USARTn 수신 데이터 버퍼 레지스터(Receive Data Buffer Register) RXBn은 같은 I/O 주소를 공유하므로 이들을 UDRn 레지스터라 부른다. UDRn에 데이터를 쓰면 이는 TXBn에 저장되며, UDRn을 읽으면 RXBn에 저장된 데이터가 읽힌다.

송신이 가능하도록 설정되어 있을 때 데이터를 송신 데이터 버퍼 레지스터에 쓰면 데이터가 송신된다. 수신된 데이터는 수신 데이터 버퍼 레지스터에 저장된다.

■ USARTn 제어 및 상태 레지스터 A(USARTn Control and Status Register A): UCSRnA

비트	7	6	5	4	3	2	1	0	
	RXCn	TXCn	UDREn	FEn	DORn	UPEn	U2Xn	MPCMn	UCSRnA
읽기/쓰기	R	R/W	R	R	R	R	R/W	R/W	
초기값	0	0	1	0	0	0	0	0	

- 비트 7 - RXCn : USART 수신 완료(Receive Complete)

  이 플래그 비트는 수신 데이터 버퍼(UDRn)에 읽지 않은 데이터가 있을 때 세트되고 버퍼가 비어 있을 때(즉 읽지 않은 데이터가 없을 때) 지워진다. 데이터 수신이 불능으로 세트되어 있을 때 수신 버퍼는 비워지며 결과적으로 RXCn 비트는 0으로 지워진다. RXCn 플래그는 수신 완료 인터럽트(Receive Complete Interrupt)를 발생시킬 수 있다(RXCIEn 비트 참조).

- 비트 6 - TXCn : USART 송신 완료(Transmit Complete)

  이 플래그 비트는 송신 데이터 버퍼(UDRn)의 데이터가 송신되고 버퍼가 비어 있을 때 세트된다. TXCn 플래그는 송신 완료 인터럽트(Transmit Complete Interrupt)가 발생되면 자동적으로 지워지거나 또는 이 비트 위치에 1을 쓰면 지워진다. TXCn 플래그는 송신완료 인터럽트를 발생시킬 수 있다(TXCIEn 비트 참조).

- 비트 5 - UDREn : USART 데이터 레지스터 빔(Data Register Empty)

  UDREn 플래그는 송신 버퍼(UDRn)에 데이터를 쓸 수 있음을 나타낸다. 이 1이면 버퍼가 비어 있음을 나타내고 결과적으로 데이터를 쓸 수 있다. 플래그는 데이터 레지스터 빔(Data Register Empty) 인터럽트를 발생시킬 수 있다(UDRIEn 비트 참조).

- 비트 4 - FEn : 프레임 오류(Frame Error)

  수신 버퍼에 저장된 다음 문자에 프레임 오류가 발생했을 때, 즉 다음 문자의 처음 정지 비트가 0일 때 이 비트가 세트된다. 이 비트는 수신 버퍼 UDRn를 읽을 때까지 유효하다. 수신 데이터의 정지 비트가 1일 때 이 비트는 0이 된다. UCSRnA에 쓸 때는 이 비트는 항상 0이 된다.

- 비트 3 - DORn : 데이터 오버런(Data Overrun)

  데이터 오버런이 감지되면 이 비트는 세트된다. 데이터 오버런은 수신 버퍼(UDRn)가 차고(2 문자) 수신 시프트 레지스터에 새 글자가 대기 중이고 새로운 시작비트가 감지될 때 나타난다. 이 비트는 수신 버퍼(UDRn)를 읽을 때까지 유효하다. UCSRnA에 쓸 때는 이 비트는 항상 0이 된다.

- 비트 2 - UPEn : 패리티 오류(Parity Error)
수신 버퍼의 다음 문자에 패리티 오류가 있고 패리티 검사를 가능하게 하였을 때(UPMn1 = 1) 이 비트는 세트된다. 이 비트는 수신 버퍼 UDRn를 읽을 때까지 유효하다. UCSRnA에 쓸 때는 이 비트는 항상 0이 된다.

- 비트 1 - U2Xn : 전송 속도 배가(Double the USART Transmission Speed)
이 비트는 비동기 동작에만 영향을 미친다. 동기 동작에서는 이 비트에 0을 써야 한다. 이 비트에 1을 쓰면 보레이트(Baud Rate) 분주기의 분주비를 16에서 8로 줄여서 비동기 통신의 송신 속도를 2배로 늘린다.

- 비트 0 - MPCMn : 다중 프로세서 통신 모드(Multi-Processor Communication Mode)
이 비트는 다중 프로세서 통신 모드를 가능하게 한다. 이 비트에 1을 쓰면 USART 수신부가 수신한 프레임 중 주소 정보를 담고 있지 않은 것은 모두 무시된다. 송신부는 이 비트의 세팅에 영향을 받지 않는다.

■ **USARTn 제어 및 상태 레지스터 B(USARTn Control and Status Register B): UCSRnB**

비트	7	6	5	4	3	2	1	0	
	RXCIEn	TXCIEn	UDRIEn	RXENn	TXENn	UCSZn2	RXB8n	TXB8n	UCSRnB
읽기/쓰기	R/W	R/W	R/W	R/W	R/W	R/W	R	R/W	
초기값	0	0	0	0	0	0	0	0	

- 비트 7 - RXCIEn : RX 완료 인터럽트 허용(RX Complete Interrupt Enable)
이 비트에 1을 쓰면 RXC 플래그가 세트될 때 인터럽트를 가능하게 한다. USART 수신 완료 인터럽트(Receive Complete Interrupt)는 RXCIEn 비트가 1이고 SREG의 전역 인터텁트 허용 플래그가 1로 세트되어 있고 UCSRnA의 RXC 비트가 세트되어 있을 때 발생된다.

- 비트 6 - TXCIEn : TX 완료 인터럽트 허용(TX Complete Interrupt Enable)
이 비트에 1을 쓰면 TXC 플래그가 세트될 때 인터럽트를 가능하게 한다. USART 송신 완료 인터럽트(Transmit Complete Interrupt)는 TXCIEn 비트가 1이고 SREG의 전역 인터텁트 허용 플래그가 1로 세트되어 있고 UCSRnA의 TXC 비트가 세트되어 있을 때 발생된다.

- 비트 5 - UDRIEn : USART 데이터 레지스터 빔 인터럽트 허용(USART Data Register Empty Interrupt Enable)
이 비트에 1을 쓰면 UDREn 플래그가 세트될 때 인터럽트를 가능하게 한다. USART 데이터 레지스터 빔 인터럽트는 UDRIEn 비트가 1이고 SREG의 전역 인터텁트 허용 플래그가 1로 세트되어 있고 UCSRnA의 UDRE 비트가 세트되어 있을 때 발생된다.

- 비트 4 - RXENn : 수신부 가능(Receiver Enable)
이 비트에 1을 쓰면 USARTn 수신부를 가능하게 한다. 수신부가 가능하게 되면 수신 입력 핀인 RxDn은 공유하는 입출력 포트의 기능을 정지하고 직렬 통신의 입력 포트 역할을 한다. 수신부의 기능 정지는 수신 버퍼를 비우고 FEn, DORn과 UPEn 플래그를 지운다.

- 비트 3 - TXENn : 송신부 가능(Transmitter Enable)
이 비트에 1을 쓰면 USARTn 송신부를 가능하게 한다. 송신부가 가능하게 되면 송신 출력 핀인 TxDn은 공유하는 입출력 포트의 기능을 정지하고 직렬 통신의 출력 포트 역할을 한다. 이 비트를 0으로 하여 송신부 불능을 시키더라도 송신부의 실제 기능 정지는 현재 송신 중이거나 송신될 데이터의 송신이 완료될 때까지 연기된다. 기능 정지가 되었을 때 TxDn 핀은 입출력 포트로 동작한다.

- 비트 2 - UCSZn2 : 문자 크기(Character Size)
UCSZn2 비트는 UCSRnC의 UCSZn1:0 비트와 함께 송신부와 수신부이 사용하는 프레임의 데이터 비트의 개수(문자 크기)를 결정한다.

- 비트 1 - RXB8n : 수신 문자 비트 8(Receive Data Bit 8)
RXB8n은 9-data 비트로 통신을 할 때 수신 문자의 9번째 데이터 비트를 나타낸다. 이 비트는 반드시 UDRn로부터 하위 비트를 읽기 전에 읽어야 한다.

- 비트 0 - TXB8n : 송신 문자 비트 8(Transmit Data Bit 8)

TXB8n은 9-data 비트로 통신을 할 때 송신 문자의 9번째 데이터 비트이다. 이 비트는 반드시 UDRn에 하위 비트를 쓰기 전에 써야 한다.

■ **USARTn 제어 및 상태 레지스터 C(Control and Status Register C): UCSRnC**

비트	7	6	5	4	3	2	1	0	
	–	UMSELn	UPMn1	UPMn0	USBSn	UCSZn1	UCSZn0	UCPOLn	UCSRnC
읽기/쓰기	R/W	R/W	R/W	R/W	R/W	R/W	R/W	R/W	
초기값	0	0	0	0	0	1	1	0	

- 비트 7 - 예약 비트

향후 사용을 위해 예약된 비트이다. 향후에 개발될 장치와 호환성을 위해 UCSRnC 레지스터에 데이터를 쓸 때는 이 비트에 0을 쓰도록 한다.

- 비트 6 - UMSELn : USART 모드 선택(USART Mode Select)

이 비트로 비동기 모드와 동기 모드 동작을 선택한다.

표 9.2 UMSELn 비트 설정

UMSELn	모드
0	비동기 모드
1	동기 모드

- 비트 5:4 - UPMn1:0 : 패리티 모드(Parity Mode)

이 비트는 패리티 생성과 검사를 가능하게 하고 패리티 형태를 설정한다. 만약 가능하게 설정되면 패리티를 자동으로 생성하여 송신 데이터의 각 프레임에 패리티 비트를 붙여서 송신한다. 수신부는 수신된 데이터에 패리티 값을 생성하고 UPMn0 설정과 비교한다. 일치하지 않으면 UCSRnA 레지스터의 UPEn 플래그가 세트된다.

표 9.3 UPMn 비트 설정

UPMn1	UPMn0	패리티 모드
0	0	불능
0	1	(예약)
1	0	가능, 짝수 패리티
1	1	가능, 홀수 패리티

- 비트 3 - USBSn : 정지 비트 선택(Stop Bit Select)

이 비트는 송신부에서 삽입할 정지 비트의 수를 선택한다. 수신부는 이 비트의 설정을 무시한다.

표 9.4 USBSn 비트 설정

USBSn	정지 비트 수
0	1-비트
1	2-비트

- 비트 2:1 - UCSZn1:0 : 문자 크기(Character Size)

UCSZn1:0는 UCSRnB 레지스터의 UCSZn2 비트와 함께 송신부와 수신부에서 사용하는 프레임 내의 문자의 비트수(문자 크기)를 설정한다.

표 9.5 UCSZn 비트 설정

UCSZn2	UCSZn1	UCSZn0	문자 크기
0	0	0	5비트
0	0	1	6비트
0	1	0	7비트
0	1	1	8비트
1	0	0	예약
1	0	1	예약
1	1	0	예약
1	1	1	9비트

- 비트 0 - UCPOLn : 클록 극성(Clock Polarity)
  이 비트는 동기 모드에만 사용된다. 비동기 모드를 사용할 때는 이 비트에 0을 쓴다. UCPOLn 비트는 데이터 출력 변화, 데이터 입력 샘플과 동기 클록(XCKn) 사이의 관계를 설정한다.

표 9.6 UCPOLn 비트 설정

UCPOLn	송신데이터 변화 시점(TxDn 핀의 출력)	수신데이터 샘플 시점(RxDn 핀의 입력)
0	XCKn의 상승 모서리	XCKn의 하강 모서리
1	XCKn의 하강 모서리	XCKn의 상승 모서리

■ **USART 보레이트 레지스터(USART Baud Rate Register): UBRRnL과 UBRRnH**

비트	15	14	13	12	11	10	9	8	
	–	–	–	–	UBRRn[11:8]				UBRRnH
	UBRRn[7:0]								UBRRnL
	7	6	5	4	3	2	1	0	
읽기/쓰기	R	R	R	R	R/W	R/W	R/W	R/W	
	R/W	R/W	R/W	R/W	R/W	R/W	R/W	R/W	
초기값	0	0	0	0	0	0	0	0	
	0	0	0	0	0	0	0	0	

- 비트 15:12 - 예약 비트
  향후 사용을 위해 예약된 비트이다. 향후에 개발될 장치와 호환성을 위해 UBBRnH 레지스터에 데이터를 쓸 때는 이 비트에 0을 쓰도록 한다.

- 비트 11:0 - UBRRn11:0 : USARTn 보레이트 레지스터(USARTn Baud Rate Register)
  USARTn의 보레이트를 설정하는 12비트 레지스터이다. USARTn의 보레이트에서 UBRRnH은 상위 4비트를, UBRRnL은 하위 8비트를 나타낸다. 송신 또는 수신 도중 보레이트가 변경되면 데이터가 손상된다. 하위 바이트인 UBRRnL 레지스터에 데이터를 쓰게 되면 즉각적으로 보레이트 프리스케일러 값이 갱신된다.

9.2.3 USART의 데이터 전송률 설정

USART를 사용하기 위해서는 사용할 옵션(데이터비트 수, 패리티, 정지 비트 수)을 선택하여 설정하여야 할 뿐만 아니라 데이터를 전송하는 속도도 함께 설정하여야 한다.

보레이트는 데이터 프레임의 각 비트의 전송률로 정의되며 단위는 bit per second(bps)를 갖는다. 보레이트로부터 전송되는 각 비트 간의 시간간격이 정해지므로 비동기 모드와 동기 마스터 모드에서는 시간을 측정할 시계가 필요하다. 이는 CPU의 시스템 클록(수정발진자의 클록과 동일)과 레지스터 UBRRn를 사용하여 생성한다. 보레이트 BAUD, 시스템 클록 주파수 f_{OSC}, 레지스터 UBRRn의 관계는 표 9.7로 주어진다.

표 9.7 보레이트 레지스터의 설정

작동 모드	보레이트 계산식	UBRRn 값 계산식
비동기 표준 모드	$BAUD=\frac{f_{OSC}}{16(UBBRn+1)}$	$UBRRn=\frac{f_{OSC}}{16\ BAUD}+1$
비동기 2배 전송 속도 모드	$BAUD=\frac{f_{OSC}}{8(UBBRn+1)}$	$UBRRn=\frac{f_{OSC}}{8\ BAUD}+1$
동기 마스터 모드	$BAUD=\frac{f_{OSC}}{2(UBBRn+1)}$	$UBRRn=\frac{f_{OSC}}{2\ BAUD}+1$

표 9.8은 f_{OSC} =16MHz일 때 비동기 표준 모드와 2배 전송 속도 모드에서 설정할 수 있는 보레이트와 대응되는 UBRRn값을 나타내고 오차는 설정된 보레이트에 대해 실제 보레이트의 오차를 나타낸다.

표 9.8 f_{OSC} =16MHz일 때 보레이트 및 UBRRn

보레이트	f_{OSC} =16MHz			
	표준 모드(U2X=0)		2배 전송 모드(U2X=1)	
	UBRRn	오차	UBRRn	오차
2400	416	-0.1%	832	0.0%
4800	207	0.2%	416	-0.1%
9600	103	0.2%	207	0.2%
14.4K	68	0.6%	138	-0.1%
19.2K	51	0.2%	103	0.2%
28.8K	34	-0.8%	68	0.6%
38.4K	25	0.2%	51	0.2%
57.6K	16	2.1%	34	-0.8%
76.8K	12	0.2%	25	0.2%
115.2K	8	-3.5%	16	2.1%
230.4K	3	8.5%	8	-3.5%
250K	3	0.0%	7	0.0%
0.5M	1	0.0%	3	0.0%
1M	0	0.0%	1	0.0%
최고 전송 속도	1Mbps		2Mbps	

10

Serial Peripheral Interface(SPI)

ATmega 128

10.1 개요

Serial Peripheral Interface(SPI)는 CPU와 다수의 CPU들 또는 CPU와 다수의 주변장치들 사이에 고속으로 데이터를 동기 전송하는 데 사용되는 직렬 통신 방법 중 하나이다.

그림 10.1은 마스터 장치와 하나의 슬레이브 장치의 연결 방법을 보여준다. SPI 통신 모듈에는 시프트 레지스터가 있다. 시프트 레지스터(Shift Register)는 레지스터 내의 데이터를 1비트씩 이동하면서 1비트씩 출력하는 장치이다. SPI 모듈 내의 시프트 레지스터 데이터 크기는 장치에 따라 다르다. ATmega128의 SPI 통신 모듈은 8비트 시프트 레지스터로 구성되어 있다. SCK는 동기 통신을 위한 클록으로서 마스터에서 제공한다. /SS는 Slave Select를 나타내는 마스터의 출력으로서 마스터가 LOW를 출력하면 슬레이브는 활성화되어 마스터/슬레이브 간 통신이 가능해진다. 마스터가 /SS에 HIGH를 출력하면 슬레이브는 자신의 MISO, MOSI, SCK 핀을 Hi-Z 상태로 변경하면서 비활성화된다.

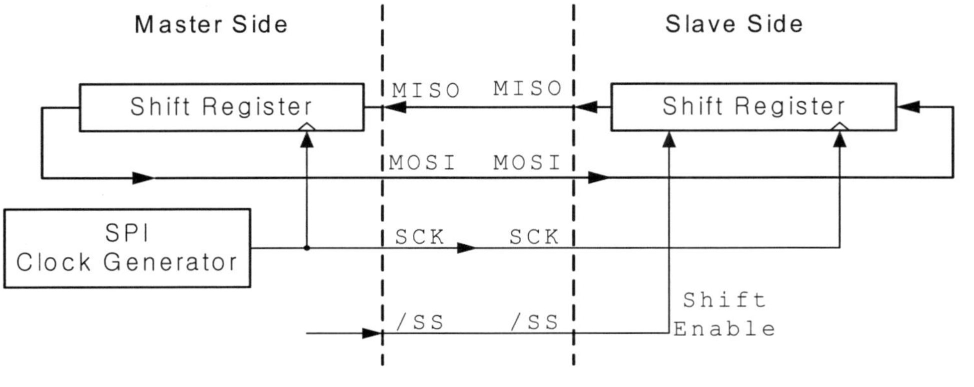

그림 10.1 SPI 통신의 마스터/슬레이브 연결

통신은 항상 마스터가 시작한다. 마스터는 통신을 시작하기 전에 /SS 핀에 LOW를 출력하고 시프트 레지스터에 전송할 데이터를 쓴다. SPI 모듈의 시프트 레지스터는 데이터를 이동시키면서 클록 사이클마다 1비트씩 MOSI(Master Out-Slave In) 핀을 통하여 슬레이브에 전송하는 동기 통신을 한다. 슬레이브에 전송된 비트는 슬레이브 SPI 모듈의 시프트 레지스터에 1비트씩 밀리면서 저장된다. 이때 슬레이브의 시프트 레지스터에 있던 내용은 MISO(Master In-Slave Out) 핀을 통하여 마스터에 전송된다. 따라서 슬레이브가 통신을 시작하기 전에 데이터를 슬레이브의 시프트 레지스터에 저장을 하면 마스터에 데이터를 전송할 수 있다. 슬레이브가 마스터에 데이터를 전송할 필요가 없을 때는 MISO 핀을 연결할 필요가 없다.

SPI 통신에 사용되는 핀의 이름은 제조사에 따라 상이한 이름을 사용함을 유의하기 바란다.

SPI 통신은 하나의 마스터와 다수의 슬레이브 간에 통신을 할 수 있다. 마스터와 다수의 슬레이브의 연결은 두 가지 방법을 사용할 수 있다. 먼저 그림 10.2와 같이 연결하여 다수 슬레이브와 통신하는 방법을 고려하여 보자. 그림 10.2은 2개 이상의 슬레이브로 확장이 가능하다. 마스터의 MISO, MOSI, SCK는 각 슬레이브의 MISO, MOSI, SCK와 순서대로 연결되어 있다. 슬레이브를 선택하는 /SS 핀은 슬레이브가 하나인 그림 10.1과는 달리 슬레이브 수만큼 마스터가 사용한다. 마스터는 통신하고 싶은 슬레이브에 해당하는 /SS 핀을 LOW로 하면 해당 슬레이브만 활성화되고 나머지 슬레이브는 비활성화되기 때문에 원하는 슬레이브와 통신을 할 수 있다. 항상 하나의 슬레이브만 활성화가 되도록 마스터는 /SS 핀들을 제어하여야 한다.

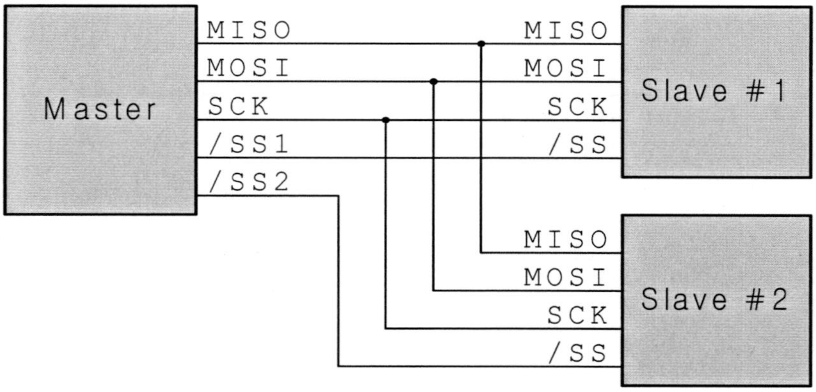

그림 10.2 마스터와 다수 슬레이브 간의 SPI 통신 연결

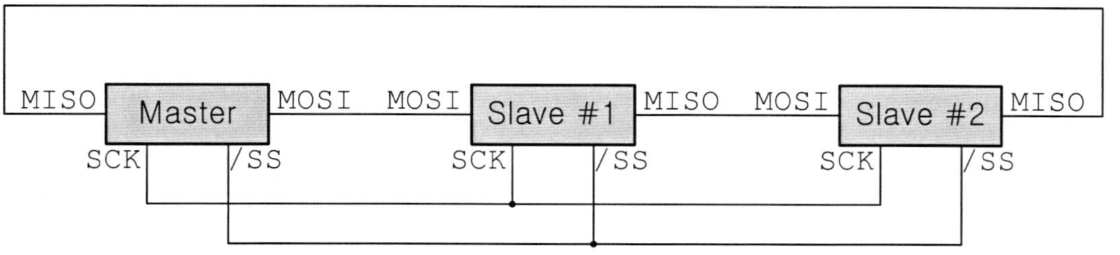

그림 10.3 Daisy-Chain 방식으로 마스터와 다수 슬레이브 연결

다음 방법은 그림 10.3과 같이 슬레이브의 출력을 다음 슬레이브의 입력으로 연결하고 마지막 슬레이브 출력을 마스터의 입력과 연결하는 방법이다. 이런 연결 방법을 Daisy-Chain 방식이라 한다. 슬레이브를 선택하는 /SS는 모두 공유하고 있기 때문에 마스터가 통신을 시작하면 모든 슬레이브가 활성화되어서 통신이 가능하게 된다. 마스터가 데이터를 전송하면 슬레이브 #1에 데이터가 전달된다. 이때 슬레이브 #1의 시프트 레지스터에 있는 데이터는 다음 슬레이브에 전달된다. 다수의 슬레이브가 연결되어 있으면 슬레이브 #(n-1)의 시프트 레지스터의 데이터는 다음 슬레이브 #n에 전달되고, 마지막 슬레이브의 데이터는 마스터에 전달된다. 이 방법을 사용하면 마스터가 n-번째 슬레이브에 데이터를 전달하기 위해서는 n-번의 데이터 전송이 필요하다.

10.2 ATmega128의 SPI

10.2.1 특징

ATmega128이 제공하는 SPI 모듈은 다음과 같은 특징을 가지고 있다.

- 전이중방식 3-wire(MOSI, MISO, CLK) 동기 데이터 전송
- 마스터 모드 또는 슬레이브 모드 동작
- 데이터 전송의 비트 순서 변경가능
- 7가지로 프로그램 가능한 비트 전송률
- 전송 종료 인터럽트 플래그
- 쓰기 충돌 플래그를 이용한 충돌 방지
- Idle Mode에서 Wake-up
- 전송 속도를 2배로 높일 수 있는 마스터 SPI 모드

10.2.2 관련 레지스터

■ SPI 제어 레지스터(SPI Control Register): SPCR

비트	7	6	5	4	3	2	1	0	
	SPIE	SPE	DORD	MSTR	CPOL	CPHA	SPR1	SPR0	SPCR
읽기/쓰기	R/W	R/W	R/W	R/W	R/W	R/W	R/W	R/W	
초기값	0	0	0	0	0	0	0	0	

- 비트 7 - SPIE : SPI 인터럽트 허용(SPI Interrupt Enable)
  이 비트를 세트하면 SREG 레지스터의 비트 I가 세트되어 있는 경우 SPCR 레지스터의 SPIF 비트가 세트될 때 SPI 인터럽트가 처리된다.

- 비트 6 - SPE : SPI 허용(SPI Interrupt Enable)
  SPI의 기능을 사용하려면 이 비트를 세트하여야 한다.

- 비트 5 - DORD : 데이터 순서(Data Order)
  이 비트가 1이면 데이터의 최하위 비트(LSB)가 먼저 송신된다. 이 비트가 0이면 최상위 비트(MSB)가 먼저 송신된다.

- 비트 4 - MSTR : 마스터/슬레이브 선택(Master/Slave Select)
  이 비트가 1이면 SPI는 마스터 모드로, 0이면 슬레이브 모드로 동작한다. MSTR이 1로 세트되어 있는 동안 /SS 핀이 입력으로 설정되고 /SS 핀에 LOW 입력이 들어오면 MSTR은 지워지고 SPSR의 SPIF 비트가 세트된다.

- 비트 3 - CPOL : 클록 극성(Clock Polarity)
  이 비트가 1이면 Idle 상태일 때 SCK는 HIGH를 유지한다. 반면 CPOL이 0이 되면 Idle일 때 LOW를 유지한다. 표 10.1은 CPOL의 기능을 보여준다(그림 10.4와 그림 10.5 참조).

표 10.1 CPOL의 기능

CPOL	앞 모서리(Leading edge)	뒷 모서리(Trailing edge)
0	상승	하강
1	하강	상승

- 비트 2 - CPHA : 클록 위상(Clock Phase)

이 비트의 세팅은 데이터가 SCK의 앞 모서리에서 또는 뒷 모서리에서 샘플이 되는지 결정한다. CPHA의 기능은 표 10.2에 나타내었다(그림 10.4와 그림 10.5 참조).

표 10.2 CPHA의 기능

CPOL	앞 모서리(Leading edge)	뒷 모서리(Trailing edge)
0	샘플	셋업
1	셋업	샘플

- 비트 1,0 - SPR1, SPR0 : SPI 클록 속도 선택 1, 0(SPI Clock Rate Select 1 and 0)

두 비트는 마스터로 설정된 장치의 SCK 속도를 제어한다. SPR1과 SPR0는 슬레이브에는 영향을 미치지 않는다. SCK와 오실레이터 클록 주파수 f_{osc}의 관계는 표 10.3에 나타나 있다.

표 10.3 SCK와 클록 주파수의 관계

SPI2X	SPR1	SPR0	SCK 주파수
0	0	0	$f_{osc}/4$
0	0	1	$f_{osc}/16$
0	1	0	$f_{osc}/64$
0	1	1	$f_{osc}/128$
1	0	0	$f_{osc}/2$
1	0	1	$f_{osc}/8$
1	1	0	$f_{osc}/32$
1	1	1	$f_{osc}/64$

■ **SPI 상태 레지스터(SPI Status Register): SPSR**

비트	7	6	5	4	3	2	1	0	
	SPIF	WCOL	–	–	–	–	–	SPI2X	SPSR
읽기/쓰기	R	R	R	R	R	R	R	R/W	
초기값	0	0	0	0	0	0	0	0	

- 비트 7 - SPIF : SPI 인터럽트 플래그(SPI Interrupt Flag)
직렬 전송이 완료되었을 때 SPIF 플래그가 세트된다. SPCR 레지스터의 SPIE 비트가 세트되어 있고 전역 인터럽트가 허용되어 있으면 이 플래그가 세트될 때 SPI 인터럽트가 발생된다. SPI가 마스터 모드로 동작할 때 핀 /SS가 입력으로 설정되고 입력으로 LOW 신호가 가해지면 SPIE 플래그가 역시 세트된다. 이 플래그 비트는 인터럽트 서비스루틴을 수행하면 하드웨어에 의해 지워진다. 다른 방법으로는 SPIF 플래그가 세트되었을 때 SPI 상태 레지스터(SPSR)를 읽은 다음 SPI 데이터 레지스터(SPDR)를 읽으면 SPIF가 지워진다.

- 비트 6 - WCOL : 충돌 플래그 쓰기(Write COLision flag)
데이터 전송 중에 SPI 데이터 레지스터(SPDR)에 데이터를 쓰게 되면 WCOL 비트가 세트된다. WCOL 비트(SPIF 비트와 함께)는 SPI 상태 레지스터(SPSR)를 읽은 다음 SPI 데이터 레지스터(SPDR)를 읽으면 지워진다.

- 비트 5:1 - 예약 비트

- 비트 0 - SPI2X : SPI 속도 배가 비트(Double SPI Speed Bit)
SPI가 마스터 모드로 동작할 때 이 비트를 세트하면 SPI의 속도가 두 배로 된다. 이는 최소 SCK 주기가 2 CPU 클록 주기와 같다. SPI가 슬레이브 모드로 동작할 때 SPI 속도는 $f_{osc}/4$ 또는 이하 동작만이 보장된다.

■ SPI 데이터 레지스터(SPI Data Register): SPDR

비트	7	6	5	4	3	2	1	0	
	MSB							LSB	SPDR
읽기/쓰기	R/W	R/W	R/W	R/W	R/W	R/W	R/W	R/W	
초기값	x	x	x	x	x	x	x	x	

SPI 데이터 레지스터는 SPI 시프트 레지스터와 레지스터 파일 사이의 데이터 전송에 사용된다. 이 레지스터에 데이터 쓰기로 데이터 전송을 시작한다. 이 레지스터를 읽으면 시프트 레지스터의 수신 버퍼의 데이터를 읽을 수 있다.

10.2.3 동작

(가) 동작 모드

레지스터 SPCR의 SPE 비트를 세트하면 SPI가 활성화 된다. 아울러 SPI 통신에서는 그림 10.1과 같이 마스터와 슬레이브로 구분되며, 이는 레지스터 SPCR의 MSCR 비트로서 선택한다. 이때 SPI와 관련된 MOSI, MISO, SCK, /SS 핀의 입출력 방향은 표 10.4에 따라 정의된다. 표에서 "사용자 정의"로 정의된 핀은 사용자가 용도에 맞게 설정하여야 한다는 것을 의미한다.

표 10.4 SPI 핀의 설정

핀(공유 핀)	마스터 모드에서 방향	슬레이브 모드에서 방향
/SS(PORTB.0)	사용자 정의	입력
SCK(PORTB.1)	사용자 정의	입력
MOSI(PORTB.2)	사용자 정의	입력
MISO(PORTB.3)	입력	사용자 정의

ATmega128의 SPI는 레지스터 SPCR의 MSCR 비트로서 마스터 모드 또는 슬레이브 모드로 설정할 수 있으며, 모드에 따라 SPI 통신 관련 핀들의 역할이 달라진다.

슬레이브 모드

SPI가 슬레이브로 선택되면 슬레이브 선택 핀인 /SS는 항상 입력으로 설정된다. /SS 핀이 LOW로 유지되는 동안 SPI는 활성화되고 MISO는 사용자가 출력으로 설정하면 출력으로 동작한다. 반면 SCK와 MOSI는 입력으로 설정된다. /SS 핀에 HIGH 신호가 걸리면 MISO를 포함한 모든 핀은 입력으로 동작하며 SPI는 외부에서 전송한 데이터를 받지 못하는 수동적 상태가 된다. /SS 핀이 HIGH 상태로 변하면 SPI 슬레이브는 즉시 전송 및 수신 로직을 리셋하고, 시프트 레지스터에 남아 있는 일부 수신된 데이터를 버린다.

마스터 모드

SPI가 마스터로 선택되면 /SS 핀의 방향은 사용자가 결정할 수 있다. /SS 핀이 출력으로 설정되면 이 핀은 SPI 시스템에는 영향을 미치지 않는 범용 출력으로서 동작한다. 일반적으로 마스터의 /SS 핀은 슬레이브 SPI의 /SS 핀에 신호를 전달하는 역할을 하도록 결선된다.

/SS 핀이 입력으로 설정되면 SPI가 마스터로 정상적 동작을 하기 위해서 /SS 핀은 HIGH로 유지되어야 한다. SPI가 마스터로 설정되고 /SS 핀이 입력으로 선택되었을 때 /SS 핀이 외부 장치에 의해 LOW로 떨어지면 SPI 시스템은 외부의 다른 마스터가 이 장치를 슬레이브로 선택하고 데이터를 전송하려는 것으로 해석한다. 이러한 버스 경쟁을 피하기 위해서는 SPI 시스템은 다음 행동을 수행한다.

1. 레지스터 SPCR의 MSTR 비트를 지워서 슬레이브 모드로 변경한다. SPI가 슬레이브로 됨에 따라 MOSI와 SCK 핀은 입력으로 전환된다.
2. 레지스터 SPSR의 SPIF 비트가 세트되어서 SPI 인터럽트가 허용되고 SREG의 I 비트가 세트되어 있으면 인터럽트 서비스루틴이 수행된다.

따라서 SPI가 마스터 모드에서 인터럽트를 사용한 데이터 전송을 하는 중에 /SS 핀이 외부에 의해 LOW로 떨어질 가능성이 있을 때 인터럽트 서비스루틴은 MSTR 비트를 항상 검사하여야 한다. 만약 MSTR 비트가 지워지면 사용자는 SPI 마스터 모드로 재설정을 하여야만 한다.

(나) 데이터 모드

데이터 전송에 관하여 클록 SCK의 위상과 극성은 표 10.4와 같이 4가지 조합을 가지며 이는 레지스터 SPCR의 CPOL과 CPHA 비트로 선택할 수 있다.

그림 10.4와 10.5는 SPI의 데이터 전송 형식을 보여준다. 클록 위상을 결정하는 비트인 CPHA가 0일 경우는 /SS 핀이 0으로 떨어진 후 첫 번째 모서리에서 데이터를 샘플하는 반면 CPHA=1일 때는 /SS 핀이 0으로 떨어진 후 두 번째 모서리에서 데이터를 샘플한다.

클록 극성 비트인 CPOL이 0일 때는 상승 모서리에서 샘플되고 1일 때는 하강 모서리에서 샘플되도록 시스템이 동작한다. 마스터 및 슬레이브 SPI들은 모두 같은 위상과 극성을 갖도록 설정되어야 한다.

표 10.4의 모드 0은 그림 10.4에 나타나 있다. /SS 핀이 0으로 떨어지자 시프트 레지스터의 1비트가 밀려나가고(셋업) CPHA=0, CPOL=0이므로 클록의 첫 번째 모서리인 상승 모서리에서 데이터가 샘플된다. 다음 비트는 클록의 반대 모서리인 하강 모서리에서 밀려나가고 다음 모서리인 상승 모서리에서 샘플된다. 이처럼 시프트 레지스터의 데이터

를 미는 것과 이를 샘플하는 것 사이에 시간을 줌으로써 안정화된 신호가 전달되도록 한다. 나머지 모드들도 유사하게 동작한다.

표 10.4 CPOL과 CPHA의 기능

	앞 모서리	뒷 모서리	SPI 모드
CPOL=0, CPHA=0	샘플(상승)	셋업(하강)	0
CPOL=0, CPHA=1	셋업(상승)	샘플(하강)	1
CPOL=1, CPHA=0	샘플(하강)	셋업(상승)	2
CPOL=1, CPHA=1	셋업(하강)	샘플(상승)	3

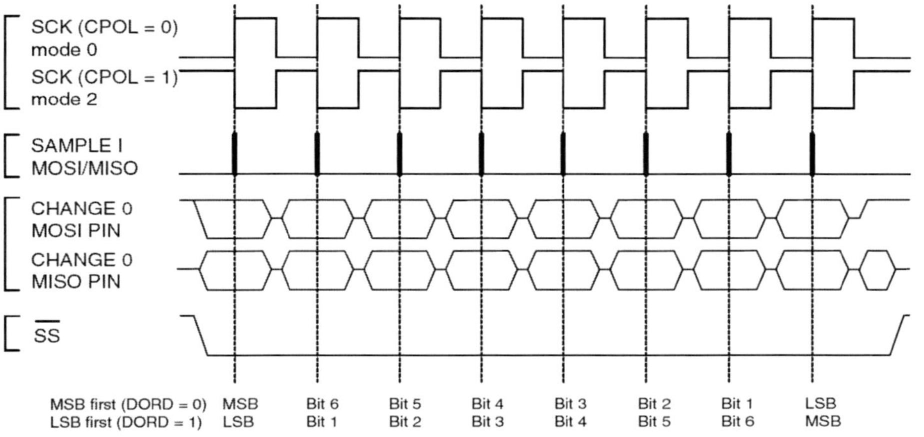

그림 10.4 CPHA=0일 때 SPI 전송 형식

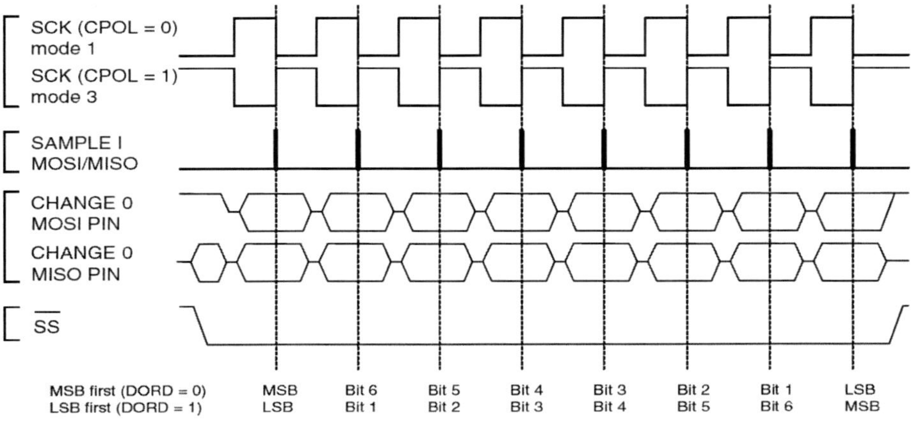

그림 10.5 CPHA=1일 때 SPI 전송 형식

11
외부 메모리

ATmega 128

11.1 외부 메모리

ATmega128은 내부 메모리로 4Kbyte를 제공하지만 응용에 따라서는 4Kbyte 이상 데이터 메모리가 필요한 경우가 있다. 이때 외부 메모리를 장착한다. CPU는 외부 메모리 액세스에 필요한 데이터와 주소를 표 11.1과 같이 입출력을 담당하는 핀들의 기능을 변경하여 외부 메모리에 제공한다.

입출력 포트 핀의 기능은 MCUCR 레지스터의 SRE 비트를 세트하여 외부 메모리 사용에 필요한 기능으로 변경한다. 포트 G는 메모리 제어 신호로 포트 A는 주소 버스의 상위 주소 신호로 사용한다. 그리고 포트 C는 주소 버스의 하위 주소와 데이터 신호로 사용한다. 따라서 외부 메모리를 사용할 경우 포트 A, 포트 C 그리고 포트 G를 입출력 포트로 사용할 수 없으므로 가용한 입출력 포트의 개수는 줄어들게 된다.

표 11.1 외부 메모리 사용 시 다기능 핀의 용도

핀 번호	핀 이름	기능	
		외부 메모리 미사용	외부 메모리 사용
33	PG0(/WR)	PG0	/WR(쓰기 신호)
34	PG1(/RD)	PG1	/RD(읽기 신호)
35~42	PC0(A8)~PC7(A15)	PC0~PC7(포트 C)	A8~A15(상위 주소)
43	PG2(ALE)	PG2	ALE
44~51	PA7(AD7)~PA0(AD0)	PA7~PA0(포트 A)	AD7~AD0(데이터 및 하위 주소)

11.2 관련 레지스터

■ MCU 레지스터(MCU Control Register): MCUCR

비트	7	6	5	4	3	2	1	0	
	SRE	SRW10	SE	SM1	SM0	SM2	IVSEL	IVCE	MCUCR
읽기/쓰기	R/W	R/W	R/W	R/W	R/W	R/W	R/W	R/W	
초기값	0	0	0	0	0	0	0	0	

- 비트 7 - SRE : 외부 SRAM/XMEM 사용가능

SRE에 1을 쓰면 외부메모리 인터페이스를 사용한다. AD7:0 핀, A15:8 핀, ALE 핀, /WR 핀과 /RD 핀의 기능이 활성화된다. SRE 비트에 0을 쓰면 외부메모리 인터페이스는 불능이 되고 각 핀은 정상적인 입출력 기능을 한다.

- 비트 6 - Wait-state 선택 비트 : (Wait-state Select Bit)

다음 XMCRA의 SRW 비트와 함께 설명

■ 외부메모리 제어레지스터 A(External Memory Control Register A): XMCRA

비트	7	6	5	4	3	2	1	0	
	–	SRL2	SRL1	SRL0	SRW01	SRW00	SRW11	–	XMCRA
읽기/쓰기	R	R/W	R/W	R/W	R/W	R/W	R/W	R	
초기값	0	0	0	0	0	0	0	0	

- 비트 7 - 예약 비트

- 비트 6:4 - SRL2, SRL1, SRL0 : Wait-state Selector Limit

서로 다른 외부 메모리 주소에 대해 다른 wait-state를 지정할 수 있다. 외부 메모리 주소공간을 다른 wait-state를 갖는 두 섹터로 나눌 수 있다. 표 11.2는 SRL2, SRL1, SRL0 비트로 지정할 수 있는 각 섹터의 공간을 보여준다. SRL2, SRL1, SRL0 비트는 디폴트로는 모두 0으로 세트되어 있어 모든 외부 메모리 주소공간은 하나의 섹터로 간주된다. 모든 SRAM 주소공간이 하나의 섹터로 지정되어 있으면 wait-state는 비트 SRW11과 SRW10로 지정한다.

표 11.2 SRL2:0에 따른 섹터 한계

SRL2	SRL1	SRL0	섹터 한계
0	0	0	하위 섹터 = N/A 상위 섹터 = 0x1100 - 0xFFFF
0	0	1	하위 섹터 = 0x1100 - 0x1FFF 상위 섹터 = 0x2000 - 0xFFFF
0	1	0	하위 섹터 = 0x1100 - 0x3FFF 상위 섹터 = 0x4000 - 0xFFFF
0	1	1	하위 섹터 = 0x1100 - 0x5FFF 상위 섹터 = 0x6000 - 0xFFFF
1	0	0	하위 섹터 = 0x1100 - 0x7FFF 상위 섹터 = 0x8000 - 0xFFFF
1	0	1	하위 섹터 = 0x1100 - 0x9FFF 상위 섹터 = 0xA000 - 0xFFFF
1	1	0	하위 섹터 = 0x1100 - 0xBFFF 상위 섹터 = 0xC000 - 0xFFFF
1	1	1	하위 섹터 = 0x1100 - 0xDFFF 상위 섹터 = 0xE000 - 0xFFFF

- 비트 1과 MCUCR의 비트 6 - SRW11, SRW10 : 상위 섹터의 wait-state 선택 비트
  표 11.3과 같이 상위 섹터의 wait-state를 설정한다.
- 비트 3:2 - SRW01, SRW00 : 하위 섹터의 wait-state 선택 비트
  표 11.3과 같이 하위 섹터의 wait-state를 설정한다.

표 11.3 wait states(n=0, 1)

SRWn1	SRWn0	Wait States
0	0	wait-state 없음
0	1	읽기/쓰기에서 1 사이클 지연
1	0	읽기/쓰기에서 2 사이클 지연
1	1	읽기/쓰기에서 2 사이클 지연을 하고 새 주소로 옮기기 전에 1 사이클 지연

- 비트 0 - 예약 비트

■ **외부 메모리 제어 레지스터 B(External Memory Control Register B): XMCRB**

비트	7	6	5	4	3	2	1	0	
	XMBK	–	–	–	–	XMM2	XMM1	XMM0	XMCRB
읽기/쓰기	R/W	R	R	R	R	R/W	R/W	R/W	
초기값	0	0	0	0	0	0	0	0	

- 비트 7 - XMBK : 외부 메모리 Bus-keeper 가능(External Memory Bus-keeper Enable)
  XMBK를 1로 설정하면 AD7:0 라인의 Bus-keeper를 작동시킨다. Bus-keeper가 작동되면 AD7:0 라인의 정의된 논리 레벨을 보장한다. 레벨이 정의되지 않으면 tri-state를 유지하도록 한다.

- 비트 6:4 : 예약 비트

- 비트 2:0 - XMM2, XMM1, XMM0 : External Memory High Mask
  외부 메모리를 사용하도록 설정하면 포트 C의 핀들은 상위 주소 핀으로 사용된다. 그러나 외부 메모리로 60Kbyte를 모두 사용하지 않으면 포트 C의 일부를 주소버스가 아니라 정상적인 입출력 포트로 사용할 수 있다. 이럴 때 XMM2, XMM1, XMM0 비트를 사용하여 표 11.4와 같이 포트 C의 핀을 정상 입출력 포트로 사용할 수 있도록 풀 수 있다.

표 11.4 정상 입출력 포트로 사용하도록 푸는 포트 C의 핀

XMM2	XMM1	XMM0	외부 메모리 주소의 비트 수	풀어진 포트 핀
0	0	0	8(60Kbyte 공간 모두 사용)	없음
0	0	1	7	PC7
0	1	0	6	PC7-PC6
0	1	1	5	PC7-PC5
1	0	0	4	PC7-PC4
1	0	1	3	PC7-PC3
1	1	0	2	PC7-PC2
1	1	1	상위 주소 사용하지 않음	모든 포트-C

11.3 외부 메모리 연결

11.3.1 액세스 타이밍

그림 11.1은 wait-state가 없을 때 외부 메모리의 쓰기/읽기 타이밍도를 나타낸다. 포트 A를 통하여 그림 11.1과 같이 하위 주소와 데이터가 시간을 분할하여 전달된다.

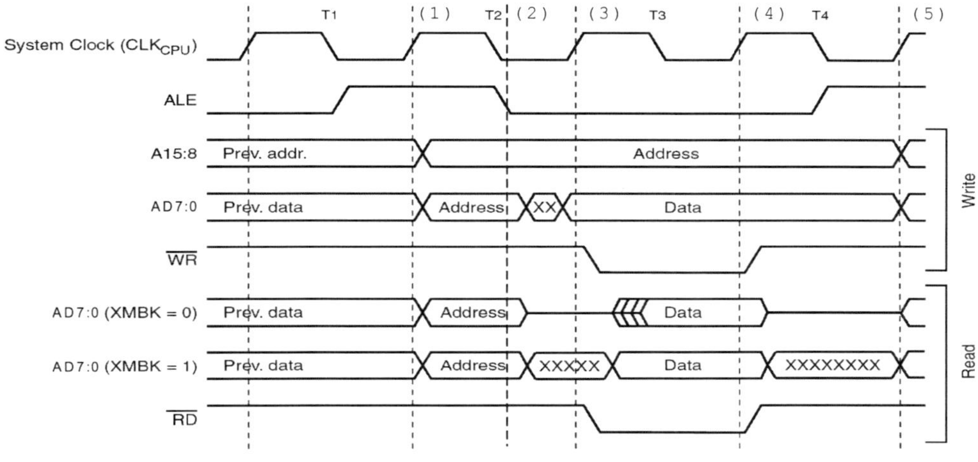

그림 11.1 외부 메모리의 쓰기/읽기 타이밍도(Wait-state가 없을 때)

위 타이밍도를 분석하면

(1) ALE(Address Latch Enable) 신호가 High로 유지된 상태에서 쓰기(읽기) 사이클이 시작된다. A15:8에 상위 주소가 AD7:AD0에 하위 주소가 각각 전달된다.

(2) ALE 신호가 LOW로 떨어진다.

(3) AD7:AD0에 하위 주소 대신 데이터가 전달된다. 아울러 /WR(/RD) 신호를 LOW로 떨어뜨려 CPU가 데이터 쓰기(읽기)하는 것을 알린다.

(4) 쓰기(읽기) 신호가 HIGH가 된 후 ALE가 HIGH가 된다.

(5) 쓰기(읽기) 사이클이 종료되고 새로운 주소와 데이터 신호가 전달된다.

11.3.2 주소와 데이터의 분리

➤ 실제 CPU에서 데이터의 쓰기(읽기)는 /WR(/RD)가 LOW일 때이므로 (3)과 (4)사이

에 하위 주소를 포함한 모든 주소 정보가 메모리에 전달되어야 한다.

➤ (3)와 (4) 사이에는 하위 주소 정보가 사라지므로 하위 주소 정보가 AD7:0 핀에 나타날 때 이를 저장하여 (3)~(4)에서 하위 주소 정보를 사용할 수 있어야 한다.

➤ 그림 11.1에서 ALE 신호의 하강모서리 지점인 (2)가 하위 주소 정보가 AD7:0 핀에 나타나는 시점임을 알 수 있다. 따라서 (2)에서 AD7:0 핀에 나타나는 정보를 저장하면 된다.

➤ 래치는 Latch Enable이라는 신호에 따라 정보를 획득하고 저장하여 그 정보를 지속적으로 출력하는 장치를 말한다. ALE 신호를 Latch Enable 신호로 사용하면 (2)에서 하위주소 정보를 저장하고 (3)~(4) 사이에 메모리에 제공할 수 있다.

그림 11.2는 래치를 이용하여 CPU와 메모리를 연결하는 방법을 보여주고 있다. 그림과 같이 래치를 이용하여 하위 주소 정보가 (1)~(4)동안 메모리에 전달된다. 따라서 실제 데이터가 쓰기(읽기)되는 시점인 (3)~(4)에서 모든 주소 정보가 메모리에 전달된다.

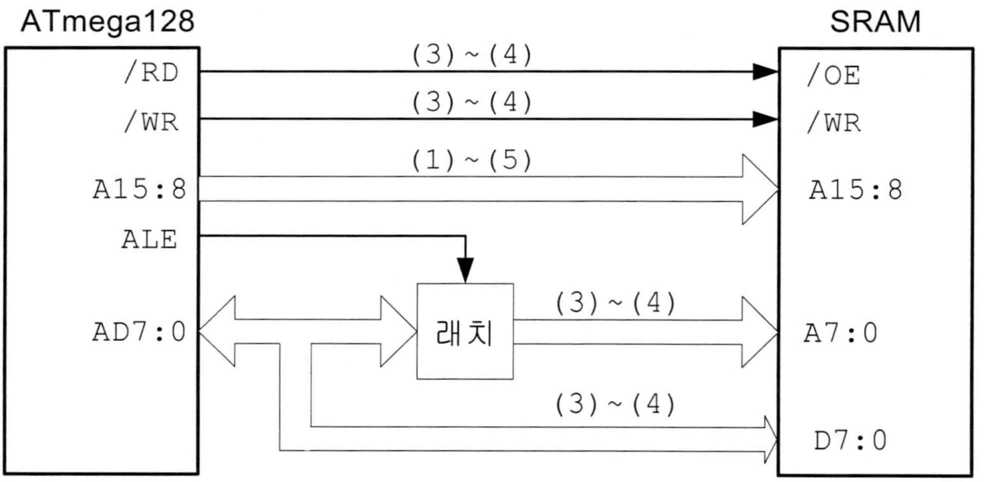

그림 11.2 래치를 이용한 외부 메모리 연결

11.3.3 실습 보드에서 CPU와 외부 데이터 메모리의 연결

그림 11.3은 그림 3.1에 보여준 실습 보드의 외부데이터 메모리 연결 회로도를 나타낸다.

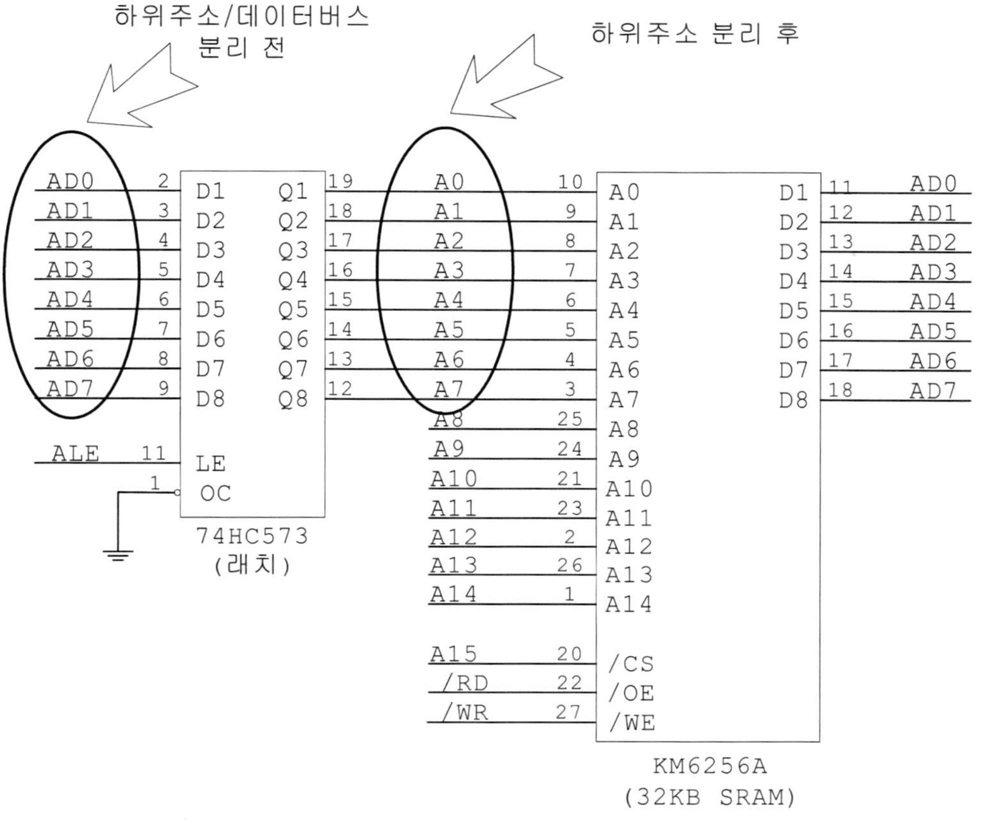

그림 11.3 외부 메모리 연결 회로도

각 부품의 기능을 살펴보면 다음과 같다.

<u>74HC573 3-State Octal D-type Latch</u>

74HC573 : TTL 이름

3-State : 출력 핀이 3가지 상태를 가짐을 나타낸다.
HIGH - 논리 1(일반적으로 5V 출력을 냄)
LOW -논리 0(0V 출력을 냄)
Z - High Impedance 상태(전기적으로 끊어진 상태임)

Octal : 8개의 래치가 들어 있음을 나타낸다.
(하위 주소 버스는 8비트이므로 8개의 래치가 필요하다.)

D-type Latch : D 플립플롭을 사용한 래치임을 나타낸다.

각 핀의 기능은 다음과 같다.

Dn : 입력 신호(n=1,2...8)

Qn : 래치 출력 신호(n=1,2...8)

LE : Latch Enable 신호로 하강 모서리에서 신호를 래치한다.

OC : Output Control 신호로 출력을 제어한다.

74HC573의 진리표는 다음과 같다.

표 11.5 74HC573의 진리표

Output Control (OC)	Latch Enable (LE)	데이터 (Dn)	출력 (Qn)
L	H	H	H
L	H	L	L
L	L	x	Q0
H	x	x	Z

H : 논리 1
L : 논리 0
Q_0 : /LE의 하강 모서리에서 데이터값
x : Don't Care
Z : High Impedance(전기적으로 절연된 상태)

- 그림 11.3에서 OC는 접지되어(즉, L 신호) 있다.
- 그림 11.3에서 CPU의 ALE 신호가 래치의 LE 신호에 연결되어 있으므로 ALE의 하강 모서리에서 CPU의 ADn 신호가 래치되어 래치의 출력 Qn에 출력된다. 타이밍도로부터 ALE 신호의 하강 모서리에서 ADn 신호는 하위주소 정보를 가지고 있으므로 래치는 하위주소를 출력하게 된다.

<u>KM6256A 32Kbyte SRAM</u>

32Kbyte를 갖는 Static RAM이다. 각 핀의 기능은 다음과 같다.

- An(n=0,..,14) : SRAM 내부에 32Kbyte의 램이 존재한다. 32K = 32 × 2^{10} = 2^{15}이므로 이들 램을 지정하기 위해 필요한 주소 버스의 크기는 15비트임을 알 수 있다. 15개의 핀 A0~A14로 내부 램의 주소를 지정한다.

- Dn(n=1,..,8) : 램에 쓰기/읽기하는 8비트 데이터
- /CS(Chip Select) : LOW 상태일 때 칩이 동작한다.
- /OE(Output Enable) : /CS=0일 때 이 핀이 LOW이면 An로 지정된 주소에 저장되어 있는 데이터를 Dn에 출력한다. 이 핀은 CPU의 /RD 핀에 연결되어 있으므로 CPU가 메모리에서 데이터를 읽고자 하면 램은 이에 반응하여 A0~A14로 지정된 주소의 데이터를 데이터 버스에 출력하고 이를 CPU가 읽게 된다.
- /WE(Write Enable) : /CS=0일 때 이 핀이 LOW이면 Dn의 값을 읽어 An으로 지정된 주소에 저장한다. 이 핀은 CPU의 /WR 핀에 연결되어 있으므로 CPU가 메모리에 데이터를 쓰고자 하면서 데이터 버스에 정보를 올리면 램은 이에 반응하여 데이터를 읽고 A0~A14로 지정된 주소의 램에 저장한다.

11.3.4 외부 메모리의 주소 영역 할당

ATmega128은 외부 데이터 액세스를 위하여 주소 버스로 16비트를 사용한다. 이는 외부 메모리의 주소를 0000H~FFFFH까지 사용할 수 있음을 나타낸다. 그림 11.3에 장착된 32Kbyte 메모리는 이 주소 영역 중 일부인 32Kbyte를 사용하여야 한다. 64Kbyte 주소 영역 중 사용할 주소의 할당은 하드웨어로 구현하며 이를 주소 디코더(Address Decoder)라 한다.

그림 11.3에서 SRAM의 /CS 핀은 CPU의 주소 버스의 A15와 연결되어 있다. 따라서 CPU가 SRAM 내의 메모리와 데이터를 주고받으려면 CPU는 다음과 같은 형태로 주소를 생성하여야 한다.

A15	A14	A13	A12	A11	A10	A9	A8	A7	A6	A5	A4	A3	A2	A1	A0
0	x	x	x	x	x	x	x	x	x	x	x	x	x	x	x

SRAM내의 주소

/CS에 연결된 핀으로 0이어야 SRAM의 데이터를 사용할 수 있음

따라서 SRAM을 사용하여야 할 때 CPU가 사용할 수 있는 주소는

0000000000000000b(0000H)~0111111111111111b(7FFFH)로서 32Kbyte 영역이다.

➤ 그러나 2장 그림 2.4에서 나타난 바와 같이 0000H~10FFH까지는 내부 메모리와 I/O 레지스터가 사용하므로 이 주소를 액세스할 때는 데이터와 주소가 외부로 전달되지 않는다.

➤ 즉, 이 영역의 외부 메모리는 사용할 수가 없다. 따라서 보드에 장착된 외부 메모리 32Kbyte 중 사용할 수 있는 영역은 1100H~7FFFH까지 약 28Kbyte만을 사용할 수 있다.

제2부

DC 모터 제어시스템

REALTIME MOTOR CONTROL USING ATMEGA128 MICROCONTROLLER

12
DC 모터 제어시스템

ATmega 128

12.1 DC 모터

이 책에서는 Maxon사의 A-max 22모터를 제어 대상으로 한다. 이 모터에는 엔코더와 기어박스가 부착되어 있다. 각 부분의 사양을 요약하면 다음과 같다.

Maxon A-max 22 DC Motor :

파워	: 6.0W
정격전압	: 6Volt
무부하 정격회전속도	: 9240rpm
속도/토크 기울기	: 624rpm/mNm
토크상수	: 5.90mNm/A
속도상수	: 1620rpm/V
기계적 시정수	: 25msec
회전자 관성모멘트	: $3.81 g \cdot cm^2$
길이	: 31.9mm
무게	: 54g

기어박스 :

기어비	: 3.8 : 1
무부하 평균 백래쉬	: 1.0deg
관성모멘트	: $0.5 g \cdot cm^2$
길이	: 25.4mm

무게 : 42g

축 지름 : 4.0mm

엔코더 :

회전당 카운트 수 : 512

채널 수 : 3

길이 : 5.8mm

자세한 사항은 다음 제조사 매뉴얼을 참고하기 바란다.

A-max 22 ∅22 mm, Graphite Brushes, 6 Watt

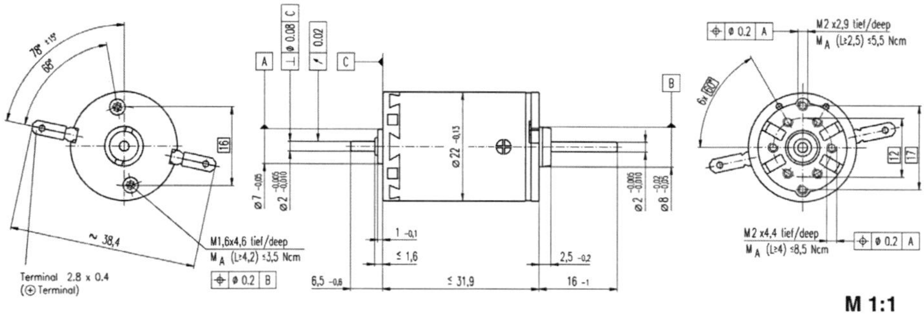

M 1:1

- Stock program
- Standard program
- Special program (on request!)

Motor Data		Order Number 110156	110158	110159	110160	110161	110162	110163	110164	110165	110166	110167	110168
1 Assigned power rating	W	6.0	6.0	6.0	6.0	6.0	6.0	6.0	6.0	6.0	6.0	6.0	6.0
2 Nominal voltage	Volt	6.0	9.0	9.0	12.0	12.0	15.0	18.0	24.0	24.0	36.0	48.0	48.0
3 No load speed	rpm	9240	9700	8520	10200	9190	10100	9780	10500	8490	9640	9120	8210
4 Stall torque	mNm	15.6	19.7	18.0	22.0	19.7	21.9	21.4	23.4	18.8	21.1	19.3	17.7
5 Speed / torque gradient	rpm / mNm	624	511	490	477	482	472	468	462	464	468	484	476
6 No load current	mA	83	58	50	46	41	36	29	24	18	14	10	9
7 Starting current	mA	2640	2300	1850	2020	1630	1580	1250	1100	716	606	395	327
8 Terminal resistance	Ohm	2.27	3.91	4.86	5.95	7.38	9.49	14.4	21.8	33.5	59.4	122	147
9 Max. permissible speed	rpm	9800	9800	9800	9800	9800	9800	9800	9800	9800	9800	9800	9800
10 Max. continuous current	mA	1080	841	756	680	612	539	439	356	287	216	151	137
11 Max. continuous torque	mNm	6.37	7.19	7.36	7.43	7.40	7.47	7.51	7.56	7.55	7.51	7.38	7.45
12 Max. power output at nominal voltage	mW	3480	4740	3820	5640	4550	5580	5340	6300	4070	5210	4520	3730
13 Max. efficiency	%	65	69	69	71	70	72	72	73	71	72	71	70
14 Torque constant	mNm / A	5.90	8.55	9.73	10.9	12.1	13.9	17.1	21.2	26.3	34.8	49.0	54.3
15 Speed constant	rpm / V	1620	1120	981	875	790	689	558	450	364	274	195	176
16 Mechanical time constant	ms	25	22	21	20	20	20	19	19	19	18	18	18
17 Rotor inertia	gcm²	3.81	4.03	4.09	4.06	3.97	3.96	3.90	3.89	3.84	3.77	3.63	3.68
18 Terminal inductance	mH	0.11	0.22	0.29	0.36	0.45	0.59	0.89	1.37	2.10	3.69	7.30	8.98
19 Thermal resistance housing-ambient	K / W	20	20	20	20	20	20	20	20	20	20	20	20
20 Thermal resistance rotor-housing	K / W	6.0	6.0	6.0	6.0	6.0	6.0	6.0	6.0	6.0	6.0	6.0	6.0
21 Thermal time constant winding	s	9	10	10	10	9	9	9	9	9	9	8	9

Specifications

- Axial play 0.05 - 0.15 mm
- Max. sleeve bearing loads
  axial (dynamic) 1.0 N
  radial (5 mm from flange) 2.8 N
  Force for press fits (static) 80 N
  (static, shaft supported) 440 N
- Max. ball bearing loads
  axial (dynamic) 3.3 N
  radial (5 mm from flange) 12.3 N
  Force for press fits (static) 45 N
  (static, shaft supported) 440 N
- Radial play sleeve bearing 0.012 mm
- Radial play ball bearing 0.025 mm
- Ambient temperature range -30 ... +85°C
- Max. rotor temperature +125°C
- Number of commutator segments 9
- Weight of motor 54 g
- 2 pole permanent magnet
- Values listed in the table are nominal.
  For applicable tolerances see page 43.
  For additional details please use the maxon selection program on the enclosed CD-ROM.

- Options: Ball bearings in place of sleeve bearings and pigtails in place of terminals.

Operating Range

Comments Details on page 49

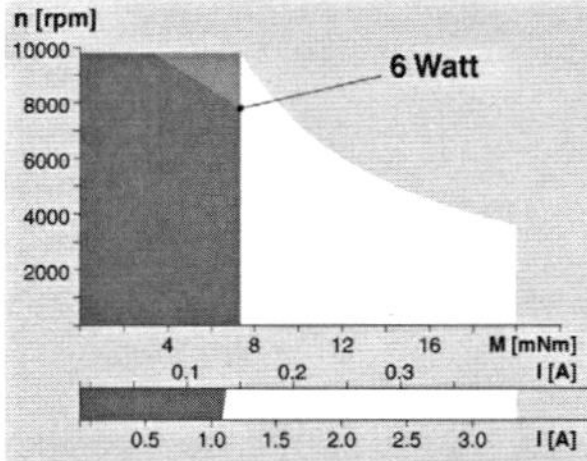

Recommended operating range

Continuous operation
In observation of above listed thermal resistances (lines 19 and 20) the maximum permissible rotor temperature will be reached during continuous operation at 25°C ambient.
= Thermal limit.

Short term operation
The motor may be briefly overloaded (recurring).

110168 Motor with high resistance winding

110156 Motor with low resistance winding

maxon Modular System

Overview on page 17 - 21

Planetary Gearhead
∅22 mm
0.1 - 0.6 Nm
Details page 209 / 210

Planetary Gearhead
∅22 mm
0.5 - 1.0 Nm
Details page 211

Planetary Gearhead
∅22 mm
0.5 - 2.0 Nm
Details page 212

Spur Gearhead
∅24 mm
0.1 Nm
Details page 215

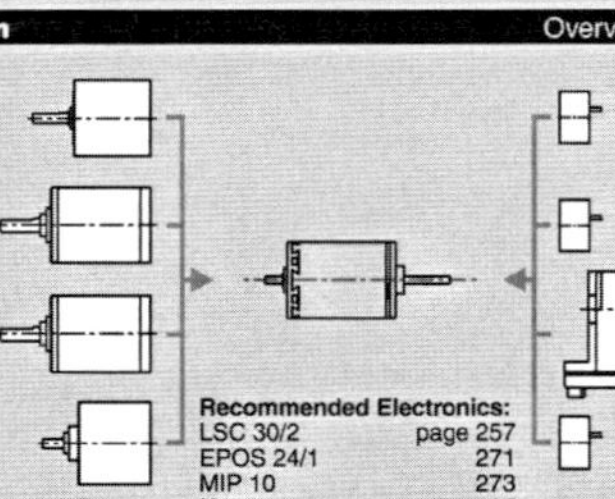

Recommended Electronics:

LSC 30/2	page 257
EPOS 24/1	271
MIP 10	273
Notes	**17**

Encoder MR
32 CPT,
2 / 3 channels
Details page 235

Encoder MR
128 / 256 / 512 CPT,
2 / 3 channels
Details page 236

Encoder Enc
22 mm
100 CPT, 2 channels
Details page 241

Encoder MEnc
∅13 mm
16 CPT, 2 channels
Details page 251

April 2005 edition / subject to change

maxon tacho

Encoder MR, Type M, 128 - 512 Counts per turn, 2 / 3 Channels, with Line Driver

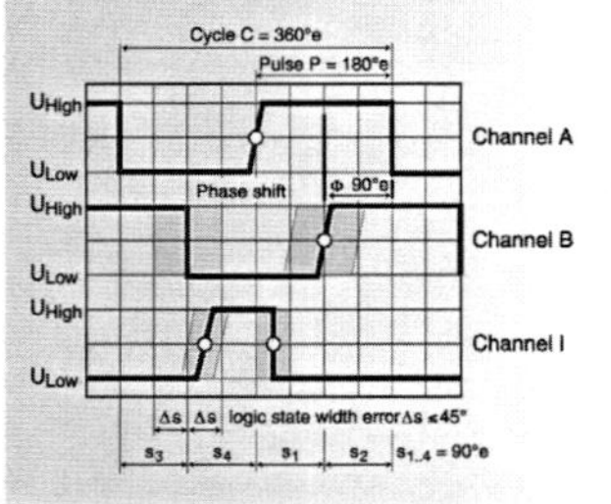

Stock program
Standard program
Special program (on request!)

Order Number	228179	228177	228181	228182	201937	201940
Type						
Counts per turn	128	128	256	256	512	512
Number of channels	2	3	2	3	2	3
Max. operating frequency (kHz)	80	80	160	160	320	320

Combination

+ Motor	Page	+ Gearhead	Page	+ Brake	Page	Overall length [mm] / • see: + Gearhead					
RE 16, 3.2 W	74					45.4	45.4	45.4	45.4	45.4	45.4
RE 16, 3.2 W	74	GP 16, 0.1 - 0.3 Nm	205			•	•	•	•	•	•
RE 16, 3.2 W	74	GP 16, 0.06 - 0.18 Nm	206			•	•	•	•	•	•
RE 16, 4.5 W	76					48.4	48.4	48.4	48.4	48.4	48.4
RE 16, 4.5 W	76	GP 16, 0.1 - 0.3 Nm	205			•	•	•	•	•	•
RE 16, 4.5 W	76	GP 16, 0.06 - 0.18 Nm	206			•	•	•	•	•	•
A-max 16	102/104					30.4	30.4	30.4	30.4	30.4	30.4
A-max 16	102/104	GS 16, 0.015 Nm	201			•	•	•	•	•	•
A-max 16	102/104	GS 16, 0.01 - 0.1 Nm	202-204			•	•	•	•	•	•
A-max 16	102/104	GP 16, 0.1 - 0.3 Nm	205			•	•	•	•	•	•
A-max 16	102/104	GP 16, 0.06 - 0.18 Nm	206			•	•	•	•	•	•
A-max 19	106					34.0	34.0	34.0	34.0	34.0	34.0
A-max 19	106	GP 19, 0.1 - 0.3 Nm	207			•	•	•	•	•	•
A-max 19	106	GP 22, 0.5 - 2.0 Nm	211/212			•	•	•	•	•	•
A-max 19	106	GS 24, 0.1 Nm	215			•	•	•	•	•	•
A-max 19	108					35.8	35.8	35.8	35.8	35.8	35.8
A-max 19	108	GP 19, 0.1 - 0.3 Nm	207			•	•	•	•	•	•
A-max 19	108	GP 22, 0.5 - 2.0 Nm	211/212			•	•	•	•	•	•
A-max 19	108	GS 24, 0.1 Nm	215			•	•	•	•	•	•
A-max 22	110/112					36.9	36.9	36.9	36.9	36.9	36.9
A-max 22	110/112	GP 22, 0.1 - 0.6 Nm	209/210			•	•	•	•	•	•
A-max 22	110/112	GP 22, 0.5 - 2.0 Nm	211/212			•	•	•	•	•	•
A-max 22	110/112	GS 24, 0.1 Nm	215			•	•	•	•	•	•
RE-max 17	132/134					30.4	30.4	30.4	30.4	30.4	30.4
RE-max 17	132/134	GP 16, 0.1 - 0.3 Nm	205			•	•	•	•	•	•
RE-max 17	132/134	GP 16, 0.06 - 0.18 Nm	206			•	•	•	•	•	•
RE-max 21	136					34.0	34.0	34.0	34.0	34.0	34.0
RE-max 21	136	GP 22, 0.5 - 2.0 Nm	211/212			•	•	•	•	•	•
RE-max 21	136	GS 38, 0.1 - 0.6 Nm	223			•	•	•	•	•	•
RE-max 21	138					35.8	35.8	35.8	35.8	35.8	35.8
RE-max 21	138	GP 22, 0.5 - 2.0 Nm	211/212			•	•	•	•	•	•
RE-max 21	138	GS 38, 0.1 - 0.6 Nm	223			•	•	•	•	•	•
RE-max 24	140/142					36.9	36.9	36.9	36.9	36.9	36.9
RE-max 24	140/142	GP 22, 0.5 - 2.0 Nm	212			•	•	•	•	•	•
RE-max 24	140/142	GS 38, 0.1 - 0.6 Nm	223			•	•	•	•	•	•

Technical Data

Supply voltage V_{CC}	5 V ± 5 %
Output signal	TTL compatible
Index pulse width (nominal)	90°e
Operating temperature range	-25 ... +85°C
Moment of inertia of code wheel	≤ 0.09 gcm²
Output current per channel	max. 5 mA

Attention: The index signal I is synchronised with channel A or B.

Pin Allocation

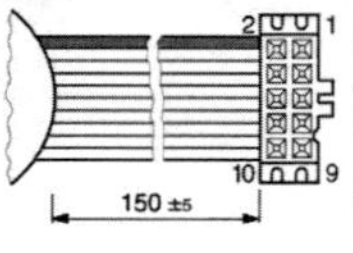

1 Motor +
2 V_{CC}
3 GND
4 Motor –
5 Channel $\overline{A}$
6 Channel A
7 Channel $\overline{B}$
8 Channel B
9* Channel $\overline{I}$ (Index)
10* Channel I (Index)

DIN Connector 41651
flat band cable AWG 28
* version with 3 channels

Connection example

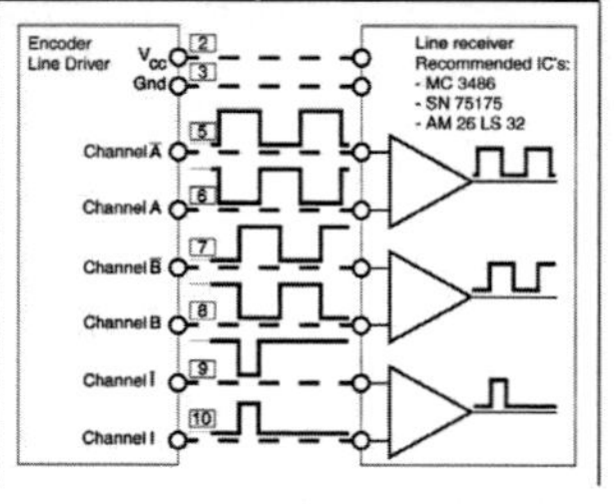

maxon motor ag

maxon motor

Selected items	
Gear	**134156**
Motor	**110156**
Tacho/enc./res.	**201940**

Combination order no.		upon request
Combination data		
No load speed at gear output	min^{-1}	2432
Max. cont. torque at gear output	Nm	0.020
Interm. perm. torque at gear output	Nm	0.050
Length	mm	63.1

Gear order no.		134156
Planetary Gearhead GP 22 A Ø22 mm 0.5 Nm, ball bearing, Metal		
Gear data		
Reduction		3.8:1
Number of stages		1
Max. cont. torque	Nm	0.50
int. permissible Torque	Nm	0.80
Sense of rotation, drive to output		=
Max. efficiency	%	84
Average backlash, unloaded	deg	1.0
Mass inertia	gcm^2	0.5
Gearhead length	mm	25.4
Weight	g	42
Max. motor shaft diameter	mm	4.0

Motor order no.		110156
A-max 22 Ø 22 mm, Graphite brushes, 6 Watt		
Motor data		
Power rating	W	6.0
Nominal voltage	Volt	6.0
No load speed	min^{-1}	9240
Stall torque	mNm	15.6
Speed/torque gradient	min^{-1} mNm^{-1}	624
No load current	mA	83
Starting current	mA	2640
Terminal resistance	Ohm	2.27
Max. permissible speed	min^{-1}	9800
Max. continuous current	mA	1080
Max. continuous torque	mNm	6.37
Max. power output at nominal voltage	mW	3480
Max. efficiency	%	65
Torque constant	$mNm\ A^{-1}$	5.90
Speed constant	min^{-1} V^{-1}	1620
Mechanical time constant	ms	25
Rotor inertia	gcm^2	3.81
Terminal inductance	mH	0.110
Thermal resistance housing-ambient	KW^{-1}	20
Thermal resistance rotor-housing	KW^{-1}	6.0
Thermal time constant winding	s	9
Length	mm	31.9
Weight	g	54

maxon motor ag

Tacho / resolver order no.		201940
Digital MR-Encoder with Line Driver 5 mA, Type M		
Tacho / resolver data		
Counts per turn		512
Number of channels		3
Max. operating frequency	kHz	320
Length	mm	5.8

12.2 DC 모터 제어시스템의 구성

DC 모터 제어를 위해서는 모터 증폭기 및 모터의 회전수 및 위치를 측정할 수 있는 센서가 필요하다. 일반적으로 모터 증폭기로 H-Bridge가 사용되고 모터의 회전수 및 위치 측정 센서로는 증분형 엔코더가 사용된다. H-Bridge에는 PWM 신호가 가해지므로 ATmega128의 16비트 타이머/카운터의 PWM 모드를 사용하면 H-Bridge를 구동할 수 있다. 그러나 ATmega128은 증분형 엔코더의 출력 신호 장치를 갖고 있지 못하므로 엔코더 출력 신호를 받아들일 수 있는 Up/Down 카운터가 제어시스템에는 필요하다.

그림 12.1의 제어시스템은 그림 3.1의 ATmega128 마이크로컨트롤러 보드를 사용하고 보드의 확장 컨넥터 J2와 J3를 사용하여 Up/Down 카운터 2개와 및 모터 증폭기를 연결하였다. 장착된 모터 증폭기는 DC 모터 2개를 구동할 수 있으므로 그림 12.1의 제어시스템은 DC 모터 2개를 독립적으로 제어할 수 있다.

제어시스템은 이외에도 사용자와의 인터페이스를 위해 키패드, LCD, 그리고 직렬 통신 포트를 제공하고 있다. 제어시스템의 사양을 정리하면 다음과 같다.

제어기 : ATmega128 마이크로컨트롤러

증폭기 : L298 Dual Full-Bridge Driver: DC 모터 2개 구동 가능

카운터 : LS7166 24bit Up/Down 카운터 2개

카운터 #1

데이터 주소 : 0x8000

명령어 주소 : 0x8001

카운터 #2

데이터 주소 : 0x8002

명령어 주소 : 0x8003

LCD :

명령어 주소 : 0xC000

데이터 주소 : 0xC001

키패드 : ATmega128의 포트 D로 인터페이스

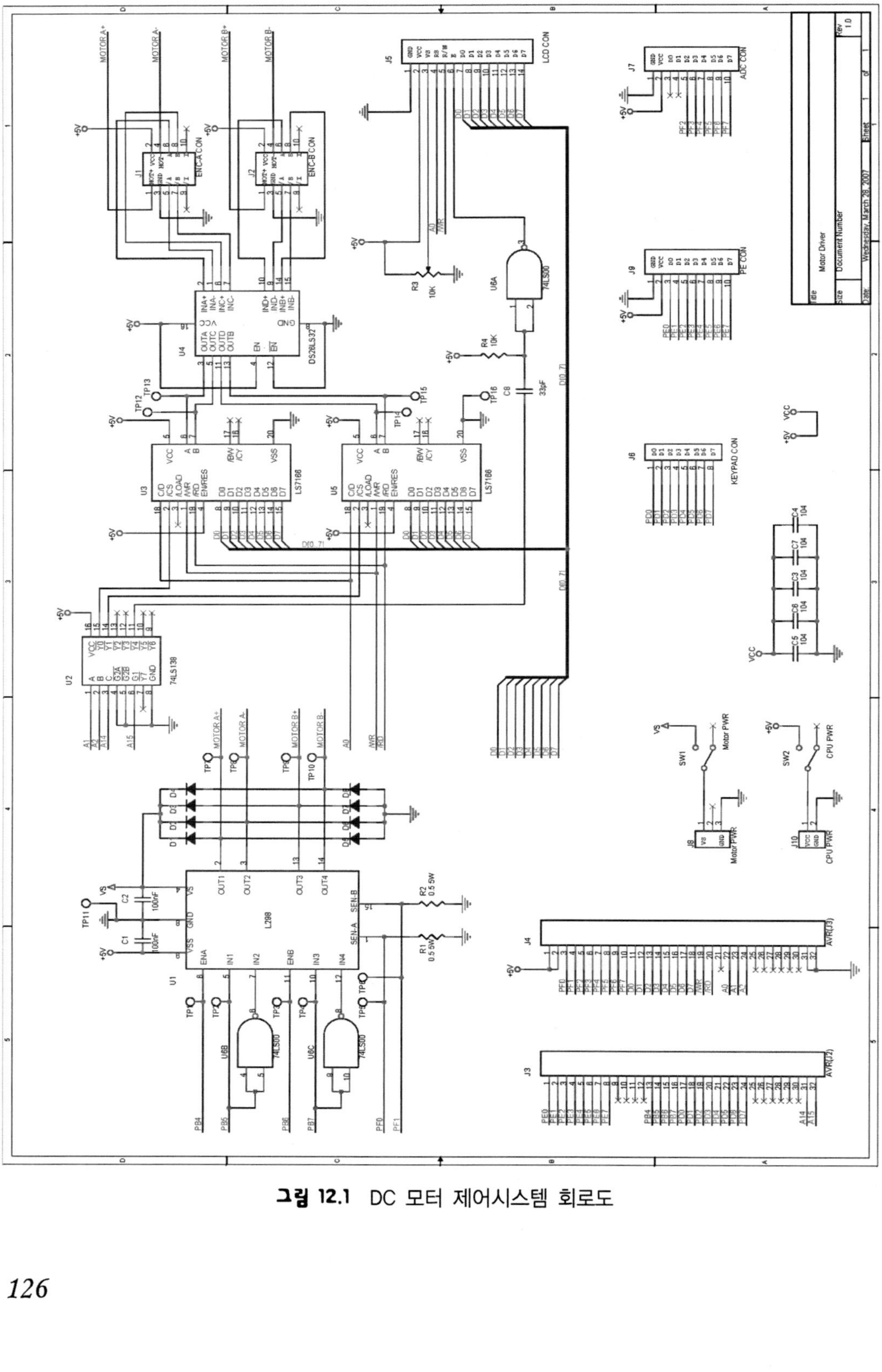

그림 12.1 DC 모터 제어시스템 회로도

12.3 주소 디코더

DC 모터 제어시스템에서는 대용량의 데이터 처리를 위해 외부 메모리를 사용하고자 한다. 11장에서 언급한 바와 같이 외부 메모리를 사용할 경우 ATmega128 입출력 포트 중 일부가 주소 버스 및 데이터 버스로 사용되기 때문에 가용한 입출력 포트의 수가 많이 줄어든다. 줄어든 입출력 포트의 수는 앞에서 요구한 2개의 Up/Down 카운터와 LCD를 장착하기에는 부족하여 이들 장치는 외부 메모리 버스를 통하여 인터페이스를 하였다. 이와 같이 입출력 장치를 하나의 메모리로 간주하여 메모리 버스를 통하여 연결하는 방식을 Memory-mapped-I/O 방식이라 한다.

그림 3.1의 마이크로컨트롤러 보드에는 그림 11.3과 같은 주소 분리 회로가 설치되어 있다. 분리된 메모리 주소 버스 및 데이터 버스는 표 3.1에 나타난 것과 같이 J2와 J3단자에서 제공된다.

메모리 버스를 사용하여 외부 장치를 마이크로컨트롤러와 인터페이스를 하려면 각 외부 장치에 메모리 주소를 할당하여야 한다. 메모리 주소를 할당하는 시스템을 주소 디코더(Address Decoder)라 한다. 그림 12.1의 DC 모터 제어시스템에서는 74HC138을 이용한 주소 디코더를 구성하였다. 그림 12.2는 주소 디코더를 확대하여 보여준다. 그림에서 A1, A2, A14, A15는 주소 버스의 신호를 말한다. 출력 P0은 카운터 #1의 /CS 핀에, 출력 P1은 카운터 #2의 /CS 핀에, 그리고 출력 P4는 LCD의 E 핀에 연결되어 있다. 74HC138은 3개의 입력을 받아 8개로 디코딩하는 소자로서 진리표는 표 12.1과 같다. 주소 입력 A, B, C에 따라 하나의 출력 핀만 LOW로 떨어진다.

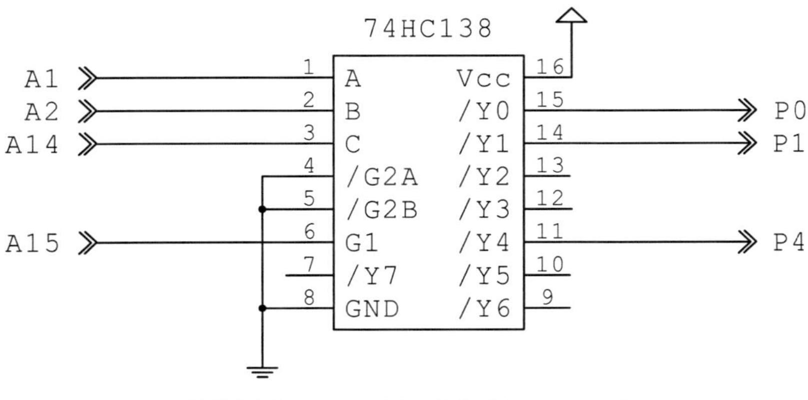

그림 12.2 74HC138을 이용한 주소 디코더

표 12.1 74HC138의 진리표

INPUTS						OUTPUTS							
ENABLE			ADDRESS										
G1	/G2A	/G2B	C	B	A	/Y0	/Y1	/Y2	/Y3	/Y4	/Y5	/Y6	/Y7
x	x	H	x	x	x	H	H	H	H	H	H	H	H
L	x	x	x	x	x	H	H	H	H	H	H	H	H
x	H	x	x	x	x	H	H	H	H	H	H	H	H
H	L	L	L	L	L	L	H	H	H	H	H	H	H
H	L	L	L	L	H	H	L	H	H	H	H	H	H
H	L	L	L	H	L	H	H	L	H	H	H	H	H
H	L	L	L	H	H	H	H	H	L	H	H	H	H
H	L	L	H	L	L	H	H	H	H	L	H	H	H
H	L	L	H	L	H	H	H	H	H	H	L	H	H
H	L	L	H	H	L	H	H	H	H	H	H	L	H
H	L	L	H	H	H	H	H	H	H	H	H	H	L

x : Don't care

표 12.1로부터 그림 12.2의 출력 P0, P1, P4는 주소 입력이 다음과 같을 때만 LOW 출력을 갖는다.

출력 P0:

A15	A14	A13	A12	A11	A10	A9	A8	A7	A6	A5	A4	A3	A2	A1	A0
1	0	x	x	x	x	x	x	x	x	x	x	x	0	0	x

출력 P1:

A15	A14	A13	A12	A11	A10	A9	A8	A7	A6	A5	A4	A3	A2	A1	A0
1	0	x	x	x	x	x	x	x	x	x	x	x	0	1	x

출력 P4:

A15	A14	A13	A12	A11	A10	A9	A8	A7	A6	A5	A4	A3	A2	A1	A0
1	1	x	x	x	x	x	x	x	x	x	x	x	0	0	x

표에서 'x'는 어떤 값이든 관계없음을 나타낸다. 주소 A3~A13은 어떠한 값을 가져도 되므로 0으로 생각하는 것이 일반적이다. 이때 각 출력을 내는 주소 형태는 다음과 같다.

P0 : 0b1000000000000000(8000H) : A0=0일 때
0b1000000000000001(8001H) : A0=1일 때

P1 : 0b1000000000000010(8002H) : A0=0일 때
0b1000000000000011(8003H) : A0=1일 때

P4 : 0b1100000000000000(C000H)
0b1100000000000001(C001H)

이로부터 카운터 #1, #2, 그리고 LCD의 주소를 다음과 같이 결정할 수 있다.

➤ LS7166 소자의 /CS 핀은 Chip Select를 나타내는 핀으로 LOW일 때 소자가 활성화된다. 그림 12.1에서 카운터 #1의 /CS 핀은 주소 디코더의 P0에 연결되어 있으므로 주소 8000H 또는 8001H를 엑세스할 때 활성화된다. 그리고 카운터 #1의 C/D 핀은 제어 포트(HIGH)와 데이터 포트(LOW)를 선택하는 핀으로 주소 핀 A0에 연결되어 있다. 이를 종합해보면 각 포트의 주소는 다음과 같다.

카운터 #1의 데이터 포트 : 0b1000000000000000(8000H)
카운터 #1의 제어 포트 : 0b1000000000000001(8001H)

➤ 카운터 #1과 유사하게 카운터 #2의 주소는 다음과 같다.

카운터 #2의 데이터 포트 : 0b1000000000000010(8002H)
카운터 #2의 제어 포트 : 0b1000000000000011(8003H)

➤ LCD의 E는 Enable을 나타내는 핀으로 HIGH일 때 소자가 활성화된다. 그림 12.1에서 LCD의 E 핀은 주소 디코더의 P4를 역으로 취한 값에 연결되어 있으므로 주소 C000H 또는 C001H를 엑세스할 때 활성화된다. 그리고 LCD의 RS 핀은 명령 포트

(LOW)와 데이터 포트(HIGH)를 선택하는 핀으로 주소 핀 A0에 연결되어 있다. 이를 종합해보면 각 포트의 주소는 다음과 같다.

LCD의 명령 포트 : 0b1100000000000000(C000H)

LCD의 데이터 포트 : 0b1100000000000001(C001H)

12.4 외부 메모리 사용을 위한 레지스터 설정

CPU의 메모리 버스로 연결된 장치의 응답속도가 느린 경우는 CPU가 읽기/쓰기를 할 때 시간 지연을 줌으로써 장치가 데이터를 주고받을 수 있다. 이러한 것을 wait-state를 준다고 한다. 1사이클의 wait-state가 주어지면 그림 11.2에서 /WR 또는 /RD가 LOW로 떨어지는 (3)~(4)사이에 1클록에 해당하는 시간 지연을 삽입한다.

그림 12.1의 제어시스템에서는 외부 메모리 영역에 SRAM, Up/Down 카운터 및 LCD가 장착되어 있다. 각 장치의 필요한 wait-state는 장치의 특성으로부터 결정해야 하나 Trial-error 방법으로도 알 수 있다.

ATmega128은 외부 메모리 영역을 두 섹터로 나누고 각 섹터에 서로 다른 wait-state를 설정할 수 있다. SRAM을 제외한 장치는 모두 1사이클의 wait-state가 필요하다고 가정하자. 장착된 장치의 메모리 영역과 필요한 wait-state를 정리하면 표 12.2와 같다.

표 12.2 연결 장치의 메모리 영역과 wait-state

장치	메모리 영역	섹터	필요 wait-state
SRAM	1100H~7FFFH	하위 섹터	No wait-state
카운터 #1 카운터 #2	8000H~8003H	상위 섹터	1사이클 wait-state
LCD	C000H~C001H		

이로부터 외부 메모리를 사용하기 위한 레지스터 설정은 다음과 같다.

➤ 외부메모리를 사용할 수 있도록 MCUCR의 비트 SRE = 1로 설정

➤ 표 12.2와 같이 섹터를 두 개로 나누려면 표 11.2로부터
레지스터 XMCRA의 비트 SRL2:0 = 4

➤ 각 섹터에 필요한 wait-state는 표 11.3으로부터

레지스터 XMCRA의 비트 SRW11 = 0

➤ 이로부터 레지스터 설정은 다음과 같다.

```
XMCRA = (4<<SRL0);
MCUCR = (1<<SRE) | (1<<SRW10);
```

✤ I/O 레지스터의 비트 사용

설명을 위해 다음 XMCRA 레지스터를 고려하자.

7	6	5	4	3	2	1	0	
–	SRL2	SRL1	SRL0	SRW01	SRW00	SRW11	–	XMCRA

헤더파일 "avr/io.h"를 소스파일에 포함시키면 레지스터 이름 XMCRA를 unsigned char형 변수처럼 사용할 수 있다. 아울러 모든 레지스터의 각 비트명도 헤더파일에 정의되어 있다. 예를 들어 XMCRA 레지스터에 대해 각 비트명은 다음 매크로로 정의되어 있다.

```
#define   SRW11       1
#define   SRW00       2
#define   SRW01       3
#define   SRL0        4
...
```

이에 대해 왼쪽 쉬프트연산자 "<<"를 사용하여 다음을 고려하자.

```
1 << SRL0 <==> 1 << 4   <==>    0b00010000
```

즉 SRL0 비트가 1로 세트됨을 알 수 있다. 따라서 레지스터 XMCRA의 SRL0 비트를 세트하려면 다음과 같이 프로그램하면 된다.

```
XMCRA = (1 << SRL0);
```

유사하게 | SRL2 | SRL1 | SRL0 | = 0b100 = 0x04로 하려면 다음과 같이 프로그램하면 된다.

```
XMCRA = (4 << SRL0);
```

그림 12.1의 제어시스템과 같은 주소 영역을 갖는 외부 메모리를 사용하기 위해서는 프로그램 12.1의 함수 ExMemoryInit()를 호출하면 된다.

프로그램 12.1 외부 메모리 설정

```
#include <avr/io.h>

void ExMemoryInit()
{
        // 상위 섹터에 1 wait-state 추가
        XMCRA = (4<<SRL0);                    // 두 개의 섹터로 나눔
        MCUCR = (1<<SRE) | (1<<SRW10);        // 외부 메모리 사용
}
```

프로그램 12.1을 수행하면 외부 메모리를 사용할 수는 있으나 C-프로그램에서 외부 메모리를 활용하려면 12.5절에서 설명할 것과 같이 좀 더 많은 과정이 필요하다.

12.5 WinAVR에서 외부 메모리 사용

12.5.1 메모리 섹션

ATmega128 마이크로컨트롤러에서 사용하는 메모리는 프로그램 메모리, 데이터 메모리, EEPROM 그리고 외부 메모리가 있다. C-컴파일러는 메모리를 여러 섹션으로 나누고 프로그램 및 데이터 등을 종류에 따라서 정해진 섹션에 위치시킨다.

WinAVR에서 사용하는 메모리 섹션은 다음과 같다.

- .text 섹션 : 프로그램이 위치하는 섹션으로 FLASH 프로그램 메모리 영역이다. 이 섹션은 다음에 설명할 .initN과 .finiN 섹션으로 세분화된다.
- .initN 섹션(N=0,..,9)
  C-프로그램의 main() 함수 시작 전에 C-프로그램 초기화를 수행하는 코드가 위치하는 섹션이다.
- .finiN 섹션(N=0,..,9)
  이 섹션에 위치한 코드 C-프로그램에서는 exit() 함수의 호출로 프로그램의 종료 후에 수행된다.

- .data 섹션 : 초기화된 정적 변수 또는 전역 변수가 위치하는 섹션이다.
- .bss 섹션 : 초기화되지 않은 정적 변수 또는 전역 변수가 위치한다.
- .noinit 섹션 : .bss 섹션의 한 부분이다. 단 이 섹션의 변수는 0으로 초기화되지 않는다.
- .eeprom 섹션 : eeprom 변수가 저장되는 영역이다.

그림 12.3은 변수 종류에 따라 위치하는 섹션을 보여주고 있다. 초기화하지 않는 전역 변수 gx1와 정적 변수 sx1은 .bss 섹션에 위치하고 초기화한 전역 변수 gx2와 정적 변수 y는 .data 섹션에 위치한다.

프로그램 자체는 .text 섹션에 저장된다.

```
#include <stdlib.h>
int gx1;              // 초기화하지 않는 전역 변수 ==>.bss에 위치
int gx2=1;            // 초기화한 전역 변수 ==> .data에 위치
static int sx1;       // 초기화하지 않은 정적 변수 ==> .bss에 위치

main()
{
        int x;            // 자동 변수 ==> 스택에 위치
        static int y=0;   // 초기화한 정적 변수 ==>.data에 위치
        int *p;

        p = (int *) malloc(10); // heap에서 메모리 할당
        ...
}
```

그림 12.3 변수형에 따른 메모리 섹션

➤ 그림 12.3에서 앞에서 설명한 메모리 섹션에 위치하지 않는 변수는 자동 변수인 x와 p가 있다. 이들 자동 변수는 메모리 섹션에 위치하지 않고 스택에 위치한다.

➤ 그림 12.3에서 포인터 변수 p는 malloc() 함수를 호출하여 할당된 10바이트의 메모리를 가리킨다. malloc() 함수는 heap이라는 메모리 영역으로부터 메모리를 할당하게 된다. heap은 앞에서 말한 메모리 섹션에는 속하지 않는 부분이다.

♣ 스택(Stack) :

- 컴퓨터에서 스택은 데이터를 임시로 저장하는 메모리 공간을 말한다.
- 한 번 선언되면 프로그램이 종료될 때까지 존재하는 정적 변수나 전역 변수와는 달리 자동 변수는 함수가 호출되면 존재하다가 함수가 종료되면 사라지기 때문에 함수가 수행되는 동안만 임시적으로 존재한다. 따라서 C-컴파일러는 자동 변수를 모두 스택에 할당한다.
- 프로그램에서 함수의 호출은 빈번히 일어나므로 스택은 속도가 빠른 내부 메모리 영역에 위치시키는 것이 일반적이다.

12.5.2 스타트업(Startup) 코드

C-프로그램의 main() 함수 시작 전에 프로그램의 초기화를 수행하는 스타트업 코드가 수행된다. 이때 외부 메모리를 사용하는 변수가 있으면 그에 대한 초기화도 스타트업 코드에서 수행되므로 스타트업 코드에서 미리 외부 메모리를 사용하도록 설정하여야 한다. 즉 프로그램 12.1이 스타트업 코드에서 수행되도록 하여야 한다. 앞의 메모리 섹션의 구분으로 볼 때 .init1 섹션에 프로그램 12.1의 함수 ExMemoryInit()를 위치시켜야 한다. 다음 exmem.c는 코드를 .init1 섹션에 위치시킨다. 특정함수 ExMemoryInit()를 .init1 섹션에 위치시키는 방법은 __attribute__ 지시어를 다음과 같이 사용하는 것이다.

```
void ExMemoryInit(void) __attribute__ ((naked))
                    __attribute__ ((section (".init1")));
```

이를 프로그램 12.1에 부가하여 프로그램 exmem.c를 만들고 프로젝트에 추가하면 된다.

프로그램 exmem.c

```
#include <avr/io.h>
void ExMemoryInit(void) __attribute__ ((naked))
                 __attribute__ ((section (".init1")));
void ExMemoryInit()
{
        // 상위 섹터에 1 wait-state 추가
        XMCRA = (4<<SRL0);                    // 두 개의 섹터로 나눔
        MCUCR = (1<<SRE)|(1<<SRW10);          // 외부 메모리 사용
}
```

➤ **프로젝트에 파일을 포함시키면** `.init1` **섹션에 있는 스타트업 코드는 자동적으로 수행된다. 따라서 함수** `ExMemoryInit()`**를** `main()` **함수에서 호출할 수 없다.**

12.5.3 링커 옵션 설정

프로그램의 데이터가 저장되는 섹션은 `.data` 섹션과 `.bss` 섹션이다. 컴파일러는 외부 메모리가 없는 것을 디폴트로 고려하기 때문에 그림 12.3과 같이 두 섹션 모두 내부 데이터 메모리에 위치시킨다.

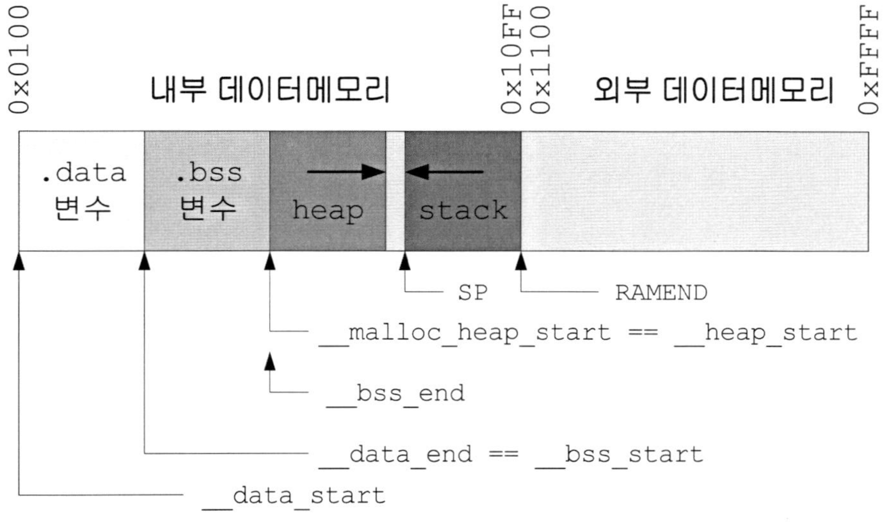

그림 12.3 내부 메모리만 사용할 때

여기서 스택(stack)은 자동 변수가 위치하는 부분으로 스택의 시작은 내부 메모리의 가장 마지막인 0x10FF부터 시작한다. heap은 `malloc()` 함수로 동적 메모리 할당을 하는 영역이다. 스택은 증가하면서 하위 메모리로 이동하고 heap은 상위 메모리로 증가한다. 함수를 호출하면 함수 내의 자동 변수는 스택에 위치한다. 함수 내에서 또 다른 함수를 호출하고 그곳에서 또 함수를 호출하면(nested call이라 함) 스택이 증가한다. 스택이 증가하다 위 그림에서 heap 또는 .bss 섹션을 침범하게 되면 프로그램은 오동작을 하게 된다. 이런 경우는 스택을 제외한 메모리 영역을 외부 데이터 메모리로 이동하여야 한다.

스택은 내부 메모리에 위치하는 것이 일반적이므로 그림 12.4에서 `.data` 섹션, `.bss` 섹션과 heap은 외부 메모리 영역으로 이동이 가능하다. 그림 12.4는 스택을 제외한 모두를 외부 메모리에 위치시킨 예를 보여준다.

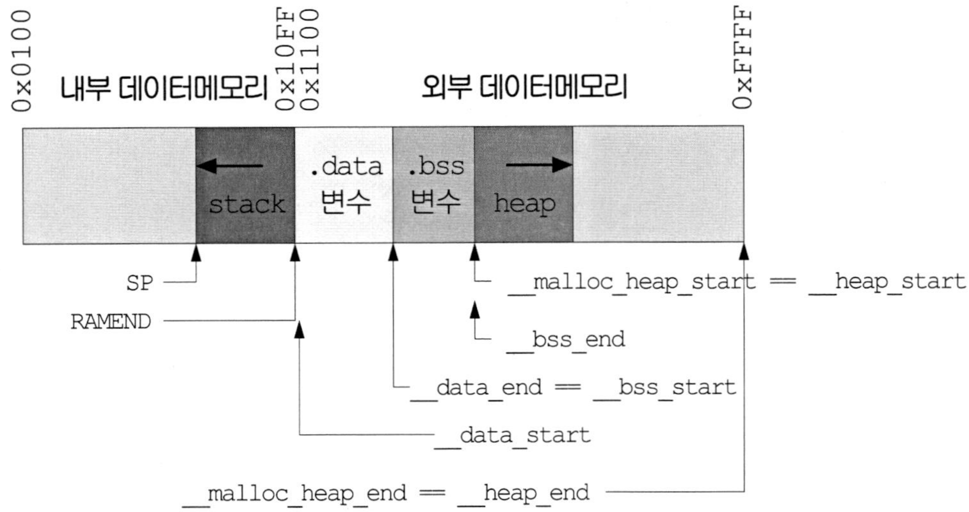

그림 12.4 .data, .bss 섹션과 heap을 외부 메모리에 위치시킨 형태

그림 12.1의 제어시스템의 경우 외부 메모리 영역이 0x1100~0x7FFF이므로 _heap_end를 0x7FFF로 설정하도록 하자. 섹션과 heap의 위치 변경은 다음 링커 옵션으로 설정한다.

```
-Wl,--section-start=.data=0x801100,--defsym=__heap_end=0x807fff
```

링커 옵션 1

➤ ATmega128과 같이 Harvard Architecture를 쓰는 CPU는 프로그램 메모리와 데이터 메모리를 구분하기 위해서 컴파일러가 주소에 옵셋을 준다. WinAVR에서는 데이터 메모리를 지정할 때는 주소에 0x800000 옵셋을 준다.

외부 데이터 메모리에 있는 변수는 내부 데이터 메모리에 있는 변수보다 읽기/쓰기 속도가 늦기 때문에 연산 처리속도를 높이려면 heap을 제외한 메모리 섹션은 내부 데이터 메모리에 위치시켜야 할 경우도 있다.

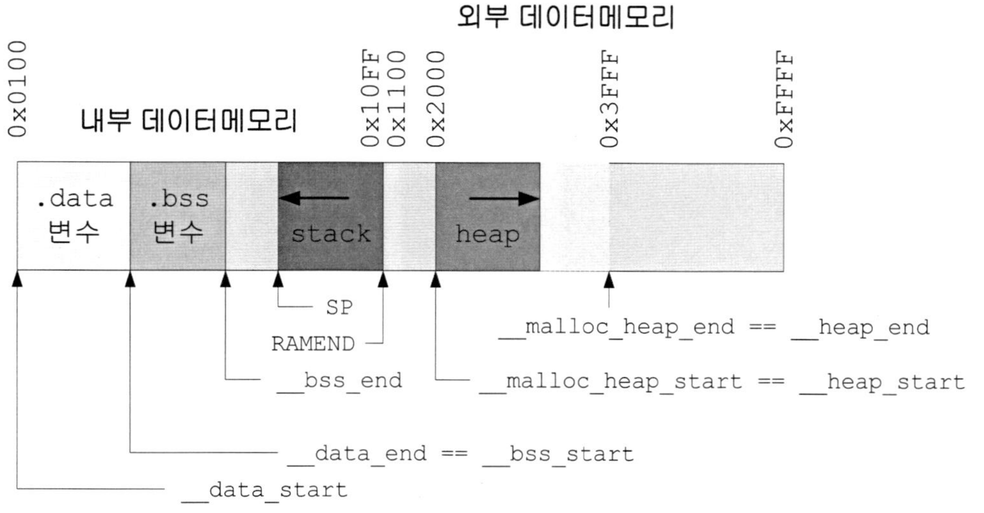

그림 12.5 heap만을 외부 메모리에 위치시킨 형태

그림 12.5와 같이 heap만을 0x2000~0x3FFF까지 외부 메모리에 위치시키려면 링커 옵션을 다음과 같이 설정한다.

```
-Wl,--defsym=__heap_start=0x802000,--defsym=__heap_end=0x803fff
```

링커 옵션 2

12.5.4 외부 메모리 사용

링커 옵션 1을 선택하여 .data 섹션과 .bss 섹션 그리고 heap을 외부 메모리에 위치시켜 외부 메모리를 사용하여 보자.

다음 순서에 따라 프로그램 작성과 링커 옵션을 설정한다.

(1) 프로그램 exmem.c를 작성하고 프로젝트에 포함시킨다.

(2) AVR Studio에서 [Project] → [Configuration Options] 메뉴를 선택하면 "Project Options" 창이 나타난다.

(3) 왼쪽에서 "Custom Options"를 선택하고 "Custom Compilation Options"에서 [Linker Options]를 선택한다.

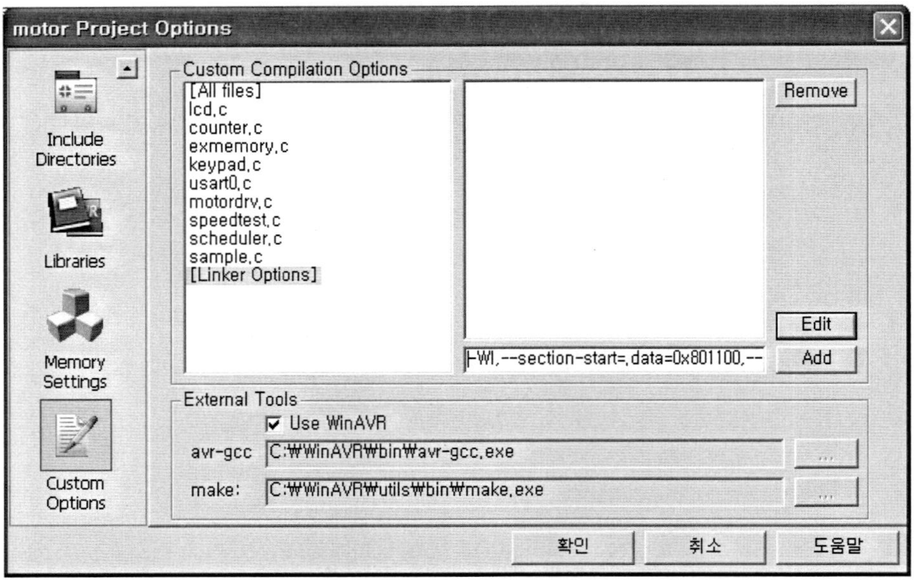

(4) 오른쪽 아래 창에 링커 옵션 1을 입력하고 "Add" 버튼을 누른다.

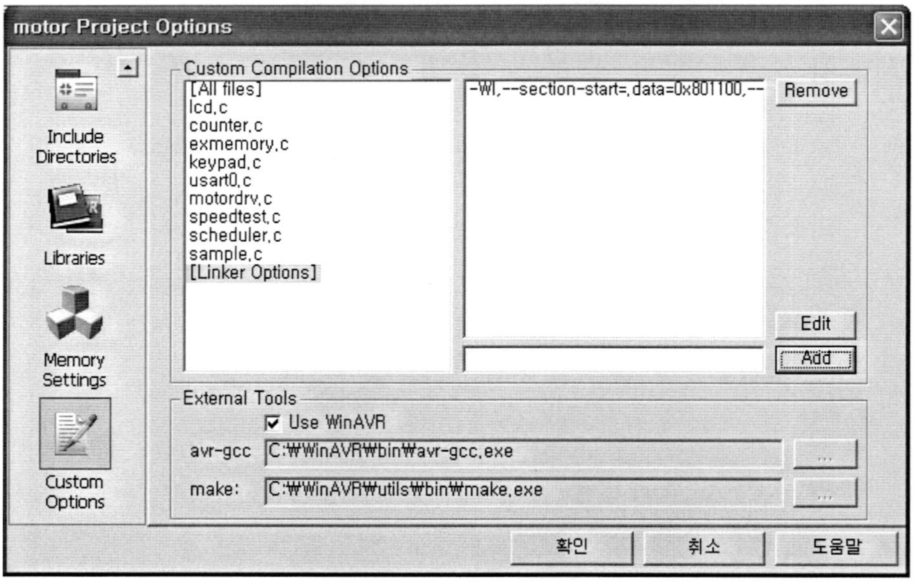

(5) 위 과정 수행 후 응용 프로그램을 작성하면 된다.

프로그램 12.2와 같이 작성한 응용 프로그램을 고려하여보자.

프로그램 12.2

```
#include <avr/io.h>

static char data[8192];          //8Kbyte 메모리를 .bss 섹션에 할당
int main()
{
        data[4096] = 0;

        . . .
}
```

배열 data를 위해 8Kbyte의 메모리가 필요하므로 내부 메모리만 사용하면 이 프로그램을 수행할 수 없다. 따라서 외부 메모리를 사용하여야 할 뿐 아니라 링커 옵션 1을 사용하여 정적 변수를 위치시키는 메모리 섹션 .data와 .bss를 외부 메모리로 이동시켜야 한다.

12.6 ATmega128의 EEPROM 사용

12.6.1 EEPROM(Electrically Erasable Programmable ROM)

ATmega128은 100,000번의 읽기/지우기가 가능한 4Kbyte의 EEPROM을 제공한다. EERPOM은 전원이 꺼져도 저장된 데이터가 지워지지 않는 비휘발성 메모리일 뿐 아니라 프로그램 실행 중 EEPROM에 데이터를 저장할 수 있어 매우 유용하게 사용할 수 있다.

예를 들어 속도제어 시스템을 고려해보자. 운행 중 설정 속도를 변경할 수 있다. 일반적으로 시스템을 껐다가 다시 켰을 때는 이전에 설정한 속도로 다시 시작하는 것이 편리하다. 이 경우 설정 속도를 저장하는 변수는 변경이 가능하여야 하고, 전원이 꺼지더라도 값을 잃지 않아야 한다. EEPROM은 이런 목적에 알맞게 사용할 수 있다.

12.6.2 WinAVR에서 EEPROM 사용

이 절에서는 WinAVR에서 제공하는 EEPROM 관련 라이브러리 함수의 사용법을 간단

히 알아보도록 한다. 자세한 사항은 avr-libc 매뉴얼의 Module Documentation의 <avr/eeprom.h>를 참고하기 바란다.

EEPROM 관련 함수 및 변수들을 사용하기 위해서는 다음 헤더파일을 프로그램에 포함시켜야 한다.

```
#include        <avr/eeprom.h>
```

EEPROM을 나타내는 메모리 섹션은 .eeprom 섹션이므로 변수를 .eeprom 섹션에 위치시키면 EEPROM 변수가 된다. 변수를 .eeprom 섹션에 위치시키는 법은 다음과 같다.

```
<데이터형> <변수명> __attribute__((section(".eeprom")))
```

또는

```
<데이터형> <변수명> EEMEM
```

예
```
short temperature __attribute__((section(".eeprom")));
short temperature EEMEM ;
int array[10] EEMEM;
```

다음은 EEPROM과 관련된 매크로 및 함수들이다.

- **#define EEMEM __attribute__((section(".eeprom")))**
- **#define eeprom_is_ready()**
  매크로 함수로 EEPROM 액세스가 가능한 지 알리는 매크로 함수이다. 가능하면 1, 아니면 0이다.
- **uint8_t eeprom_read_byte(const uint8_t *addr)**
  EEPROM 주소 addr에서 1바이트를 읽어서 리턴한다.
- **uint16_t eeprom_read_word(const uint16_t *addr)**
  EEPROM 주소 addr에서 2바이트를 읽어서 리턴한다.
- **void eeprom_read_block(void* p_ram, const void *p_eeprom, size_t n)**
  EEPROM 주소 p_eeprom에서 n바이트를 읽어서 SRAM의 주소 p_ram에 저장한다.
- **void eeprom_write_byte(uint8_t *addr, uint8_t value)**
  1바이트 데이터 value를 EEPROM 주소 addr에 쓴다.

- **void eeprom_write_word(uint16_t *addr, uint16_t value)**
  2바이트 데이터 value를 EEPROM 주소 addr에 쓴다.
- **void eeprom_write_block(const void *p_ram, void *p_eeprom, size_t n)**
  SRAM의 주소 p_ram부터 n바이트 데이터를 EEPROM 주소 p_eeprom에 쓴다.

➤ EEPROM 쓰기/읽기 함수들은 내부에서 EEPROM 액세스가 가능한지 검사하므로 호출 전에 eeprom_is_ready()를 사용할 필요는 없다. 그러나 시간에 민감한 응용에서는 읽기/쓰기하기 전에 액세스가 가능한지를 점검하는 eeprom_is_ready()를 사용할 필요가 있다.

➤ 데이터형 uint8_t 및 uint16_t는 typedef 지시어를 사용하여 새로 선언된 형으로 헤더파일 stdint.h에 선언되어 있다. stdint.h는 헤더파일 io.h를 포함하면 자동적으로 포함된다.

➤ stdint.h가 소스파일에 포함되면 데이터형 uint8_t, uint16_t을 프로그램 내에서 사용할 수 있다. stdint.h에서 선언한 데이터형은 다음과 같다.

```
int8_t      : 부호 있는 8비트 정수
int16_t     : 부호 있는 16비트 정수
int32_t     : 부호 있는 32비트 정수
int64_t     : 부호 있는 64비트 정수

uint8_t     : 부호 없는 8비트 정수
uint16_t    : 부호 없는 16비트 정수
uint32_t    : 부호 없는 32비트 정수
uint64_t    : 부호 없는 64비트 정수
```

새로운 형을 사용하여 부호 없는 32비트 정수를 나타내는 기본형 'unsinged long int'을 줄여서 'uint32_t'로 편리하게 사용할 수 있을 뿐 아니라 형 자체에서 32비트 형임을 명시적으로 표현하고 있다.

프로그램 12.3은 속도 제어기의 설정 속도를 EEPROM에 저장하는 예를 보여준다.

프로그램 12.3 EEPROM 사용 예제

```
#include <avr/io.h>
#include <avr/eeprom.h>                          // eeprom 헤더파일

static uint16_t vel_set EEMEM;                   // EEPROM 변수 vel_set

int main()
{
        uint16_t velocity;

        // EEPROM의 vel_set 변수를 읽는다
        velocity = eeprom_read_word(&vel_set);

        //==================================================
        // velocity가 0xffff이면 이전에 EEPROM 주소에
        // 데이터를 쓴 적이 없음을 말한다.
        //==================================================
        if(velocity == 0xffff)
        {         // 이전에 속도를 설정한 적이 없으므로 0으로 초기화
                  velocity = 0;
        }
        while(1)
        {
                  . . .
                  // 필요에 따라 속도 설정값을 EEPROM에 저장한다.
                  eeprom_write_word(&vel_set, velocity);
                  . . .
        }
}
```

➤ EEPROM 변수는 일반 SRAM의 변수와 같은 방법으로 쓰거나 읽을 수 없고 eeprom_read_word() 함수 또는 eeprom_write_word() 함수 등을 사용하고 읽거나 쓰기를 하여야 한다.

➤ 프로그램을 시작할 때 EEPROM 변수인 vel_set를 읽어서 SRAM 변수 velocity에 저장한다.

➤ EEPROM은 0xFFFF로 초기화되므로 velocity 값을 0xFFFF와 비교하면 이전 설정에 의한 값인지 아닌지 알 수 있다(단 프로그램 12.3은 변수 vel_set값이 정상적인 상태에서는 0xFFFF가 될 수 없음을 가정한 예이다).

➤ 이전에 저장한 적이 없으면 속도 변수 velocity를 0으로 초기화한다.

12.6.3 Brownout Detection을 사용한 EEPROM 데이터의 손상 방지

EEPROM을 사용할 때 정상적으로 데이터를 저장했음에도 데이터가 이상하게 나오는 경우가 있다. 이는 전원을 켤 때 입력 전원이 정상 레벨에 도달하기까지 시간이 걸리므로 입력 전압이 정상 전압보다 낮은 경우가 발생하기 때문이다.

입력 전압이 낮을 때 EEPROM의 데이터가 손상될 수 있는 상황은 두 가지이다. 첫 번째는 정상적인 EEPROM 쓰기를 위해서는 최소 전압이 필요하나 이보다 낮은 경우이고, 두 번째는 전압이 낮을 때 CPU가 명령을 정상적으로 수행하지 못하는 경우이다.

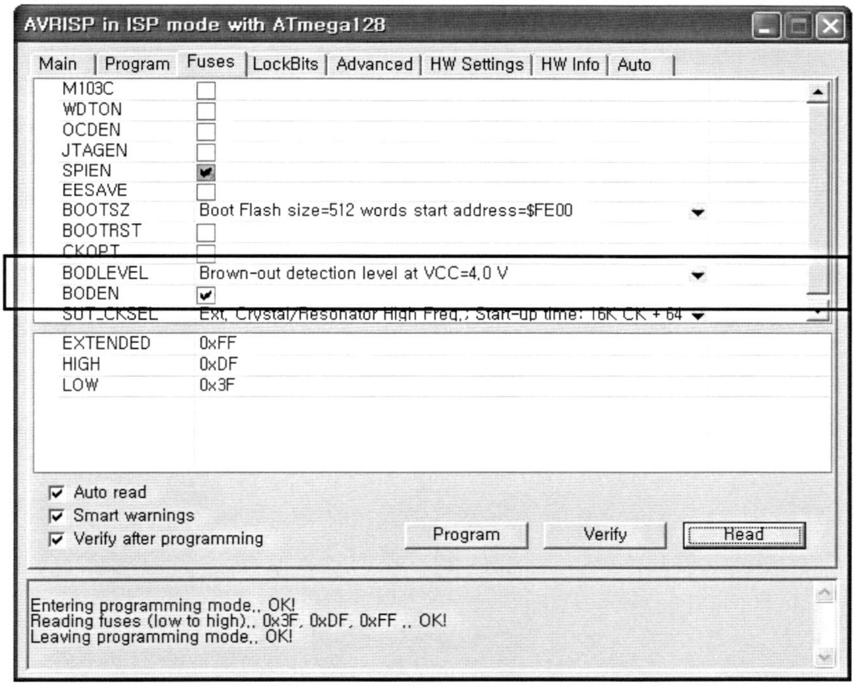

그림 12.6 퓨즈 설정

이러한 EEPROM 데이터 손상은 ATmega128 내부의 Brown-out Detector(BOD)를 동작시킴으로서 쉽게 피할 수 있다.

다음과 같이 Fuse Bit를 프로그램하면 BOD를 동작시킬 수 있다.

1. [Tools] → [Program AVR] → [Auto Connect] 메뉴를 선택하여 타깃보드를 연결한다.
2. AVRISP 창에서 Fuses 탭을 선택하면 그림 12.6의 창이 나타난다.

3. "BODEN"의 체크박스에 체크를 한다.
4. 5V로 동작하는 CPU는 "BODLEVEL"을 "Brown-out detection level at VCC=4.0V"로 선택하고 3.3V로 동작하는 CPU일 경우 "VCC=2.7V"를 선택한다.
5. "Program" 버튼을 눌러 Fuse bit를 프로그램한다.

※ Brown-out detection을 활성화하였을 때 입력 전압이 설정치보다 확실하게 높지 않으면 마이크로컨트롤러는 동작하지 않는다. 전압 레벨을 4.0V로 하고 마이크로컨트롤러를 USB 전원으로 구동하게 되면 전압 레벨이 낮아 동작하지 않을 수 있다. Brown-out detection을 활성화 하였을 때는 외부 전원을 사용하여 마이크로컨트롤러에서 요구하는 정격 전압을 공급하도록 하여야 한다.

12.7 ATmega128의 프로그램 메모리 사용

ATmega128 마이크로컨트롤러에서 데이터 메모리로 사용하는 SRAM의 용량은 제한적이기 때문에 귀중한 자원이다. C-언어에서 변수를 선언하면 변수는 이런 SRAM, 즉 데이터 메모리를 사용한다. 일반적으로 변수들은 프로그램 실행 중에 값이 계속 변하지만 특정 변수들은 프로그램 시작에서 종료까지 불변하는 상수 변수이다. 이런 상수 변수는 프로그램 메모리인 플래시 메모리에 저장함으로써 SRAM 자원의 낭비를 막을 수 있다.

여기서는 WinAVR에서 상수 변수가 프로그램 메모리를 사용하도록 하는 법을 간단하게 설명한다. 자세한 사항은 avr-libc 매뉴얼의 Module Documentation의 〈avr/pgmspace.h〉를 참고하기 바란다.

프로그램 메모리관련 함수 및 변수들을 사용하기 위해서는 다음 헤더파일을 프로그램에 포함시켜야 한다.

```
#include     <avr/io.h>
#include     <avr/pgmspace.h>
```

프로그램 메모리에 상수변수를 선언하는 방법은 다음과 같다.

```
const <데이터형> <변수명> · = <상수값>
```

예
```
const short constdata PROGMEM = 10;
const char Table[] PROGMEM = {1, 2, 3, 4, 5};
const char Title[] PROGMEM = "Lab #10";
```

프로그램 메모리와 관련하여 자주 사용하는 함수를 다음에 표시하였다.

- **#define pgm_read_byte(addr)**
  매크로 함수로 프로그램 메모리의 주소 addr에서 1바이트를 읽어 리턴한다.
- **#define pgm_read_word(addr)**
  매크로 함수로 프로그램 메모리의 주소 addr에서 2바이트를 읽어 리턴한다.
- **#define pgm_read_dword(addr)**
  매크로 함수로 프로그램 메모리의 주소 addr에서 4바이트를 읽어 리턴한다.
- **void* memcpy_P (void *dest, PGM_VOID_P src, size_t n)**
  프로그램 메모리 주소 src부터 n바이트를 읽어 데이터 메모리 주소 dest에 저장한다.
  입력 : dest - SRAM의 주소
  src - 프로그램 메모리의 주소
  n - 복사할 바이트 수
  반환값 : SRAM 주소 dest를 반환한다.

12.8 실행 코드 최적화

12.8.1 WinAVR에서 코드 최적화

마이크로컨트롤러 프로그램을 작성할 때 다음 두 가지 사항을 고려하여야 한다.

-실행 코드의 크기

-실행 코드의 실행 속도

이상적인 것은 코드의 크기를 작게 하면서 실행 속도를 높이는 것이다. 이에 대한 일차적인 책임은 프로그램 작성자에게 있다. 어떤 일을 수행하는 순서 및 방법을 알고리듬(Algorithm)이라 하는데 프로그래머가 사용하는 알고리듬에 따라 실행 코드의 크기 및 속도가 크게 좌우된다.

일단 소스프로그램이 작성되면 두 번째로 고급언어로 작성된 프로그램을 기계어로 번역하는 컴파일에 따라 실행 코드의 크기와 속도가 달라진다. 영어를 한글로 번역할 때 단 하나의 방법만 있는 것이 아닌 것처럼 컴파일러도 기계어로 번역할 때 여러 가지 방법을 사용할 수 있다. 사용자는 컴파일러의 최적화 옵션으로 번역 방법을 선택한다. WinAVR에서는 "Project Option"창에서 Optimization 옵션을 선택한다.

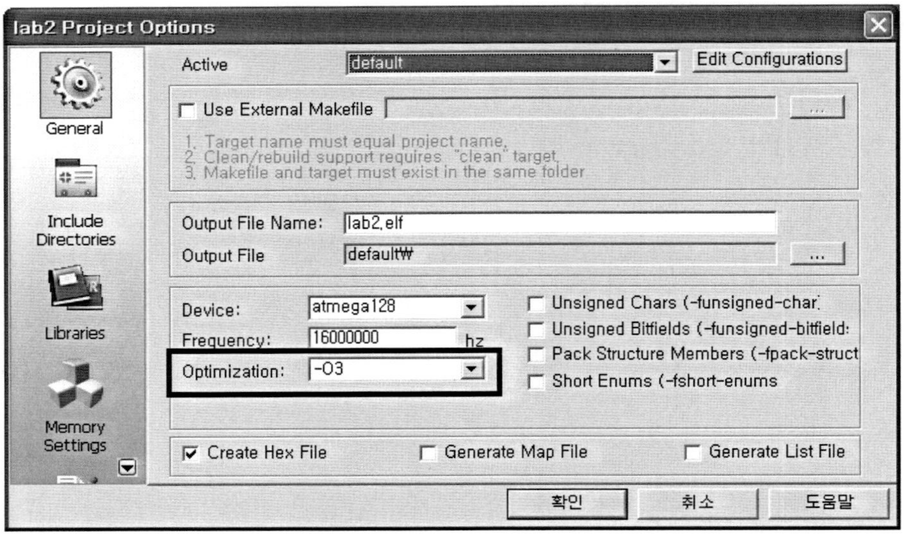

그림 12.7 최적화 옵션 설정

최적화 옵션으로 5가지를 선택할 수 있다.

–O0 : 최적화를 수행하지 않는다.

–O1 : 컴파일 시간을 많이 요구하는 최적화를 제외하고 코드의 크기와 실행속도를 줄이도록 최적화를 수행한다.

–O2 : 코드크기와 실행속도를 협상하지 않는 범위에서 –O1 옵션보다 더 최적화를 수행한다.

–O3 : –O2 옵션보다 더 최적화를 수행한다.

–Os : 코드 크기를 최적화한다. 코드 크기를 증가시키지 않도록 –O2 최적화를 한다.

➤ –O0 옵션을 선택하여 생성된 코드는 다른 옵션에 비해 크기도 크고 실행속도도 늦다. 이는 디버거를 사용할 때 사용되는 옵션이다. 이외의 옵션에 대해서는 컴파일러가 최적화를 수행한다. 최적화를 수행한 코드는 옵션에 관계없이 –O0 옵션으로 생성된 코드보다는 크기 및 실행속도에서 우월하다.

➤ 최적화 번호가 높다고 해서 좋은 코드를 생성한다고 말할 수는 없다. 최적화란 기

준에 따라 다르기 때문이다. 코드 크기를 기준으로 하였을 때 최적화라 함은 실행 속도에 관계없이 작은 실행 코드를 생성하는 것이고 실행 속도를 기준으로 하였을 때는 코드 크기에 상관없이 빠른 실행 속도를 나타내는 코드가 최적이기 때문이다. 최적화 옵션 선택은 사용자가 자기의 기준에 맞도록 선택하여야 한다.

일반적으로 최적화를 수행하지 않은 코드는 프로그램을 디버깅할 때 사용하고 디버깅이 끝나면 수행속도 및 크기에서 우월한 최적화된 코드를 사용하게 된다. 그런데 최적화를 수행하지 않은 코드는 성공적으로 수행되나 이를 최적화한 코드는 수행에 오류가 생기는 경우가 종종 발생한다. 이를 원인별로 보면 세 가지 정도로 요약이 된다.

(1) 헛루프를 사용한 시간 지연을 이용하였을 때 : 헛루프를 사용하여 얻는 시간 지연은 최적화 방법에 좌우가 된다. 응용코드가 지연시간에 민감할 경우 최적화를 수행한 코드의 시간 지연은 최적화하지 않은 코드에 비해 짧게 되므로 정상적으로 구동되지 않을 수 있다. 이 경우는 부가적인 시간 지연을 주어 해결할 수 있다.

(2) 초기화되지 않은 변수를 사용할 때 : 최적화하지 않은 코드에서는 프로그램에서 초기화되지 않은 변수라 하더라도 내부적으로 0으로 초기화를 한 후 수행한다. 그러나 최적화된 코드는 이런 변수를 초기화하지 않으므로 쓰레기값이 들어간 변수값으로 코드가 시작되어 오동작을 일으킨다. 이는 모든 변수를 초기화함으로써 해결할 수 있다(초기화되지 않은 변수를 사용하면 컴파일할 때 경고가 발생하므로 쉽게 알 수 있다).

(3) 최적화를 수행하면서 컴파일러가 사용하지 않는 변수를 제거할 때 오동작이 발생할 수 있다.

원인 (3)에 대해서는 다음 절에서 자세하게 다루도록 하자.

12.8.2 코드 최적화와 volatile 지시어

프로그램 12.4는 타이머/카운터 1의 비교일치가 발생할 때마다 인터럽트 서비스루틴에서 변수 `index`를 1 증가시키고 `main()` 함수에서 현재 `index` 값을 인쇄하여 비교일치 회수를 알도록 하는 프로그램이다. 그러나 이 프로그램을 수행하여 보면 다음 현상을 관찰할 수 있다.

➤ –O0 옵션을 선택하여 최적화하지 않은 코드를 수행하면 정상적으로 동작한다.

➤ 최적화한 코드를 수행하면 정상적으로 동작하지 않는다.

프로그램 12.4

```
#include <avr/io.h>
#include <avr/interrupt.h>

static unsigned char index = 0;

ISR(TIMER1_COMPA_vect)
{
        index++;
}
int main()
{
        . . .

        while(1)
        {
                printf("%d\n", (int) index);
        }
}
```

프로그램 12.4의 외부 정적 변수 index는 인터럽트 서비스루틴에서는 값이 변하지만 main() 함수에서 index 변수의 값은 변하지 않는다. 최적화 옵션을 선택하면 컴파일러는 index 변수와 같이 main() 함수에서 변하지 않는 변수는 최초 한 번만 값을 평가하고 이후는 사용하지 않도록 컴파일한다. 따라서 인터럽트서비스루틴에서 index 값이 변하지만 이는 main() 함수에서는 반영되지 않는다.

volatile 지시어는 인터럽트와 같은 외부요인에 의해 변수가 변할 수 있음, 즉 휘발성임을 컴파일러에게 알려서 최적화 과정에서 변수가 소외되지 않도록 한다. 프로그램 12.4에서 index 변수 선언을 다음과 같이 변경한다.

```
static unsigned char index;
     ==> static volatile unsigned char index;
```

이후 최적화를 수행한 코드를 실행하면 정상적으로 수행된다.

➤ 외부 변수이면서 인터럽트 서비스루틴과 일반함수에서 공용으로 사용하는 변수는 volatile 지시어를 사용하는 것이 바람직하다.

13
사용자 인터페이스 장치 드라이버

ATmega 128

13.1 LCD 인터페이스

13.1.1 LCD 구동 함수

마이크로컨트롤러를 사용하는 많은 기기에서 여러 가지 상태를 표시하기 위한 장치로서 LCD 표시장치를 사용하고 있다. LCD 모듈은 디스플레이 드라이버와 디스플레이를 합한 것을 말한다. 마이크로컨트롤러는 드라이버에 데이터를 전달함으로써 LCD 화면에 정보를 표시할 수 있다.

그림 12.1의 제어시스템에는 12.3절에서 설명한 Memory-mapped I/O 방식으로 문자형 LCD를 연결할 수 있다. 여기서 사용하는 문자형 LCD 표시 장치의 드라이버로서 Hitachi 사의 HD44780를 사용하고 있으며 이에 따라 LCD 구동 프로그램을 작성하고자 한다.

12.3절에 따르면 LCD 명령과 데이터의 주소는 각각 0xC000와 0xC001이다. 이 주소에서 데이터를 읽거나 쓰는 방법을 고려하여 보자.

- 데이터의 크기는 8비트이므로 변수형은 char형(또는 unsigned char형)이다.
- 또한 C-언어에서는 메모리의 주소를 포인터로 표시한다. 따라서 LCD 명령 주소인 0xC000은 8비트 변수를 가리키는 포인터가 된다. 즉 명령 주소의 변수형은 다음과 같다.

```
volatile char *
```

- 숫자 0xC000는 단순히 정수값을 나타내는 것으로 이를 “메모리상의 1바이트 변수를 가리키는 포인터”라는 것을 명시적으로 표시하기 위해 데이터의 형 변환(type casting)을 한다.

```
(volatile char *)   0xC000
(volatile char *)   0xC001
-----------------
   형변환
```

volatile이라는 지시어는 변수가 휘발성이라는 것으로 메모리의 내용이 외부에 의해 변경될 수 있다는 것을 말한다. 외부 입출력 장치의 내용은 외부 신호에 의해 변경될 수 있으므로 volatile 지시어를 반드시 사용하여야 한다.

C-언어에서는 다음 두 방법으로 특정 주소에 데이터를 쓰거나 읽을 수 있다.

(방법 1) 포인터 변수를 만들고 이의 값을 특정 주소로 초기화한다.

```
volatile char *pLcdCmd     = (volatile char *)0xC000;
volatile char *PLcdData    = (volatile char *)0xC001;
char lcddata;

*pLcdData = 0x30;           // LCD에 데이터 0x30을 쓴다.
*PLcdCmd = 0x38;            // LCD에 명령어 0x38을 쓴다.
lcddata  = *pLcdData;       // LCD의 데이터를 읽어 저장한다.
```

➤ pLcdCmd와 pLcdData는 volatile char형 데이터를 가리키는 포인터 변수로 각각 0xC000와 0xC001번지를 가리킨다. 즉 LCD를 가리킨다.

➤ pLcdCmd와 pLcdData가 가리키는 곳에 1바이트 데이터를 쓰는 것은 LCD에 데이터와 명령을 출력하는 것과 같고, pLcdData가 가리키는 곳의 데이터를 읽는 것은 LCD의 데이터를 읽는 것과 같다.

(방법 2) 특정 주소가 가리키는 곳에 직접 데이터를 쓰거나 읽는다.

쓰기 : 0xC000번지에 1바이트 데이터 쓰기

```
*( (volatile char *) 0xC000 ) = 0x30
-- -----------------------
      ↳ 0xC000은 (volatile char)형을 가리키는 포인터
  ↳ 위 포인터가 가리키는 메모리
```

읽기 : 0xC000번지에서 1바이트 데이터 읽기

```
lcddata = *( (volatile char *) 0xC000);
```

➤ 특정번지에 데이터를 직접 쓰기/읽기 할 수 있으나 문장으로 봐서는 0xC000에 데이터 쓰기/읽기를 하라는 것 뿐 연결된 장치의 종류를 알 수 없다. 이 경우 매크로를 사용하여 명시적으로 장치의 종류를 나타낼 수 있다.

```
#define LCD_CMD          *( (volatile char *) 0xC000)
#define LCD_DATA         *( (volatile char *) 0xC001)

LCD_DATA = 0x30;         // LCD 데이터 쓰기
LCD_CMD = 0x38;          // LCD 명령 쓰기
lcddata = LDC_DATA;      // LCD 데이터 읽기
```

프로그램 lcd.c와 lcd.h는 위 주소를 사용하는 LCD를 구동하는 프로그램이다. LCD 프로그램 모듈의 함수들의 사용방법은 다음과 같다.

void LcdInit(void)

설명 : LCD를 초기화한다.

void LcdCommand(unsigned char command)

설명 : LCD에 명령을 내린다. 내릴 수 있는 명령은 다음과 같다.

ALLCLR	: 화면을 지운다.
HOME	: 커서를 홈으로 보낸다.
LN21	: 커서를 두 번째 라인의 첫 번째에 위치시킴
DISP_ON	: 디스플레이를 켠다.
DISP_OFF	: 디스플레이를 끈다.
CURSOR_ON	: 커서를 켠다.
CURSOR_OFF	: 커서를 끈다.
CURSOR_LSHIFT	: 커서를 왼쪽을 이동시킨다.
CURSOR_RSHIFT	: 커서를 오른쪽으로 이동시킨다.
DISP_LSHIFT	: 디스플레이를 왼쪽으로 이동시킨다.
DISP_RSHIFT	: 디스플레이를 오른쪽으로 이동시킨다.

void LcdMove(char line, char pos)

설명 : 커서를 line행 pos열로 위치시킨다.

입력 : line - 커서를 위치시킬 행(0부터 시작)
pos - 커서를 위치시킬 열(0부터 시작)

void LcdPutchar(char ch)

설명 : 현재 커서 위치에 문자 ch를 표시한다.

입력 : ch - 표시할 문자

void LcdPuts(char* str)

설명 : 현재 커서 위치에 문자열 str를 표시한다.

입력 : str - 문자열의 첫 주소

void LcdPuts_P(PGM_P str)

설명 : 현재 커서 위치에 프로그램 메모리에 있는 문자열 str를 표시한다.

입력 : str - 문자열의 첫 주소

void LcdNewchar(char ch, char font[])

설명 : 문자 ch에 글꼴 font를 심는다.

입력 : ch - 새 글꼴을 심을 문자, 심을 수 있는 문자코드는 1~7이다.
font - 글꼴 배열

[프로그램 lcd.c]

```
//==========================================================
// LCD.C : LCD 구동 함수의 모음(Memory-mapped I/O 사용)
//==========================================================
#include <avr/io.h>
#include <util/delay.h>
#include "lcd.h"

// LCD 주소
#define LCD_CMD                     *( (volatile char *) 0xC000)
#define LCD_DATA                    *( (volatile char *) 0xC001)

// 매크로 함수
#define write_command(cmd)          LCD_CMD = (cmd)
#define write_data(ch)              LCD_DATA = (ch)

// 내부 함수
static void checkbusy(void);

//=====================================
// LcdInit() : LCD Display를 초기화한다.
//=====================================
void LcdInit(void)
{
     _delay_ms(15);
     write_command(0x30);
     _delay_ms(5);
     write_command(0x30);
     _delay_ms(1);
     write_command(0x32);

     LcdCommand(FUNSET);
     LcdCommand(DISP_OFF);
     LcdCommand(ALLCLR);
     LcdCommand(ENTMOD);

     LcdCommand(DISP_ON);       // 화면을 켠다.
}

//========================================================
// LCD에 명령을 출력하는 함수
//    입력 : command - LCD에 내리는 명령
```

```
//                  lcd.h에 정의된 명령을 사용할 것
//========================================================
void LcdCommand(char command)
{
      checkbusy();
      write_command(command);
      if(command == ALLCLR || command == HOME)
            _delay_ms(2);
}

//========================================================
// 현재 위치에 문자 하나를 출력한다.
//    입력 : ch - 화면에 쓸 문자 코드
//========================================================
void LcdPutchar(char ch)
{
      checkbusy();
      write_data(ch);
}

//========================================================
// 현재 위치에 문자열을 출력한다.
//    입력 : str - 출력할 문자열
//========================================================
void LcdPuts(char* str)
{
      while(*str)                  // *str이 NULL 문자가 아니면 루프를 돈다.
      {
            LcdPutchar(*str);   // 문자 *str을 화면에 출력
            str++;              // str이 다음 문자를 가리킴
      }
}

//========================================================
// 현재 위치에 문자열을 출력한다.
//    입력 : str - 프로그램 메모리에 있는 문자열
//========================================================
void LcdPuts_P(PGM_P str)
{
      volatile char c;
      while((c=pgm_read_byte(str)))
      {     // c는 프로그램 메모리 str에 있는 문자
```

```
            LcdPutchar(c);          // 문자 c를 화면에 출력
            str++;                  // str이 다음 문자를 가리킴
        }
}

//=====================================================
// 글자를 쓸 위치를 지정된 위치(line, pos)로 이동시킨다.
// 입력 :   line - 화면의 행(0행부터 시작)
//          pos - 화면의 열(0열부터 시작)
//=====================================================
//
void LcdMove(char line, char pos)
{
        pos = (line << 6) + pos;
        pos |= 0x80;                // 비트 7를 세트한다.

        LcdCommand(pos);
}

//========================================
// 문자코드 ch에 새로운 글꼴을 등록한다.
//========================================
void LcdNewchar(char ch, char font[])
{
        int i;

        ch <<= 3;                   // shift left
        ch |=  0x40;                // set bit 6 => CG RAM address set

        LcdCommand(ch);

        for(i=0; i < 8; i++)
            LcdPutchar(font[i]);
}

//=====================================================
// 시간 지연으로 BF 플래그 검사를 대체
//=====================================================
static void checkbusy()
{
        _delay_us(10); _delay_us(10); _delay_us(10);
        _delay_us(10); _delay_us(10);
}
```

[헤더파일 lcd.h]

```
//==========================================================
// 파일명 : lcd.h - LCD 제어 모듈의 헤더파일(8비트 인터페이스)
//==========================================================
#ifndef __LCD_H__
#define __LCD_H__

#include <avr/pgmspace.h>

// LCD 제어 명령

#define ALLCLR              0x01   // 화면을 지운다.
#define HOME                0x02   // 커서를 홈으로 보낸다.
#define LN21                0xc0   // 커서를 두 번째 라인의
                                   // 첫 번째에 위치시킴
#define ENTMOD              0x06   // entry mode
#define FUNSET              0x38   // function set
#define DISP_ON             0x0c   // 디스플레이를 켠다.
#define DISP_OFF            0x08   // 디스플레이를 끈다.
#define CURSOR_ON           0x0e   // 커서를 켠다.
#define CURSOR_OFF          0x0c   // 커서를 끈다.
#define CURSOR_LSHIFT       0x10   // 커서를 왼쪽으로 이동시킨다.
#define CURSOR_RSHIFT       0x14   // 커서를 오른쪽으로 이동시킨다.
#define DISP_LSHIFT         0x18   // 디스플레이를 왼쪽으로
                                   // 이동시킨다.
#define DISP_RSHIFT         0x1c   // 디스플레이를 오른쪽으로
                                   // 이동시킨다.
// LCD 제어모듈 함수

void LcdInit(void);
void LcdCommand(char command);
void LcdMove(char line, char pos);
void LcdPutchar(char ch);
void LcdPuts(char* str);
void LcdPuts_P(PGM_P str);
void LcdNewchar(char ch, char font[]);

#endif     // __LCD_H__
```

13.1.2 LCD 구동 예제

프로그램 lcdtest.c는 LCD 구동 모듈 lcd.c를 사용하여 LCD를 사용하는 예이다. 다음 과정에 따라 프로젝트를 구성하고 lcdtest.c를 수행하여 본다.

다음 순서에 따라 보드를 준비하고 프로그램을 작성 및 수행한다.

(1) 사용자 작업 폴더를 생성하고 그 곳에 lcd_driver라는 프로젝트를 새로 생성한다. 프로젝트를 생성할 때 초기파일을 생성하지 않도록 한다.

(2) 소스파일 lcd.c와 lcdtest.c를 만들고 내용을 입력한 후 프로젝트 lcd_driver에 포함시킨다(4.4.3절 참조).

(3) LCD는 외부 메모리 버스에 장착되어 있으므로 12.5.4절의 순서에 따라 외부 메모리를 사용할 수 있도록 한다.

- 스타트업 코드인 exmem.c를 작성하고 프로젝트에 포함시킨다.
- lcdtest.c는 외부 SRAM을 사용할 필요가 없으므로 링커 설정을 할 필요는 없다.

(4) 프로젝트 lcd_driver를 빌드한다(4.4.4절 참조).

(5) 프로그램을 타깃 보드에 다운로드한다(4.4.5절 참조). 다운로드 완료와 동시에 프로그램이 실행된다.

➤ lcdtest.c에서 LCD에 표시하는 문자열은 각각 `lcdtitle`과 `string`이다. `lcdtitle`은 프로그램 메모리에 위치한 문자열이므로 화면표시를 위해 `LcdPuts_P()` 함수를 호출하였고 `string`은 데이터 메모리에 위치한 문자열이므로 `LcdPuts()` 함수를 호출하였다.

[프로그램 lcdtest.c]

```
#include <stdio.h>
#include <avr/io.h>               // I/O 레지스터정의
#include <avr/pgmspace.h>         // 프로그램 메모리 사용
#include <util/delay.h>           // 시간 지연 함수
#include "lcd.h"                  // LCD 제어프로그램 헤더파일
```

```
void msec_delay(int n);           // 시간 지연 함수
static const char lcdtitle[] PROGMEM = "LCD Display Test";

int main()
{
        char i;
        char string[20];          // 문자열을 구성할 배열

        LcdInit();                // LCD 초기화
        LcdMove(0,0);             // HOME
        LcdPuts_P(lcdtitle);      // 테스트 제목을 쓴다.

        sprintf(string, "MECHATONICS");
        LcdMove(1,0);
        LcdPuts(string);          // SRAM 내의 문자열 출력

        while(1)
        {
                for(i=0; i<10; i++)
                {
                    msec_delay(1000);           // 1초간 시간 지연
                    LcdCommand(DISP_RSHIFT);    // 오른쪽 이동
                }

                for(i=0; i<10; i++)
                {
                    msec_delay(1000);
                    LcdCommand(DISP_LSHIFT);    // 왼쪽 이동
                }
        }
}

//===============
// 시간 지연 함수
//===============
//
void msec_delay(int n)
{
        for(; n >0; n--)          // 1msec 시간 지연을 n회 반복
                _delay_ms(1);     // 1msec 시간 지연
}
```

13.2 키패드 인터페이스

13.1.1 키패드 구동 함수

키패드는 그림 13.1과 같이 푸시 버튼을 행렬로 배열한 것이다. 그림 13.2는 DC 모터 제어시스템에서의 키패드 연결 회로를 보여준다. 키패드는 LCD와 달리 ATmega128의 범용 I/O 포트에 연결되어 있다. 포트 D의 하위 니블을 열을 따라 푸시 버튼과 연결하였고 푸시 버튼의 행을 따라 포트 D의 상위 니블과 연결하였다. 그림 13.2와 같이 PD0~PD3은 출력 포트이고 PD4~PD7은 입력 포트로 설정된다. 입력 포트는 외부 풀업을 하지 않으므로 내부 풀업을 사용하여야 한다.

그림 13.1 키패드

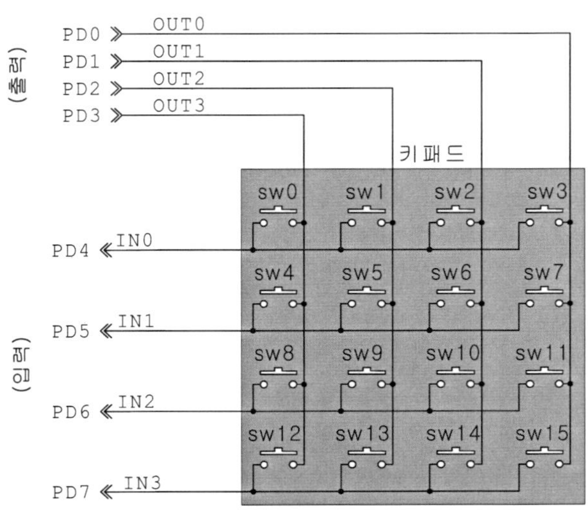

그림 13.2 키패드 연결 회로도

그림 13.3과 같이 출력 포트에 PD3:0=0b1101을 출력하여 보자. 그림 13.3에서 SW5과 SW10이 눌러진 상태이다. 이때 전류 경로는 그림의 굵은 선을 따라 형성되어 입력 포트 PD6에는 0이 읽히고 나머지 입력 포트는 1이 읽힌다. 그림을 다시 살펴보면 0이 출력되지 않은 열에 위치한 푸시 버튼(예: SW1, SW5)은 개폐에 관계없이 입력 측의 데이터에는 영향을 미치지 못한다. 그러나 0이 출력되는 열에 위치한 푸시 버튼은 SW10과 같이 누른 상태가 되면 해당 행에 해당하는 입력 비트가 0이 되고 SW6과 같이 떨어진 상태가 되면 해당하는 입력 비트에 1이 읽힌다. 즉 PD1에 0을 출력함으로써 PD1과 연결된 열의 버튼 상태를 감시할 수 있다.

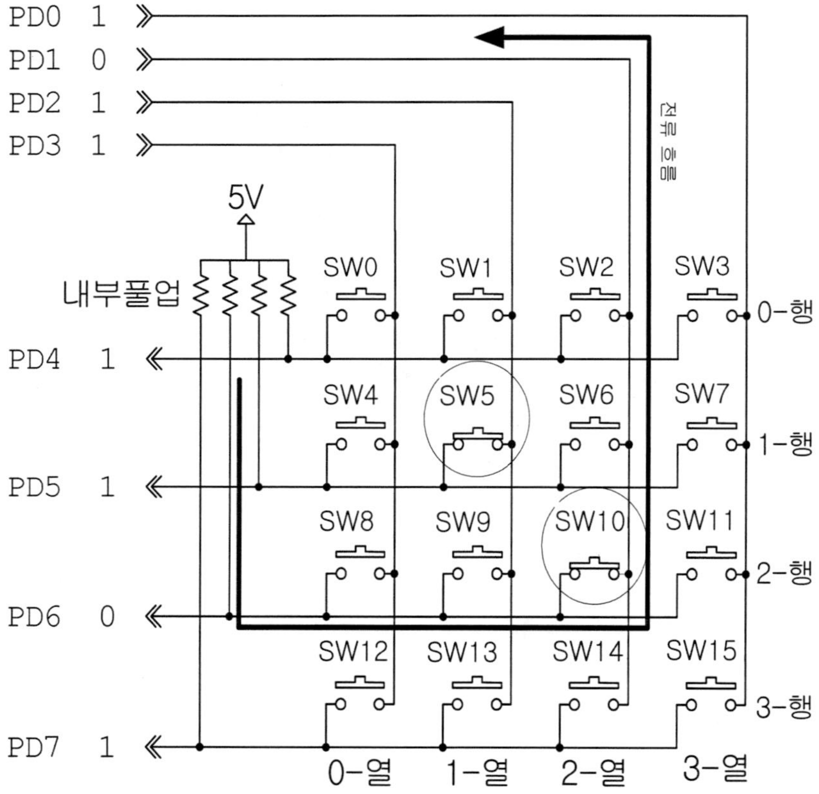

그림 13.3 출력과 키의 상태에 따른 입력 값

표 13.1 푸시 버튼 키코드

푸시 버튼	입력값	출력값	키코드	푸시 버튼	입력값	출력값	키코드
SW0	~0x10	~0x08	0x18	SW8	~0x40	~0x08	0x48
SW1	~0x10	~0x04	0x14	SW9	~0x40	~0x04	0x44
SW2	~0x10	~0x02	0x12	SW10	~0x40	~0x02	0x42
SW3	~0x10	~0x01	0x11	SW11	~0x40	~0x01	0x41
SW4	~0x20	~0x08	0x28	SW12	~0x80	~0x08	0x88
SW5	~0x20	~0x04	0x24	SW13	~0x80	~0x04	0x84
SW6	~0x20	~0x02	0x22	SW14	~0x80	~0x02	0x82
SW7	~0x20	~0x01	0x21	SW15	~0x80	~0x01	0x81

※ SW0의 경우 입력값은 0b11101111=0xEF이다. 이를 비트별 NOT을 사용하여 표시하면 0xEF=~0x10이므로 ~0x10으로 표시하였다. 표에서는 이 방법을 사용하여 입력/출력값을 나타내었다.

※ 키코드는 입력값과 출력값을 각각 비트별 NOT을 취하고 두 값을 더하여 얻는다.

출력 포트에서 0을 출력하는 핀을 PD0 → PD1 → PD2 → PD3로 순환하면서 그 때의 입력을 읽으면 각 열에서 어느 행의 푸시 버튼이 눌렸는지 판단할 수 있다. 순환하면서 키를 검사하는 것을 키 스캔(Scan)이라 한다. 출력 데이터 PD3:0와 입력 데이터 PD7:4를 조합하면 전체 16개 푸시 버튼 중 어느 것이 눌렸는지 판단할 수 있다.

표 13.1은 각 푸시 버튼 상태를 검사하기 위한 출력값과 스위치가 눌렸을 때의 입력값을 나타낸다. 표 13.1에서는 비트별 NOT 값으로 이들을 표현하였다. 각 푸시 버튼의 코드값은 입력값과 출력값을 각각 비트별 NOT을 취하여 두 값 더하여 얻었다. 키패드를 스캔하여 표 13.1의 코드를 얻는 것은 프로그램 keypad.c와 같이 작성할 수 있다.

- 헤더파일 keypad.h에서 표 13.1의 코드를 매크로로 정의한다.
- 정적함수 key_scan()은 키패드를 스캔하는 함수로 현재 눌러진 푸시 버튼의 코드 값을 반환한다.
- 키 스캔을 할 때 출력 포트의 상위 니블에 항상 1을 출력하여 내부 풀업을 사용하도록 한다.
- 변수 out는 출력 포트에 출력할 데이터의 비트별 NOT을 한 값이다. 루프를 돌 때마다 왼쪽으로 1비트를 이동하여 다음 열을 스캔한다.
- 변수 in은 입력 포트로 읽은 값 중 상위 니블만을 취한 값이다.
- in에 0이 아닌 값이 읽히면 버튼이 눌러졌음을 의미하므로 출력과 입력을 조합(in

+= out)하고 루프를 빠져 나온다.

➤ 여기서는 입력이 파악되면 바로 루프를 빠져 나오므로 한 행에서 두 개 이상의 버튼이 눌려 있을 때 처음 발견되는 버튼만 입력된다. 그러나 한 열에 두 개 이상의 버튼이 눌려 있으면 두 버튼이 눌려 있는 값으로 입력된다. 한 열에서도 단 하나의 버튼 입력을 갖도록 하려면 그에 대한 처리를 부가적으로 해주어야 한다.

➤ **같은 포트에 대한 출력과 입력 사이에는 1사이클의 지연을 반드시 주어야 한다.**

➤ `KeyInput()` 함수에서는 연속된 `key_scan()` 함수의 리턴값이 같을 때까지 `key_scan()`를 호출한다. 이 방법으로 스위치 디바운싱을 한다.

프로그램 keypad.c에서 제공하는 함수는 다음과 같다.

void KeyInit(void)

설명 : 키패드를 초기화하여 입력을 받아들일 수 있도록 한다.

unsigned char KeyInput(void)

설명 : 키패드 입력을 받아 들어 눌러진 푸시 버튼에 해당하는 코드값을 표 13.1에 따라 반환한다.

반환값 : 0이 아닐 때 - 키코드
0일 때 - 눌러진 키가 없음

[소스파일 keypad.c]

```
//==========================================================
// Keyboard Matrix 인터페이스
//
// 포트 핀      D7  D6  D5  D4  D3  D2  D1  D0
// 키패드       I3  I2  I1  I0  O3  O2  O1  O0
//
//     In : 키패드 입력 핀
//     On : 키패드 출력 핀
//
//      입력 핀은 내부 풀업을 사용
//==========================================================

#include <avr/io.h>
```

```
#include <util/delay.h>
#include <stdio.h>

#include "keypad.h"

#define N_COL   4                       // 스캔 할 키패드 열 수

#define KEY_OUT PORTD                   // keyboard 출력 포트
#define KEY_IN  PIND                    // keyboard 입력 포트
#define KEY_DIR DDRD                    // keyboard 입출력 방향 레지스터

static unsigned char key_scan(void);

void KeyInit()
{
       KEY_OUT = 0xF0;                  // 출력 초기값으로 0을 출력
       KEY_DIR = 0x0F;                  // 하위니블 → 출력, 상위니블 → 입력
}

//=================================================
//  키패드의 스캔 코드값을 반환한다.
//
//      반환값 : 0이 아닐 때 : 스캔 코드값
//               0일 때      : 입력값이 없음
//=================================================
//
unsigned char KeyInput(void)
{
        static unsigned char pin = 0;          // 이전 키값
        unsigned char in, in1;

        in = key_scan();                // 키스캔을 하여 값을 읽는다.

        while(1)
        {
             _delay_ms(10); _delay_ms(10); _delay_ms(10);
             in1 = key_scan();     // 한 번 더 읽는다.
             if(in==in1) break;
             in = in1;
        }

        if(!(in & 0xF0))                // 눌러진 키가 없음
        {
```

```
            pin =0;
            return 0;
        }

        if(pin == in)                   // 같은 키를 계속 누르고 있음
            return 0;                   // 새로운 키 입력이 없는 것으로 리턴

        pin = in;                       // 키 값을 저장 함.

        return in;                      // 코드를 반환한다.
}

//--------------------
// 코드값을 반환함
//--------------------
//
static unsigned char key_scan(void)
{
        unsigned char out, i, in;
        out = 0x01;         // 3-열부터 스캔

        for(i=0; i<N_COL; i++)
        {
            KEY_OUT = ~out;             // 출력 포트에 스캔 출력을 낸다.
            asm("nop"::);               // 1사이클 지연

            in = (~KEY_IN) & 0xF0;// 입력된 값의
                                        // 상위 4비트를 취한다.
            if(in)                      // 키 입력이 있음
            {
                in += out;              // 출력과 입력을 조합하여 코드 생성
                break;                  // 출력이 있으므로 루프 탈출
            }
            out <<= 1;                  // 다음 스캔 코드로 변경
        }

        return in;                      // 스캔 코드 값 리턴
}
```

[헤더파일 keypad.h]

```
#ifndef __KEYPAD_H__
#define __KEYPAD_H__
// 키패드 스위치 코드 값
#define SW0     0x18    // 0-번째 행
#define SW1     0x14
#define SW2     0x12
#define SW3     0x11
#define SW4     0x28    // 1-번째 행
#define SW5     0x24
#define SW6     0x22
#define SW7     0x21
#define SW8     0x48    // 2-번째 행
#define SW9     0x44
#define SW10    0x42
#define SW11    0x41
#define SW12    0x88    // 3-번째 행
#define SW13    0x84
#define SW14    0x82
#define SW15    0x81
#define NO_KEY    0x00

// 함수 정의
void KeyInit(void);
unsigned char KeyInput(void);

#endif
```

13.2.2 키패드 입력 예제

[프로그램 keypadtest.c]는 키패드 입력을 받아 입력에 따라 LCD에 눌러진 푸시 버튼이 속한 행을 나타내는 예제 프로그램이다.

- LCD와 키패드를 사용하므로 lcd.c와 keypad.c를 keypadtest.c와 함께 프로젝트에 포함시켜야 한다.
- LCD는 외부 메모리를 사용하므로 스타트업 코드인 exmem.c도 프로젝트에 포함시켜야 한다.
- 눌러진 키는 `KeyInput()` 함수가 반환한 값을 표 13.1에 따라 해석하여 구분한다. 그러나 코드값을 헤더파일 keypad.h에서와 같이 매크로로 정의하면 표 13.1을 참조하지 않고도 눌러진 키를 구분할 수 있다. keypadtest.c는 매크로를 사용하여 눌러진 키를 쉽게 구분할 수 있는 것을 보여준다.

[프로그램 keypadtest.c]

```
#include <avr/io.h>
#include <avr/pgmspace.h>

#include "keypad.h"
#include "lcd.h"

const char title[] PROGMEM = "Key Pad Test";

int main()
{
        unsigned char key;
        LcdInit();                    // LCD 초기화
        KeyInit();                    // 키패드 초기화

        LcdMove(0,0);
        LcdPuts_P(title);

        while(1)                      // 무한 루프
        {
                key = KeyInput(); // 키 입력을 받는다.

                LcdMove(1,0);
                switch(key)
                {
                case NO_KEY:
                      break;
                case SW0:
                case SW1:
                case SW2:
                case SW3:
                      LcdPuts("Key in 1st row  ");
                      break;
                case SW4:
                case SW5:
                case SW6:
                case SW7:
                      LcdPuts("Key in 2nd row  ");
                      break;
                default:
                      LcdPuts("Key in other row");
                      break;
                }
        }
}
```

13.3 직렬 통신 인터페이스

13.3.1 PC와 RS-232C 통신

RS-232C는 국제적으로 표준화한 데이터 통신규격으로 직렬 전송방식으로 통신할 때 통신 회선에서 사용하는 전기적인 신호의 특성과 연결 장치의 형상 등 물리적인 규격을 정하고 있다. 일반적으로 추천규격(Recommended Standard)이라 하여 RS-232C라 하나 공식적인 명칭은 EIA-232C이다.

9장에 언급한 ATmega128의 USART는 직렬 통신에 사용되며 USART 신호는 보통 TTL 신호 레벨을 가지고 있기 때문에 노이즈에 약하고 통신거리에 제약이 있다. 원거리 통신을 위해 RS-232C는 신호 레벨을 정의하였다. RS-232C에서는 신호를 음 논리로 사용하여 “1” 신호는 -3V 이하 “0” 신호는 +3V 이상으로 규정하고 있다. 이렇게 신호의 레벨을 변환시켜주는 인터페이스 IC를 Line Driver/Line Receiver라 한다. RS-232외에도 대표적인 규격으로는 RS-422과 RS-485가 있다.

IBM PC는 직렬 통신의 전기규격으로 RS-232C를 사용하고 있다. 따라서 신호 레벨이 다른 ATmega128의 USART와는 직접 연결할 수 없다. 즉 Line Driver/Line Receiver가 ATmega128 보드 측에 필요하다. 그림 3.1의 ATmega128 보드에서는 MAXIM사의 MAX232 Line Driver/Line Receiver를 사용하여 RS-232C 규격으로 신호 변환을 하고 이를 보드의 USART0와 USART1 컨넥터를 통해 입출력하고 있다.

그림 13.4는 PC의 9핀 컨넥터 형상을 보여준다. ATmega128보드의 USART0 또는 USART1 컨넥터와 PC의 직렬 포트를 그림 13.5와 같이 직접 연결하면 된다.

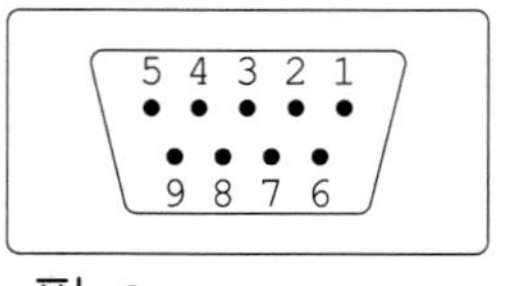

핀 2 : RXD
핀 3 : TXD
핀 5 : GND

그림 13.4 PC의 9핀 컨넥터

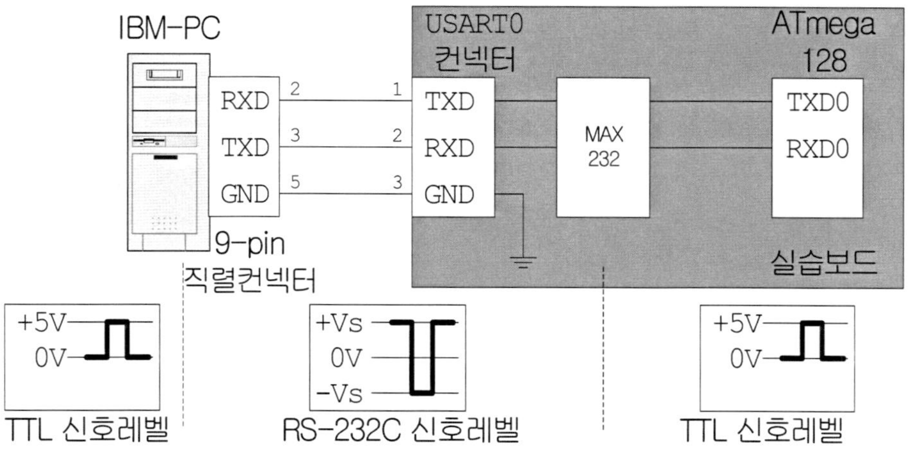

그림 13.5 IBM PC와 ATmega128 보드의 연결

13.3.2 WinAVR의 표준 입출력 라이브러리 함수 printf와 scanf 활용

WinAVR C-컴파일러는 일반 C-컴파일러와 마찬가지로 표준 입출력 라이브러리를 제공한다. 흔히 C-프로그램에서 표준 입출력 장치에 입출력을 수행하는 함수인 `printf()`와 `scanf()`는 표준 입출력 라이브러리로 제공되는 함수이다.

PC에서는 표준 출력 장치가 모니터이고 표준 입력 장치는 키보드이므로 `printf()` 함수는 모니터에 결과를 출력하고 `scanf()` 함수는 키보드 입력을 받아들인다. 그러나 WinAVR은 표준 입출력 장치를 지정하고 있지 않고 사용자가 표준 입출력 장치를 지정하여야 한다. 예를 들어 표준 출력 장치로 LCD를 사용할 수도 있고, 직렬통신 포트의 출력장치를 사용할 수도 있다.

프로그램 usart0.c는 직렬 통신 포트인 USART0 장치를 다음 규약을 사용하도록 USART0 장치를 초기화하고 표준 입출력 장치로 USART0 장치를 사용하도록 한다.

데이터 비트 : 8비트
패리티 : 없음
정지 비트 : 1비트

usart0.c를 프로젝트에 포함시키면 다음 함수들을 사용하여 PC 화면에 문자를 쓰고 키보드의 입력을 받을 수 있다.

➤ usart0.c는 WinAVR의 예제 프로그램인 c:WinAVR/share/doc/ avr-libc1.4.4/ stdiodemo/usart.c를 수정한 것이다.

void Usart0Init(unsigned long baud)

설명 : USART0 장치의 보레이트를 baud로 통신 프로토콜을 "데이터 비트: 8비트", "패리티: 없음", "정지 비트: 1비트"로 하고 이를 표준 입출력 장치로 설정한다.

입력 : baud - 보레이트

int kbhit(int read)

설명 : 키보드 입력이 있는지 검사한다.

입력 : read - 0이면 입력이 있을 때 입력버퍼를 비우지 않는다.
1이면 입력이 있을 때 입력버퍼를 비운다.

반환값 : 1 - 키보드 입력이 있음
0 - 키보드 입력이 없음

표준입출력 함수 : printf(), scanf(), puts(), gets(), putchar(), getchar()

[프로그램 usart0.c]

```
//============================================================
// usart0.c
// usart0을 초기화하고 표준 입출력 장치로 usart0를 사용하도록
// 한다.
//============================================================
#include <stdint.h>
#include <stdio.h>
#include <avr/io.h>

#include "usart.h"

static FILE usart0_str = FDEV_SETUP_STREAM(Usart0Putchar,
                          Usart0Getchar, _FDEV_SETUP_RW);
//======================================================
// 비동기 직렬 통신 초기화
//======================================================
void Usart0Init(unsigned long baud /* 보레이트 */)
```

```
{
    unsigned short ubrr;                    // Baud rate 설정

    ubrr    = (unsigned long) (F_CPU/(16*baud)-1);
    UBRR0H  = (unsigned char) (ubrr >> 8);
    UBRR0L  = (unsigned char)  ubrr;

    UCSR0B  = (1<<4) | (1<<3);              // RX, TX Enable
    UCSR0C  = (3<<1);                       // 비동기, 패리티 없음,
                                            // 1 정지 비트, 8비트 데이터
    // 표준 입출력 장치로 직렬 통신 포트 설정
    stdout = stdin = stderr = &usart0_str;
}
//============================================================
// 키보드 입력이 있는지 검사한다.
// 입력 :          read - 0이면 버퍼에 있는 글자를 읽지 않는다.
//                      - 1이면 버퍼에 있는 글자를 읽어서 없앤다.
// 반환값 : 0 - 키보드 입력이 없음
//          1 - 키보드 입력이 있음
//===========================================================
int kbhit(int read)
{
        char dummy;

        if(UCSR0A & (1<<RXC))
        {
            if(read)
                dummy = UDR0;
            return 1;
        }
        else
            return 0;
}

//============================================================
// USART의 Tx 핀을 통하여 글자 c를 전송한다.
//============================================================
int Usart0Putchar(char c, FILE *stream)
{
    if (c == '\a')
    {
        fputs("*ring*\n", stderr);
        return 0;
```

```
    }

    if (c == '\n')
        Usart0Putchar('\r', stream);

    loop_until_bit_is_set(UCSR0A, UDRE);
    UDR0 = c;

    return 0;
}

//===========================================================
// USART의 RX 핀을 통하여 한 글자를 읽어 들인다.
//===========================================================
int Usart0Getchar(FILE *stream)
{
    uint8_t c;
    char *cp, *cp2;
    static char b[RX_BUFSIZE];
    static char *rxp;

    if (rxp == 0)
    {
        for (cp = b;;)
        {
            loop_until_bit_is_set(UCSR0A, RXC);
            if (UCSR0A & _BV(FE))
                return _FDEV_EOF;
            if (UCSR0A & _BV(DOR))
                return _FDEV_ERR;
            c = UDR0;

            /* behaviour similar to Unix stty ICRNL */
            if (c == '\r')
                c = '\n';

            if (c == '\n')
            {
                *cp = c;
                Usart0Putchar(c, stream);
                rxp = b;
                break;
            }
            else if (c == '\t')
```

```
        c = ' ';

    if((c >=(uint8_t)' ' && c <=(uint8_t)'\x7e') ||
         c >=(uint8_t)'\xa0')
    {
        if (cp == b + RX_BUFSIZE - 1)
            Usart0Putchar('\a', stream);
        else
        {
            *cp++ = c;
            Usart0Putchar(c, stream);
        }
        continue;
    }

    switch (c)
    {
    case 'c' & 0x1f:
        return -1;
    case '\b':
    case '\x7f':
        if (cp > b)
        {
            Usart0Putchar('\b', stream);
            Usart0Putchar(' ', stream);
            Usart0Putchar('\b', stream);
            cp--;
        }
        break;

    case 'r' & 0x1f:
        Usart0Putchar('\r', stream);
        for (cp2 = b; cp2 < cp; cp2++)
            Usart0Putchar(*cp2, stream);
        break;

    case 'u' & 0x1f:
        while (cp > b)
        {
            Usart0Putchar('\b', stream);
            Usart0Putchar(' ', stream);
            Usart0Putchar('\b', stream);
            cp--;
        }
```

```
                break;

            case 'w' & 0x1f:
                while (cp > b && cp[-1] != ' ')
                {
                    Usart0Putchar('\b', stream);
                    Usart0Putchar(' ', stream);
                    Usart0Putchar('\b', stream);
                    cp--;
                }
                break;
            }
        }
    }

    c = *rxp++;
    if (c == '\n')
        rxp = 0;

    return c;
}
```

[헤더파일 usart.h]

```
//================================================
// 헤더파일 usart.h
//================================================

#ifndef __USART_H__
#define __USART_H__

#include <stdio.h>
#include <stdint.h>

#define RX_BUFSIZE 80

void    Usart0Init(unsigned long baud);
int     Usart0Putchar(char c, FILE *stream);
int     Usart0Getchar(FILE *stream);

int kbhit(int read);

#endif
```

13.3.3 직렬 통신 포트 사용 예

프로그램 serialtest.c는 `printf()` 함수로 하이퍼 터미널에 출력을 하고 `scanf()` 함수를 사용하여 키보드 입력을 받은 프로그램이다. 보레이트는 초기화 함수에서 38400으로 설정하였다. 프로젝트를 만들고 usart0.c와 serialtest.c를 포함시킨다.

- ➤ 하이퍼 터미널을 연결한 상태에서 프로그램을 다운로드하면 하이퍼 터미널이 오동작할 수 있다. 다운로드하기 전에 하이퍼 터미널의 메뉴 [호출] → [연결끊기]를 하고 다운로드를 한다. 다운로드 후에 [호출] → [호출]을 선택하여 하이퍼 터미널을 연결하도록 한다.
- ➤ PC에서는 직렬 통신 프로그램으로 하이퍼 터미널을 사용하면 된다. [시작] → [모든프로그램] → [보조프로그램] → [통신] → [하이퍼터미널]을 클릭하면 "연결 설명" 창이 뜬다. 새 연결에 이름을 부여하고 확인을 누르면 "연결 대상" 창이 뜬다.

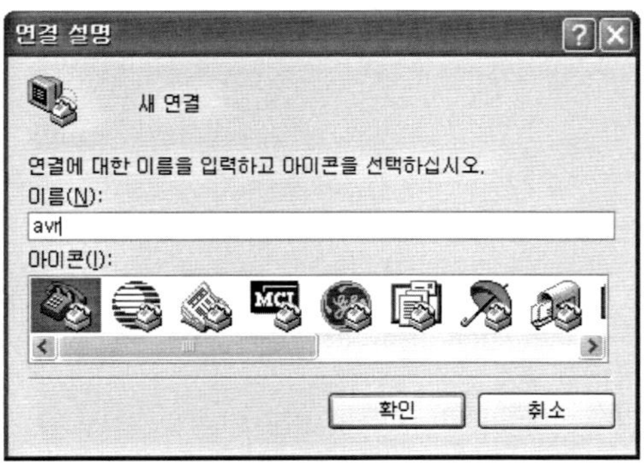

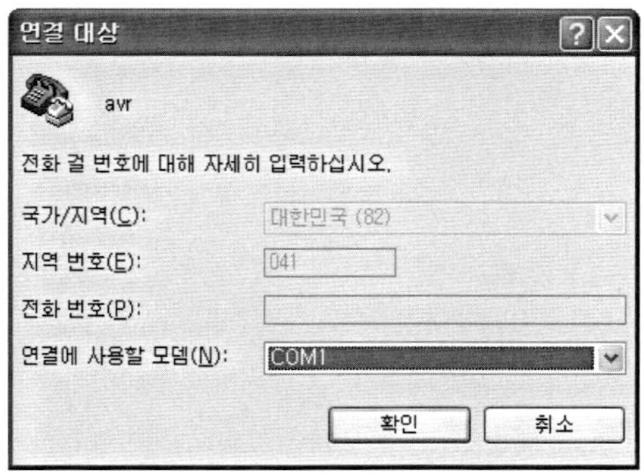

"연결에 사용할 모뎀"에 통신에 사용할 포트를 지정하고 확인을 누르면 "등록 정보" 창이 나타난다. "데이터 비트: 8", "패리티:없음", "정지 비트: 1", 그리고 "흐름제어: 없음" 설정하고 확인 버튼을 누르면 통신 창이 나타난다.

[프로그램 serialtest.c]

```
//==========================================================
// serialtest.c - PC와 직렬 통신
//==========================================================
#include <avr/io.h>
#include <stdio.h>                    // 표준 입출력 헤더파일
#include "usart.h"

int main()
{
      int in;

      Usart0Init(38400);              // 보레이트 38400 설정
                                      // usart0를 표준 입출력 장치로 설정
      while(1)
      {
           printf("1. Menu #1\n");
           printf("2. Menu #2\n");
           printf("3. Menu #3\n");

           printf("메뉴를 선택하시오 # : ");
           scanf("%d", &in);

           if(in >= 1 && in <= 3)
                printf("\n\n선택된 메뉴 #%d\n\n", in);
           else
                printf("\n\n없는 메뉴 선택\n\n");
      }
}
```

13.3.4 부동 소수점 입출력을 위한 printf, scanf 라이브러리 선택

표준 입출력 라이브러리 함수 중 printf와 scanf는 가장 많이 쓰는 함수 중 하나이다. C-라이브러리 매뉴얼을 참고하면 두 함수는 C-에서 제공하는 기본 데이터 형을 모두 입출력할 수 있음을 알 수 있다. 한편 이 함수들은 상당히 큰 메모리를 차지하여 모든 기능을 다 수행하도록 함수를 구성하는 것은 마이크로컨트롤러와 같이 제한된 메모리를 갖는 시스템에서는 상당히 부담스럽다.

마이크로컨트롤러의 응용에 따라서는 입출력에 사용하는 데이터 형이 제한적일 수 있다. 부동 소수점의 입출력을 하지 않을 경우 부동 소수점을 다루는 부분이 없는 printf, 또는 scanf를 사용하여도 무방하다. 그러나 부동 소수점을 입출력하고자 할 때는 부동 소수점을 다룰 수 있는 printf 또는 scanf를 사용하여야 한다.

WinAVR 컴파일러는 세 종류의 printf, scanf 라이브러리를 제공한다.

표 13.2 printf, scanf 라이브러리 종류

번호	라이브러리	기능	비고
1	printf_min, scanf_min	정수와 문자열을 다루는 최소한의 기능만 구현	
2	printf, scanf	부동 소수점을 제외한 모든 데이터를 처리	디폴트세팅
3	printf_flt, scanf_flt	부동 소수점을 포함한 모든 데이터를 처리	

➤ 표 13.2의 라이브러리 선택에 따라 영향을 받는 표준 입출력 장치의 라이브러리 함수는 printf, scanf 외에도 다음 함수들이 있다.

```
sprintf, sscanf, fprintf, fscanf, vfprintf, vfscanf
```

표 13.2에서 디폴트 세팅인 라이브러리 (2) 이외의 라이브러리를 사용하려면 다음과 같이 링커의 옵션을 선택하여야 한다.

<u>printf_flt, scanf_flt 라이브러리 사용</u>

부동 소수점 입출력을 하려면 printf_flt와 scanf_flt 라이브러리를 링크하여야 한다. 링크하는 방법은 다음과 같다.

1. AVR Studio에서 [Project] → [Configuration Options] 메뉴를 선택하고 "Project Options" 창이 나타나면 왼쪽 선택 메뉴에서 "Libraries"를 선택한다.
2. "Available Link Objects" 창에서 libprintf_flt.a 라이브러리를 선택하고 "Add Libary → " 버튼을 누르면 "Link with These" 창에 libprintf_flt.a가 나타난다.
3. 같은 방법으로 libscanf_flt.a와 libm.a 라이브러리를 링크한다.

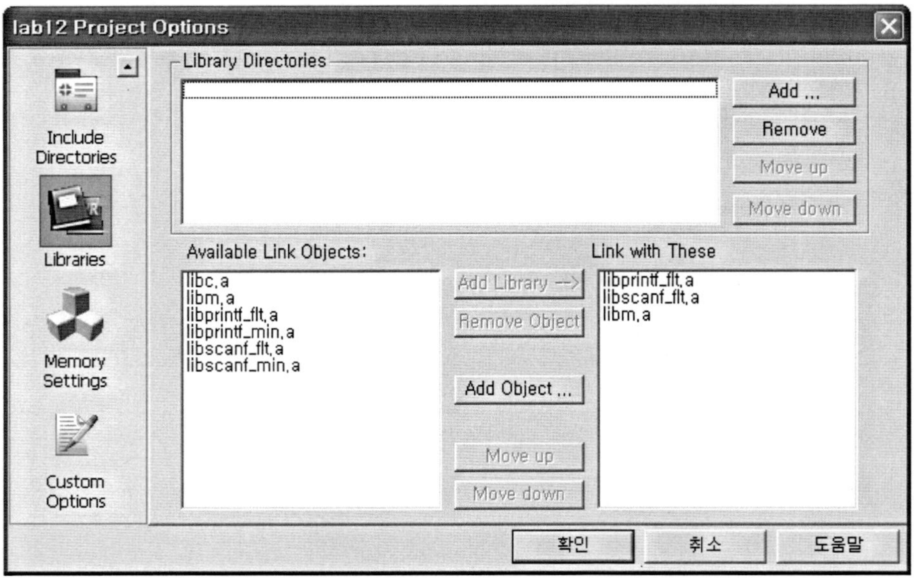

그림 13.6 프로젝트 라이브러리 옵션

4. "Project Options" 창의 왼쪽 선택 메뉴에서 "Custom Options"를 선택하고 "Custom Compilation Options" 창에서 [Linker Options] 옵션을 선택한다.

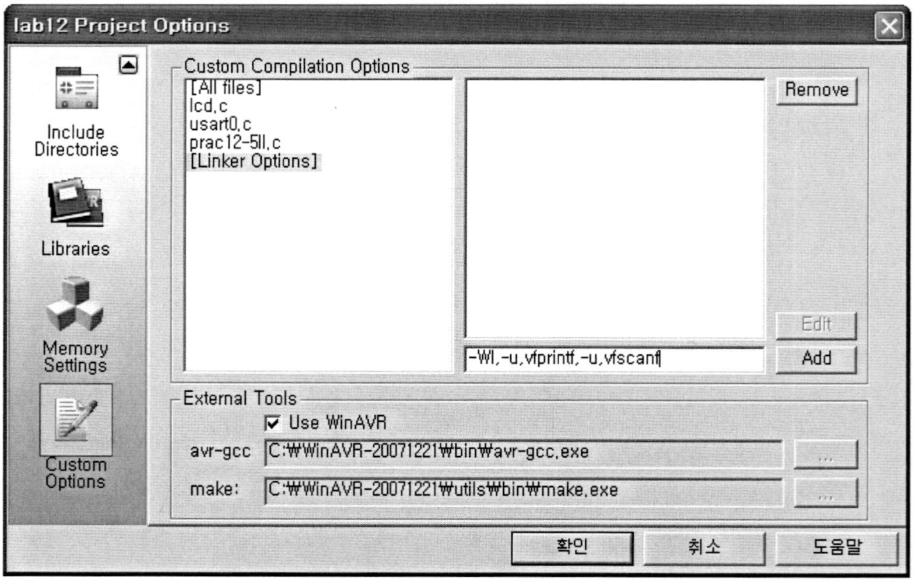

그림 13.7 프로젝트 Custom Options

5. 오른쪽 아래 창에 "-Wl,-u,vfprintf,-u,vfscanf"를 입력하고 "Add" 버튼을 누르면 오른쪽 위 창에 입력한 옵션이 나타난다.
6. "확인" 버튼을 누른다.

※ printf와 scanf 중 하나만 필요할 때는 그림 13.6과 13.7에서 필요한 라이브러리만 선택하면 된다.

printf_min, scanf_min 라이브러리 사용

printf와 scanf가 최소한의 메모리를 사용하려면 printf_min 또는 scanf_min 라이브러리를 사용하여야 한다.

1. "Project Options" 창의 "Available Link Objects" 창에서 libprintf_min.a와 libscanf_min.a 라이브러리를 포함시킨다.

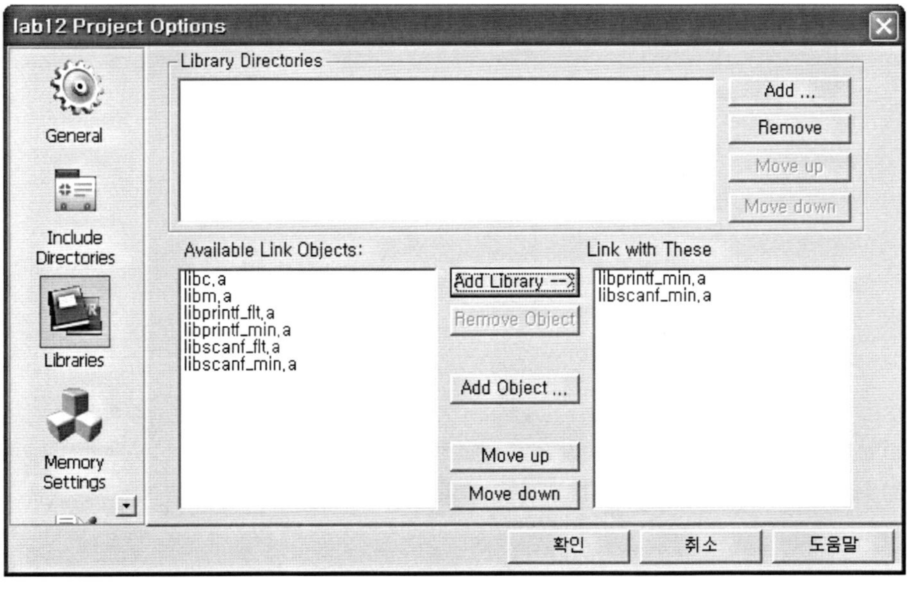

2. "Project Options" 창의 왼쪽 선택 메뉴에서 "Custom Options"를 선택하고 "Custom Compilation Options" 창에서 [Linker Options] 옵션을 선택한다.

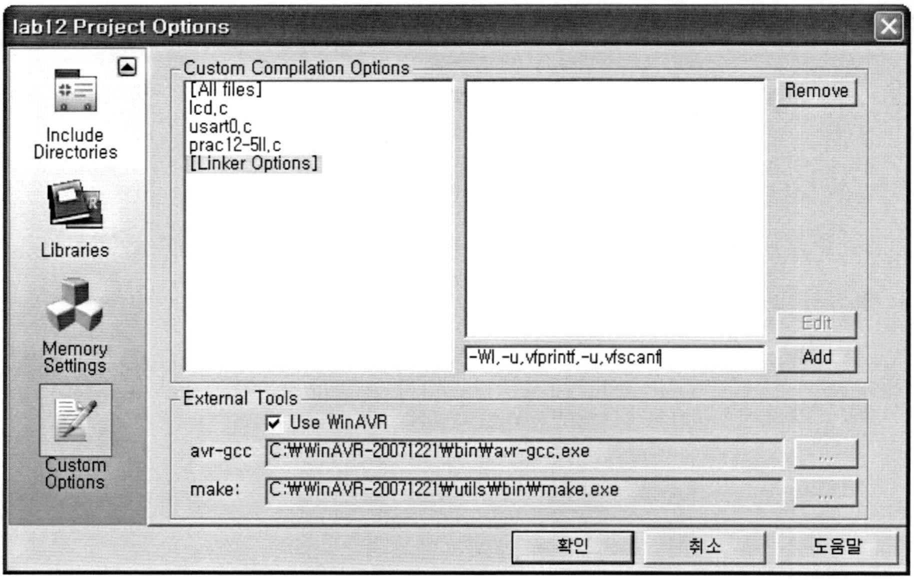

3. 오른쪽 아래 창에 "`-Wl,-u,vfprintf,-u,vfscanf`"를 입력하고 "Add" 버튼을 누르면 오른쪽 위 창에 입력한 옵션이 나타난다.
4. "확인" 버튼을 누른다.

실행 프로그램 크기는 프로그램 빌드 후 "Build" 창의 마지막에 나타난다. 그림 13.8은 디폴트 라이브러리를 사용하였을 때 serialtest.c의 프로젝트를 빌드 후 "Build" 창에 나타나는 실행파일의 메모리 크기를 나타낸다.

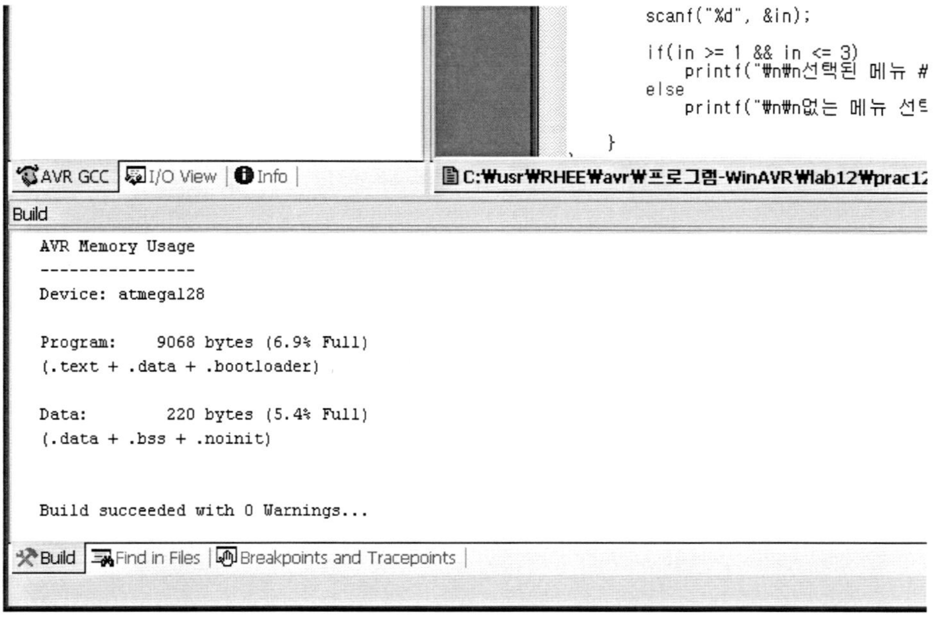

그림 13.8 실행 파일의 사용 메모리 크기

표 13.3 라이브러리에 따른 프로그램의 사용 메모리 크기

링크 라이브러리	프로그램 메모리	데이터 메모리
printf_min, scanf_min	8216바이트	220바이트
printf, scanf	9068바이트	220바이트
printf_flt, scanf_flt	9950바이트	226바이트

표 13.3은 serialtest.c의 프로젝트를 빌드하였을 때 링크한 라이브러리의 종류에 따라 사용되는 메모리의 크기를 나타낸다. 링크 라이브러리에 따라 프로그램 메모리의 크기가 달라짐을 알 수 있다.

사용 예) : 프로그램 floattest.c는 부동 소수점 데이터를 화면에 출력하는 프로그램이다. 라이브러리를 printf_flt, printf_min 및 디폴트 printf를 각각 사용하여 프로그램 floattest.c를 수행하여본다.

[프로그램 floattest.c]

```
//===========================================================
// floattest.c - printf 라이브러리 사용
//===========================================================

#include <stdio.h>                   // 표준 입출력 헤더파일
#include "usart.h"

int main()
{
        float pi;

        Usart0Init(38400);           // 보레이트 38400 설정
                                     // usart0를 표준 입출력 장치로 설정
        pi = 3.141592;

        printf("원주율 = %10.5f\n", pi);

        while(1);
}
```

13.4 소프트웨어 개발을 위한 WinAVR 프로젝트 세팅

모터 제어시스템의 소프트웨어 개발을 위한 프로젝트는 4.4절에 따라 구성한다. 그러나 그림 12.1의 모터 제어시스템은 외부 메모리를 사용하여 LCD와 카운터를 인터페이스하였을 뿐 아니라, 실험 데이터를 처리하기 위하여 외부 SRAM을 사용하기 때문에 프로젝트를 구성할 때 12장에서 언급하였던 사항을 부가적으로 설정하여야 한다.

통상적인 프로젝트에 더하여 설정하여야 할 사항은 다음과 같다.

(1) LCD 또는 외부 SRAM을 사용하려면 12.5절의 스타트업 코드 exmem.c를 프로젝트 폴더에 작성하고, exmem.c를 프로젝트에 포함시킨다.

(2) LCD를 사용할 경우 13.1절의 lcd.c와 lcd.h를 프로젝트 폴더에 작성하고 프로젝트에 포함시킨다.

(3) 키패드를 사용할 경우 13.2절의 keypad.c와 keypad.h를 프로젝트 폴더에 작성하고 keypad.c를 프로젝트에 포함시킨다.

(4) 직렬 통신을 사용하여 PC와 인터페이스 하려면 13.3절의 usart0.c와 usart0.h를 작성하여 프로젝트 폴더에 작성하고 usart0.c를 프로젝트에 포함시킨다.

(5) 직렬 통신을 사용하여 부동 소수점 입출력이 가능하도록 하려면 그림 13.6과 같이 라이브러리를 선택하고 그림 13.7과 같이 링커 옵션을 설정한다.

(6) 외부 SRAM을 사용하려면 12.5.3절과 같이 링커 옵션을 설정한다.

14 PWM 신호로 DC 모터 구동하기

ATmega 128

14.1 PWM 신호의 주파수 특성

14.1.1 PWM 신호의 주파수 특성

여기서는 7.2절에서 설명한 PWM 신호의 특성을 Fourier 급수를 통해 알아보자.

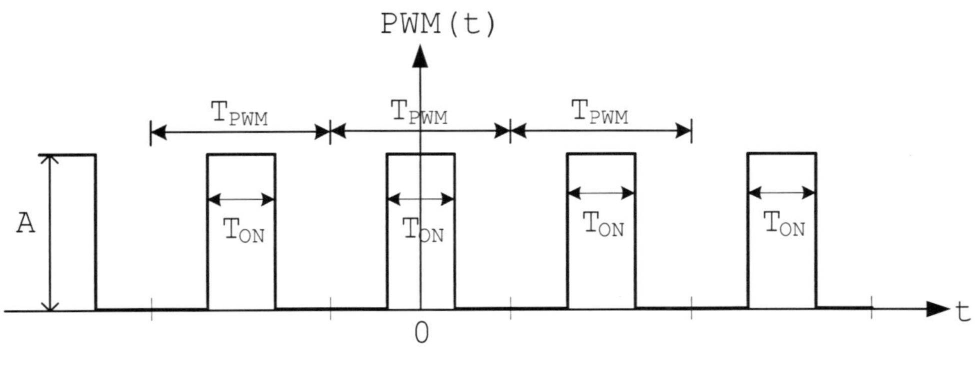

그림 14.1 PWM 신호

그림 14.1은 PWM 신호를 나타낸다. 반송 주파수(carrier frequency)는 일정하며 전달하고자 하는 아날로그 정보는 $T_{\rm ON}\ /\ T_{\rm PWM}$로 주어지는 듀티비로 나타낸다. PWM 신호는 듀티비가 일정할 때 주기적인 신호이므로 다음의 Fourier 급수로 표현할 수 있다.

$$PWM(t) = \frac{a_0}{2} + \sum_{n=1}^{\infty} (a_n \cos n\omega_p t + b_n \sin n\omega_p t) \tag{14.1}$$

여기서 $\omega_p = 2\pi f_p = \dfrac{2\pi}{T_{\rm PWM}}$는 반송주파수이다. 각 계수는 다음 식으로 얻을 수 있다.

$$a_n = \frac{2}{T_{\rm PWM}} \int_{-T_{\rm PWM}/2}^{T_{\rm PWM}/2} PWM(t)\ \cos(n\omega_p t)\,dt,\ n = 0,1,2,\cdots$$

$$b_n = \frac{2}{T_{\rm PWM}} \int_{-T_{\rm PWM}/2}^{T_{\rm PWM}/2} PWM(t)\ \sin(n\omega_p t)\,dt,\ n = 1,2,\cdots$$

그림 14.1의 PWM 신호는 우함수(even function)이므로 $b_n = 0,\ n = 1,2,\cdots$ 이고 a_n 은 다음과 같이 계산된다.

$$a_0 = \frac{2T_{\rm on}}{T_{\rm PWM}} A \tag{14.2}$$

$$a_n = \frac{2A}{n\pi} \sin\left(n\pi \frac{T_{\rm ON}}{T_{\rm PWM}}\right),\ n = 1,2,\cdots \tag{14.3}$$

식 (14.1)은 PWM 신호의 DC 성분 크기는 $a_0/2$로 주어짐을 나타내고 식 (14.2)는 PWM 신호의 진폭에 듀티비를 곱한 값이 DC 성분의 크기가 됨을 나타낸다.

그림 14.2는 식 (14.1)로 표현되는 PWM 신호의 주파수 특성을 보여준다. DC 성분의 크기는 $a_0/2$ 이고 나머지 조화 주파수(harmonic frequency)의 성분은 식 (14.3)으로 주어진다.

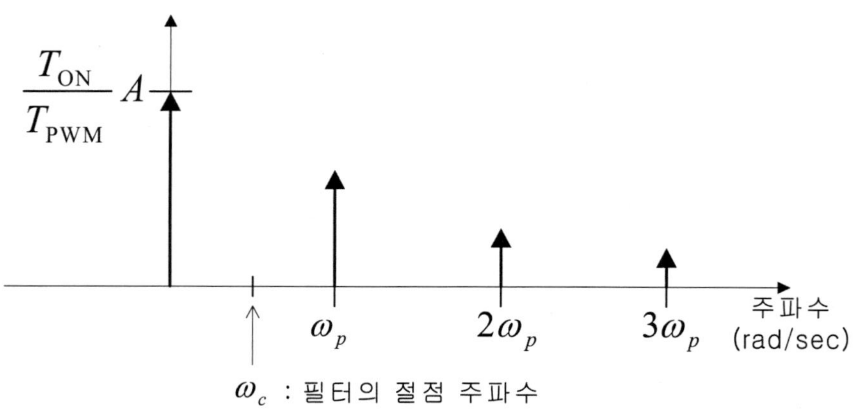

그림 14.2 PWM 신호의 주파수 특성

14.1.2 저주파 통과 필터를 사용한 아날로그신호 만들기

저주파 통과 필터를 사용하면 PWM 신호의 저주파수 대역 신호만을 걸러낼 수 있다.

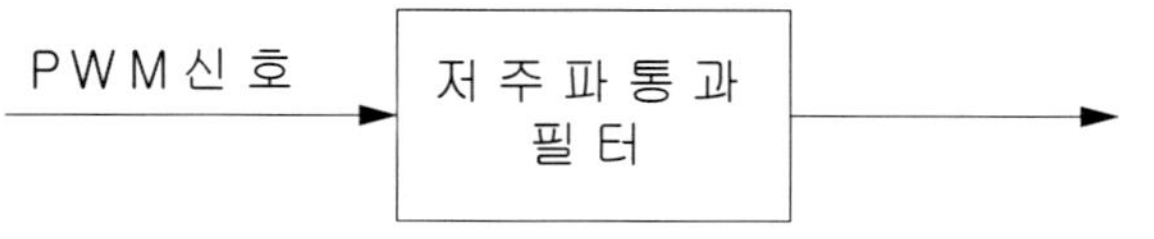

그림 14.2에서 저주파 통과 필터의 절점주파수 ω_c를 반송 주파수인 ω_p보다 낮게 설정하면 필터는 DC 성분만 통과시키고 나머지 조화 주파수 성분은 모두 걸러낼 수 있음을 알 수 있다. 통과된 DC 신호의 크기는 식 (14.2)로부터 PWM 신호의 평균값 또는 PWM 신호 진폭의 듀티비와 같다.

저주파 통과 필터로 다음 1차 지연 시스템을 사용한 경우를 보자.

$$G(s) = \frac{1}{Ts+1}$$

필터의 절점 주파수는 $\omega_c = 1/T$ 이고 주파수 특성은 그림 14.3과 같다.

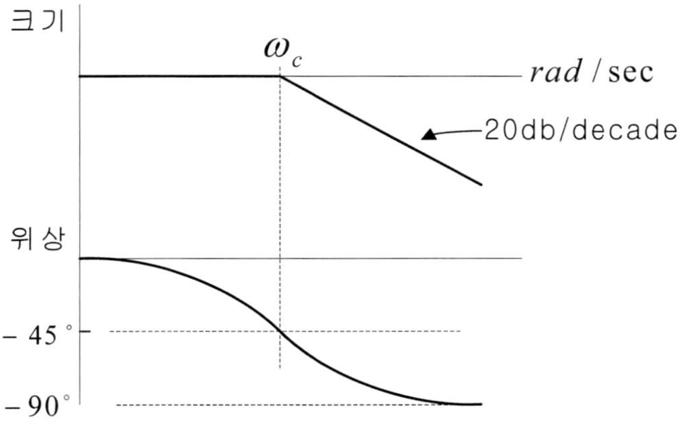

그림 14.3 1차 저주파 통과 필터 주파수 특성

- 필터의 절점 주파수를 반송 주파수보다 매우 낮게 설정하면 DC 성분을 제외한 모든 주파수 성분을 제거할 수 있다. $\omega_c = 0.1\,\omega_p$로 설정하면 그림 14.3으로부터 반송 주파수 ω_p 성분의 진폭을 1/10(= -20db)로 줄일 수 있으며 나머지 고주파 성분 역시 거의 걸러낼 수 있다.

➤ 저주파 통과 필터의 절점 주파수를 낮게 할수록 조화 주파수 성분의 통과율이 작아져 리플(ripple)이 적어지나 위상 지연이 커지게 된다. 반대로 절점 주파수를 높게 설정하면 위상 지연은 작아지나 리플이 많이 발생하게 된다.

➤ DC 성분은 필터를 통과하므로 필터 출력의 DC 신호의 크기는 PWM 신호 진폭의 듀티비와 같다.

다음은 DC 모터에 PWM 신호를 가한 경우를 고려해보자. DC 모터의 전달함수는 다음과 같이 주어진다.

$$\frac{\Omega(s)}{V(s)} = \frac{K_m}{J_m s + B_m} = \frac{\overline{K}}{T_m s + 1}$$

여기서 $V(s)$: 입력 전압의 라플라스변환
$\Omega(s)$: 모터 각속도의 라플라스변환
J_m : 모터 및 부하의 관성모멘트
B_m : 모터 및 부하의 점성마찰계수
K_m : 모터상수
T_m : 시정수$(= J_m/B_m)$
$\overline{K}$: 속도상수$(= K_m/B_m)$

➤ 전달함수로부터 DC 모터는 1차 저주파 통과 필터임을 알 수 있다.

➤ 모터를 구동하는 PWM 신호의 반송 주파수는 수십 kHz 영역이고 이에 비해 모터의 절점 주파수는 수십 Hz 내외이므로 PWM 신호의 조화 주파수 성분은 모두 걸러져서 모터의 속도에는 나타나지 않는다.

➤ 즉 n% 듀티비의 PWM 신호를 가하는 것은 nA/100의 DC 전압을 가하는 것과 같은 효과를 갖는다.

14.1.3 타이머/카운터를 사용한 PWM 신호 만들기

프로그램 pwmexp.c는 타이머/카운터 1의 Phase Correct PWM 모드로 PWM 신호를 만들어 OC1A 핀으로 출력하는 프로그램이다.

[프로그램 pwmexp.c]

```
#include <avr/io.h>
#include <stdio.h>
#include "usart.h"                          // 직렬 통신
#define TOP_VALUE     4000L                 // 2kHz에 해당하는 TOP

int main()
{
        unsigned short duty=50;             // 설정 듀티비(%)

        Usart0Init(38400);                  // 직렬 통신 초기화
        DDRB |=(1<<DDB5);                   // PB5(OC1A)를 출력으로 설정

        // 타이머/카운터 1 설정(Phase Correct PWM 모드 10)
        TCCR1A = (2<<COM1A0) | (2<<WGM10);
        TCCR1B = (2<<WGM12);
        // ICR1로 TOP 설정
        ICR1    = (unsigned short) TOP_VALUE;
        OCR1A   = duty;                     // PWM 신호의 듀티비 설정
        TCCR1B |=(1<<CS10);                 // 분주비 1로 타이머 시작

        while(1)
        {
            printf("Input PWM duty Ratio(%%) : ");
            scanf("%hu", &duty);
            if(duty > 100) duty = 100;
            OCR1A = (short)((TOP_VALUE * (long)duty)/100L);
        }
}
```

➤ 표 7.4를 참고하여 Phase Correct PWM 모드 10으로 PWM 신호를 생성하자.

➤ PWM 신호의 반송 주파수는 카운터값이 증가하다 0으로 바뀌는 TOP으로 조절할 수 있다. Phase Correct PWM 모드일 때 주어진 주파수로부터 TOP은 식 (7.7)로부터 구할 수 있다. 분주비 1로 하였을 때 TOP은

$$TOP = f_{clk\_I/O}/(2 \cdot N \cdot f_{OCn}) \quad (14.4)$$

여기서 N은 분주비, $f_{clk_I/O}$는 시스템 클록 주파수이고 f_{OCn}은 PWM 신호의 반송 주파수이다. 시스템 클록은 16MHz이므로 분주비를 1로 하였을 때 PWM의 반송 주

파수를 2kHz로 하려면 식 (14.4)로부터 TOP은 다음과 같다. 계산된 값은 레지스터 ICR1에 저장하여야 한다.

$$ICR1 = TOP = 16000000/(2\times1\times2000) = 4000$$

➤ OC1A(PB5) 핀에 PWM 신호를 출력하므로 핀을 공유하는 입출력 핀, PB5를 출력으로 설정하여야 한다.

```
DDRB |= (1<<DDB5);        // 비트 5만을 출력으로 설정한다.
```

➤ Phase Correct 모드의 설정 : `WGM13:0=10`

==> `WGM11:0 = 2, WGM13:2 = 2`

출력핀 OC1A의 모드 설정 : `COM1A1:0 = 2`

타이머 정지 : `CS12:0 = 0`

```
==> TCCR1A = (2<<COM1A0) | (2<<WGM10);
==> TCCR1B = (2<<WGM12);
```

➤ 타이머를 분주비 1로 시작: `CS12:0 = 1`

TCCR1B의 CS12:0 핀들만 1로 변경하여야 하므로

```
==> TCCR1B |= (1<<CS10);   // TCCR1B=(1<<CS10)가 아님
```

➤ PWM의 듀티비는 레지스터 OCR1A으로 조절한다.

14.1.3 실험

재료 : 10kΩ 가변저항(트림포트 사용할 것), 1μF 커패시터

여기서는 그림 14.4와 같이 저항과 커패시터를 사용하여 1차 저주파 통과 필터를 구성하고 PWM 신호를 필터에 가하였을 때 필터 절점 주파수에 따른 출력의 변화를 관찰하여 본다.

10kΩ 가변저항, 1μF 커패시터를 사용하여 그림 14.4의 RC 필터를 구성하고 [프로그램 pwmexp.c]를 사용하여 생성한 PWM 신호를 1차 저주파 통과 필터를 거치도록 한다. [프로그램 pwmexp.c]는 2kHz의 반송 주파수를 갖는 PWM 신호를 ATmega128의 OC1A 핀을 통해 출력하고 있고 PWM 신호의 듀티비는 PC의 하이퍼터미널을 사용하여 설정할

수 있도록 한다.

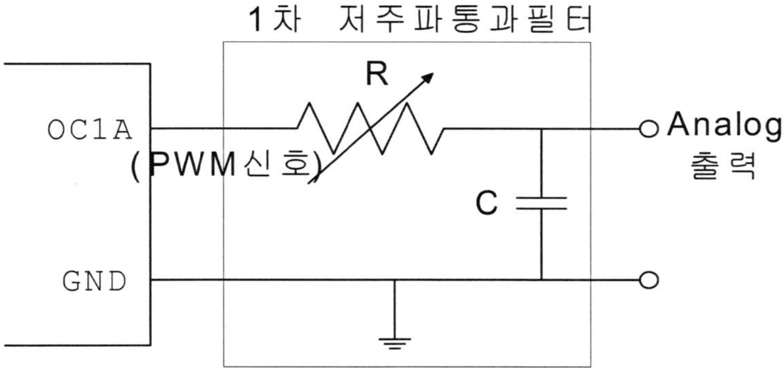

그림 14.4 1차 RC 필터

그림 14.4의 RC 필터 전달함수는 $G(s) = \frac{1}{RCs+1}$ 로 주어진다. 이때 절점 주파수는 $f_c = \frac{\omega_c}{2\pi} = \frac{1}{2\pi}\frac{1}{RC}$ Hz 이다.

(1) 저항값을 1kΩ으로 설정하고 절점 주파수를 구한다. 그리고 PWM 신호의 듀티비를 변화시키면서 PWM 신호와 아날로그 출력을 관찰한다.

(2) 아날로그 출력의 주파수 특성은 오실로스코프의 FFT 기능을 사용하면 알 수 있다. 듀티비 30%, 50%, 90%에 대해 $n = 1$인 조화 주파수의 입력 크기와 출력 크기를 비교하고 1차 저주파 통과 필터의 특성으로부터 계산된 통과율과 비교 검토한다.

(3) 저항값을 변화시켜 저주파 통과 필터의 절점 주파수를 변화시키면서 아날로그 출력 신호를 비교 관찰한다.

다음은 듀티비가 사인파로 변하는 PWM 신호를 저주파 통과 필터에 입력하였을 때 필터의 출력을 관찰하여 보자.

(1) pwmsin.c는 20Hz 사인파로 듀티비를 출력하는 프로그램이다. 프로그램을 수행하고 가변저항을 0~10kΩ으로 변화시키면서 RC 필터의 출력을 관찰한다.

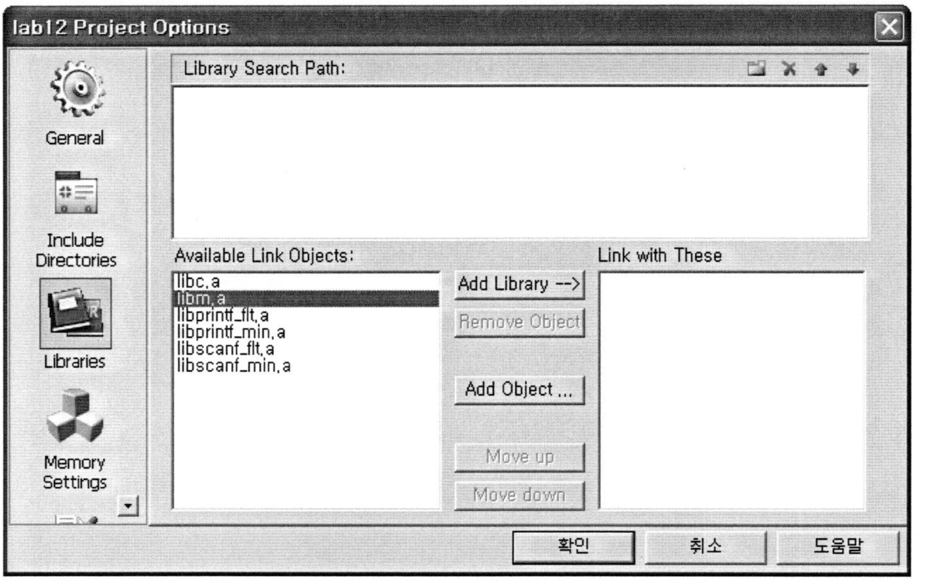

그림 14.5 수학라이브러리 링크

- 수행 속도를 높이기 위해 그림 12.7에 따라 코드 최적화 옵션을 "Os"로 설정한다.
- pwmsin.c는 `sin()` 함수를 사용하고 있기 때문에 수학 라이브러리인 libm.a를 링크시켜야 한다. 이를 위해 메뉴에서 [Project] → [Configuration Options]을 선택하여 그림 14.5의 "Project Options" 창을 연다. 왼쪽 창에서 libm.a를 선택하고 "Add Library → " 버튼을 누르면 오른쪽 창에 libm.a가 나타나고, 라이브러리가 링크된다.

[프로그램 pwmsin.c]

```
#include <stdio.h>
#include <math.h>

#include <avr/io.h>
#include <util/delay.h>

#define TOP_VALUE     4000UL          // 2kHz에 해당하는 TOP
#define SIN_HZ        20              // 사인파의 주파수(정수이어야 함)
#define N_DATA        1000

static unsigned short sin_data[N_DATA];
```

```
int main()
{
        double omega;
        double dt = 0.005;              // 0.005초
        int i;

        DDRB |=(1<<DDB5);               // PB5(OC1A)를 출력으로 설정

        // 타이머/카운터 1 설정(Phase Correct PWM모드 10)

        TCCR1A = (2<<COM1A0) | (2<<WGM10);
        TCCR1B = (2<<WGM12);

        // ICR1로 TOP 설정
        ICR1    = (unsigned short) TOP_VALUE;

        //==========================
        //  1초 동안의 사인값 저장
        //==========================
        omega = 2.*M_PI*SIN_HZ * dt;

        for(i=0; i<N_DATA; i++)
        {
             sin_data[i]=(unsigned short)((double) TOP_VALUE*
                                         (sin(omega*i)+1.)/2.);
        }

        i = 0;
        OCR1A  = sin_data[0];           // 초기값

        TCCR1B |=(1<<CS10);             // 분주비 1로 타이머 시작

        // 0.005초마다 듀티비 갱신
        while(1)
        {
             OCR1A = sin_data[i];       // 사인파 신호로 듀티비 갱신
             i++;
             if(i==N_DATA) i=0;
             _delay_ms(5);              // 0.005초 지연
        }
}
```

14.2 H-브리지 회로

마이크로컨트롤러의 출력 신호는 전류가 매우 제한적이어서 마이크로컨트롤러의 PWM 신호로 DC 모터를 직접 구동할 수 없다. 따라서 DC 모터를 구동하기 위해서는 트랜지스터와 같은 전류 증폭 소자가 필요하다.

H-브리지는 전자적으로 스위칭을 할 수 있는 트랜지스터(BJT, FET 등)를 그림 14.6과 같이 구성하여 단일 전원으로 DC 모터를 정/역회전시킬 수 있도록 하는 회로이다. 그림 14.6에서 Qn은 스위칭 소자를 나타내며 논리 1이 가해지면 소자가 ON이 되고 논리 0이 가해지면 소자가 OFF가 된다. 스위칭 소자의 입력 신호로 마이크로컨트롤러의 출력를 받을 수 있다. PWM 신호는 ON/OFF로 구성된 신호이므로 H-브리지 회로는 PWM 신호로 구동하는 것이 매우 용이하다.

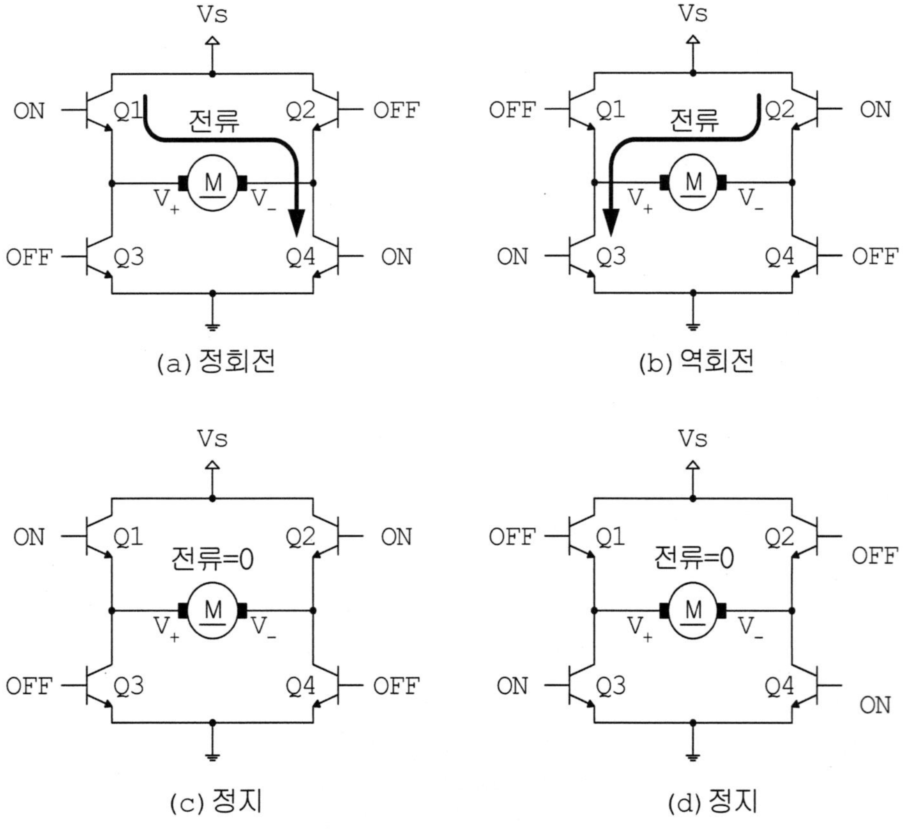

그림 14.6 H-브리지 회로를 사용한 DC 모터의 구동

H-브리지 회로의 입력 신호에 따라 DC 모터는 다음과 같은 동작을 하게 된다.

(a) 정회전 : Q1, Q4를 ON하고 Q2, Q3를 OFF하면 그림 14.6(a)와 같이 전류통로가 형성된다. 이때 V_+ - V_- = Vs가 되어 모터는 정회전한다.

(b) 역회전 : Q1, Q4를 OFF하고 Q2, Q3를 ON하면 그림 14.6(b)와 같이 전류통로가 형성된다. 이때 V_+ - V_- = -Vs가 되어 모터는 역회전한다.

(c) 정지 : 그림 14.6(c)와 같이 Q1, Q2를 ON하고 Q3, Q4를 OFF하면 V_+ = Vs, V_- = Vs이고 V_+ -V_- = 0이 되어 전류는 흐르지 않고 모터는 정지한다.

(d) 정지 : 그림 14.6(d)는 Q1, Q2를 OFF하고 Q3, Q4를 ON한 경우인데 V_+ = 0, V_- = 0가 되어 전류는 흐르지 않고 모터는 역시 정지한다.

(e) 단락 : 그림에는 나타나지 않았으나 Q1과 Q3이 ON이거나 Q2과 Q4이 ON이면 단락이 된다. 따라서 **이런 경우는 반드시 피해야 한다.**

(f) 프리런 : Q1, Q2, Q3, Q4 중 적어도 3개가 OFF인 상태이다.

DC 모터의 속도는 가해지는 전압에 비례하기 때문에 PWM 신호를 H-브리지 회로에 적용하여 DC 모터의 속도를 조절할 수 있다. H-브리지의 단락을 방지하기 위하여 그림 14.7과 같이 회로를 구성한다.

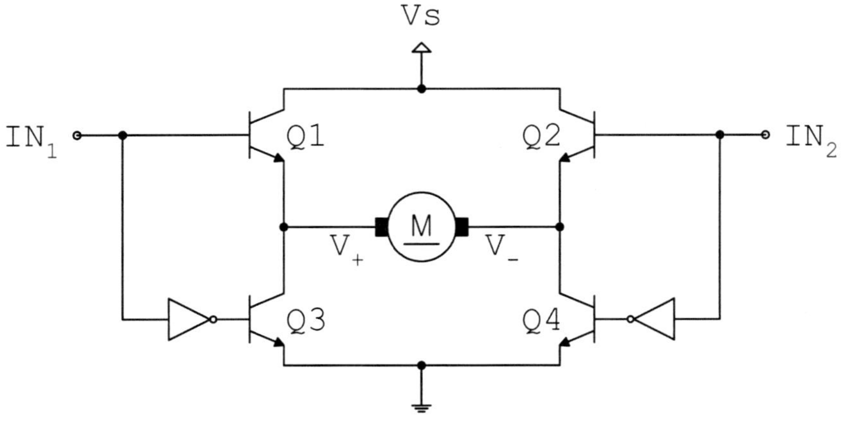

그림 14.7 PWM 신호로 DC 모터 속도 조절

PWM 신호로 DC 모터의 속도를 조절하는 방법은 다음 두 가지가 있다.

(가) 회전 방향/크기 PWM 제어

그림 14.8과 같이 정회전을 할 때는 IN_2를 끄고, IN_1에 가해지는 PWM 신호의 듀티비로 속도를 조절한다. 역회전할 때는 IN_1를 끄고 IN_2에 가해지는 PWM 신호의 듀티비로 속도를 제어한다. 모터에 가해지는 전압은 정회전일 때 0~Vs를 갖고 역회전일 때 0~-Vs를 갖는다. 그림 14.9와 같이 컴퓨터 인터페이스를 구성하면 방향 신호와 PWM 신호로 각각 모터의 방향과 회전속도를 제어할 수 있다.

이 방법은 회전방향이 변할 때 천이가 매끄럽지 못한 단점이 있다. 위치제어를 할 때는 회전방향이 자주 변하므로 다음에서 설명하는 역상 PWM 제어를 사용하는 것이 좋다.

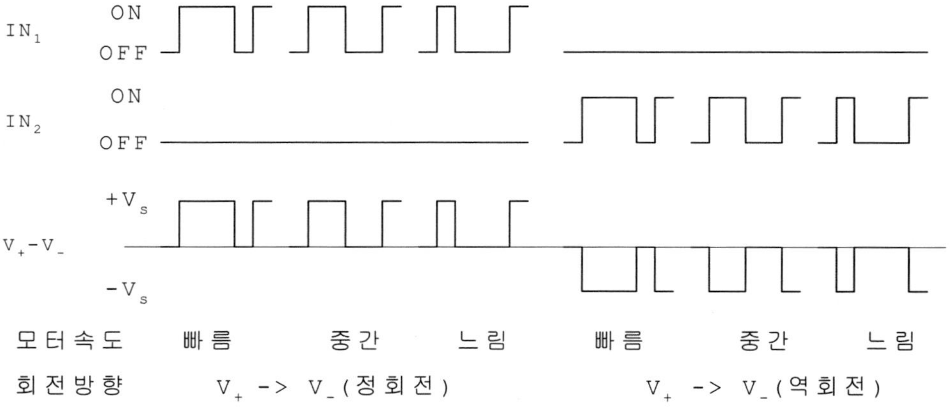

그림 14.8 방향/크기 제어

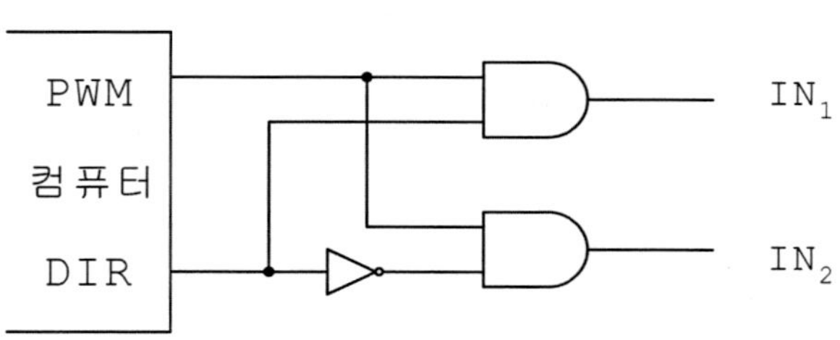

그림 14.9 방향/크기 제어 인터페이스

(나) 역상 PWM 제어(Locked Anti-Phase PWM Control)

그림 14.10과 같이 IN_1과 IN_2에 서로 역상인 PWM 신호를 가하는 방법이다. 모터 양단에 걸리는 전압은 항상 $-V_s \sim V_s$를 가지며 $-V_s$와 V_s의 비율로 회전속도와 방향을 동시에 제어한다. PWM 신호가 50%일 때 모터는 정지하고 100%로 가면서 모터는 정회전으로 빨라지며, 듀티비가 0%로 가면서 역회전으로 빨라지게 된다. 이 방법은 모터의 회전방향이 변할 때 매끄러운 천이를 하게 되므로 위치제어를 할 때 바람직하다. 그림 14.11은 역상제어를 할 때 컴퓨터 인터페이스를 나타낸다.

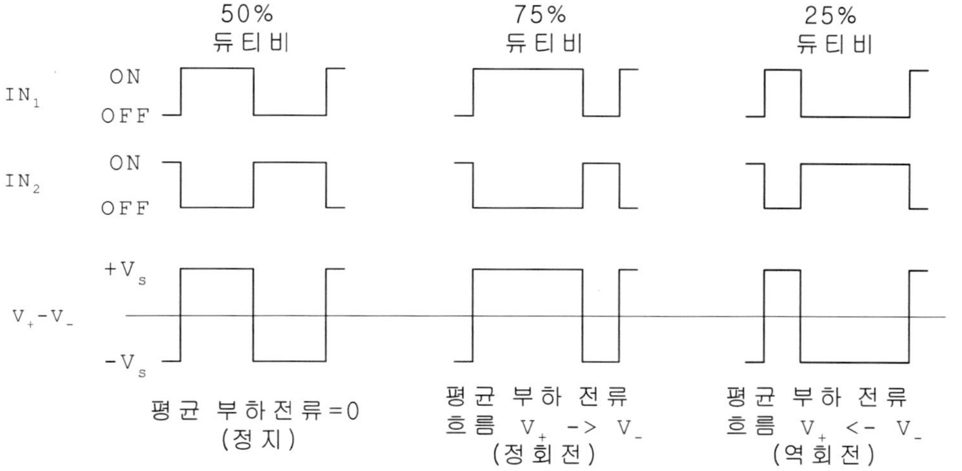

그림 14.10 Locked Anti-Phase PWM Control

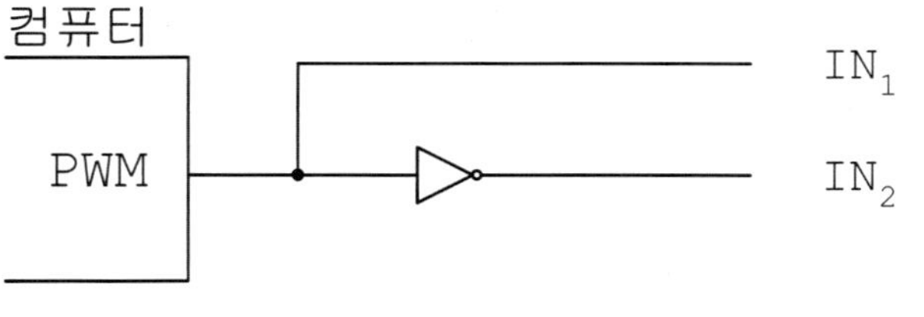

그림 14.11 역상 제어 인터페이스

14.3 모터구동 회로

그림 14.12는 DC 모터 제어시스템에서 ATmega128과 H-브리지를 내장하고 있는 L298의 연결을 보여준다. 그림 14.13은 L298의 사양을 보여주고 있다. 이는 최대 2A의 전류를 흘릴 수 있는 두 개의 H-브리지 회로를 내장하고 있어 모터 2개의 속도제어를 할 수 있다.

- 핀 1과 15의 전압을 측정하여 모터에 흐르는 전류를 측정할 수 있다.
- PWM 신호에 따라 모터에 흐르는 전류의 변화는 매우 급격하게 일어난다. 급격한 전류의 변화는 모터와 같은 인덕턴스 소자의 양단에 매우 큰 전압을 유기하여 트랜지스터를 파괴할 수 있다. 트랜지스터 보호를 위해 출력단 2, 3, 13, 14에는 프리휠 다이오드를 설치한다.
- 모터를 회전방향/크기 PWM 제어를 하려면 PB5(PB7)를 방향 제어핀으로 하고 PB4(PB6)에 PWM 신호를 가한다.
- 역상 PWM 제어를 하려면 PB4(PB6)을 ON하고 PB5(PB7)에 PWM 신호를 가한다.
- 브리지 회로 내 트랜지스터의 전압강하에 따라 모터 양단에 걸리는 전압은 모터 전원 Vs보다 낮게 나타난다.

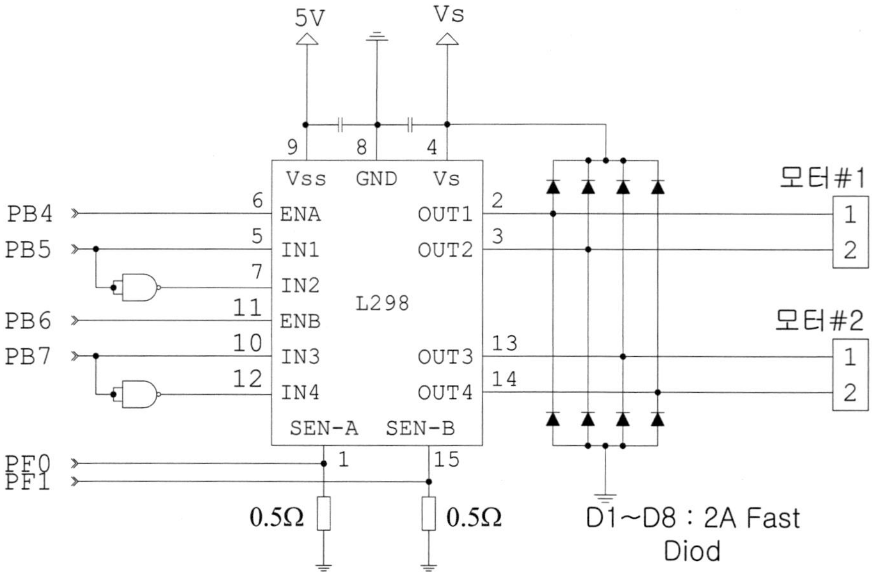

그림 14.12 L298 인터페이스

L298

DUAL FULL-BRIDGE DRIVER

- OPERATING SUPPLY VOLTAGE UP TO 46 V
- TOTAL DC CURRENT UP TO 4 A
- LOW SATURATION VOLTAGE
- OVERTEMPERATURE PROTECTION
- LOGICAL "0" INPUT VOLTAGE UP TO 1.5 V (HIGH NOISE IMMUNITY)

ORDERING NUMBERS : L298N (Multiwatt Vert.)
L298HN (Multiwatt Horiz.)
L298P (PowerSO20)

DESCRIPTION

The L298 is an integrated monolithic circuit in a 15-lead Multiwatt and PowerSO20 packages. It is a high voltage, high current dual full-bridge driver designed to accept standard TTL logic levels and drive inductive loads such as relays, solenoids, DC and stepping motors. Two enable inputs are provided to enable or disable the device independently of the input signals. The emitters of the lower transistors of each bridge are connected together and the corresponding external terminal can be used for the connection of an external sensing resistor. An additional supply input is provided so that the logic works at a lower voltage.

BLOCK DIAGRAM

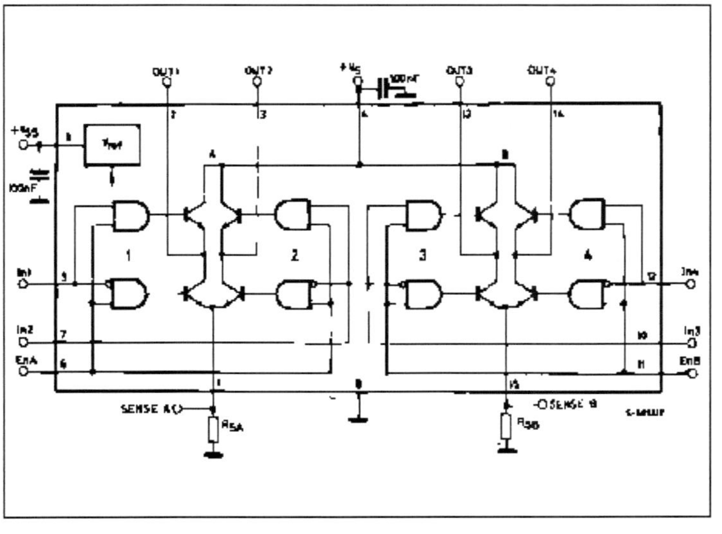

January 2000 1/13

그림 14.13 L298 사양

14.4 DC 모터 속도 조절

14.4.1 회전방향/크기 PWM 제어

회전방향/크기 PWM 방식으로 신호를 출력하려면 그림 14.12에서 ENA(ENB) 핀인 PB4 핀(PB6 핀)에 PWM 신호를 입력 핀인 PB5 핀(PB7 핀)에는 방향 신호를 출력하여야 한다. 16비트 PWM 신호는 PB6 핀에 출력할 수 있으므로 모터 #2 단자에 연결된 모터를 이 방법으로 구동할 수 있다.

[프로그램 dirmag.c]은 OC1B 핀에 반송 주파수 20kHz의 PWM 신호를 출력하도록 하여 모터 속도를 조절하는 프로그램이다(14.1.3절 프로그램 pwmexp.c를 참조).

➤ 입력은 %단위의 PWM 듀티비이다. 양으로 설정하면 정회전, 음으로 설정하면 역회전을 한다.

실험 모터 #2 단자에 모터를 연결하고 모터의 정격전원 6V를 가한다. [프로그램 dirmag.c]를 수행하여 실험을 수행한다.

1. 듀티비를 변화시키면서 속도를 관찰한다.
2. 듀티비에 따른 전류량을 관찰한다(전원 공급기의 전류 표시로 측정).
3. 듀티비에 따른 핀 15의 전압을 오실로스코프로 관찰한다.
4. 모터 양단에 걸리는 전압을 오실로스코프로 관찰한다. 관찰결과로부터 실제 모터에 걸리는 전원이 6V이도록 모터 입력전원 Vs를 결정한다.

[프로그램 dirmag.c]

```
//=============================================================
// 모터 2의 회전방향/크기 PWM 제어
//=============================================================
#include <avr/io.h>
#include <stdio.h>

#include "usart.h"                          // 직렬 통신
#define TOP_VALUE    400L                   // 20kHz에 해당하는 TOP

int main()
{
        short duty;                         // 듀티비

        Usart0Init(38400);                  // 직렬 통신 초기화
        DDRB |=(1<<DDB6)|(1<<DDB7);         // PB6, PB7을 출력으로 설정

        // 타이머/카운터 1 설정(Phase Correct PWM 모드 10)
        // OC1B 핀에 PWM 출력
        TCCR1A = (2<<COM1B0) | (2<<WGM10);
        TCCR1B = (2<<WGM12);

        // ICR1로 TOP 설정
        ICR1   = (unsigned short) TOP_VALUE;
        OCR1B  = 0;                         // PWM 신호의 듀티비 설정
        TCCR1B |=(1<<CS10);                 // 분주비 1로 타이머 시작

        while(1)
        {
            printf("\nInput PWM duty Ratio(%%) : ");
            scanf("%hd", &duty);
            if(duty<0)
            {
                PORTB &= ~(1<<PORTB7);      // 역회전
                duty = -duty;
            }else
            {
                PORTB |=  (1<<PORTB7);      // 정회전
            }

            if(duty > 100) duty = 100;
            OCR1B = (short)((TOP_VALUE * (long)duty)/100L);
        }
}
```

14.4.2 역상 PWM 제어 실험

역상 PWM 제어방식으로 신호를 출력하려면 PB4 핀(PB6 핀)은 ON 신호를 PB5 핀(PB7 핀)에 PWM 신호를 출력하여야 한다. 모터 #1과 모터 #2 모두 이 방법으로 구동할 수 있다.

[프로그램 antiphase.c]은 OC1C 핀에 반송 주파수 20kHz의 PWM 신호를 출력하도록 하여 모터 속도를 조절하는 프로그램이다.

➤ 입력은 %단위의 PWM 듀티비이다.

실험 모터 #2 단자에 모터를 연결하고 모터의 정격전원 6V를 가한다. [프로그램 antiphase.c]를 수행하여 실험을 수행한다.

1. 듀티비를 변화시키면서 속도를 관찰한다.
2. 듀티비에 따른 전류량을 관찰하고 14.3.1의 실험결과와 비교한다.
3. 듀티비에 따른 핀 1의 전압을 오실로스코프로 관찰한다.
4. 모터 양단에 걸리는 전압을 오실로스코프로 관찰한다. 관찰결과로부터 실제 모터에 걸리는 전원이 6V이도록 모터 입력전원 Vs를 결정한다.
5. PWM 반송 주파수를 10kHz로 변경한다. 50% 듀티비일 때 현상을 반송 주파수 20kHz일 때와 비교 검토한다.

[프로그램 antiphase.c]

```
//=========================================================
// 모터 2의 역상 PWM 제어
//=========================================================

#include <avr/io.h>
#include <stdio.h>
#include "usart.h"                          // 직렬 통신

#define TOP_VALUE    400L                   // 20kHz에 해당하는 TOP

int main()
{
        short duty;                         // 설정 방향 및 듀티비

        Usart0Init(38400);                  // 직렬 통신 초기화
        DDRB |=(1<<DDB6)|(1<<DDB7);         // PB6, PB7을 출력으로 설정

        // 타이머/카운터 1 설정(Phase Correct PWM모드 10)
        // OC1C 핀에 PWM 출력

        TCCR1A = (2<<COM1C0) | (2<<WGM10);
        TCCR1B = (2<<WGM12);

        // ICR1로 TOP 설정
        ICR1    = (unsigned short) TOP_VALUE;
        OCR1C   = TOP_VALUE/2;              // PWM 신호의 듀티비 설정
        TCCR1B |=(1<<CS10);                 // 분주비 1로 타이머 시작

        // 모터 제어를 시작한다.
        PORTB |= (1<<PORTB6);               // PB6에 ON을 출력한다.

        while(1)
        {
                printf("\nInput PWM duty Ratio(%%) : ");
                scanf("%hd", &duty);
                if(duty < 0)            duty=0;
                if(duty > 100) duty = 100;

                OCR1C = (short)((TOP_VALUE * (long)duty)/100L);
        }
}
```

14.5 DC 모터 구동 프로그램

모터 구동 프로그램을 모듈화하여 이후에 손쉽게 계속적으로 사용될 수 있도록 하였다. [프로그램 motordrv.c]과 [헤더파일 motordrv.h]는 역상 PWM 제어 방식으로 두 개의 모터를 구동하는 모터 구동 프로그램이다.

다음은 모터 구동 모듈에서 제공하는 함수들이다.

void MotorDrvInit(unsigned int kHz)

설명 : 모터 드라이버를 초기화한다. 초기화 후 모터 #1과 모터 #2는 꺼진 상태이다.

입력 : kHz - PWM 신호의 반송 주파수로 단위는 kHz이다.

MotorDrvSetDuty1(duty10)

MotorDrvSetDuty2(duty10)

설명 : 매크로 함수로서 모터 #1에 가해지는 PWM 듀티비이다. 역상 PWM 제어 방식으로 모터를 구동하므로 50% 듀티비일 때 모터는 정지한다. 50%보다 작을 때는 역회전, 50%보다 클 때는 정회전한다. MotorDrvSetDuty1은 모터 #1에 대해 MotorDrvSetDuty2는 모터 #2에 PWM 신호를 출력한다.

입력 : duty10 - 0.1% 단위의 듀티비이다. 50% 듀티비를 설정하려면 500을 입력한다.

#define MotorDrvON1()

#define MotorDrvON2()

설명 : 매크로로서 모터를 켠다.

#define MotorDrvOFF1()

#define MotorDrvOFF2()

설명 : 매크로로서 모터를 끈다.

실습 : [프로그램 motordrvtest.c]는 모터 드라이버 프로그램을 사용하여 모터 #1을 제어하는 프로그램이다. 모터 #1을 연결하고 모터 전원을 14.4.2절에서 결정한 전압으로 가한다.

✤ 매크로 함수

매크로는 문장을 대체하는 용도로 많이 사용되지만 이외에도 매크로를 인자를 넘길 수 있는 함수와 유사하게 사용할 수 있다. 인자를 사용하여 정의하는 매크로를 매크로 함수라 한다.

부호가 있는 변수의 절대값을 계산하는 문장을 고려해보자. 이는 조건연산자를 사용하여 다음과 같이 표시할 수 있다.

```
y = a >= 0 ? a : -a ;                    // y는 a의 절대값을 저장
```

이는 다음 매크로 함수를 정의하면

```
#define ABS(x)       x >= 0 ? x : -x   // 절대값
```

위 문장은 y = ABS(a);로 표시할 수 있다. 매크로 함수는 매크로의 본래 기능인 문장을 대치하면서 인자로 표시된 표현(여기서는 a)으로 정의의 인자표현(여기서는 x)을 대체한다. 따라서

```
ABS(a)      <====>      a >= 0 ? a : -a
```

이므로

```
y=ABS(a); <====>      y = a >= 0 ? a : -a ;
```

이다.

위 두 문장을 비교하면 좌측의 "y=ABS(a);"는 "변수 y는 변수 a의 절대값을 취한다."는 의미를 명확히 알 수 있다.

✤ 매크로 함수를 사용할 때 주의할 점

위에서 정의한 매크로 ABS(x)는 x의 절대값을 구하기 위해 정의하였다. 다음 문장을 고려해보자.

```
y = ABS(a+1);
```

이는 매크로의 정의에 따라 다음과 같이 대체된다.

```
y = a+1 >= 0 ? a+1 : -a+1 ;
```

a+1<0일 때 절대값은 -(a+1)이어야 하나 위 문장에서는 -a+1로 계산하여 틀린값을 얻게 된다. 이와 같은 문제점을 피하기 위해 매크로 함수를 정의할 때 괄호를 사용하여 다음과 같이 정의하여야 한다.

```
#define ABS(x)       (x)>=0 ? (x) : -(x)
```

이와 같이 매크로 함수를 정의하면 "y=ABS(a+1);"은 다음과 같이 대치되어 올바른 계산을 하게 된다.

```
y = (a+1)>=0 ? (a+1) : -(a+1);
```

- 함수와 매크로 함수

앞에서 설명한 매크로 함수는 일반 함수로도 같은 기능을 하도록 작성할 수 있다. 그러나 매크로 함수는 단순히 문장을 대체하는 것이므로 일반 함수보다 실행속도가 빠르다. 하지만 복잡한 기능을 요구하는 함수를 매크로 함수로 작성하기가 힘들다.

실시간 제어의 제어 루프 내에서 사용되는 함수는 실행 속도가 매우 중요하다. 이 경우 함수를 매크로 함수로 변경할 수 있을 때는 변경하는 것이 바람직하다. motordrv.c와 motordrv.h에서 다음 함수들은 매크로 함수로 작성하였다.

```
MotorDrvSetDuty1(duty10)
MotorDrvSetDuty2(duty10)
```

[프로그램 motordrvtest.c]

```
//=========================================================
// 모터 드라이버 테스트
//=========================================================

#include <avr/io.h>
#include <stdio.h>

#include "usart.h"              // 직렬 통신
#include "motordrv.h"           // 모터 드라이버

int main()
{
        short duty=500;         // 설정 방향 및 듀티비

        Usart0Init(38400);      // 직렬 통신 초기화
        MotorDrvInit(20);       // 20kHz 주파수로 초기화

        MotroDrvON1();          // 모터 #1을 켠다.

        while(1)
        {
```

```
                printf("Input PWM duty Ratio(0.1%%) : ");
                scanf("%hd", &duty);
                if(duty < 0)      duty=0;
                if(duty > 1000)   duty = 1000;

                MotorDrvSetDuty1(duty);
        }
}
```

[헤더파일 motordrv.h]

```
//=======================================================
// motordrv.h
//=======================================================

#ifndef __MOTORDRV_H__
#define __MOTORDRV_H__

#include <avr/io.h>

#ifndef IN_MOTORDRV
extern long pwm_top_value;
#endif

#define ENA      PORTB4
#define PWM1     PORTB5
#define ENB      PORTB6
#define PWM2     PORTB7

void MotorDrvInit(unsigned int kHz);
//void MotorDrvSetDuty1(short duty10);
//void MotorDrvSetDuty2(short duty10);

//=======================================================
// 매크로 함수
//=======================================================
#define MotorDrvSetDuty1(duty10)  OCR1A = (short) \
                              (pwm_top_value * (duty10))/1000L)
#define MotorDrvSetDuty2(duty10)  OCR1C = (short) \
                              ((pwm_top_value * (duty10))/1000L)

#define MotorDrvOFF1()       PORTB &= ~(1<<ENA)
```

```
#define MotorDrvON1()         PORTB |=  (1<<ENA)
#define MotorDrvOFF2()        PORTB &= ~(1<<ENB)
#define MotorDrvON2()         PORTB |=  (1<<ENB)

#endif
```

[프로그램 motordrv.c]

```
//==========================================================
//       모터 드라이버 - L298에 제어 신호와 PWM 신호를 출력한다.
//         L298은 두 개의 DC 모터를 구동할 수 있다. - 모터 #1, 모터 #2
//         각 모터는 Anti-Locked Phase 방식으로 구동
//                        => 50% 듀티비일 때 정지
//       인터페이스
//       ATmega128          L298
//           PB4            ENA    - Enable Channel A (High Active)
//           PB5            PWM    - 모터 #1의 PWM 신호
//           PB6            ENB    - Enable Channel B (High Active)
//           PB7            PWM    - 모터 #2의 PWM 신호
//
//       타이머 1을 사용하여 PWM 신호를 생성한다.
//       (OC1A, OC1C에 PWM 출력)
//==========================================================

#define IN_MOTORDRV

#include <avr/io.h>
#include "motordrv.h"

long pwm_top_value;          // Phase Correct PWM 신호
                             // 발생을 위한 TOP value(전역변수)

//==========================================================
//  분주비 1을 사용하여 PWM 신호 생성 - OC1A, OC1C에 PWM 출력
//       모터는 꺼진 상태로 초기화 된다.
//==========================================================
//
#define PRESCALE     1UL          // 분주비

void MotorDrvInit(unsigned int Khz)
{
```

```
        pwm_top_value = (long) (F_CPU / (PRESCALE*2UL*1000UL
                                    *(unsigned long) Khz));
        ICR1  = (unsigned short) pwm_top_value;   // TOP 설정

    //==================================================
    // 포트-B 방향 설정
    //==================================================

    DDRB = (1<<ENA)|(1<<PWM1)|(1<<ENB)|(1<<PWM2);

    MotorDrvOFF1();     // 모터 #1을 끈다.
    MotorDrvOFF2();     // 모터 #2를 끈다.

    // 초기 PWM 듀티비를 50%로 한다.
    MotorDrvSetDuty1(500);
    MotorDrvSetDuty2(500);

    // 타이머를 설정하여 PWM 신호를 발생시킨다.
    // Phase Correct PWM 모드 10으로 PWM 신호 생성
    TCCR1A = (2<<COM1A0)|(2<<COM1C0)|(2<<WGM10);
    TCCR1B = (2<<WGM12)|(1<<CS10);
}

//=====================================================
// 모터 #1에 가해지는 PWM 신호의 듀티비를 설정한다.
//
// 입력 : duty10 -    단위는 0.1%이다.
//                   1% 듀티를 설정하고 싶으면 duty10 = 10이다.
//                   Anti-Locked Phase 방식으로 구동하므로
//                   50%일 때 정지,
//                   > 50%일 때 정방향 회전,
//                   < 50%일 때 역방향 회전
//=====================================================
//
//void MotorDrvSetDuty1(short duty10)
//{
//      OCR1A = (short) ((pwm_top_value * duty10)/1000L);
//}

//=====================================================
// 모터 #2에 가해지는 PWM 신호의 듀티비를 설정한다.
// 입력 : duty10 -    단위는 0.1%이다.
//                   1% 듀티를 설정하고 싶으면 duty10 = 10이다.
```

```
//                    Anti-Locked Phase 방식으로 구동하므로
//                    50%일 때 정지,
//                    > 50%일 때 정방향 회전,
//                    < 50%일 때 역방향 회전
//============================================================
//
//
//void MotorDrvSetDuty2(short duty10)
//{
//      OCR1C = (short) ((pwm_top_value * duty10)/1000L);
//}
```

15 엔코더를 사용한 모터 위치 측정

ATmega 128

15.1 증분형 엔코더

그림 15.1은 8-라인 증분형 엔코더와 출력신호 형태를 보여준다. 엔코더의 안쪽 라인이 A상을 바깥쪽 라인이 B상을 생성한다. 시계방향으로 회전하면 B상의 90deg 위상이 앞서고 반시계방향으로 회전하면 A상의 위상이 90deg 앞서게 된다. 이에 더하여 1회전마다 1펄스가 발생하는 Z상이 있다.

DC 모터 제어시스템에서 사용하는 엔코더는 512-라인 증분형 엔코더로 A상과 B상에 대해 각각 1회전 당 512 펄스가 생성된다.

➤ 그림 15.2(a)와 같이 각 상의 상승 모서리 또는 하강 모서리를 사용하면 1회전을 512 등분하여 측정할 수 있다.

➤ 그림 15.2(b)와 같이 각 상의 상승 모서리와 하강 모서리를 모두 사용하면 제공하는 라인의 2배수로 1회전을 등분할 수 있다. 즉 1회전을 1024 등분하여 측정할 수 있다.

➤ 그림 15.2(c)와 같이 두 상의 상승 모서리와 하강 모서리를 조합하여 사용하면 라인의 4배수인 2048 등분하여 1회전을 측정할 수 있다.

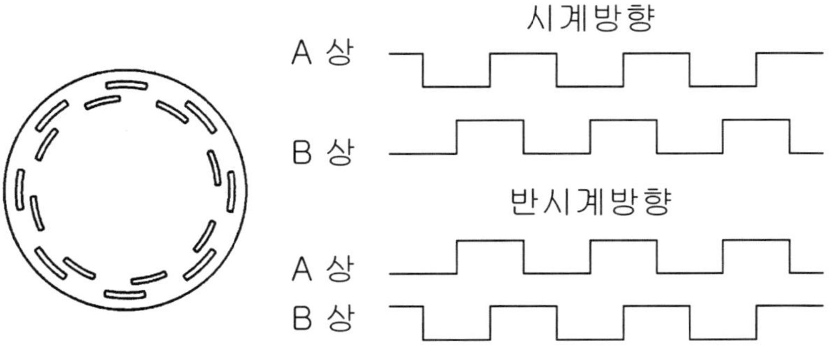

그림 15.1 8-라인 엔코더

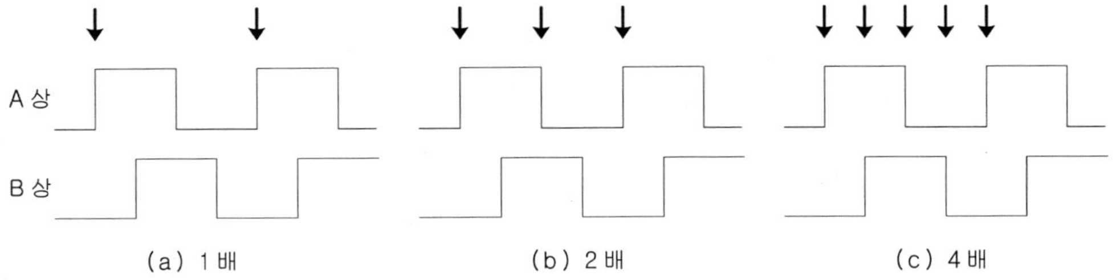

그림 15.2 Quadrature 사용

15.2 라인 리시버(Line Receiver)

증분형 엔코더로 위치를 측정하려면 카운터를 사용하여 펄스의 개수를 계수하면 된다. 산업현장은 여러 장치들이 작동함에 따라 잡음이 매우 심한 환경이고, 엔코더 신호에 더해지는 잡음은 계수오차의 원인이 된다. 만약 계수된 펄스의 수에 오차가 있으면 이 오차는 누적되어 시간이 지남에 따라 위치측정 오차는 점점 커지게 된다. 따라서 증분형 엔코더를 사용한 위치측정은 잡음에 매우 민감하여 잡음에 대한 대책을 세워야 한다.

잡음에 강한 신호처리 방법으로는 차동 입력을 사용하는 방법이 있다. 차동 입력은 그림 15.3과 같이 두 입력의 차를 받아서 출력을 만들어 내는 방법이다. 잡음이 없을 때 입력신호를 $R_+ = D_+$와 $R_- = D_-$라 하자. 출력은 $f(D_+ - D_-)$이다. 양 입력신호에 같은 잡음 $\eta(t)$가 더해진 경우를 보자.

$$R_+ = D_+ + \eta(t), \quad R_- = D_- + \eta(t)$$

출력은

$$f(R_+ - R_-) = f((D_+ + \eta) - (D_- + \eta)) = f(D_+ - D_-)$$

이다. 출력은 공통적인 잡음의 영향을 받지 않는다.

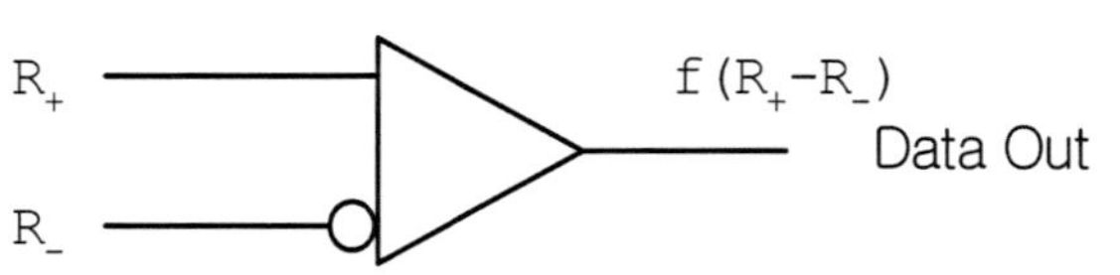

그림 15.3 차동입력

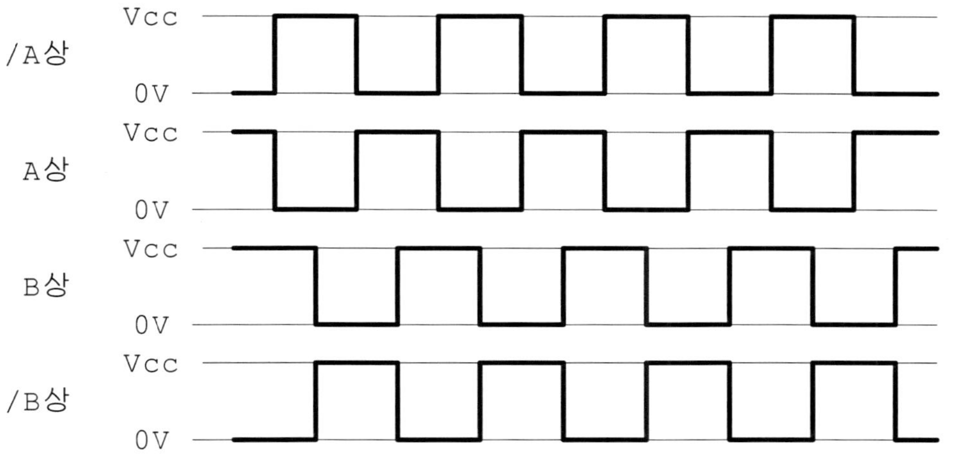

그림 15.4 엔코더 출력 펄스

일반적으로 증분형 엔코더는 카운터에서 차동 입력 처리를 할 수 있도록 차동 신호를 출력한다. 증분형 엔코더는 그림 15.4와 같이 A상과 B상의 역상인 /A상과 /B상을 출력한다.

그림 15.5와 같이 신호와 역상신호 펄스를 차동입력으로 받아 신호를 재생하는 장치를 라인 리시버(line receiver)라 하며 반대로 신호를 받아 신호와 역상신호를 출력하는 장치를 라인 드라이버(line driver)라 한다. DC 모터 제어시스템에서는 라인 리시버로 DS26LS32를 사용하여 엔코더 신호를 받는다.

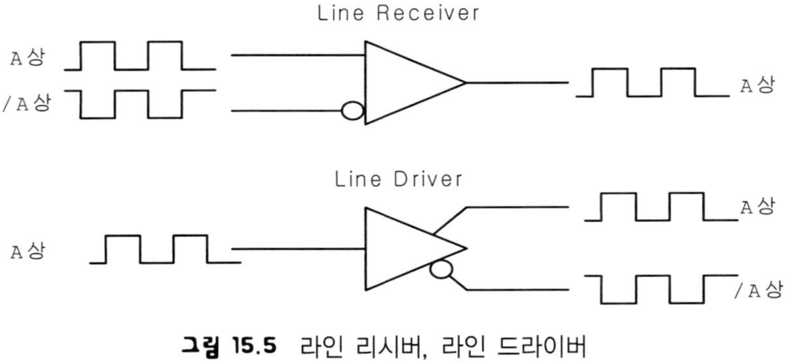

그림 15.5 라인 리시버, 라인 드라이버

15.3 Up/Down 카운터

증분형 엔코더로 위치를 측정하려면 A상과 B상 펄스 입력을 받아 회전방향에 따라 개수를 증감하여야 한다. 그러나 ATmega128에서 외부 펄스를 계수하는 카운터는 Up 카운터이므로 엔코더로 위치 측정을 하려면 외부에 Up/Down 카운터를 설치하여야 한다.

DC 모터 제어시스템에서는 24비트 Up/Down 카운터인 LS7166 두 개를 Memory-mapped I/O 방식으로 연결하였다. LS7166은 별도의 회로가 필요없이 엔코더의 A상과 B상 입력을 받아 엔코더의 위치를 측정할 수 있다. 모터 제어시스템에서 각 카운터의 주소는 다음과 같다.

모터 #1의 Counter :
 데이터 주소 : 0x8000
 명령어 주소 : 0x8001

모터 #2의 Counter :
 데이터 주소 : 0x8002
 명령어 주소 : 0x8003

그림 15.7은 LS7166의 제조사 매뉴얼이다. 그림 12.1의 모터 제어시스템의 회로도를 보면 CPU의 하위 주소인 A0 핀 LS7166의 C/D 핀에 연결되어 있다. 즉 A0가 1이면 제어 입력이고 0이면 데이터가 된다. 즉 짝수 주소는 데이터 입출력이고 홀수 주소는 명령어 입출력이다. LS7166의 매뉴얼로부터 데이터 주소와 명령어 주소로 엑세스 가능한 LS7166의 레지스터는 다음과 같다.

데이터 주소 : PR(Preset Register)
 OL(Output Latch)

명령어 주소 : MCR(Master Control Register)
 ICR(Input Control Register)
 OSR(Output Status Register)
 OCCR(Output Control Register)
 QR(Quadrature Register)

LSI/CSI LS7166

LSI Computer Systems, Inc. 1235 Walt Whitman Road, Melville, NY 11747 (631) 271-0400 FAX (631) 271-0405

A3800

24-BIT MULTI-MODE COUNTER

December 1999

FEATURES:
- Programmable modes are: Up/Down, Binary, BCD, 24 Hour Clock, Divide-by-N, x1 or x2 or x4 Quadrature and Single Cycle.
- DC to 20 MHz Count Frequency.
- 8-Bit I/O Bus for Microprocessor Communication and Control.
- 24-Bit comparator for pre-set count comparison.
- Readable status register.
- Input/Output TTL and CMOS compatible.
- 5 V operation.
- LS7166 (DIP), LS7166-S (SOIC) -See Fig. 1

GENERAL DESCRIPTION:
The LS7166 is a monolithic, CMOS Silicon Gate, 24-bit counter that can be programmed to operate in several different modes. The operating mode is set up by writing control words into internal control registers (see Figure 8). There are three 6-bit and one 2-bit control registers for setting up the circuit functional characteristics. In addition to the control registers, there is a 5-bit output status register (OSR) that indicates the current counter status. The LS7166 communicates with external circuits through an 8-bit three state I/O bus. Control and data words are written into the LS7166 through the bus. In addition to the I/O bus, there are a number of discrete inputs and outputs to facilitate instantaneous hardware based control functions and instantaneous status indication.

REGISTER DESCRIPTION:
Internal hardware registers are accessible through the I/O bus (D0 - D7) for READ or WRITE when CS = 0. The C/D input selects between the control registers (C/D = 1) and the data registers (C/D = 0) during a READ or WRITE operation. (See Table 1)

PIN ASSIGNMENT - TOP VIEW

FIGURE 1

The information included herein is believed to be accurate and reliable. However, LSI Computer Systems, Inc. assumes no responsibilities for inaccuracies, nor for any infringements of patent rights of others which may result from its use.

7166-112399-1

그림 15.7 LS7166 Up/Down 카운터

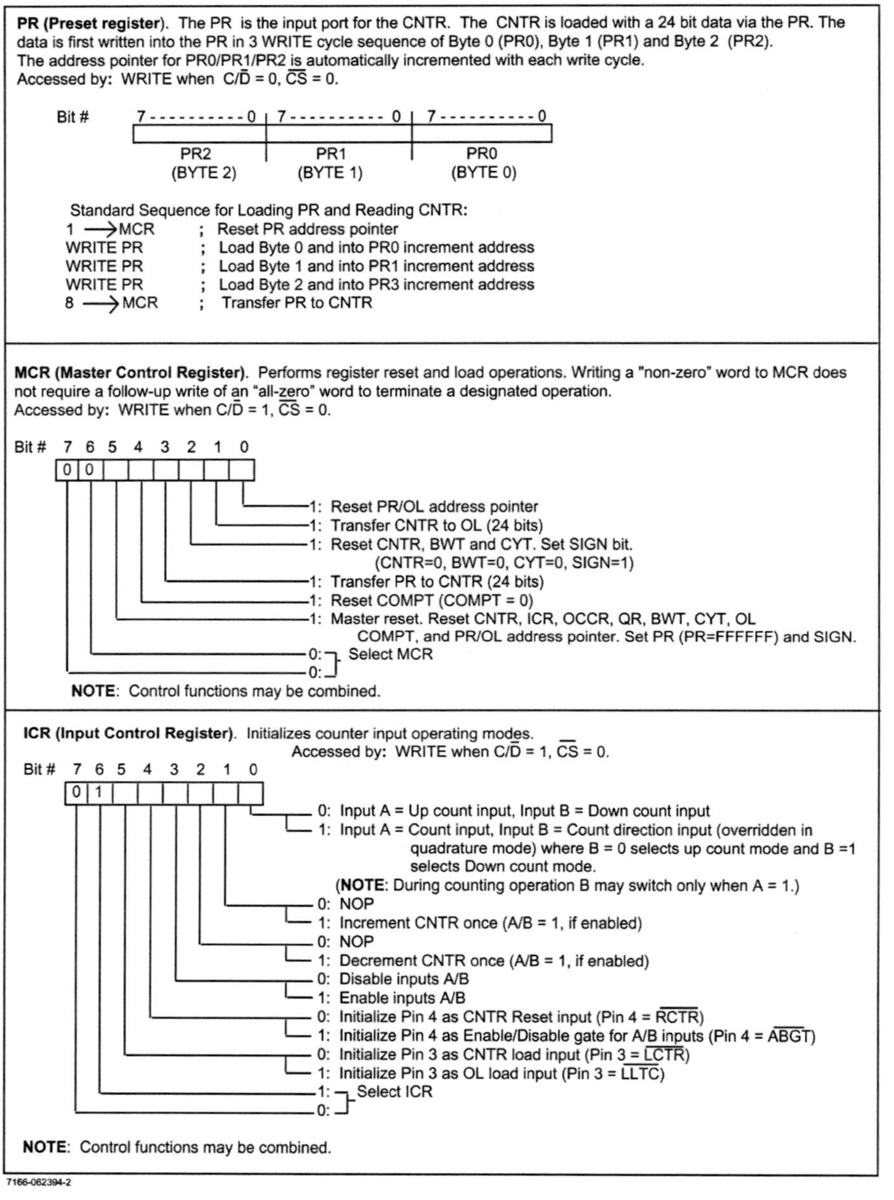

PR (Preset register). The PR is the input port for the CNTR. The CNTR is loaded with a 24 bit data via the PR. The data is first written into the PR in 3 WRITE cycle sequence of Byte 0 (PR0), Byte 1 (PR1) and Byte 2 (PR2).
The address pointer for PR0/PR1/PR2 is automatically incremented with each write cycle.
Accessed by: WRITE when C/$\overline{D}$ = 0, $\overline{CS}$ = 0.

Bit # 7 - - - - - - - - - - 0 | 7 - - - - - - - - - - 0 | 7 - - - - - - - - - - 0

PR2 (BYTE 2)	PR1 (BYTE 1)	PR0 (BYTE 0)

Standard Sequence for Loading PR and Reading CNTR:

```
1 ⟶MCR      ; Reset PR address pointer
WRITE PR    ; Load Byte 0 and into PR0 increment address
WRITE PR    ; Load Byte 1 and into PR1 increment address
WRITE PR    ; Load Byte 2 and into PR3 increment address
8 ⟶MCR      ; Transfer PR to CNTR
```

MCR (Master Control Register). Performs register reset and load operations. Writing a "non-zero" word to MCR does not require a follow-up write of an "all-zero" word to terminate a designated operation.
Accessed by: WRITE when C/$\overline{D}$ = 1, $\overline{CS}$ = 0.

Bit # 7 6 5 4 3 2 1 0 (0 0 in bits 7, 6)

- Bit 0 — 1: Reset PR/OL address pointer
- Bit 1 — 1: Transfer CNTR to OL (24 bits)
- Bit 2 — 1: Reset CNTR, BWT and CYT. Set SIGN bit. (CNTR=0, BWT=0, CYT=0, SIGN=1)
- Bit 3 — 1: Transfer PR to CNTR (24 bits)
- Bit 4 — 1: Reset COMPT (COMPT = 0)
- Bit 5 — 1: Master reset. Reset CNTR, ICR, OCCR, QR, BWT, CYT, OL COMPT, and PR/OL address pointer. Set PR (PR=FFFFFF) and SIGN.
- Bits 6, 7 — 0: 0: Select MCR

NOTE: Control functions may be combined.

ICR (Input Control Register). Initializes counter input operating modes.
Accessed by: WRITE when C/$\overline{D}$ = 1, $\overline{CS}$ = 0.

Bit # 7 6 5 4 3 2 1 0 (0 1 in bits 7, 6)

- Bit 0 — 0: Input A = Up count input, Input B = Down count input
  1: Input A = Count input, Input B = Count direction input (overridden in quadrature mode) where B = 0 selects up count mode and B =1 selects Down count mode.
  (**NOTE**: During counting operation B may switch only when A = 1.)
- Bit 1 — 0: NOP
  1: Increment CNTR once (A/B = 1, if enabled)
- Bit 2 — 0: NOP
  1: Decrement CNTR once (A/B = 1, if enabled)
- Bit 3 — 0: Disable inputs A/B
  1: Enable inputs A/B
- Bit 4 — 0: Initialize Pin 4 as CNTR Reset input (Pin 4 = $\overline{RCTR}$)
  1: Initialize Pin 4 as Enable/Disable gate for A/B inputs (Pin 4 = $\overline{ABGT}$)
- Bit 5 — 0: Initialize Pin 3 as CNTR load input (Pin 3 = $\overline{LCTR}$)
  1: Initialize Pin 3 as OL load input (Pin 3 = $\overline{LLTC}$)
- Bits 6, 7 — 1: 0: Select ICR

NOTE: Control functions may be combined.

7166-062394-2

그림 15.7 LS7166 Up/Down 카운터(계속)

TABLE 1 - Register Addressing Modes

D7	D6	C/$\overline{D}$	$\overline{RD}$	$\overline{WR}$	$\overline{CS}$	COMMENT
X	X	X	X	X	1	Disable Chip for READ/WRITE
0	0	1	1	‾|_|‾	0	Write to Master Control Register (MCR)
0	1	1	1	‾|_|‾	0	Write to input control register (ICR)
1	0	1	1	‾|_|‾	0	Write to output/counter control register (OCCR)
1	1	1	1	‾|_|‾	0	Write to quadrature register (QR)
X	X	0	1	‾|_|‾	0	Write to preset register (PR) and increment register address counter.
X	X	0	‾|_|‾	1	0	Read output latch (OL) and increment register address counter
X	X	1	‾|_|‾	1	0	Read output status register (OSR).

X = Don't Care

OSR (Output Status Register). Indicates CNTR status: Accessed by: READ when C/$\overline{D}$ = 1, $\overline{CS}$ = 0.

Bit #	7	6	5	4	3	2	1	0
	U	U	U	0/1	0/1	0/1	0/1	0/1

- Bit 0: BWT. Borrow Toggle Flip-Flop. Toggles everytime CNTR underflows generating a borrow.
- Bit 1: CYT. Carry Toggle Flip-Flop. Toggles everytime CNTR overflows generating a carry.
- Bit 2: COMPT. Compare Toggle Flip-Flop. Toggles everytime CNTR equals PR
- Bit 3: SIGN. Sign bit. Reset (= 0) when CNTR underflows; Set (= 1) when CNTR overflows
- Bit 4: UP/DOWN. Count direction indicatior in quadrature mode. Reset (= 0) when counting down; Set (= 1) when counting up (Forced to 1 in non-quadrature mode)

U = Undefined

OL(Output latch). The OL is the output port for the CNTR. The 24 bit CNTR Value at any instant can be accessed by performing a CNTR to OL transfer and then reading the OL in 3 READ cycle sequence of Byte 0 (OL0), Byte 1 (OL1) and Byte 2 (OL2). The address pointer for OL0/OL1/OL2 is automatically incremented with each READ cycle. Accessed by: READ when C/$\overline{D}$ = 0, $\overline{CS}$ = 0.

Bit #	7 — — 0	7 — — 0	7 — — 0
	OL2 (BYTE 2)	OL1 (BYTE 1)	OL0 (BYTE 0)

Standard Sequence for Loading and Reading OL:

```
3 ——>MCR   ; Reset OL address pointer and Transfer CNTR to OL
READ OL    ; Read Byte 0 and increment address
READ OL    ; Read Byte 1 and increment address
READ OL    ; Read Byte 2 and increment address
```

7166-062394-3

그림 15.7 LS7166 Up/Down 카운터(계속)

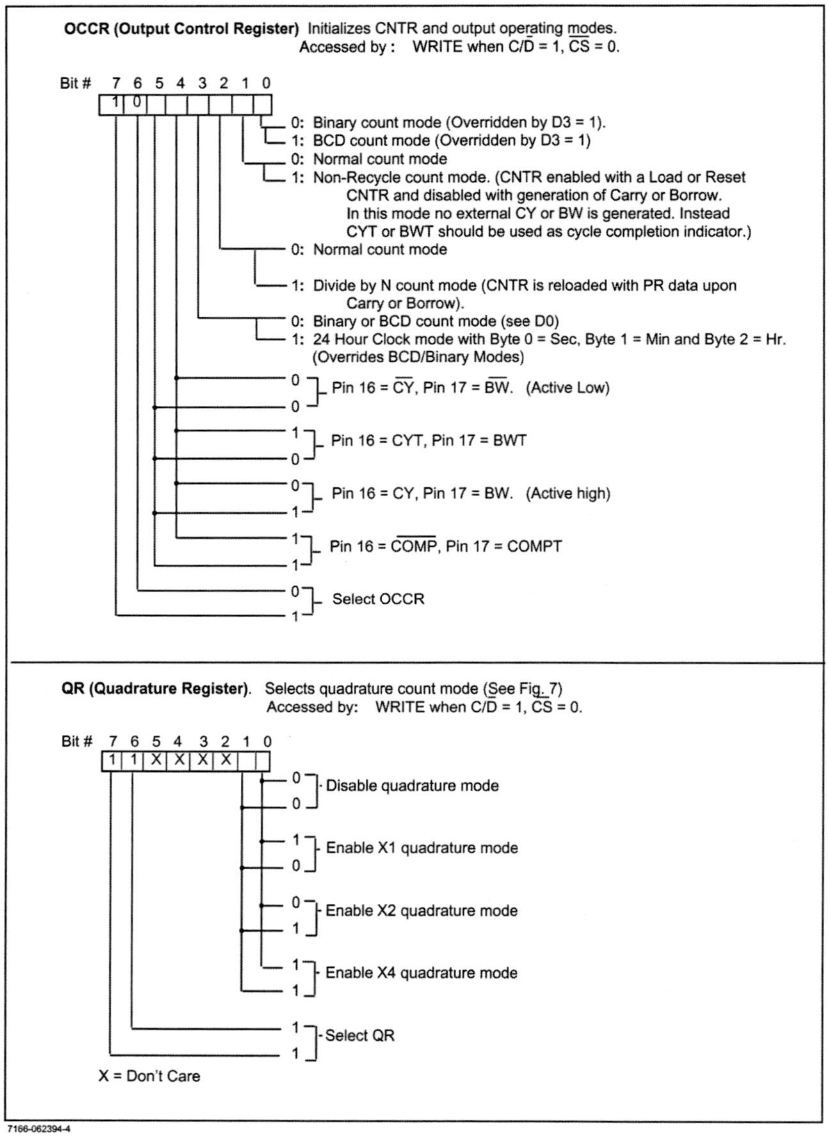

그림 15.7 LS7166 Up/Down 카운터(계속)

I/O DESCRIPTION:
(See **REGISTER DESCRIPTION** for I/O Prgramming.)

Data-Bus (D0-D7) (Pin 8-Pin 15). The 8-line data bus is a three-state I/O bus for interfacing with the system bus.

$\overline{CS}$ (Chip Select Input) (Pin 2). A logical 0 at this input enables the chip for Read and Write.

$\overline{RD}$ (Read Input) (Pin 19). A logical 0 at this input enables the OSR and the OL to be read on the data bus.

$\overline{WR}$ (Write Input) (Pin 1). A logical 0 at this input enables the data bus to be written into the control and data registers.

C/$\overline{D}$ (Control/Data Input) (Pin 18). A logical 1 at this input enables a control word to be written into one of the four control registers or the OSR to be read on the I/O bus. A logical 0 enables a data word to be written into the PR, or the OL to be read on the I/O bus.

A (Pin 6). Input A is a programmable count input capable of functioning in three different modes, such as up count input, down count input and quadrature input.

B (Pin 7). Input B is also a programmable count input that can be programmed to function either as down count input, or count direction control gate for input A, or quadrature input. When B is programmed as count direction control gate, B = 0 enables A as the Up Count input and B = 1 enables A as the Down Count input. When programmed as the direction input, B can switch state only when A is high.

$\overline{ABGT}$/$\overline{RCTR}$ (Pin4). This input can be programmed to function as either inputs A and B enable gate or as external counter reset input. A logical 0 is the active level on this input.

In non-quadrature mode, if Pin 4 is programmed as A and B enable gate input, it may switch state only when A is high (if A is clock and B is direction) or when both A and B are high (if A and B are clocks). In quadrature mode, if Pin 4 is programmed as A and B enable gate, it may switch state only when either A or B switches.

$\overline{LCTR}$/$\overline{LLTC}$ (Pin 3). This input can be programmed to function as the external load command input for either the CNTR or the OL. When programmed as counter load input, the counter is loaded with the data contained in the PR. When programmed as the OL load input, the OL is loaded with data contained in the CNTR. A logical 0 is the active level on this input.

$\overline{CY}$ (Pin16). This output can be programmed to serve as one of the following:
A. $\overline{CY}$. Complemented Carry out (active 0).
B. CY. True Carry out (active 1).
C. CYT. Carry Toggle flip-flop out.
D. $\overline{COMP}$. Comparator out (active 0)

$\overline{BW}$ (Pin17). This output can be programmed to serve as one of the following:
A. $\overline{BW}$. Complemented Borrow out (active 0).
B. BW. True Borrow out (active 1).
C. BWT. Borrow Toggle flip-flop out.
D. COMPT. Comparator Toggle output.

VDD (Pin 5). Supply voltage positive terminal.

Vss (Pin 20). Supply voltage negative terminal.

Absolute Maximum Ratings:

Parameter	Symbol	Values	Unit
Voltage at any input	VIN	VSS-.3 to VDD+.3	V
Operating Temperature	TA	0 to +70	°C
Storage Temperature	TSTG	-65 to +150	°C
Supply Voltage	VDD-VSS	+7.0	V

DC Electrical Characteristics. (All voltages referenced to VSS.
TA = 0° to 70°C, VDD = 4.5V to 5.5V, fc = 0, unless otherwise specified)

Parameter	Symbol	Min. Value	Max.Value	Unit	Remarks
Supply Voltage	VDD	4.5	5.5	V	-
Supply Current	IDD	-	350	μA	Outputs open
Input Low Voltage	VIL	0	0.8	V	-
Input High Voltage	VIH	2.0	VDD	V	-
Output Low Voltage	VOL	-	0.4	V	4mA Sink
Output High Voltage	VOH	2.5	-	V	200μA Source
Input Current	-	-	15	nA	Leakage Current
Output Source Current	ISRC	200	-	μA	VOH = 2.5V
Output Sink Current	ISINK	4	-	mA	VOL = 0.4V
Data Bus Off-State Leakage Current	-	-	15	nA	-

7166-112399-5

그림 15.7 LS7166 Up/Down 카운터(계속)

15.4 카운터 프로그램모듈

[프로그램 counter.c]와 [헤더파일 counter.h]는 LS7166으로부터 계수된 펄스 개수를 읽어 들이는 프로그램 모듈이다.

(가) 초기화

DC 모터 제어시스템에서 LS7166 사용을 위한 초기화는 다음에 따라 수행한다.

➤ LS7166을 Master Reset한다.

==> MCR의 비트 5 세트

==> 헤더파일 counter.h의 매크로 설정에 따라

```
CNT1_CONT = MASTER_RESET;
```

➤ 엔코더의 출력을 받아야 하므로 A상/B상 모드를 가능도록 한다.

==> ICR의 비트 3 세트

==> `CNT1_CONT = INPUT_SETUP;`

➤ 엔코더 Quadrature를 4배수하여 계수한다.

==> QR의 비트1:0=3으로 세트

==> `CNT1_CONT = QUAD_X4;`

함수 `Counter1Init()`는 초기화를 수행한다. 초기화 이외에 작성하여야 할 함수는 카운터의 초기값을 설정하는 것과 계수된 카운터값을 읽어 오는 것이다.

(나) 카운터 초기값 설정

카운터의 초기값 설정하려면 우선 설정값을 Preset Register(PR)에 로드를 하고 MCR의 비트 3(Transfer PR to CNTR)을 세트하면 된다. 그런데 PR은 3바이트(24비트) 레지스터이고 카운터는 8비트 인터페이스를 사용하고 있으므로 CPU는 하위 바이트부터 세 번에 걸쳐 1바이트씩 카운터에 써야 한다. 함수 `Counter1SetCount()`는 long형의 데이터 `count`를 PR에 로드하는 함수이다.

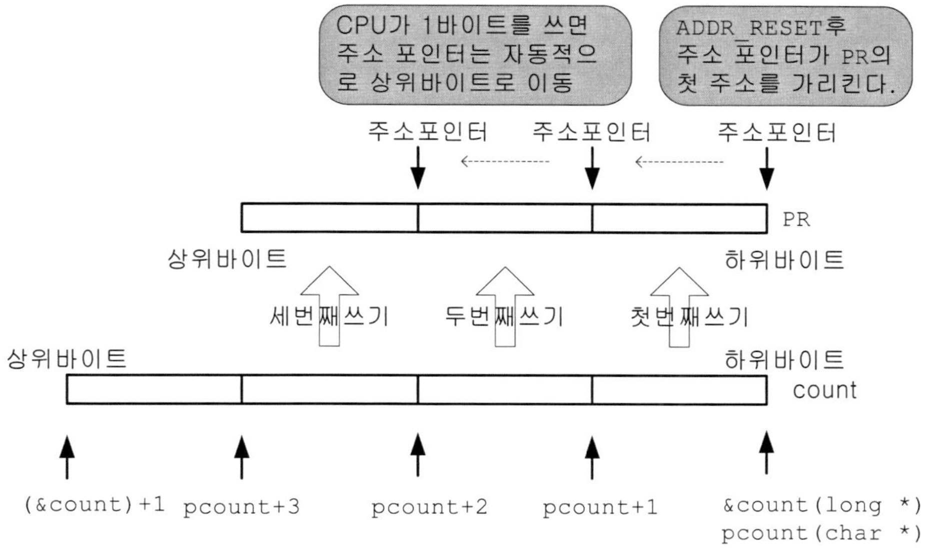

그림 15.8 PR에 데이터 쓰기

➤ PR에 로드하여야 할 값은 24비트 데이터이지만 바이트별로 쓰기를 하여야 한다. 이를 위해 다음 문장을 수행한다.

```
pcount = (char *) &count;
```

그림 15.8과 같이 &count는 count 변수의 주소를 가리킨다. 위 문장에 따라 포인터 pcount 역시 count 변수의 주소를 가리키지만 pcount는 char형 변수의 포인터이므로 그림과 같이 pcount+1은 다음 바이트의 주소를 가리킨다. 따라서 *pcount, *(pcount+1), *(pcount+2)를 쓰면 count 변수를 바이트로 분리하여 쓰게 된다.

➤ LS7166에 ADDR_RESET하면 주소 포인터가 PR의 첫 주소를 가리키고 CPU로부터 바이트를 읽을 때마다 자동적으로 주소 포인터는 상위 바이트 주소로 이동한다.

➤ pcount를 상위 바이트 주소로 이동시키면서 pcount가 가리키는 바이트 데이터를 LS7166에 쓰면 세 번에 걸쳐 쓰면 count 변수의 값이 PR에 로드된다.

➤ MCR의 비트 3(Transfer PR to CNTR)을 세트하면 PR의 값이 카운터 레지스터 CNTR에 저장된다.

(다) 카운터값 읽기

현재 카운터값을 읽으려면 카운터 레지스터의 값을 래치한다. 래치한 후 주소 포인터를 리셋하면 주소 포인터는 래치의 하위 바이트 주소를 가리킨다. 이후 CPU가 1바이트씩 3번에 걸쳐 읽으면 24비트 카운트 값을 읽을 수 있다. 이때 24비트 데이터를 읽어 `long`형(4바이트 데이터) 변수에 저장할 때 왼쪽 정렬 또는 오른쪽 정렬을 할 수 있다.

데이터는 "부호있는 데이터" 또는 "부호없는 데이터"의 두 가지 방법으로 해석할 수 있다. 24비트의 데이터를 해석하는 방법에 따라 표시할 수 있는 수의 범위는 다음과 같다.

부호없는 변수 : $0 \sim 2^{24}-1$
부호있는 변수 : $-2^{23} \sim 2^{23}-1$

- 부호없는 변수를 사용할 때는 오른쪽 정렬을 하는 것이 효과적이다.
- 부호있는 변수를 사용할 때는 오른쪽 정렬을 하면 부호를 잃어버릴 수 있다. 예로서 -1을 고려해보자. 이는 2의 보수로 표시되므로 16진수로 표시하면 0xFFFFFF이다. 그림 15.9에서와 같이 오른쪽 정렬을 하면 부호를 잃어버리고 -1이 아니라 $2^{24}-1$로 읽힌다. 왼쪽 정렬을 하면 부호는 보존된다. 단 읽히는 값이 원래 값의 $2^8=256$배가 된다. 따라서 왼쪽 정렬로 읽은 후 데이터를 256으로 나누면 된다.

함수 `Counter1ReadCount()`은 왼쪽 정렬로 카운트값을 읽어 부호있는 변수 `*count`에 저장한다.

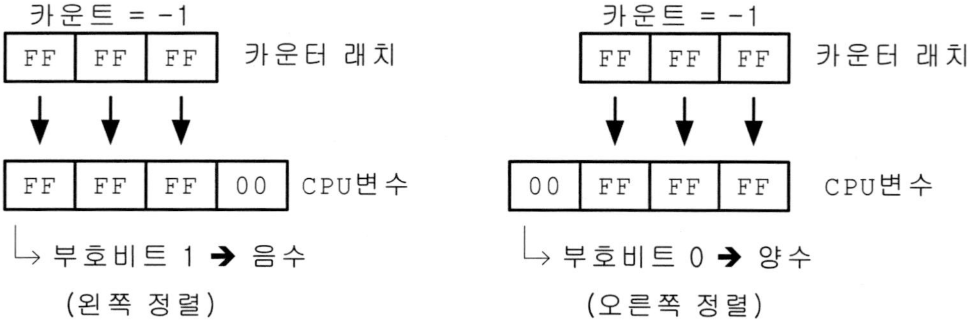

그림 15.9 정렬 방법에 따른 데이터 해석

15.5 카운터 프로그램 모듈 함수

다음은 카운터 프로그램 모듈에서 제공하는 모듈 함수이다.

void Counter1Init(void)
void Counter2Init(void)

설명 : LS7166 카운터 #1, #2를 초기화 한다.

void Counter1SetCount(long count)
void Counter2SetCount(long count)

설명 : 카운터 #1, #2의 카운트값을 count로 설정한다.

입력 : count - 설정할 카운트 값

Counter1ReadCount(pcount)
Counter2ReadCount(pcount)

설명 : 매크로 함수로서 카운트 값을 읽어 *pcount에 저장한다.

출력 : pcount - 카운트값을 저장할 long형 변수의 주소

#define Counter1MasterReset()
#define Counter2MasterReset()

설명 : 매크로 함수로 LS7166을 Master Reset한다.

#define Counter1Reset()
#define Counter2Reset()

설명 : 매크로 함수로 카운터를 리셋한다.

실습 [프로그램 countertest.c]는 카운터 #1을 사용하여 모터의 위치를 읽고 LCD에 위치를 표시하는 프로그램이다. 모터를 수동으로 회전시키면 모터의 위치가 LCD에 표시된다.

➤ 사용하는 카운터로 LS7166-0105CCT, LS7166-0519CET와 두 가지 버전을 사용한다. 버전에 따라 데이터를 읽는 방법이 상이하다. 프로그램에서 버전의 선택은 카

운터 #1에 대해서는 COUNTER1_NEW 매크로 카운터 #2에 대해서는 COUNTER2_NEW 매크로로 선택한다.

- LS7166-0105CCT를 사용할 때는 매크로 값을 0
- LS7166-0519CET를 사용할 때는 매크로 값을 1

[프로그램 coutertest.c]

```
//==========================================================
// 카운터 테스트
//==========================================================

#include <avr/io.h>
#include <util/delay.h>
#include <stdio.h>

#include "lcd.h"                        // 직렬 통신
#include "counter.h"                    // 카운터

int main()
{
      char string[20];
      long count;                       // 엔코더 카운트 값

      LcdInit();                        // LCD를 초기화
      Counter1Init();                   // 카운터 초기화

      while(1)
      {
          Counter1ReadCount(&count);          // 카운트값을 읽는다.
          sprintf(string, "Count:%10ld", count);
          LcdMove(0,0); LcdPuts(string);
          _delay_ms(16);
      }
}
```

[헤더파일 counter.h]

```
#ifndef __COUNTER_H__
#define __COUNTER_H__

#include <avr/io.h>
//==========================================================
// 카운터 주소
//==========================================================
// 카운터 #1 주소
#define CNT1_DATA     *((volatile uint8_t *) 0x8000)
#define CNT1_CONT     *((volatile uint8_t *) 0x8001)
// 카운터 #2 주소
#define CNT2_DATA     *((volatile uint8_t *) 0x8002)
#define CNT2_CONT     *((volatile uint8_t *) 0x8003)

//==========================================================
// LS7166 Command
//==========================================================
#define MASTER_RESET  0x20    // master reset command
#define INPUT_SETUP   0x68    // setup counter input
                              // mode(Use A/B, Enable A/B)
#define QUAD_X1       0xC1    // quadrature multiplier to 1
#define QUAD_X2       0xC2    // quadrature multiplier to 2
#define QUAD_X4       0xC3    // quadrature multiplier to 4
#define ADDR_RESET    0x01    // reset address pointer
#define LATCH_CNTR    0x02    // latch counter
#define CNTR_RESET    0x04    // reset counter
#define PRESET_CTR    0x08    // transfer preset to counter

//===========================================================
// 모듈 함수
//===========================================================
void Counter1Init(void);
void Counter1SetCount(long count);
void Counter1ReadCount(long *count);
void Counter2Init(void);
void Counter2SetCount(long count);
void Counter2ReadCount(long *count);

//===========================================================
// 매크로 함수
//===========================================================
```

```
#define Counter1MasterReset()       CNT1_CONT = MASTER_RESET
#define Counter2MasterReset()       CNT2_CONT = MASTER_RESET
#define Counter1Reset()             CNT1_CONT = CNTR_RESET
#define Counter2Reset()             CNT2_CONT = CNTR_RESET
#endif  // __COUNTER_H__
```

[프로그램 counter.c]

```
//==========================================================
// 24bit Quadrature Counter Driver - LS7166
//==========================================================

#include "counter.h"
#include <util/delay.h>

//----------------------------------------------------------
// 두 종류의 LS7166을 사용한다.
//        LS7166-0105CCT
//        LS7166-0519CET
//
// 각각은 카운트 값을 읽어 들일 때 Address Pointer의
// 이동이 상이하다.
// 이는 다음 매크로를 설정하여 선택한다.
//
// COUNTER1_NEW        : 실습보드상의 카운터 #1
// COUNTER2_NEW        : 실습보드상의 카운터 #2
//
// LS7166-0105CCT를 사용할 때는 위 매크로값을 0으로
// LS7166-0519CET를 사용할 때는 위 매크로값을 1로 설정한다.
//----------------------------------------------------------
// 0 for LS7166-0105CCT, 1 for LS7166-0519CET

#define COUNTER1_NEW          0
#define COUNTER2_NEW          0

//------------------
// 카운터 #1 초기화
//------------------
void Counter1Init(void)
{
        CNT1_CONT = MASTER_RESET;
        CNT1_CONT = INPUT_SETUP;
```

```
        CNT1_CONT = QUAD_X4;            // 4체배
        Counter1Reset();                // 리셋 카운터
}

//-------------------------------------
// 카운터 #1의 값을 세트한다.
// 입력: count - 세트할 카운트 값
//-------------------------------------
void Counter1SetCount(long count)
{
        char* pcount = (char *) &count;

        CNT1_CONT = ADDR_RESET;            // 리셋 Address pointer

        CNT1_DATA = *pcount++;             // PR에 데이터 전송
        CNT1_DATA = *pcount++;
        CNT1_DATA = *pcount;
        CNT1_CONT = PRESET_CTR;            // PR값을 CNTR에 로드
}

//-------------------------------------
// 카운터 #1의 현재 값을 읽는다.
// 출력 : count - 현재 카운터 #1의 값
//-------------------------------------
//
void Counter1ReadCount(long *count)
{
       char* pcount = (char *)count;
#if COUNTER1_NEW
       char dummy;
#endif

       CNT1_CONT = (ADDR_RESET | LATCH_CNTR);

       *(++pcount) = CNT1_DATA;
#if COUNTER1_NEW
       dummy = CNT1_DATA;
#endif
       *(++pcount) = CNT1_DATA;
#if COUNTER1_NEW
       dummy = CNT1_DATA;
#endif
       *(++pcount) = CNT1_DATA;
```

```
        *count /= 256;
}

//------------------
// 카운터 #1 초기화
//------------------
void Counter2Init(void)
{
        CNT2_CONT = MASTER_RESET;
        CNT2_CONT = INPUT_SETUP;
        CNT2_CONT = QUAD_X4;                    // 4체배

        Counter2Reset();                        // 리셋 카운터
}

//---------------------------------
// 카운터 #2의 값을 세트한다.
// 입력: count - 세트할 카운트 값
//---------------------------------
void Counter2SetCount(long count)
{
        char* pcount = (char *) &count;

        CNT2_CONT = ADDR_RESET;                 // 리셋 Address pointer

        CNT2_DATA = *pcount++;                  // PR에 데이터 전송
        CNT2_DATA = *pcount++;
        CNT2_DATA = *pcount;

        CNT2_CONT = PRESET_CTR;                 // PR값을 CNTR에 로드
}

//--------------------------------
// 카운터 #2의 현재 값을 읽는다.
// 출력 : count - 현재 카운터 #2의 값
//--------------------------------
//
void Counter2ReadCount(long *count)
{
     char* pcount = (char *)count;
#if COUNTER2_NEW
     char  dummy;
#endif
```

```
        CNT2_CONT = (ADDR_RESET | LATCH_CNTR);
        *(++pcount) = CNT2_DATA;
#if COUNTER2_NEW
        dummy = CNT2_DATA;
#endif
        *(++pcount) = CNT2_DATA;
#if COUNTER2_NEW
        dummy = CNT2_DATA;
#endif
        *(++pcount) = CNT2_DATA;

        *count /= 256;
}
```

16
모터 속도 측정

ATmega 128

16.1 속도 측정 방법

증분형 엔코더 출력으로부터 속도를 측정하는 방법은 두 가지를 고려할 수 있다.

(1) 엔코더 펄스의 펄스폭을 측정한다. 이 방법으로는 비교적 정확히 펄스폭을 측정할 수 있으나, 측정시간이 속도에 따라 유동적이다. 높은 주파수의 펄스에 대해서는 CPU의 부하가 과중해지고 매우 낮은 주파수의 펄스에 대해서는 측정시간이 매우 길어진다. 이에 따라 정해진 주기로 수행하는 실시간 제어를 위해서는 합당하지 못한 방법이다.

(2) 주어진 시간 내에 입력되는 펄스의 개수를 측정한다. 실시간 제어에서는 측정시간을 제어주기로 설정하면 되므로 실시간 제어에 합당한 방법이다. 그러나 펄스측정시간이 짧으면 속도측정치의 해상도가 나빠진다. 모터 제어시스템에서 사용하는 엔코더의 경우 회전당 512펄스를 출력하므로 4체배하면 회전당 2048펄스를 측정할 수 있다. 이에 대해 측정시간당 1펄스가 나타내는 회전속도, 즉 해상도는 측정시간에 따라 다음과 같다.

측정시간 = 10msec :

1/2048rev / 10msec = 100/2048rps = 6000/2048rpm

= 2.93rpm

측정시간 = 1msec :

1/2048rev / 1msec = 1000/2048rps = 60000/2048rpm

= 29.3rpm

여기서는 방법 (2)를 사용하여 모터의 속도를 측정하도록 한다. 이 방법에서는 측정시간을 정확히 아는 것이 매우 중요하다. 마이크로컨트롤러에서는 정확한 시간측정을 위하여 타이머/카운터를 사용할 수 있다. 주기적인 측정을 위하여 타이머 인터럽트를 사용한다.

16.2 주기적으로 인터럽트 발생시키기

그림 16.1은 16비트 타이머/카운터의 표준모드에서 비교일치 인터럽트를 사용하여 10msec의 주기적인 인터럽트를 발생시키는 방법을 보여주고 있다. 여기서는 타이머 3, 분주비 8을 사용하는 것으로 가정하였다.

- 타이머/카운터의 입력주파수는 2MHz이므로 10msec에 해당하는 클록수는 20000이다. 따라서 카운트 값이 20000, 40000, 60000, 80000, 100000, ... 일 때 비교일치 인터럽트가 걸리도록 비교 레지스터를 설정하여야 한다.
- 타이머/카운터 3은 16비트이므로 카운트 값 80000에서는 오버플로가 발생하여 실제 카운트 값은 다음과 같다.

  TCNT3 = 80000−65536(0xFFFF) = 14464

  100000에 대해 카운트 값은 14464+20000=34464이다.
- 비교일치 인터럽트가 발생할 시간은 비교 레지스터로 설정하므로 다음 비교일치가 발생할 시간은 다음과 같이 설정하면 된다.

  ```
  OCR3A += 20000;         // 다음 비교일치 A가 일어날 시간
  ```

  OCR3A 레지스터 역시 16비트 레지스터이므로 80000이 되는 시점에서 오버플로가 발생하여 OCR3A에는 14464가 저장된다.

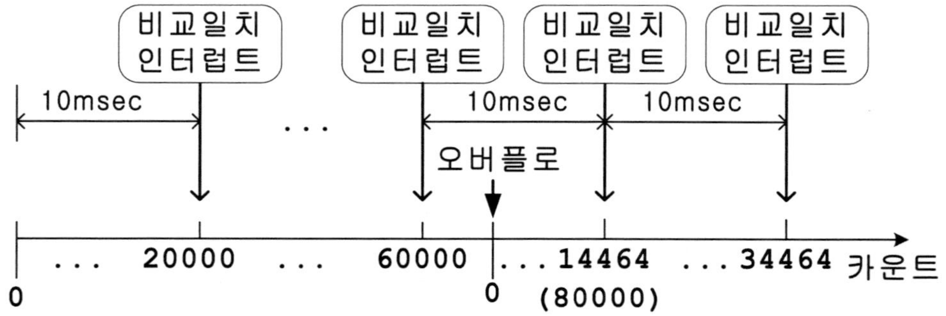

그림 16.1 비교일치 인터럽트를 사용한 주기적인 인터럽트 발생

프로그램 16.1은 타이머/카운터 3의 비교일치 A 인터럽트를 사용하여 10msec마다 주기적으로 인터럽트를 거는 프로그램이다.

6.2절을 참고하면 타이머/카운터 3의 비교일치 A 인터럽트벡터의 매크로는 `TIMER3_COMPA_vect`이다.

프로그램 16.1

```
#include <avr/io.h>
#include <avr/interrupt.h>

//=====================================================
// 타이머/카운터 3 비교일치 A 인터럽트 서비스루틴
//=====================================================
//
ISR(TIMER3_COMPA_vect)
{
     OCR3A += 20000;              // 다음 비교일치 시간설정
                                  // 10msec 후에 인터럽트 발생
     . . . .
}

int main()
{
     TCCR3A = 0;                  // 표준모드 사용
     TCCR3B = (2 << CS30);        // 8분주비로 타이머 시작
     OCR3A  = 0;                  // 다음 타이머시작 때 인터럽트

     ETIMSK |= (1<<OCIE3A);       // 비교일치 A 인터럽트 허용
     sei();                       // 전역 인터럽트 허용
     . . .

     while(1)
     {
                 . . .
     }
}
```

16.3 속도 측정

[프로그램 velmeasure.c]는 키패드 입력으로 모터 #1의 회전 속도를 변화시키고 10msec마다 회전속도를 측정한다. 측정된 회전속도는 RPM 단위로 LCD에 표시된다.

- 현재 위치와 이전 위치의 차로 10msec 동안 변한 펄스의 수를 측정하여 속도를 알 수 있다. 이 방법에서는 현재 위치와 속도를 동시에 측정한다.
- 사용하는 카운터는 24비트 카운터이므로 펄스 개수가 2^{24}를 넘으면 오버플로가 발생한다. 이를 회전한 수로 계산하면

$$2^{24}/2048 = 2^{13} = 8092\text{회전}$$

- 8092회전 이상 회전하면 오버플로가 발생하므로 제한된 위치 내에서 위치를 제어하는 시스템에서는 사용가능하다. 그러나 속도제어 시스템에서는 위치가 제한되어 있지 않으므로 [프로그램 velmeasure.c]와 같이 속도를 측정하지 못한다.

속도제어 시스템에서는 그림 16.2와 같이 속도를 측정한다. 인터럽트가 걸리면 우선 카운터 값을 읽고 카운터를 리셋한다. 이렇게 함으로써 다음 주기에서 읽은 카운터 값이 측정시간 동안 계수된 펄스의 개수를 나타낸다.

인터럽트 서비스루틴 프로그램 16.2는 그림 16.2의 방법으로 회전속도를 측정한다.

프로그램 16.2

```
ISR(TIMER3_COMPA_vect)
{
    OCR3A += 20000;                 // 10msec 주기로 인터럽트를 건다.

    Counter1ReadCount(&vel);        // 현재 속도를 읽는다.
    Counter1SetCount(10);           // 카운터 값을 10으로 리셋
    vel -= 10;                      // 속도 보정
}
```

그림 16.2 속도 측정

- 카운터값을 리셋할 때는 0으로 리셋하는 하는 것이 일반적인 방법이다. 모터 제어시스템에서 사용하고 있는 LS7166은 정방향으로 회전을 하고 있을 때는 문제가 없으나 역방향으로 회전하고 있을 때 0으로 리셋하면 다음 카운트 값에 문제가 발생함을 발견하였다.
- 이를 해결하기 위해 0으로 리셋하지 않고 10으로 리셋하였고 속도계산에서 이를 보정하였다.

실험 모터 #1 단자에 모터를 연결하고 모터 전원을 가한다. [프로그램 velmeasure.c]을 수행한다.

1. 키패드의 SW0와 SW1을 눌러 듀티비를 변화시키면서 속도를 관찰한다.
2. velmeasure.c의 인터럽트 서비스루틴을 프로그램 16.2로 변경하고 듀티비에 따른 속도를 관찰한다.

[프로그램 velmeasure.c]

```
//====================================================
// 듀티비에 따른 회전속도 변화 실험
//====================================================
#include <stdio.h>
#include <avr/io.h>
#include <avr/interrupt.h>
#include "motordrv.h"
#include "counter.h"
#include "lcd.h"
#include "keypad.h"

//===================================================
// 타이머/카운터 3 비교일치 A 인터럽트 서비스루틴
//===================================================
static long vel;                // 회전속도 (pulse/10msec)
ISR(TIMER3_COMPA_vect)
{
    static long pos1 = 0;       // 이전 위치(pulse)
    long  pos;                  // 현재 위치

    OCR3A += 20000;             // 10msec 주기로 인터럽트를 건다.
```

```
    Counter1ReadCount(&pos); // 현재 위치를 읽는다.
    vel = pos-pos1;          // 현재 속도 계산
    pos1 = pos;              // 현재 위치를 저장한다.
}
int main()
{
    unsigned char key;
    char  string[20];
    short duty10 = 500;      // 듀티비(0.1% 단위)
    long  lvel;              // 속도

    LcdInit();               // LCD 초기화
    KeyInit();               // 키패드 초기화
    MotorDrvInit(20);        // 20kHz PWM
    Counter1Init();          // 카운터 초기화
    //========================================
    // 주기적 인터럽트를 위한 타이머/카운터 3 초기화
    //========================================
    TCCR3A = 0;              // 표준모드 사용
    TCCR3B = (2 << CS30);    // 8분주비로 타이머 시작
    OCR3A  = 0;              // 다음 타이머시작 때 인터럽트
    ETIMSK |= (1<<OCIE3A);   // 비교일치 A 인터럽트 허용
    sei();                   // 전역 인터럽트 허용
    MotorDrvON1();           // 모터 #1을 켠다.

    while(1)
    {
        //======================================
        // 모터 듀티비 입력을 받는다.
        //======================================
        key = KeyInput();                   // 키 입력을 받는다.
        if(key==SW0 || key==SW1)
        {
            if(key==SW0) duty10 += 100;     // 10% 증가
            if(key==SW1) duty10 -= 100;     // 10% 감소

            if(duty10 > 1000) duty10 = 1000;
            if(duty10 < 0)    duty10 = 0;
            sprintf(string, "duty: %3d %%", duty10/10);
            LcdMove(0,0); LcdPuts(string);
            MotorDrvSetDuty1(duty10);       // 듀티비 설정
        }
```

```
        //==============================================
        // 모터 속도를 읽어서 rpm 단위로 LCD에 표시한다.
        //==============================================
        cli();                          // 인터럽트 금지
        lvel = vel;                     // 현재 속도를 읽어 지역변수에 저장
        sei();

        lvel = (6000L*lvel)/2048L; // RPM으로 변환

        sprintf(string, "vel = %5ld rpm", lvel);
        LcdMove(1,0); LcdPuts(string);
    }
}
```

제3부

제어기 설계

17 디지털 제어기 및 다중작업 처리

ATmega 128

17.1 디지털 제어기

그림 17.1은 일반적인 제어시스템의 블록선도를 나타낸다. 제어기가 아날로그 시스템으로 구현될 때는 그림 17.1과 같이 연속 시간 영역에서 시스템이 동작을 한다.

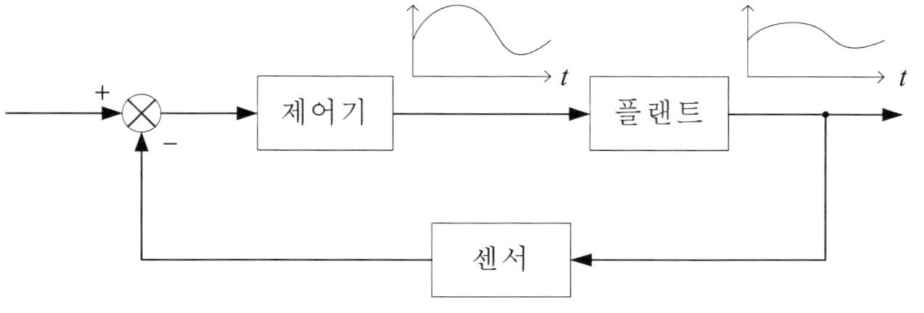

그림 17.1 연속 시간 영역에서의 제어시스템

그러나 디지털 컴퓨터를 사용하여 제어기를 구성하면(즉, 디지털 제어기를 사용하면) 연속 시간 영역에서 시스템을 표현할 수 없다. 디지털 컴퓨터의 특성상 입력신호를 연속적으로 받을 수 없고 그림 17.2와 같이 신호를 어떤 순간에 샘플하고 디지털값으로 변환하여 입력을 받는다. 아날로그-디지털변환기(ADC)는 아날로그 전압을 샘플하여 디지털 값으로 변환하는 샘플러이고, 15장과 16장과 같이 엔코더 값을 읽는 것 역시 위치 또는 속도를 샘플하는 샘플러라 할 수 있다.

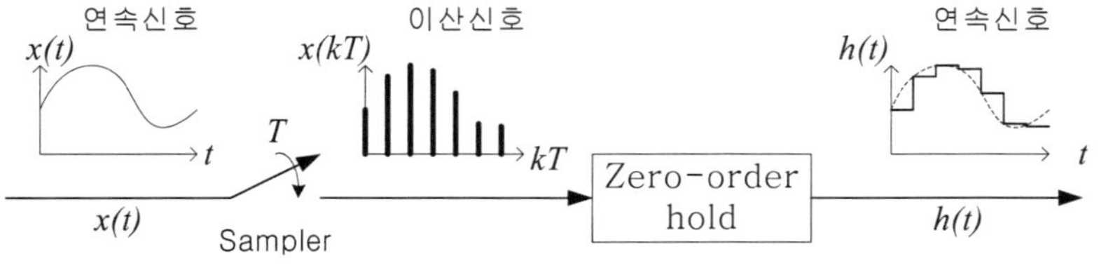

그림 17.2 샘플러와 0차 홀드

그림 17.2와 같이 샘플러는 일정한 주기로 동작하는 것이 일반적이며 샘플한 데이터는 디지털 제어기 내에서 연속신호 $x(t)$가 아닌 이산신호, 즉 수열 $x(kT)$, $k=0,1,\ldots$,로서 표시된다. 디지털 제어기는 수열에 대해 연산을 수행한다. 디지털 제어기의 출력 역시 이산신호로 나타나며 이는 홀드를 거쳐서 연속신호로 변환한다. 그림 17.2는 0차 홀드(zero-order hold)를 보여주고 있다. 0차 홀드는 시간에 대한 0차 다항식으로 신호를 유지시킨다. 따라서 이산신호를 샘플 구간동안은 이산신호로 주어지는 크기로 일정하게 유지한다.

그림 17.1의 제어시스템을 디지털 제어기를 사용하여 구성하면 그림 17.3과 같은 형태가 된다. 디지털 제어기는 기준 신호와 출력신호의 오차를 주기적으로 샘플하여 이산 오차 신호를 얻는다. 제어기는 오차 신호로부터 제어법칙에 따라 제어출력을 계산한다. 이때 계산한 제어출력 역시 이산신호로서 0차 홀드를 거쳐 연속신호로 변환된 다음 플랜트에 가해진다.

DC 모터 제어시스템에서 플랜트는 DC 모터이고 DC 모터의 입력 크기는 PWM 신호의 듀티비로 주어진다. 따라서 제어기의 출력은 PWM 신호의 듀티비이다. 14장에서 본 바와 같이 PWM 신호의 듀티비는 한 번 설정하면 계속 유지되므로 0차 홀드를 포함하고 있는 것으로 생각할 수 있다.

그림 17.3으로부터 디지털 제어기는 주어진 샘플 주기 T마다 오차를 샘플하여 제어출력을 계산하고 외부로 출력신호를 내주어야 한다. 실시간 제어가 이루어지기 위해서는 샘플 주기 T가 매우 정확하게 측정되어야 하고 주기 내에서 제어출력의 계산이 모두 완료되어야 한다.

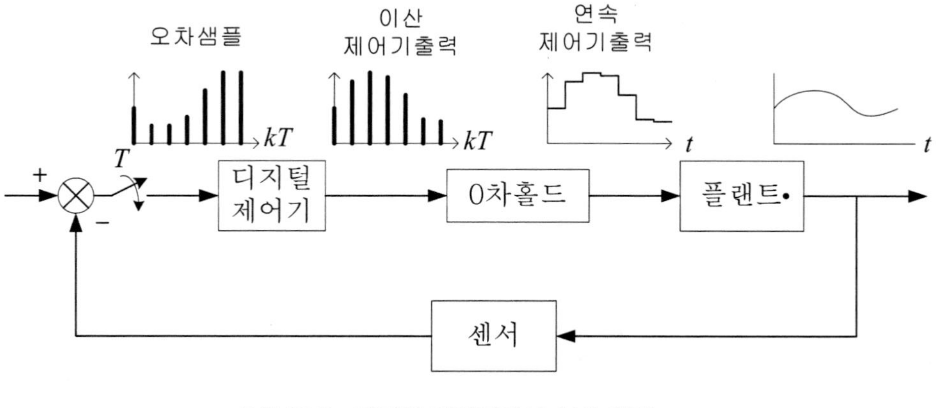

그림 17.3 디지털 제어기에서 신호 형태

그림 17.2를 보면 샘플 주기 T가 작으면 작을수록 이산화 후 홀드를 거친 신호가 원래 신호와 유사해짐을 알 수 있다. 같은 이유로 디지털 제어시스템에서는 샘플 주기를 가능하면 짧게 하는 것이 바람직하다. 그러나 샘플주기가 짧아지면 제어기가 제어출력을 계산할 수 있는 시간이 줄어들어 제어출력 연산의 속도를 높일 수 있도록 프로그램을 최적화하여야 한다.

17.2 다중작업 처리

디지털 제어기에서는 샘플 주기마다 제어출력을 연산하여야 한다. 즉 주기적으로 어떠한 작업을 수행하여야 한다. 이런 동작은 16.2절과 같이 주기적으로 인터럽트를 발생시키고 인터럽트 서비스루틴에서 제어출력을 연산하도록 하면 된다.

일반적으로 디지털 제어기를 구성할 때 주기적으로 이루어져야 할 작업은 제어작업 이외에도 여러 가지가 있을 수 있다. 예를 들어 제어 오차 및 출력 등 제어 상태를 화면에 주기적으로 표시할 필요가 있을 수 있고, 스텝 모터를 구동기로 사용할 때 주기적으로 펄스를 출력해야 할 경우가 있다. 이와 같이 다수의 작업을 마이크로컨트롤러가 동시에 수행하여야 한다. 다수의 작업을 동시에 처리(실제로는 동시가 아니지만 사람이 느끼기에 동시에 처리되는 것으로 보임)하는 것을 다중 작업(multi-tasking) 처리라 한다.

다중작업 처리 방식은 Round-Robin 방식과 Preemptive Multi-tasking 방식으로 나눌 수 있다. Round-Robin 방식은 시분할 다중작업 방식으로 각 작업이 돌아가면서 일정시간을 작업처리를 위해 쓰는 방식이다. 작업은 주어진 시간동안 CPU를 사용하고 시간이 만료되면 다음 작업에 CPU 사용권한을 넘긴다. 일단 작업이 시작되면 주어진 시간이 만료될 때까지 다른 작업으로 넘어갈 수가 없다.

Preemptive Multi-tasking(선점형 다중작업 처리)은 우선순위에 따라 현재 작업이 선점될 수 있는 방식이다. 동시에 여러 작업이 활성화되면 우선순위가 높은 순서로 작업이 진행된다. 또한 작업 수행 중 우선순위가 높은 다른 작업이 활성화되면 우선순위가 높은 작업이 CPU를 선점하게 된다.

그림 17.4는 작업의 우선순위에 따라 작업이 수행되는 과정을 보여준다.

그림 17.4(a)는 작업 A와 작업 B가 수행될 시간표이다. 그림 17.4(b)는 작업 A의 우선순위가 작업 B보다 높을 때 선점형 다중처리 방법에서 작업이 진행되는 순서를 보여준다. 처음에 작업 B가 진행 중에 작업 A가 활성화 되면서 작업 A가 선점하고 작업 A 종

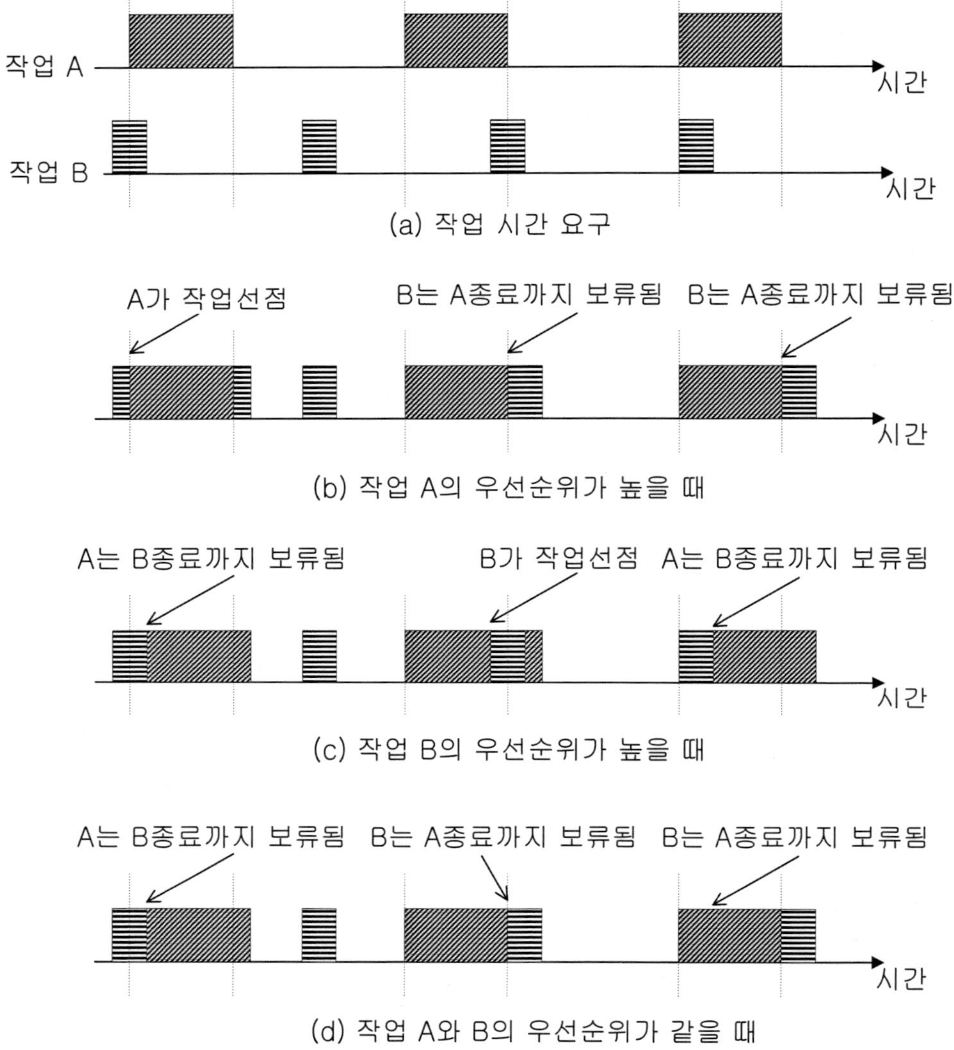

그림 17.4 우선순위에 따른 작업 시간표

료 후 작업 B의 나머지 부분을 수행하게 된다. 작업 A 진행 중에 작업 B의 활성화 시점이 되더라도 작업 A가 우선순위가 높으므로 작업 B의 활성화는 작업 A의 종료 때까지 보류된다. 그림 17.4(c)는 작업 B의 우선순위가 높은 경우의 작업 A와 B가 수행되는 시간표를 보여준다. 그림 17.4(d)는 두 작업의 우선순위가 같을 때 작업 수행 시간표를 나타낸다. 먼저 진행 중인 작업이 항상 우선권을 가진다.

이와 같은 다중작업 처리를 위해서는 RTOS(Real-Time OS)라 불리는 실시간 운영체계를 사용할 수 있으나 이는 이 책의 범위를 벗어나므로 여기서는 다루지 않고 타이머 인터럽트를 사용하여 몇 개의 작업을 동시에 처리할 수 있는 방법을 다루도록 한다.

인터럽트를 사용한 다중작업 처리에서는 일반 프로그램으로 수행되는 작업을 Background 작업, 인터럽트 서비스루틴에서 수행되는 작업을 Foreground 작업이라 한다. 인터럽트 서비스루틴은 가능하면 빠른 시간에 종료되어야 하므로 Foreground 작업으로는 실시간 수행되어야 하는 작업이 할당된다. Background 작업은 일반 프로그램으로 수행되므로 단 한 개만 수행될 수 있다. 반면 여러 개의 타이머가 가용할 때는 다수의 Foreground 작업을 동시에(다중작업) 수행할 수 있다.

Foreground 작업을 이용하면 다중작업을 수행할 수 있지만 RTOS에서 제공하는 다중작업에 비해 Foreground 작업은 많은 제약을 가지고 있다(이에 대해서는 RTOS 매뉴얼 등을 참고하면 알 수 있다). 하지만 아주 복잡하지 않는 시스템을 구성할 때는 Foreground 작업을 이용하여 효과적으로 다중작업 시스템을 구축할 수 있다.

17.3 타이머 비교일치 인터럽트를 사용한 선점형 다중작업 처리

여기서는 타이머 비교일치 인터럽트를 사용한 선점형 다중작업 처리 방법을 고려한다. ATmega128은 2개의 16비트 타이머를 제공한다. 14장에서 모터구동을 위한 PWM 신호 생성을 위해 타이머/카운터 1을 사용하므로 다중작업 처리를 위해 타이머/카운터 3을 이용하도록 한다.

16.2절에서는 타이머/카운터 3의 비교일치 A 인터럽트를 사용하여 하나의 작업을 주기적으로 처리하였다. 타이머/카운터 3는 비교일치 A, B, C 인터럽트를 제공하므로 16.2절과 같은 방법을 사용하면 3개의 작업을 주기적으로 처리할 수 있다. 여기서는 3개의 작업을 선점형 다중작업 방식으로 수행할 수 있도록 작성하여 보자.

우선 작업의 구성요소를 나타내는 구조체 `TaskInfo`를 정의하자.

```
typedef struct
{
     void (*func)(unsigned char);    // 작업 함수의 포인터
     unsigned short next_tick;       // 다음 주기의 시작 시간
     unsigned char active;           // 작업 수행 중 플래그
}TaskInfo;
```

func은 작업을 수행하는 함수, next_tick은 다음에 작업이 수행되어야 하는 시간을 나타내고, active는 작업의 수행 중을 나타내는 플래그이다. 그리고 3개의 작업을 나타내도록 3개의 TaskInfo를 갖는 배열을 정의하자.

```
TaskInfo     task_table[3];
```

task_table[i]는 작업-i의 TaskInfo를 나타내고, 작업-0, 1, 2는 각각 비교일치 A, B, C 인터럽트와 연결되어 있다**(이후부터는 편의를 위해 비교일치 A, B, C 인터럽트를 비교일치 0, 1, 2 인터럽트라 부른다)**.

비교일치-i 인터럽트와 연계된 작업-i를 수행하려면 task_table[i]의 func 변수에 원하는 작업 함수를 써넣고 비교일치-i 인터럽트가 원하는 시간에 발생하도록 한다. 인터럽트가 발생하면 비교일치-i 인터럽트 서비스루틴에서 i-번째 작업 수행 함수 task_table[i].func를 호출하면 된다. 프로그램 17.1로 주어지는 소프트웨어 타이머 인터럽트 서비스루틴을 고려해보자.

프로그램 17.1 비교일치 인터럽트 서비스루틴 - 코드 0

```
ISR(TIMER3_COMPA_vect)                   // 비교일치A 인터럽트 서비스루틴
{
        (*task_table[0].func)(0);        // 작업-0 수행
}

ISR(TIMER3_COMPB_vect)                   // 비교일치 B 인터럽트 서비스루틴
{
        (*task_table[1].func)(1);        // 작업-1 수행
}

ISR(TIMER3_COMPC_vect)                   // 비교일치 C 인터럽트 서비스루틴
{
        (*task_table[2].func)(2)         // 작업-2 수행
}
```

비교일치 인터럽트가 주어진 시간에 발생하면 연계된 작업함수가 수행된다. 이때 각 작업 함수간의 우선순위는 어떻게 될까? 여기서 인터럽트 수행의 메커니즘을 고려해 볼 필요가 있다.

(1) 그림 6.1과 같이 인터럽트는 개별적으로 또는 전역으로 허용/금지할 수 있다.

(2) 인터럽트는 표 6.1과 같은 우선순위가 있지만 이는 동시에 인터럽트를 요구할 때 처리되는 우선순위를 나타낼 뿐이며 일단 인터럽트 서비스루틴이 시작되면 표 6.1의 우선순위는 다음 항목 (3)의 이유로 의미가 없다.

(3) 인터럽트 서비스루틴이 시작될 때 CPU는 전역으로 인터럽트를 금지하고 서비스루틴을 벗어날 때 전역으로 인터럽트를 허용한다. 따라서 다른 우선순위가 높은 인터럽트가 발생하더라도 이에 대한 인터럽트 서비스루틴의 수행은 현재 수행 중인 인터럽트 서비스루틴이 종료될 때까지 보류된다. 각 인터럽트 서비스루틴은 그림 17.4(d)와 같은 형태로 수행된다. 즉 인터럽트 서비스루틴간의 우선순위가 실제로는 동등하다.

(4) 인터럽트 서비스루틴 내에서 수행되는 작업 함수는 인터럽트와 같은 우선순위를 가지므로 작업 함수간의 우선순위 역시 동등하다. 그림 17.5는 프로그램 17.1과 같이 작성하였을 때 작업의 수행 과정을 보여준다. 작업-0의 수행 도중 작업-1을 수행할 시간이 되었더라도 작업-1의 수행은 작업-0가 종료될 때까지 보류된다.

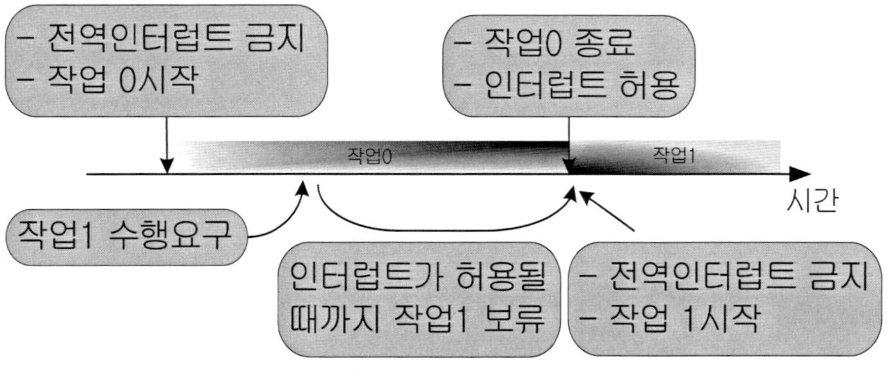

그림 17.5 프로그램 17.1에 대한 작업수행 순서

프로그램 17.1을 선점이 가능한 형태로 변경하여보자. 다른 작업이 선점할 수 있도록 하기 위해 인터럽트 서비스루틴 내에서 인터럽트가 허용되도록 프로그램 17.2와 같이 작성하여 보자.

프로그램 17.2 비교일치 인터럽트 서비스루틴 - 코드 1

```
ISR(TIMER3_COMPA_vect)                  // 비교일치 A 인터럽트 서비스루틴
{
    sei();                              // 전역인터럽트 허용
    (*task_table[0].func)(0);           // 작업-0 수행
}
ISR(TIMER3_COMPB_vect)                  // 비교일치 B 인터럽트 서비스루틴
{
    sei();                              // 전역인터럽트 허용
    (*task_table[1].func)(1);           // 작업-1 수행
}

ISR(TIMER3_COMPC_vect)                  // 비교일치 C 인터럽트 서비스루틴
{
    sei();                              // 전역인터럽트 허용
    (*task_table[2].func)(2)            // 작업-2 수행
}
```

인터럽트 서비스루틴 내에서 모든 인터럽트를 허용하였으므로 그림 17.6과 같이 프로그램의 수행은 나중에 발생하는 인터럽트에 의해 무조건 선점 당한다. 즉 나중에 수행되어야 할 작업이 무조건 우선순위가 높아진다.

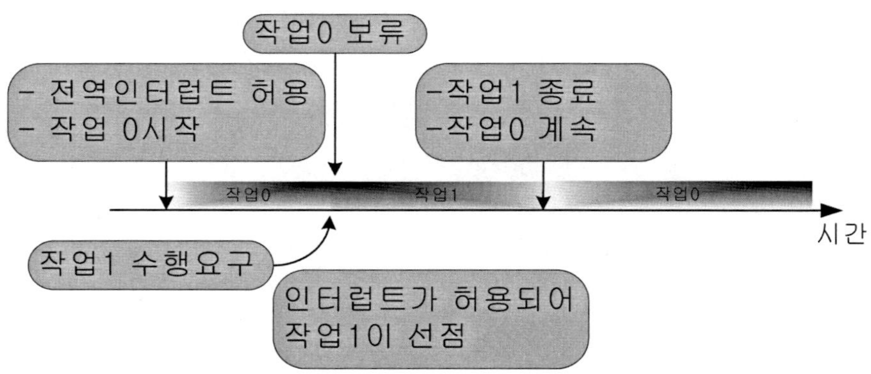

그림 17.6 프로그램 17.2에 대한 작업수행 순서

작업을 시작할 때 모든 인터럽트를 허용하면 이후 발생하는 인터럽트가 무조건 작업을 선점하게 된다. 따라서 인터럽트를 허용하되 자신보다 우선순위가 높은 작업에 대한 인터럽트만 허용하면 우선순위가 높은 작업만이 선점하게 된다. 프로그램 17.3은 작업-0

이 우선순위가 가장 높고 작업-1, 작업-2순으로 우선순위를 갖도록 한다.

프로그램 scheduler.c는 프로그램 17.3을 수정하여 선점형 다중작업을 하는 비교일치 인터럽트 서비스루틴을 구성하고 다중작업에 필요한 다음 Utility 함수를 제공한다. 함수들은 scheduler.h에 정의되어 있다. 다음은 스케쥴러에서 제공하는 함수들이다.

프로그램 17.3 비교일치 인터럽트 서비스루틴 - 코드 2

```
ISR(TIMER3_COMPA_vect)              // 비교일치 A 인터럽트 서비스루틴
{
    unsigned char timsk;

    timsk = ETIMSK;                 // 현재 인터럽트 마스크를 저장한다.

    // 비교일치 B,C인터럽트를 금지하여
    // 작업 1,2가 선점하지 못하도록 한다.
    ETIMSK &= ~((1<<OC1E3B)|(1<<OC1E3C));
    sei();                          // 전역인터럽트 허용

    (*task_table[0].func)(0);       // 작업-0 수행

    ETIMSK = timsk;
}

ISR(TIMER3_COMPB_vect)              // 비교일치 B 인터럽트 서비스루틴
{
    unsigned char timsk;

    timsk = ETIMSK;                 // 현재 인터럽트 마스크를 저장한다.

    // 비교일치 C 인터럽트를 금지하여
    // 작업 2가 선점하지 못하도록 한다.
    ETIMSK &= ~((1<<OC1E3C));
    sei();                          // 전역 인터럽트 허용

    (*task_table[1].func)(1);       // 작업-1 수행

    ETIMSK = timsk;                 // 인터럽트마스크 회복
}

ISR(TIMER3_COMPC_vect)              // 비교일치 C 인터럽트 서비스루틴
{
    sei();                          // 전역 인터럽트 허용
    (*task_table[2].func)(2)        // 작업-2 수행
}
```

void SCHDInit(void)

설명 : 다중작업을 시작하기 전에 반드시 호출해야 하는 초기화하는 함수이다.

unsigned short SCHDMaxInterval(void)

반환값 : 작업주기로 선택할 수 있는 최대시간을 msec 단위로 반환한다.

설명 : 타이머 3는 일정시간 후에 오버플로가 발생한다. 작업주기로 설정할 수 있는 시간은 오버플로가 발생하는 시간으로 제한되며, 최대시간을 알려주는 함수이다.

unsigned long SCHDGetTicks(unsigned short usec)

변수 : usec - μsec 단위 시간

반환값 : 타이머 틱의 수

설명 : 주어진 usec 시간동안 발생하는 타이머 3의 틱 수를 계산하여 반환하는 함수이다.

int SCHDAddTask(unsigned char tid, void (*func)(unsigned char))

변수 : tid - 작업 id로 작업-tid를 나타낸다. 0, 1, 2만 가능
func - 작업 함수

반환값 : 0 - 작업-tid를 추가할 수 없다.
1 - 작업-tid가 성공적으로 추가되었다.

설명 : 작업 테이블에 작업-tid를 추가하는 함수이다. 작업-tid가 이미 추가되었을 때는 다시 작업을 추가할 수 없다. 이전에 추가되었던 작업 대신 새로운 작업을 추가하려면 반드시 RemoveTask() 함수를 호출하여 이전 작업을 삭제한 후에 작업을 추가하여야 한다.

void SCHDRemoveTask(unsigned char tid)

변수 : tid - 작업 id로 작업-tid를 나타낸다. 0, 1, 2만 가능

설명 : 작업 엔트리에서 작업-tid를 삭제한다.

void SCHDStartTask(unsigned char tid, unsigned short msec_after);

변수 : tid - 작업 id로 작업-tid를 나타낸다. 0, 1, 2만 가능
msec_after - 현재부터 작업을 시작할 때까지의 시간(msec)

설명 : msec_after틱 후에 작업-tid를 시작한다. 단 tid는 SCHDAddTask()로 작업 엔트리에 등록된 작업 id이어야 한다.

void SCHDStartAllTask(unsigned short msec_after)

변수 : msec_after - 현재부터 작업을 시작할 때까지의 시간(msec)

설명 : 작업 엔트리에 있는 모든 작업을 msec_after msec틱 후 동시에 시작한다.

void SCHDSuspendTask(unsigned char tid)

변수 : tid - 작업 id로 작업-tid를 나타낸다. 0, 1, 2만 가능

설명 : 현재 수행 중인 주기적인 작업-tid의 수행을 일시 중지시킨다.

void SCHDResumeTask(unsigned char tid, void (*func)(unsigned char))

변수 : tid - 작업 id로 작업-tid를 나타낸다. 0, 1, 2만 가능
func - 작업함수

설명 : 일시 중지된 주기적인 작업의 수행을 다시 시작한다. 작업 함수 func가 NULL이면 일시 중지되었던 함수를 다시 수행하고 아니면 새로운 작업 함수 func로 작업을 재개한다.

#define SCHDRestartTask(tid, ticks_after)

매크로 함수로 작업-tid를 ticks_after 틱 후에 다시 시작시킨다. 이 함수 호출 후 전역으로 인터럽트가 허용된다.

#define SCHDRestartTask_DisabledI(tid, ticks_after)

매크로 함수로 작업-tid를 ticks_after 틱 후에 다시 시작시킨다. 단 이 함수 호출 후에도 전역으로 인터럽트는 금지된 상태이다. 따라서 인터럽트를 허용하지 않으면 우선순위가 높은 작업에도 선점당하지 않는다. 우선순위가 높은 작업에 선점을 허용하려면 이 함수 호출 후 sei()를 사용하여 인터럽트를 허용하여야 한다.

#define SCHDGetNextTick(tid)

매크로 함수로 작업-tid의 수행시점을 리턴한다. SCHDRestartTask() 함수 호출 전에는 현재 함수가 수행되기 시작된 시점, 호출 후에는 다음에 함수가 수행될 시점을 반환한다.

[헤더파일 scheduler.h]

```
//==================================================
// 비교일치 인터럽트를 사용한 주기적 작업 핸들러
//==================================================

#ifndef __SCHEDULER_H__
#define __SCHEDULER_H__

#include <avr/io.h>
#include <avr/interrupt.h>

typedef struct
{
  void (*func)(unsigned char);// 함수의 포인터
  unsigned short next_tick;   // 다음 주기 시작의 시간
  unsigned char  active;
}TaskInfo;

#ifndef NULL
#define NULL        0
#endif

#ifndef IN_SCHEDULER
extern TaskInfo task_table[];
extern volatile unsigned short *OCR[];
#endif

void SCHDInit(void);
unsigned short SCHDMaxInterval(void);
unsigned long SCHDGetTicks(unsigned short usec);
int SCHDAddTask(unsigned char tid,
                void (*func)(unsigned char));
void SCHDSuspendTask(unsigned char tid);
void SCHDRemoveTask(unsigned char tid);
void SCHDResumeTask(unsigned char tid, void (*func)(unsigned
                    char));
void SCHDStartTask(unsigned char tid, unsigned short msec_af-
ter);
void SCHDStartAllTask(unsigned short msec_after);
//void SCHDRestartTask(unsigned char tid,
//                      unsigned short ticks_after);
```

```
#define SCHDRestartTask(tid, ticks_after) {\
        task_table[tid].next_tick += (ticks_after); \
        *OCR[tid] = task_table[tid].next_tick; \
        sei();}

#define SCHDRestartTask_DisabledI(tid, ticks_after) {\
        task_table[tid].next_tick += (ticks_after); \
        *OCR[tid] = task_table[tid].next_tick;}

#define SCHDGetNextTick(tid) task_table[(tid)].next_tick

#endif    // __SCHEDULER_H__
```

[프로그램 scheduler.c]

```
//============================================================
// Periodic Task Handler using Timer/Counter3
// Compare Match Interrupt
//
// 3개의 주기적 작업을 수행한다.
// 작업 ID는 0, 1, 2이며 작업 0의 우선순위가 가장 높다.
//============================================================
//
#define IN_SCHEDULER

#include <avr/io.h>
#include <avr/interrupt.h>

#include "scheduler.h"

#define PRESCALE     8UL                        // 분주비
#define NTASK        3

//========================================================
// 작업 테이블
//========================================================

TaskInfo  task_table[NTASK] = {      // 3개의 작업이 지원 됨
                {NULL, 0, 0},
                {NULL, 0, 0},
```

```
                    {NULL, 0, 0}};
// 타이머 3의 비교 레지스터의 주소
volatile unsigned short *OCR[3] = {
                    (volatile unsigned short *) 0x0086,
                    (volatile unsigned short *) 0x0084,
                    (volatile unsigned short *) 0x0082};
// 타이머 3의 비교일치 인터럽트의 마스크
static unsigned char imask[3] = {(1<<OCIE3A), (1<<OCIE3B),
                                 (1<<OCIE3C)};

//========================================================
// 타이머 3 표준 모드로 동작, 비교일치 A, B, C 인터럽트를 사용
//========================================================
//
void SCHDInit(void)
{
    // 타이머 3의 모든 비교일치 인터럽트 금지
    ETIMSK &= ~((1<<OCIE3A) | (1<<OCIE3B) | (1<<OCIE3C));

    TCCR3A = 0; // 표준모드 사용
    TCCR3B = (2 << CS30);        // 8분주비로 타이머 시작
}

//========================================================
// 현재 타이머 세팅에서 가장 길게 설정할 수 있는 작업주기를 반환
//
// 반환값 : 최대작업주기(msec)
//========================================================
//
unsigned short SCHDMaxInterval(void)
{
    return ((unsigned short) ((unsigned long) 0xFFFF *
                        1000UL * PRESCALE) / F_CPU);
}

//========================================================
// usec에 해당하는 클록 틱수를 반환한다.
//========================================================
//
unsigned long SCHDGetTicks(unsigned short usec)
{
```

```
        return (((unsigned long)usec * (F_CPU/1000000UL)) /
                                                  PRESCALE);
}

//===========================================================
// 작업 엔트리에 수행할 함수를 설정한다.
//
//      입력 : tid -작업 ID(tid = 0, 1, 2)
//             func - 작업으로 수행할 함수
//
//      반환값 : 0 - 이미 다른 함수로 설정
//              1 - 수행 성공
//===========================================================
//
int SCHDAddTask(unsigned char tid,
                              void (*func)(unsigned char))
{
    if(task_table[tid].func)
                return 0;

    task_table[tid].func = func;
    task_table[tid].active = 1;
    return 1;
}

//==========================================================
// 작업 tid의 함수 수행을 정지한다.
//==========================================================
//
static void (*s_task[NTASK]) (unsigned char);

void SCHDSuspendTask(unsigned char tid)
{
    cli();

    if(task_table[tid].active)
    {
        s_task[tid] = task_table[tid].func;
        task_table[tid].func = NULL;
    }

    sei();
}
```

```
//===========================================================
// 작업이 일시 정지된 후, 새로운 함수로 작업을 재시작한다.
//
// SuspendTask()를 한 후에 호출이 가능하다.
//
//   입력 : tid  - 작업 id
//          func - 새로 수행할 함수,
//                 만약 NULL이면 일시 정지하였던 함수 재사용
//===========================================================
//
void SCHDResumeTask(unsigned char tid,
                            void (*func) (unsigned char))
{
    cli();

    if(task_table[tid].active && !task_table[tid].func)
    {
        if(func)
            task_table[tid].func = func;
        else
            task_table[tid].func = s_task[tid];
    }

    sei();
}

//===========================================================
// 작업을 Entry에서 삭제한다.
//===========================================================
//
void SCHDRemoveTask(unsigned char tid)
{
    cli();

    if(task_table[tid].active)
    {
        task_table[tid].active = 0;        // dormant
        task_table[tid].func = NULL;
        ETIMSK &= ~imask[tid];
    }

    sei();
}
```

```
//==========================================================
// 작업-tid를 수행한다.  작업-tid는 AddTask()를 한 후에
// 시작 가능하다.
//   입력:
//        tid        - 작업 id
//        msec_after - msec_after msec 후에 작업을 시작한다.
//==========================================================
//
void SCHDStartTask(unsigned char tid, unsigned short msec_after)
{
    unsigned short ticks_after;

    if(!task_table[tid].active)
        return;

    cli();

    if(msec_after < 1) msec_after = 1;

    ticks_after = SCHDGetTicks(1000 * msec_after);

    task_table[tid].next_tick = TCNT3 + ticks_after;
    *OCR[tid] = task_table[tid].next_tick;
    ETIMSK |= imask[tid];

    sei();
}

//==========================================================
// 등록된 작업을 msec_after msec 후에 동시에 시작한다.
//
// 입력 : msec_after - 작업을 시작할 시간(msec)
//==========================================================
//

void SCHDStartAllTask(unsigned short msec_after)
{
    int tid;
    unsigned short next_tick, ticks_after;

    cli();

    if(msec_after < 1) msec_after = 1;
```

```
    ticks_after = SCHDGetTicks(1000 * msec_after);

    next_tick = TCNT3 + ticks_after;

    for(tid=0; tid<NTASK; tid++)
    {
        if(!task_table[tid].active)
              continue;

    task_table[tid].next_tick = next_tick;
        *OCR[tid] = next_tick;
        ETIMSK |= imask[tid];
    }

    sei();
}

/*  MACRO로 대체하였음.
void SCHDRestartTask(unsigned char tid, unsigned short ticks_af-
ter)
{
    task_table[tid].next_tick += (ticks_after);
    *OCR[tid] = task_table[tid].next_tick;

    sei();
}
*/

//==================================================
// 타이머 3 비교일치 A 인터럽트 : 작업-0
//==================================================
//

ISR(TIMER3_COMPA_vect)
{
    unsigned char timsk;

    timsk   = ETIMSK;         // 현재 타이머 인터럽트 마스크 저장

    // 비교일치 B,C 인터럽트 금지
    ETIMSK &= ~((1<<OCIE3B)|(1<<OCIE3C));

    if(task_table[0].func)
```

```
        (*task_table[0].func)(0); // 작업-0 수행

    cli();

    ETIMSK = timsk; // 이전 인터럽트 마스크 회복
}

//================================================
// 타이머 3 비교일치 B 인터럽트 : 작업-1
//================================================
//
ISR(TIMER3_COMPB_vect)
{
    unsigned char timsk;

    timsk   = ETIMSK;              // 현재 타이머 인터럽트 마스크 저장
    ETIMSK &= ~(1<<OCIE3C);        // 비교일치 C 인터럽트 금지

    if(task_table[1].func)
        (*task_table[1].func)(1); // 작업-1 수행

    cli();

    ETIMSK = timsk;                  // 이전 인터럽트 마스크 회복
}

//================================================
// 타이머 3 비교일치 C 인터럽트 : 작업-2
//================================================
//
ISR(TIMER3_COMPC_vect)
{
    unsigned char timsk;

    timsk   = ETIMSK;              // 현재 타이머 인터럽트 마스크 저장

    if(task_table[2].func)
        (*task_table[2].func)(2); // 작업-2 수행

    cli();

    ETIMSK = timsk;                // 이전 인터럽트 마스크 회복
}
```

17.4 scheduler 사용

17.4.1 작업 함수

작업은 AddTask() 함수를 사용하여 이를 실제로 수행하는 함수와 연결하여야 한다. 수행 함수는 다음과 같은 형태를 갖는 함수이어야 한다.

```
void func(unsigned char tid);
```

비교일치 인터럽트 서비스루틴에서 작업함수를 호출할 때 tid로 작업 id를 넘겨주므로 작업 함수에서는 자기 id를 알 수 있다. 작업 id는 0, 1, 2를 가질 수 있으며 작업-0의 우선순위가 가장 높고 작업-2의 우선 순위가 가장 낮다.

프로그램 17.4 One-shot 작업

```
void main()
{
        . . .
        SCHDAddTask(0, func0);          // 작업-0 등록
        SCHDAddTask(1, func1);          // 작업-1 등록
        . . .
        SCHDStartTask(0, 1);            // 1msec 후 작업-0 시작
        SCHDStartTask(1, 10);           // 10msec 후 작업-1 시작
        . . .
}
void func0 (unsigned char tid)
{       // 작업-0
        sei()
        . . .
}
void func1 (unsigned char tid)
{       // 작업-1
        sei();
        . . .
}
```

17.4.2 One-shot 작업 예

프로그램 17.4는 작업이 시작 후 한 번만 작업이 이루어지는 One-shot 작업의 예를 보여 준다. 작업-0은 함수 `func0()`이 수행하고, 작업-1은 함수 `func1()`을 수행한다. 작업-0은 1msec 후 수행되고, 작업-1은 10msec 후에 수행된다. 두 작업 모두 작업이 끝나면 다시 활성화 되지 않는 One-shot 작업이다. One-shot 작업이 일단 시작되면 인터럽트가 불능이 되므로 다른 작업뿐 아니라 다른 인터럽트도 작업 중에도 처리되지 않는다. 다른 작업이 선점 가능하도록 하려면 프로그램 17.4의 `func0()`과 같이 작업 함수 내에서 인터럽트를 가능하도록 하여야 한다.

17.4.3 주기적인 작업 예

`SCHDRestartTask()` 함수를 사용하여 주기적인 작업을 할 수 있다. 작업-0을 10msec 주기로 수행하려면 프로그램 17.5와 같이 하면 된다. 현재 타이머의 클록은 2MHz이므로 10msec를 클록 틱수로 계산하면 20000틱이다. 작업 내에서 `SCHDRestartTask(0, 20000)`을 호출하면 된다. 프로그램 17.5는 작업이 수행되면 자신을 `SCHDRestartTask()`를 호출하여 10msec 후에 다시 활성화시킴으로써 작업이 주기적으로 수행되게 된다. `SCHDRestartTask()`를 호출하면 인터럽트가 허용되므로 작업 선점 허용을 위해 `sei()`를 호출할 필요는 없다. 주기적인 작업은 작업 주기 내에서 작업이 완료되어야 한다. 그렇지 않을 경우는 오동작이 발생하게 된다.

프로그램 17.5 주기적인 작업

```
void main()
{
        SCHDAddTask(0, func0);              // 작업-0 등록
        SCHDStartTask(0, 10);               // 10msec 후 작업-0 시작
        . . .
}
void func0 (unsigned char tid)
{       // 10msec 후에 작업 다시 시작
        SCHDRestartTask(tid, 20000);        // 10msec=20000ticks
        . . .
}
```

17.4.4 긴 작업주기를 가진 작업 예

SCHDStartTask() 및 SCHDRestartTask()는 모두 ticks_after 틱 지연한 후 작업을 시작하도록 한다. ticks_after는 부호 없는 16비트 정수이므로 최대지연 틱 수는 0xFFFF= 65535가 된다. 이를 시간으로 환산하면 주기적인 작업의 최대주기를 알 수 있다. 최대주기는 함수 SCHDGetMaxInterval()을 호출하면 msec 단위로 알 수 있다. 현재 최대주기는 약 32msec이다.

만약 120msec 주기를 갖는 작업을 만들려면 30msec 작업 주기를 갖는 작업을 만들고 4번에 한 번씩 작업을 수행하도록 하면 된다. 프로그램 17.6은 120msec 주기를 갖는 작업-2를 만드는 방법을 보여준다. 작업에 들어온 회수를 계산하기 위하여 변수 n_enter를 정적 변수로 도입하였고 작업에 들어올 때마다 1씩 증가한다. n_enter를 4로 나눈 나머지가 0이면 들어온 회수가 4의 배수이므로 주어진 작업을 수행하고 아니면 그냥 리턴한다.

주어진 시간을 클록의 틱수로 환산하는 함수는 SCHDGetTicks()이다. 이 함수를 호출하여 30msec를 계산하면 60000틱이 계산된다.

프로그램 17.6 주기가 긴 주기적인 작업

```
void main()
{
        . . .
        SCHDAddTask(2, func2);            // 작업-2 등록
        . . .
        SCHDStartTask(2, 1);              // 1msec 후에 작업-2 시작
        . . .
}

void func2 (unsigned char tid)
{
        static unsigned char n_enter = 0;

        SCHDRestartTask(tid, 60000);      // 30msec 주기로 작업
        if(n_enter++ %4) return;          // n_enter가 4의 배수가
                                          // 아니면 리턴
        // 작업
        . . .
}
```

17.4.5 작업 내에서 호출하는 함수 작성에서 알아두어야 할 사항

(가) 재진입 함수의 작성

다중작업 환경에서는 여러 작업에서 동시에 같은 함수를 엑세스할 수가 있다. 어떤 함수가 실행 중에 다른 작업에서 같은 함수를 호출하게 되면 이전에 호출된 함수의 실행 완료 전에 다시 함수로 들어가게 된다. 이를 함수의 재진입(reentrance)이라 한다.

일반적으로 함수는 호출될 때마다 새로운 스택을 확보하고 여기에 자동 지역변수를 저장한다. 따라서 각기 다른 작업에서 같은 함수가 호출되더라도 서로 다른 스택 영역을 사용하므로 자동 지역변수만 사용할 경우 데이터 충돌은 발생하지 않는다. 이 경우 여러 작업은 함수 코드만 공유하고 서로 다른 데이터를 사용하게 된다. 그러나 전역변수 또는 정적변수는 스택에 저장되지 않으므로 여러 작업에서 같은 함수를 호출하면 이들 변수는 작업들이 공유하게 되어 데이터의 충돌이 발생하게 된다.

프로그램 17.7 재진입이 불가능한 함수 호출의 상호 배제

```
void task1(unsigned char tid )          // 작업-1
{
        . . .
        cli();                          // 인터럽트 금지
        func();
        sei();                          // 인터럽트 허용
        . . .
}
void task2(unsigned char tid )          // 작업-2
{
        . . .
        cli();                          // 인터럽트 금지
        func();
        sei();                          // 인터럽트 허용
        . . .
}
void func(. . .)                        // 재진입이 불가능한 함수
{
        static int i;
        . . .
}
```

따라서 재진입이 가능한 함수를 작성하려면 변수를 모두 자동 지역변수로 하는 것이 바람직하다. 정적변수 또는 전역변수를 사용할 경우 재진입되지 않으므로 함수 호출 중 다른 작업이 함수를 호출하지 못하도록 호출 전에 프로그램 17.7과 같이 인터럽트를 불능으로 하고 함수 리턴 후 인터럽트를 가능하게 해야 한다. 이와 같이 여러 작업이 동시에 같은 부분을 엑세스하는 것을 방지하는 것을 상호배제(mutual exclusion)라 한다.

컴파일러의 라이브러리로 제공되는 함수는 다중작업 환경을 지원하지 않으므로 재진입되지 않는 경우가 많다. 따라서 라이브러리 함수를 여러 작업에서 호출하려면 인터럽트를 사용하여 상호배제를 하여야 한다.

(나) 처리속도 높이기

실시간 작업은 빠른 처리속도를 요구하는 것이 일반적이다. 따라서 실시간 작업에서는 프로그램의 길이가 길어지더라도 처리속도를 높이는 것이 더욱 중요하다. 처리속도를 높이는 방법으로 함수의 구현을 C-언어의 매크로를 사용하거나 함수에 `inline` 지시어를 사용하여 구현하는 것이 있다. 이들 모두 프로그램의 길이가 길어지나 처리속도가 빨라진다.

`SCHDRestartTask()`는 주기적인 작업에서 꼭 호출되어야 하는 함수로 처리속도를 높이기 위해 함수가 아닌 매크로로 scheduler.h에서 구현하였다. `SCHDRestartTask()` 함수는 호출 후에 인터럽트가 가능하도록 된다. 함수 호출 후에 인터럽트를 불가능하도록 해야 하는 경우는 호출 후에 인터럽트가 불가능하도록 되는 `SCHDRestartTask_DisabledI()` 함수를 호출하는 것이 처리속도를 높일 수 있다.

프로그램 17.5에서 `SCHDRestartTask()` 함수는 다음과 같이 호출된다.

```
SCHDRestartTask(tid, 20000); // 20000틱 후에
                             // 작업 tid를 재시작
```

여기서 `tid`는 정수형 변수이다. 이 함수의 컴파일된 어셈블리 코드를 보면 작업 id로 정수형 변수를 쓰는 것보다 다음과 같이 숫자를 쓰는 것이 훨씬 처리속도가 높음을 알 수 있다.

```
SCHDRestartTask(0, 20000); // 20000틱 후 작업-0을 재시작
```

따라서 프로그램 17.5의 코드는 매크로를 사용하여 프로그램 17.8과 같이 수정하는 것이 효율적이다. 그러나 이 방법은 프로그램 수행 도중에 작업의 우선순위를 변경하여야 할 경우는 쓸 수가 없다.

프로그램 17.8 주기적인 작업

```
#define TASK_ID 0

void main()
{
        . . .
        SCHDAddTask(TASK_ID, func0);//작업-0 등록
        . . .
        SCHDStartTask(TASK_ID, 10);//10msec 후에 작업-0 시작
        . . .
}
void func0 (unsigned char tid)
{
        SCHDRestartTask(TASK_ID, 20000); // 10msec 후에 작업 0
                                         // 다시 시작
                 . . .
}
```

17.5 다중작업 처리 예

예제 1

다중작업 환경에서 우선순위에 따라 작업이 진행되는 것을 관찰한다. 사용되는 파일은 tasktest.c, sample.c, scheduler.c, exmem.c이다.

- sample.c에서 작업함수 func1()은 포트 E의 핀 7에 1,000개의 펄스를 출력하는 작업을 수행하고, 작업함수 func2()는 포트 E의 핀 6에 200개의 펄스를 출력하는 작업을 수행한다.
- 두 함수는 주기적인 작업을 할 수 있도록 되어 있으며 작업주기는 각각 초기화 함수 Sample1Init()와 Sample2Init()로 설정한다. 프로그램에서 각각 작업주기는 10msec와 3msec이다.
- sample.h에서 정의된 FUNC1_ID와 FUNC2_ID가 각각 작업함수 func1()와 func2()의 작업 id를 나타낸다.

(가) sample.h를 보면 func1() 함수는 작업-1로 func2() 함수는 작업-2로 설정되었다. 작업-1이 우선순위가 높으므로 func1() 함수 내의 작업이 항상 우선권을 가지게 된다. PE7 핀을 오실로스코프 채널 1에 PE6 핀을 채널 2에 연결하고 작업이 진행되는 과정을 관찰한다. PE6 핀은 func1() 함수의 수행을 PE7 핀은 func2() 함수의 수행을 나타낸다(그림 17.4(b)와 같은 현상을 관찰할 수 있다).

(나) sample.h에서 작업설정/수행부분을 다음과 같이 변경하여 func1()이 작업-2로 func2()가 작업-1로 수행되도록 한다. 작업의 우선권이 변경되었음을 유의하고 핀의 출력을 관찰한다(그림 17.4(c)와 같은 현상을 관찰할 수 있다).

```
#define     FUNC1_ID    2    // func1()의 작업 id
#define     FUNC2_ID    1    // func2()의 작업 id
```

(다) 컴파일러 옵션에 따른 실행파일의 크기와 실행속도를 비교해보도록 하자. [Project] → [Configuration Options] 메뉴를 선택하여 “Project Options” 창을 열고 왼쪽에서 “General” 옵션을 선택한다. 사각형으로 표시한 부분에서 컴파일러의 최적화 옵션을 선택할 수 있다. 컴파일러가 실행파일을 만들 때는 실행파일의 크기를 최소화하거나 또는 실행속도를 최적화 할 수 있다. 선택할 수 있는 옵션은 다음과 같다.

–O0 : 최적화를 수행하지 않는다. 이는 디버깅을 위해 사용하는 옵션으로 다른 옵션에 비해 실행파일의 크기도 크고 실행속도도 가장 느리다.
–O1, O2, O3, Os : 최적화를 수행한다.

여기서는 컴파일러 최적화 옵션을 변경하면서 실행파일의 크기와 실행속도를 비교하여 본다. 실행파일의 크기는 빌드 후 빌드 창에 나타나며, 실행속도는 sample.c 두 작업이 정해진 수의 펄스를 출력하는데 소요되는 시간을 오실로스코프로 측정해서 비교할 수 있다.

이후 실행파일을 생성할 때는 -Os 옵션을 사용하도록 한다.

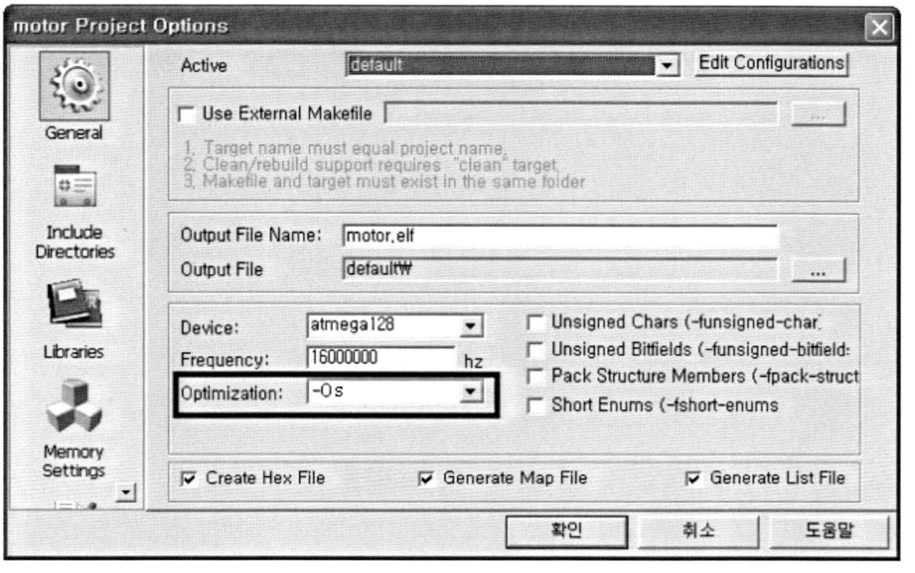

컴파일 옵션을 최적화로 설정하는 경우 표준 C-라이브러리를 링크하는 것이 좋다. 이를 위해 다음과 같이 라이브러리 libc.a를 링크하도록 한다.

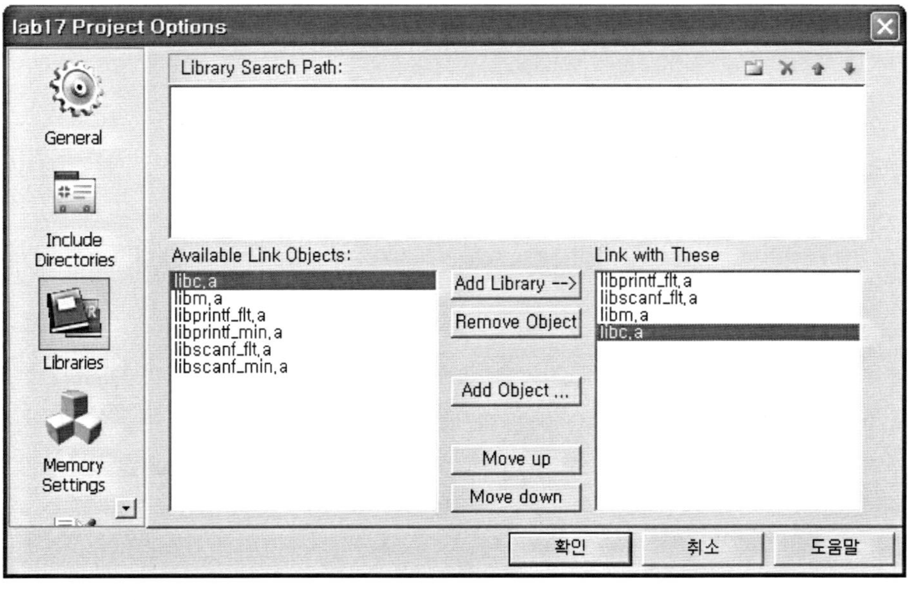

[프로그램 tasktest.c]

```
//==========================================================
// 다중 작업 테스트
//==========================================================

#include <stdio.h>
#include <avr/io.h>
#include <util/delay.h>
#include <avr/interrupt.h>

#include "scheduler.h"

#include "sample.h"

int main()
{
    SCHDInit();                      // 스케쥴러 초기화
    Sample1Init(10000);              // 샘플1 초기화 - 작업주기 10msec
    Sample2Init(3000);               // 샘플2 초기화 - 작업주기  3msec

    SCHDAddTask(FUNC1_ID, sample1);   // sample1 함수 등록
    SCHDAddTask(FUNC2_ID, sample2);   // sample2 함수 등록

    SCHDStartAllTask(1);             // 1msec 후에 등록된 모든 작업 시작

    sei();                           // 인터럽트를 허용하여 스케쥴러가
                                     // 동작하도록 한다.

    while(1);
}
```

[헤더파일 sample.h]

```
#ifndef __SAMPLE_H__
#define __SAMPLE_H__

//===========================
// Task ID
//===========================
```

```
#define FUNC1_ID    0
#define FUNC2_ID    1

void Sample1Init(unsigned short intv);
void Sample2Init(unsigned short intv);
void sample1(unsigned char tid);
void sample2(unsigned char tid);

#endif  // __SAMPLE_H__
```

[프로그램 sample.c]

```
//==========================================================
// 샘플 작업
//==========================================================
//
#include <avr/io.h>
#include <util/delay.h>

#include "sample.h"
#include "scheduler.h"

static unsigned short sample1_intv, sample2_intv;

void Sample1Init(unsigned short intv /* usec */)
{
     DDRE = 0xFF;                  // 포트 E를 출력으로 설정

     // usec 주기를 틱수로 환산하여 정적변수에 저장
     sample1_intv = SCHDGetTicks(intv);
}

void Sample2Init(unsigned short intv /* usec */)
{
     DDRE = 0xFF;                  // 포트 E를 출력으로 설정

     // usec 주기를 틱수로 환산하여 정적변수에 저장
     sample2_intv = SCHDGetTicks(intv);
}
```

```
//==========================================================
// 작업
//==========================================================
//
void sample1(unsigned char tid)
{
     int i;

     SCHDRestartTask(tid, sample1_intv);   // 주기적 작업

     for(i=0; i<2000; i++)          // 포트 E의 6번째 핀에
     {                              // 1000개의 펄스 출력
     if(i & 0x01)
          PORTE &= ~0x40;
          else
               PORTE |=  0x40;
     }
}

//==========================================================
// 작업
//==========================================================
//

void sample2(unsigned char tid)
{
     int i;

     SCHDRestartTask(tid, sample2_intv);   // 주기적 작업

     for(i=0; i<400; i++)           // 포트 E의 7번째 핀에
     {                              // 200개의 펄스 출력
          if(i & 0x01)
               PORTE &= ~0x80;
          else
               PORTE |=  0x80;
     }
}
```

예제 2

16장의 속도측정 프로그램을 scheduler.c를 사용하여 작성하여 본다. 작업은 두 개로서 하나는 엔코더로부터 속도를 측정하는 작업이고 다른 하나는 측정된 속도를 LCD에 표시하는 작업이다.

veltasktest.c	: 주 프로그램
veltask.c	: 속도측정 작업
veldisp.c	: 속도표시 작업
scheduler.c	: 다중작업 스케쥴러
motordrv.c(14장)	: PWM 신호로 모터를 구동
counter.c(15장)	: 엔코더 위치측정
lcd.c(13.1절)	: LCD 구동
exmem.c(12.5절)	: 외부 메모리 사용
usart0.c(13.3절)	: 직렬 통신

➤ veltasktest.c의 `main()` 함수는 듀티비를 하이퍼터미널에서 받아 모터 #1의 속도를 조절한다.

➤ 속도측정 작업은 10msec마다 수행되며 작업 함수는 veltask.c 내의 함수 `VelTask()`이다.

➤ 함수 `VelTask()`에서 카운터값을 읽고 리셋하는 동안은 방해를 받지 말아야 하므로 리셋이 끝난 후 인터럽트를 허용하도록 한다. 이를 위해 주기적인 작업을 구성할 때 `SCHDRestartTask()` 함수 대신 `SCHDRestartTask_DisabledI()`를 사용하였고 이후 인터럽트를 허용하였다.

➤ 측정된 속도는 변수 `vel`에 측정 시간당 계수된 펄스로 저장되며, `VelTaskGetVel()` 함수는 이를 RPM 단위로 변환한 속도를 제공한다.

➤ LCD에 표시하는 것은 처리시간이 오래 걸릴 뿐 아니라 표시를 빨리 할 필요가 없으므로 200msec마다 표시하기로 한다. 200msec 주기로 작업할 수 없으므로 17.4.4절의 방법을 사용하여 속도를 화면에 표시한다. 표시작업은 20msec마다 수행되며, 작업함수 `VelDisp()` 내에서 정적변수 `n_enter`를 사용하여 10주기마다 표시 작업을 수행하도록 하였다.

[프로그램 veltasktest.c]

```
//=========================================================
// 회전속도 측정
//=========================================================

#include <stdio.h>
#include <avr/io.h>
#include <util/delay.h>
#include <avr/interrupt.h>

#include "scheduler.h"                   // 스케줄러
#include "motordrv.h"                    // 모터구동
#include "usart.h"                       // 직렬 통신

#include "veltask.h"                     // 속도측정 작업
#include "veldisp.h"                     // 속도표시 작업

int main()
{
     float duty;                         // 듀티비 (%)

     SCHDInit();                         // 스케줄러 초기화
     Usart0Init(38400);                  // 직렬 통신 초기화
     MotorDrvInit(20);                   // 20kHz PWM

     VelTaskInit(10000);                 // 작업주기 10msec
     VelDispInit(20000);                 // 작업주기 20msec

     SCHDAddTask(0, VelTask);            // 작업-0으로 등록
     SCHDAddTask(2, VelDisp);            // 작업-2로   등록

     duty = 50;                          // 50% 듀티비
     MotorDrvSetDuty1((long) (duty*10));
     MotorDrvON1();                      // 모터 #1을 켠다.

     SCHDStartAllTask(1);                // 1msec 후에 모든 작업 시작

     sei();                              // 인터럽트를 허용하여
                                         // 스케줄러가 동작

     while(1)
```

```
        {
            printf("현재 듀티비(%%) : %f \n",  (double) duty);
            printf("모터의 듀티비를 입력하시오(%%) : ");
            scanf("%f", &duty);

            MotorDrvSetDuty1((long)(duty*10));
        }
}
```

[헤더파일 veltask.h]

```
#ifndef __VELTASK_H__
#define __VELTASK_H__

void VelTaskInit(unsigned short usec);
void VelTaskGetVel(long *rpm);
void VelTask(unsigned char tid);


#endif    // __VELTASK_H__
```

[프로그램 veltask.c]

```
//=====================================================
// 회전속도 측정작업
//=====================================================
#include <avr/interrupt.h>

#include "scheduler.h"
#include "counter.h"

//====================================================
// 회전속도 측정작업
//====================================================

static long vel;                          // 회전속도(pulse/측정시간)
static unsigned short tick_intv;          // 측정시간(틱수)
static unsigned short msec_intv;          // 측정시간(msec)
```

```
//=================================================
// 속도측정 작업을 초기화한다.
//
// 입력 : usec - 작업주기(usec)
//=================================================
//
void VelTaskInit(unsigned short usec)
{
      msec_intv = usec/1000;
      tick_intv = SCHDGetTicks(usec);

      Counter1Init();                        // 카운터 #1 초기화
}

//=================================================
//  현재 속도를 RPM 단위로 얻는다.
//  출력 : rpm - 현재 속도(RPM)
//=================================================
void VelTaskGetVel(long *rpm)
{
      cli();
      *rpm = vel;
      sei();

      *rpm = (*rpm * 60000L) / ((long)msec_intv*2048L);
}

//==================================================
// 속도측정 작업
//==================================================
//
void VelTask(unsigned char tid)
{
      // 주기적으로 작업
      SCHDRestartTask_DisabledI(tid, tick_intv);

      Counter1ReadCount(&vel);               // 속도를 읽는다.
      Counter1SetCount(10);                  // 카운터 리셋

      vel -= 10L;                            // 속도보정

      sei();                                 // 인터럽트 허용
}
```

[헤더파일 veldisp.h]

```
#ifndef __VELDISP_H__

void VelDispInit(unsigned short usec);
void VelDisp(unsigned char tid);

#endif    // __VELDISP_H__
```

[프로그램 veldisp.c]

```
//=====================================================
// 측정된 속도를 표시하는 작업
//=====================================================
#include <stdio.h>
#include <avr/interrupt.h>

#include "scheduler.h"
#include "veltask.h"
#include "lcd.h"

//===================================================
// 회전속도 표시작업
//===================================================

static unsigned short tick_intv;        // 작업주기(틱수)

//==================================================
// 속도표시 작업을 초기화한다.
//
// 입력 : usec - 작업주기(usec)
//==================================================
//
void VelDispInit(unsigned short usec)
{
     tick_intv = SCHDGetTicks(usec);

     LcdInit();
     LcdMove(0,0); LcdPuts("Vel. Measurement");
}
```

```
//==================================================
// 속도표시 작업
//
// 긴 주기의 작업
//==================================================
//

void VelDisp(unsigned char tid)
{
      char   string[20];
      long   rpm;
      static int n_enter=0;

      SCHDRestartTask(tid, tick_intv); // 주기적으로 작업

      if(n_enter++ % 10) return;        // 10주기마다 작업수행

      VelTaskGetVel(&rpm);              // 회전속도를 읽는다.

      sprintf(string, "Vel = %5ld RPM", rpm);
      LcdMove(1,0); LcdPuts(string);
}
```

18

DC 모터의 전달함수 구하기

ATmega 128

18.1 DC 모터의 전달함수

그림 18.1은 DC 모터의 등가회로를 보여준다. 다음은 모터와 부하의 특성을 나타내는 파라미터와 변수를 나타낸다.

R_a	: 내부 저항
L_a	: 내부 인덕턴스
K_T	: 모터의 토크 상수
K_b	: 역기전력 상수
b	: 모터 축과 베어링에 작용하는 점성 마찰계수
J	: 모터의 회전자와 부하를 포함한 회전 관성모멘트
M	: 모터 토크
θ	: 회전각
n	: 회전속도

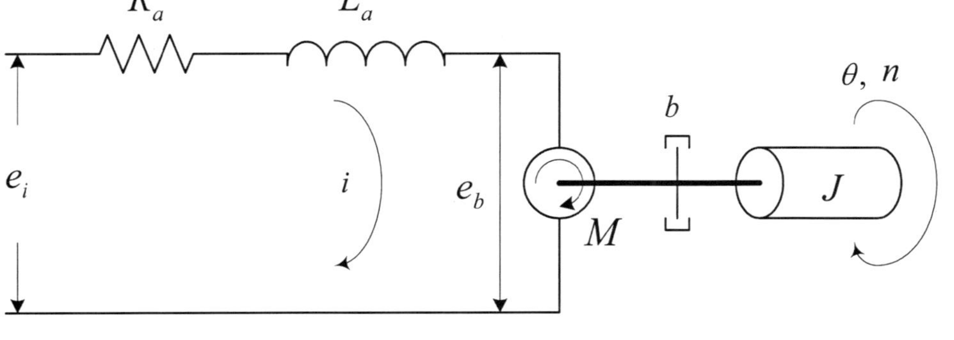

그림 18.1 DC 모터의 등가회로

등가회로로부터 회로 내의 전압 강하를 고려하면

$$e_i = R_a i + L_a \frac{di}{dt} + e_b \tag{18.1}$$

모터의 토크는 전류에 비례하므로

$$M = K_T i \tag{18.2}$$

모터의 역기전력은 회전속도에 비례하므로

$$e_b = K_b n \tag{18.3}$$

부하의 회전 관성과 가해지는 토크로부터

$$M = J \frac{dn}{dt} + b n \tag{18.4}$$

모든 초기 조건을 0으로 가정하고 식 (18.1)~(18.4)을 라플라스 변환하면 다음과 같다.

$$E_i(s) = [L_a s + R_a] I(s) + E_b(s) \tag{18.5}$$

$$M(s) = K_T I(s) \tag{18.6}$$

$$E_b(s) = K_b N(s) \tag{18.7}$$

$$M(s) = [Js + b] N(s) \tag{18.8}$$

$E_b(s)$, $I(s)$, $M(s)$를 소거하면 다음 식을 얻는다.

$$\frac{N(s)}{E_i(s)} = \frac{K_T}{(R_a + L_a s)(Js + b) + K_T K_b}$$

위 식에서 인덕턴스 $L_a \approx 0$이므로 이를 무시하면 다음 식을 얻는다.

$$\frac{N(s)}{E_i(s)} = \frac{K_T / R_a}{Js + (b + K_T K_b / R_a)} = \frac{K_T / R_a}{Js + B} \tag{18.9}$$

여기서 $B = b + K_T K_b / R_a$ 로서 시스템의 점성 마찰계수로 작용한다. 즉 모터의 역기전력은 모터의 회전에 대한 기계적인 점성 마찰계수를 증가시키는 역할을 한다. 식 (18.9)

의 분자와 분모를 B로 나누면 다음 식을 얻는다.

$$\frac{N(s)}{E_i(s)} = \frac{K}{T_m s + 1} \tag{18.10}$$

$$\frac{\Theta(s)}{E_i(s)} = \frac{K}{s(T_m s + 1)} \tag{18.11}$$

여기서 $K = \dfrac{K_T}{R_a B}$는 모터의 속도 상수 또는 이득, $T_m = \dfrac{J}{B}$은 모터의 기계적 시정수를 나타낸다. 그림 18.2는 모터의 블록선도를 보여준다.

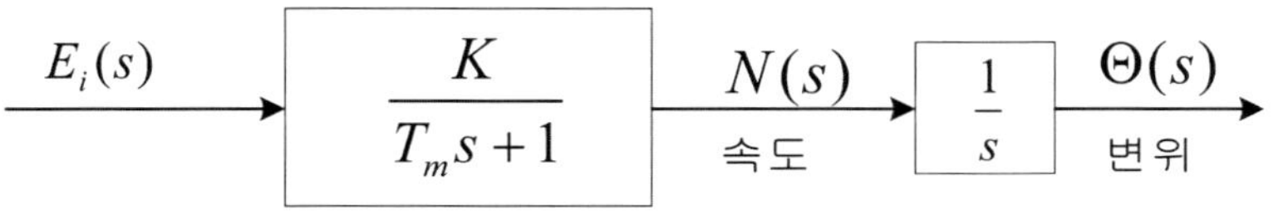

그림 18.2 모터의 블럭선도

식 (18.1)~(18.3)에서 인덕턴스 $L_a \approx 0$를 무시하고 $I(s)$와 $E_b(s)$를 소거하면 입력전압, 회전속도와 토크 관계식을 얻을 수 있다.

$$n = \frac{e_i}{K_b} - \frac{R_a}{K_T K_b} M \tag{18.12}$$

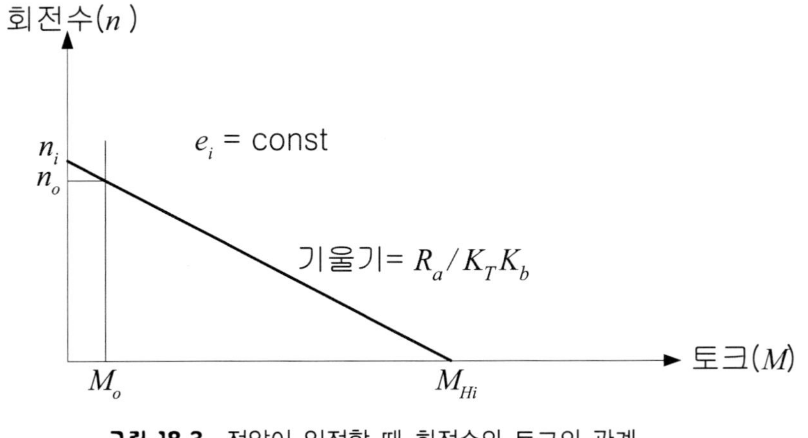

그림 18.3 전압이 일정할 때 회전수와 토크의 관계

그림 18.3은 전압이 일정할 때 회전수와 토크의 관계를 보여준다. n_i는 이상적인 무부하 회전수(ideal no load speed), M_{Hi}는 모터 정지시, 즉 $n=0$일 때 이상적 탈조 토크(ideal stall torque)라 부른다. 이들 물리량은 결코 얻을 수 없는 이상적인 값이다. 시스템에는 항상 마찰력이 존재하므로 마찰력 M_0을 이길 수 있는 토크를 출력하는 회전수, n_0가 실제로 얻을 수 있는 최대 회전수가 된다.

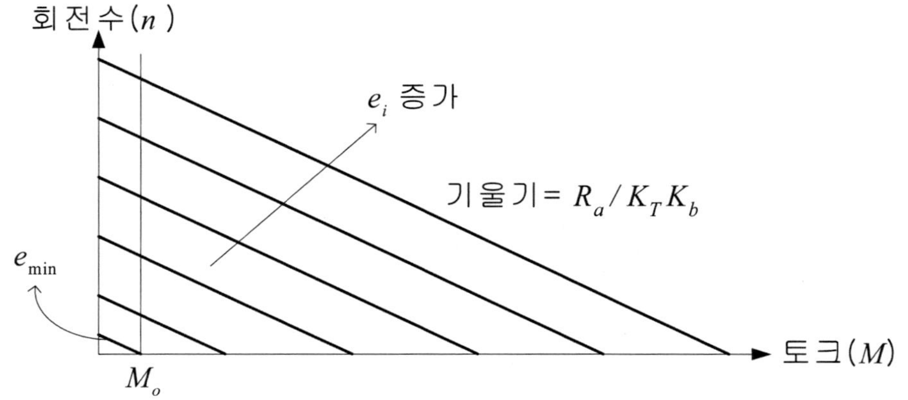

그림 18.4 전압에 따른 회전수-토크 곡선

그림 18.4는 입력 전압에 따른 회전수-토크 곡선을 나타낸다. $e_{\min}$은 모터를 회전시킬 수 있는 최소 전압을 나타낸다. 회전수-토크 기울기는 기계적 점성마찰이 없을 때, 즉 $b=0$일 때 $1/B$와 같다. 아울러 단위 전압당 회전수 증가는 $b=0$일 때 속도상수와 같다.

$$\text{회전수-토크 기울기} = \frac{R_a}{K_T K_b} = \left.\frac{1}{B}\right|_{b=0} = \frac{1}{B_m} \tag{18.13}$$

$$\text{단위 전압당 회전 수증분} = \frac{1}{K_b} = K\Big|_{b=0} \tag{18.14}$$

모터 제어시스템에서 사용하는 DC 모터는 12.1절에 제시하였으며 모터의 파라미터는 다음과 같다.

탈조 토크(M_{iH})	: 15.6mNm(정격전압 6V에서)
토크상수(K_T)	: 5.90mNm/A
회전수-토크 기울기($1/B_m$)	: 624rpm/mNm

속도상수(K) : 1620rpm/V($b=0$ 일 때)
내부저항(R_a) : 2.27Ω
로터관성모멘트(J_m) : 3.81g · cm^2
무부하 시정수(T_{m0}) : 25msec

무부하일 때 모터의 시정수는 다음 식으로부터도 구할 수 있다.

$$T_{m0} = \frac{J_m}{B_m} = 3.81\text{g} \cdot \text{cm}^2 \times 624\,\text{rpm/mNm}$$
$$= 3.81 \times (0.01)^2 \text{g} \cdot \text{m}^2 \times 624 \times 2\pi/60\,\text{rad/sec/mNm} = 0.025\,\text{sec}$$

18.2 모터의 전달함수 구하기

18.2.1 이론적 모터의 전달함수

시스템의 기계적 점성마찰이 매우 작은 $b \approx 0$일 때 모터의 전달함수 (18.10)은 매뉴얼의 파라미터로부터 구할 수 있다. 그러나 실제 시스템에서 모터에는 부하가 있을 뿐 아니라 모터를 구동하는 그림 14.12의 앰프 및 전원 공급기에 저항이 존재하게 된다. 모터 관성부하의 관성모멘트를 J_L, 모터 이외의 요건에 기인하는 부하저항을 R_L이라 하면 식 (18.9)에서

$$J = J_m + J_L = \left(1 + \frac{J_L}{J_m}\right) J_m$$
$$B = \frac{K_T K_b}{(R_a + R_L)} = \left(\frac{R_a}{R_a + R_L}\right)\frac{K_T K_b}{R_a} = \left(\frac{R_a}{R_a + R_L}\right) B_m$$

이다. 속도상수 K는 부하의 관성모멘트 및 저항과는 무관하다. 위 식으로부터 부하를 고려한 DC 모터 시스템의 시정수는 다음과 같다.

$$T_m = \frac{J}{B} = \left(1 + \frac{J_L}{J_m}\right)\left(1 + \frac{R_L}{R_a}\right)\frac{J_m}{B_m} = \left(1 + \frac{J_L}{J_m}\right)\left(1 + \frac{R_L}{R_a}\right) T_{m0} \tag{18.15}$$

모터의 시정수는 관성 부하와 부하 저항에 의하여 커진다. 즉 모터의 가속력 또는 반

응속도가 느려진다. 특히 부하 저항은 그림 18.4의 회전수-토크 기울기를 크게 만들어서 토크의 감소를 가져온다.

여기에서 사용하는 DC 모터 시스템에서 관성부하는 기어박스와 외부에 장착되는 회전부하로 구성된다. 부하 저항은 H-bridge에서 모터 소비전류를 측정하기 위해 직렬로 장착한 0.5W의 저항과 전원 공급장치의 내부 저항이다.

관성 부하 또는 부하 저항의 값을 모를 때는 실험을 통하여 모터의 전달함수를 구할 수 있다.

18.2.2 개루프 시간 응답으로 전달함수 구하기

그림 18.2의 개루프 시스템은 계단응답으로부터 전달함수를 구할 수 있다. 모터의 속도와 입력 전압은 식 (18.10)과 같이 1차 지연 시스템으로 표현된다. 1차 지연 시스템에 계단입력을 가하면 그림 18.5와 같은 반응을 얻을 수 있다.

그림 18.5에서 계단입력의 크기는 $(D-C)$이고 출력의 변화는 $(B-A)$이다. 시정수 T_m은 출력값이 정상상태의 63%가 되는 시간으로 구할 수 있고, 이득은 $K=(B-A)/(D-C)$로 구할 수 있다.

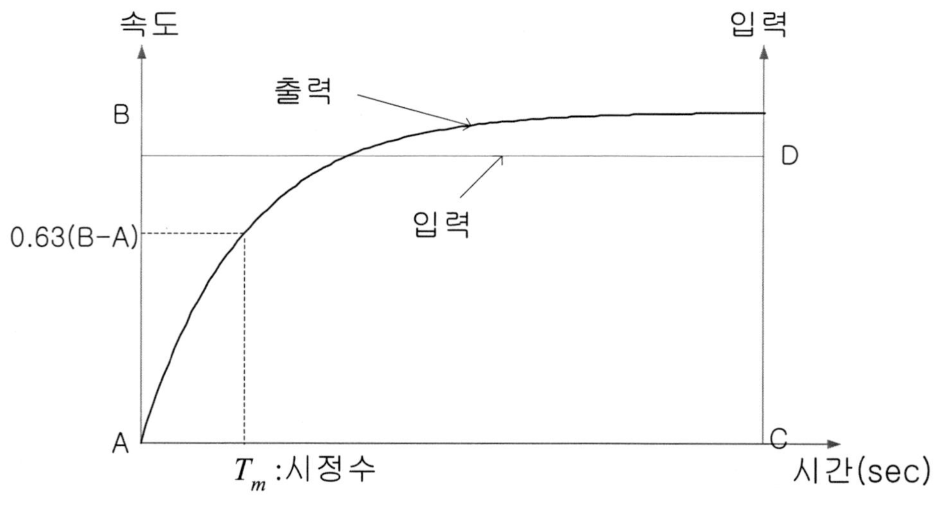

그림 18.5 1차 지연 시스템의 계단응답

계단응답 실험을 할 때 모터의 운동이 선형 구간 내에서 일어나도록 하여야 한다. 정지상태에서 계단입력을 가하면 마찰력에 의한 비선형 요소의 영향이 나타나므로 모터가 회전하고 있는 상태에서 계단입력을 가하여야 한다. 아울러 계단응답 실험의 초기 속도는 적절한 크기를 가져야 한다. 속도가 느린 구간에서 실험하면 엔코더를 사용하였을 때 측정값의 해상도가 나빠져 측정 속도의 변화가 심하므로 바람직하지 않다.

18.2.3 개루프 주파수응답으로 전달함수 구하기

전달함수가 $G(s)$인 시스템에 $X\sin\omega t$인 사인파 입력을 가하면 정상상태에서 출력은 다음과 같이 나타난다.

$$y(t) = Y\sin(\omega t + \phi) \tag{18.16}$$

그림 18.6은 사인파 입력에 관한 시간 응답을 보여준다. 이때 입력 사인파 크기와 출력 사인파 크기의 비와 위상지연은 다음과 같이 주어진다.

$$\frac{Y}{X} = |G(j\omega)| \tag{18.17}$$

$$\phi = \angle G(j\omega) \tag{18.18}$$

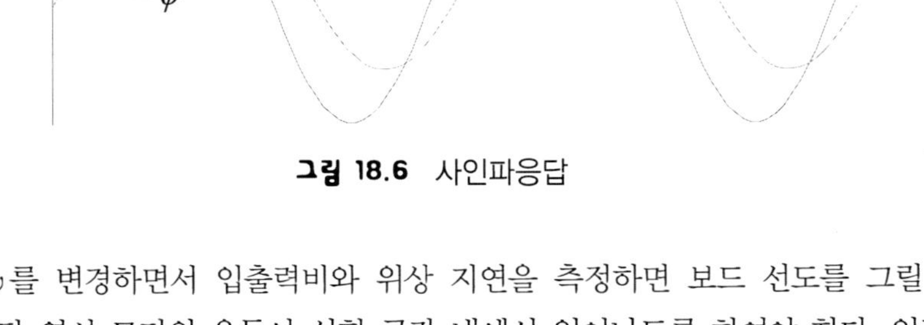

그림 18.6 사인파응답

주파수 ω를 변경하면서 입출력비와 위상 지연을 측정하면 보드 선도를 그릴 수 있다. 사인파응답 역시 모터의 운동이 선형 구간 내에서 일어나도록 하여야 한다. 입력값이 너무 크면 운동이 비선형 구간에서 일어날 수도 있고, 너무 작으면 마찰력과 같은 비선형 요소의 영향이 커지므로 역시 선형적인 반응이 나타나지 않는다. 따라서 입력의 크기를 적절히 선택하여야 한다.

실험 후 그림 18.7과 같은 보드 선도를 얻을 수 있다. 선형 시스템에 대해 점근선은 20db /decade의 배수로 나타나므로 실험 데이터로부터 점근선을 그릴 수 있다. 1차 지연 시스템의 절점 주파수는 두 점근선이 교점으로부터 구할 수 있다. 절점 주파수 ω_c와 시스템의 시정수의 관계는 다음과 같다.

$$\omega_c = \frac{1}{T_m} \text{ rad/sec}$$

DC 신호에 대한 진폭비는 $20\log_{10} K$ 이므로 전달함수의 속도상수 K 역시 보드 선도로부터 구할 수 있다.

실험에서 입력사인파의 최대주파수는 입력갱신 주파수의 1/10 정도이다. 10msec마다 입력사인파를 갱신하면 입력사인파의 최대주파수는

$$\omega_{\max} = 100Hz/10 = 10Hz = 62.8 \text{ rad/sec}$$

이다.

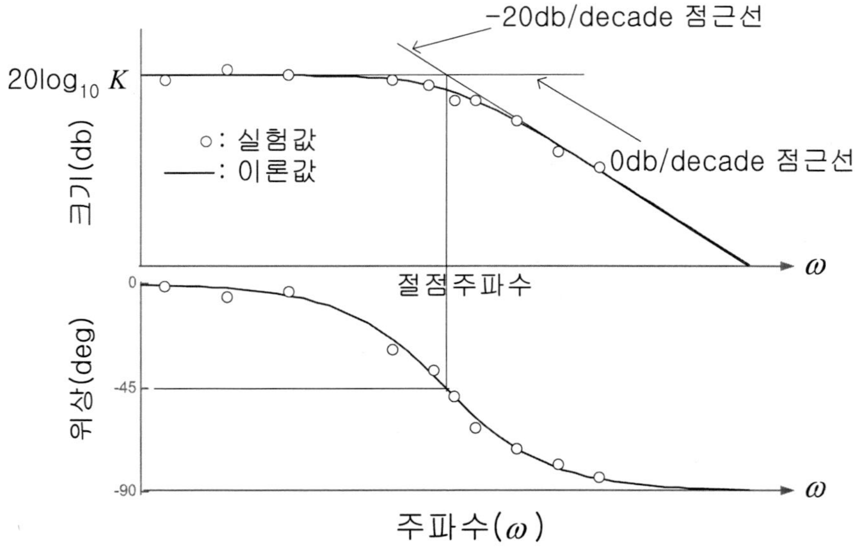

그림 18.7 1차 지연 시스템의 보드 선도

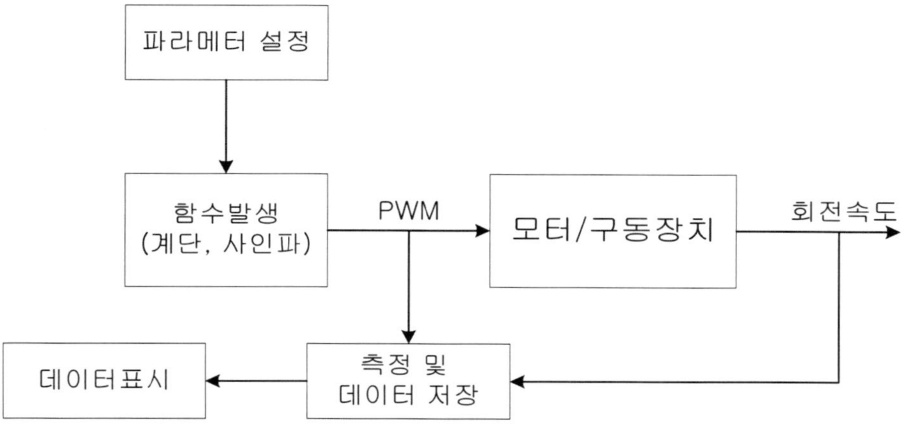

그림 18.8 시간응답 측정실험

18.3 실험

18.3.1 장치연결 및 실험방법

모터에 회전 부하를 장착하고 모터 #1단자에 연결한다. 모터 구동은 14.2절 (나)에서 설명한 역상 PWM 제어방법을 그리고 모터 회전수 측정은 16.3절의 방법을 사용한다. 그림 18.8은 시간응답을 측정하기 위한 실험의 블록선도를 나타낸다.

18.3.2 실험 프로그램 작성

여기서는 17.2절에서 설명한 다중작업 처리 방법을 사용한다. 다중작업을 위해서는 그림 18.8에 나타난 기능들을 작업별로 분류한다. 우선 실시간 작업과 비실시간 작업으로 나눈다. 실시간 작업은 타이머 비교일치 인터럽트와 연계되어 동작하는 3개의 작업을 말하며 비실시간 작업은 타이머 인터럽트와 연계되어 있지 않고 `main()` 함수에서 수행되는 일반 작업을 말한다. 비실시간 작업은 하나뿐이며 항상 실시간 작업에 의해 선점될 수 있으므로 우선순위가 가장 낮은 작업이라 말할 수 있다.

그림 18.8에서 파라미터를 설정하는 부분은 시간에 민감하지 않은 비실시간 작업(background 작업)에서 처리하는 것이 바람직하다. 그림 18.9는 분류된 작업을 보여준다. 실시간 작업은 3개의 작업으로 구성하였다.

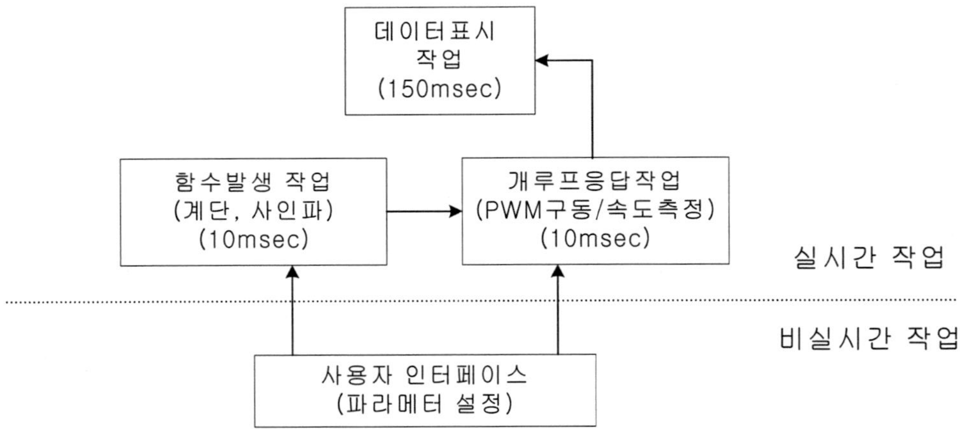

그림 18.9 작업 분류도

사용자 인터페이스 작업 : 비실시간 작업으로 모터의 입력 함수를 나타내는 진폭, 주파수 등의 파라미터 설정하고 실험 종료 후 데이터를 처리한다.

함수 발생 작업 : 10msec 주기를 가지며 사용자의 요구에 따라 계단입력/사인파입력을 발생한다(작업 0으로 설정).

개루프 응답 작업 : 함수 발생 작업의 데이터를 받아 PWM 신호를 발생하고 타이머 2를 읽어 모터의 속도를 측정하는 작업이다. 이는 10msec 주기로 동작하며 나중에 개루프 응답을 보기 위해 PWM 듀티비와 측정 속도를 데이터 버퍼에 저장한다(작업 1로 설정).

데이터 표시 작업 : 현재의 듀티비와 속도를 LCD에 표시하는 작업이다. 빠른 갱신 속도가 필요하지 않으므로 150msec 주기로 동작한다(작업 2로 설정).

➤ 작업 함수의 주기는 실험할 대상의 시정수의 1/5 이하로 설정하는 것이 바람직하다. 여기서는 모터에 회전부하를 장착하는 것을 가정하여 작업주기를 10msec로 설정하였으나 모터가 무부하일 때는 시정수가 매우 작으므로 작업 주기를 5msec로 하는 것이 좋다.

➤ 작업 함수의 주기는 헤더파일 task.h의 다음 매크로로 변경할 수 있다. 현재는 작업주기가 모두 10msec로 설정되어 있다.

```
#define FUNCGEN_INTV   10000 //함수 발생 작업의 주기(usec)
#define OPENLOOP_INTV  10000 //개루프 응답 작업의 주기(usec)
```

18.3.3 프로그램 구성

기존프로그램 : (13.4절에 따라 프로젝트 설정)

exmem.c, lcd.c, motordrv.c, counter.c, scheduler.c, usart0.c 및 관련 헤더파일

새로 작성한 프로그램 :

openloopexp.c : 프로그램을 초기화하고 비실시간 작업은 사용자 인터페이스 작업을 수행한다.

funcgen.c : 함수 발생 작업을 수행한다. 계단 함수와 사인파 함수를 생성한다. 사인파 함수의 경우는 사인값을 시간에 따라 미리 계산하여 테이블에 저장하고 실시간 작업 때 테이블에 저장된 값을 읽어들여 개루프 응답 작업의 듀티비로 제공한다.

openloop.c : 개루프 응답 작업을 수행한다. 함수 발생 작업이 설정한 듀티비로 PWM 신호를 모터에 출력한다. 주기적으로 모터의 회전 속도를 읽어 들인 후 모터에 출력된 듀티비와 측정된 모터속도를 버퍼에 저장한다. 버퍼에 저장된 데이터는 사용자의 요구에 따라 PC에 전송한다.

openloopdisp.c : 현재 설정된 PWM 신호의 듀티비와 모터의 속도를 LCD 화면에 150msec 주기로 표시한다.

task.h : 각 작업의 id 그리고 작업 주기를 정의한 헤더파일이다.

openloop.h : openloop.c의 헤더파일

funcgen.h : funcgen.c의 헤더파일

motorsystem.h : 모터의 파라미터를 저장하고 있는 헤더파일

18.3.4 프로그램 수행

계단응답과 사인파응답 실험을 할 수 있으며 실험 후 데이터를 PC로 받아 처리를 할 수 있다. 모든 실험은 모터가 선형 구간에서 동작하도록 적당한 속도 구간과 입력의 크기를 설정하여야 한다.

프로그램을 시작하면 다음 화면이 하이퍼터미널에 표시된다.

```
《 개루프 실험 : 모터 #1》
  1. 초기 듀티비를 설정한다.
  2. 계단응답 실험을 한다.
  3. 사인파응답 실험을 한다.
  4. 실험 수행시간을 변경한다.
  5. 실험 데이터를 PC로 전송한다.
  6. 모터를 켠다.
  7. 모터를 끈다.
  8. 실험할 모터를 변경한다.

  선택 :
```

메뉴 1 : 실험을 시작할 때 초기 듀티비를 설정한다. 메뉴를 선택하면 입력 듀티비는 %단위이다.

※ 모터의 구동을 역상 PWM 방법을 사용하므로 듀티비가 50%일 때 모터가 정지하고, 50%보다 작으면 역회전, 50%보다 크면 정회전한다.

메뉴 2 : 계단응답 실험을 수행한다. 메뉴 선택 후 계단입력 크기를 입력한다. 크기는 %단위로 0~100까지 입력할 수 있으나 계단 입력은 메뉴 1의 듀티비 설정에 입력된 크기를 더하여 가해지므로 (듀티비 설정 + 크기) 합한 값이 0~100이어야 한다. 크기 설정 후 1초 후에 계단입력이 가해진다.

메뉴 3 : 사인파응답 실험을 수행한다. 메뉴 선택 후 사인파 입력 크기와 주파수를 입력한다. 크기는 %단위로 0~100까지 입력할 수 있으나 사인파 입력은 메뉴 1의 듀티비 설정값이 사인파의 오프셋이 된다. 따라서 **듀티비 설정 ± 크기값**이 0~100이어야 한다. 주파수는 Hz 단위로 입력한다. 설정 후 사인파응답 실험이 시작된다.

메뉴 4 : 실험 수행 시간을 초단위로 변경한다.

메뉴 5 : 실험 수행 후 데이터를 PC에 전송한다. 실험 완료 후 입력/출력 데이터는 내부 버퍼에 저장된다. 이 메뉴를 선택하면 내부 버퍼에 있는 값이 PC에 전송된다. 메뉴 선택 전에 하이퍼터미널의 **[전송]** → **[텍스트캡처]**를 선택하고 파일명을 지정한다. 전송이 끝나게 되면 다시 하이퍼터미널의 [전송] → [텍스트 캡처] → [중단]을 선택한다. 데이터는 선택한 파일에 다음과 같은 형식으로 저장된다.

```
%%
%% 개루프 실험 데이터
%%
%% 데이터 간격 0.01000 sec
%%
%% 1. count, 2. 설정 듀티비(%), 3. 속도(RPM)
%%

  0      60.0     1535.2
  1      60.0     1546.9
  2      60.0     1552.7
  3      60.0     1541.0
```

앞의 7개 행은 실험 데이터의 시간 간격과 데이터의 단위를 보여준다. 예에서 각 행의 데이터는 10msec 간격으로 수집되었다. 데이터의 1열은 데이터 값을 저장한 순서를 나타낸다. 2열은 모터에 가해진 %단위의 듀티비이고 3열은 모터의 회전속도를 RPM 단위로 나타낸다.

실험 결과의 도시는 MATLAB을 사용하면 간단히 그릴 수 있다. 저장된 파일의 이름이 test.txt이면 MATLAB에서 다음 명령으로 그림을 그릴 수 있다 (MATLAB에서 주석문은 '%'로 시작하므로 처음 7개 행은 무시된다).

```
load test.txt
plot(test(:,1), test(:,2));       % 입력 듀티비(%)
figure;
plot(test(:,1), test(:,3));       % 측정 속도(RPM)
```

메뉴 6 : 모터를 켠다.

메뉴 7 : 모터를 끈다.

메뉴 8 : 실험할 모터를 변경한다. 모터가 변경되면 시스템은 리셋되고 다시 시작한다.

18.3.5 실험

모터에 회전부하를 장착하고 다음 실험을 수행한다.

(1) 모터 회전 부하의 무게와 기하학적 형상으로부터 관성모멘트를 계산하고 식 (18.15)를 사용하여 모터의 시정수를 계산한다. 부하 저항은 H-bridge에 설치한 저항 5W과 전원 공급기의 내부 저항의 합이지만 전원 공급기의 내부 저항을 모르므로 0으로 가정한다.

(2) 듀티비 설정과 계단입력의 크기를 변경하면서 계단응답을 구하고 모터의 전달함수를 구한다(저속에서는 측정 속도의 오차가 크므로 중속에서 실험하는 것이 바람직하다). 그리고 측정한 시정수로부터 전원공급기의 내부저항을 구한다.

(3) 앞의 계단응답 실험으로부터 절점주파수를 예측하고 절점주파수 부근에서 사인파를 입력하여 주파수응답을 구하고 보드 선도를 그려라. 그리고 보드 선도로부터 모터의 전달함수를 구한다.

※ 모터 축에 작용하는 Coulomb 마찰력은 시스템의 비선형적 요소를 크게 증가시킨다. 또한 정지 마찰력이 운동 마찰력보다 크므로 비선형적 요소를 최소화하기 위해서는 실험 중 정지상태가 발생되지 않도록 하는 것이 중요하다. 따라서 **실험 중 모터의 회전방향이 바뀌지 않도록 듀티비 설정과 입력의 크기를 설정하여야 한다.**

※ 시정수 T_m의 단위는 sec이고 이득 K의 단위는 여러 가지로 표현이 가능하다. 출력된 데이터를 그대로 사용할 경우 입력은 %단위의 듀티비이고, 출력은 RPM 단위의 회전수이므로 이득 K의 단위는 RPM/%이다. 이는 다시 deg/sec/Volt 등으로 환산될 수 있다.

※ 그림 18.10과 같은 사인파응답 실험결과에서 초기시간 부분은 과도응답을 포함하고 있으며 어느 정도 시간 경과 후 정상상태 반응을 보인다. 보드 선도를 그릴 때 필요한 사인파응답은 과도응답이 사라진 후 정상상태 응답이여야 하므로 실험 결과를 처리할 때 과도응답 부분을 제외하고 처리하여야 한다. 그림 18.10은 사인파응답의 실험 결과를 보여주고 있다. 과도응답이 처음 부분에 나타나며 사라진 후 출력은 사인파를 나타내며 정상상태를 보여주고 있다.

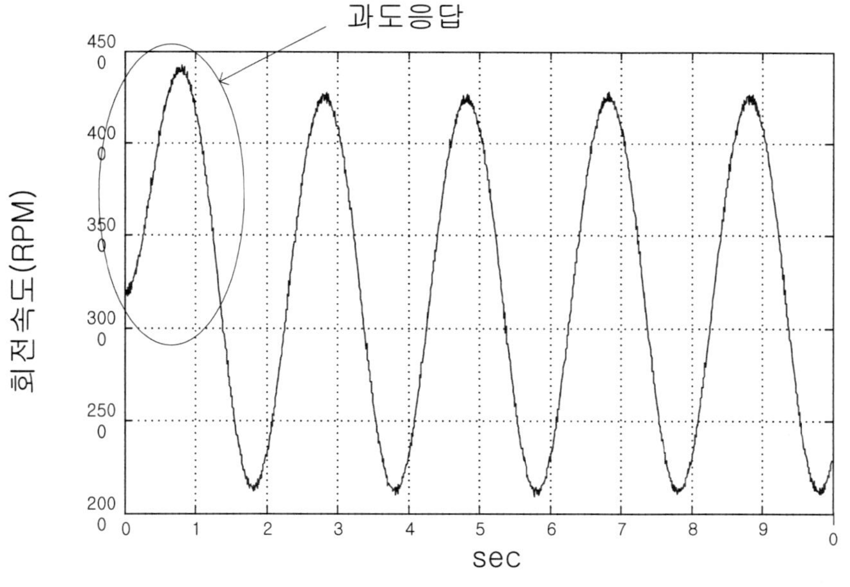

그림 18.10 사인파응답

[프로그램 openloopexp.c]

```
//==========================================================
// 개루프 응답실험 main()함수
//==========================================================

#include <stdio.h>
#include <stdlib.h>

#include <avr/io.h>
#include <avr/wdt.h>
#include <util/delay.h>
#include <avr/interrupt.h>
#include <avr/eeprom.h>

#include "lcd.h"
#include "usart.h"
#include "counter.h"
#include "scheduler.h"

#include "task.h"
#include "funcgen.h"
```

```
#include "openloop.h"
#include "openloopdisp.h"

static char select_motor(void);
static int  menu(void);

static char string[20];
static char motor_id = 1;
static char ee_motor_id         EEMEM; // EEPROM에 저장하는 모터 id

#define ABS(x)   ((x)>0 ? (x) : -(x))

int main()
{
  int max_exptime;                    // 최대 실험 가능시간
  char temp;

  LcdInit();                          // LCD 초기화
  Usart0Init(38400);                  // 직렬 통신 - 38400 보레이트
  SCHDInit();                         // 스케줄러 초기화

  //================================================
  // EEPROM에 저장된 변수를 읽는다.
  //================================================
  eeprom_read_block(&motor_id, &ee_motor_id,
                                      sizeof(motor_id));

  if(!(motor_id == 1 || motor_id == 2))
  {      // 파라미터 설정값이 저장되어 있지 않음
     motor_id = select_motor();
     eeprom_write_block(&motor_id, &ee_motor_id,
                                      sizeof(motor_id));
  }
  else
  {
     printf("\n\n\n\n실험할 모터 : #%d\n", motor_id);
  }

  sei();                              // 전역 인터럽트를 허용

  // 작업 초기화
  FuncGenInit(FUNCGEN_INTV);
  OpenLoopInit(motor_id, OPENLOOP_INTV, &max_exptime);
```

```
    DispInit(DISP_INTV);

    SCHDAddTask(FUNCGEN_TID, FuncGen);     // 함수 발생기 등록
    SCHDAddTask(OPENLOOP_TID, OpenLoop);  // 개루프 작업 등록
    SCHDAddTask(DISP_TID, Disp);           // 화면표시 작업 등록

    SCHDStartAllTask(0);

    while(1)
    {
        int   cmd, n_size, i, exptime;
        short iduty;
        float log_intv, rpm, hz, duty, amp;

        cmd = menu();

        switch(cmd)
        {
        case 1 :                               // 실험 초기값을 설정한다.
            while(1)
            {
                // 현재 설정 듀티비를 얻는다.
                iduty = FuncGenGetMagnitude();
                duty  = (float) iduty / 10.;
                printf("현재 듀티비 : %6.1f %%\n", (double) duty);
                printf("듀티비 입력(%%) (0 ~ 100):" );
                if(scanf("%f", &duty) != 0)
                    if(duty >= 0 && duty <= 100) break;
            }
            FuncGenSetNominal((short) (duty*10.));
            break;
        case 2 :                               // 계단응답 실험을 시작한다.
            while(1)
            {
                // 현재 설정 듀티비를 얻는다.
                iduty = FuncGenGetMagnitude();
                duty  = (float) iduty / 10.;
                printf("현재 듀티비 : %6.1f %%\n", (double) duty);
                printf("계단 입력(%%) (0 ~ %f):",
                                          (double)(100. - duty));
                if(scanf("%f", &amp) != 0)
                {
                    if(duty+amp >= 0 && duty+amp <= 100)
```

```
                break;
            }
        }

        // 1초 후에 스텝 입력을 가함
        FuncGenApplyStep((short)(amp*10.), 1000);
        printf("\n 실험수행시간 : %d sec\n",
                                        OpenLoopGetExpTime());
        printf("\n 계단응답 실험 중 .........");
        // 데이터 로깅이 끝날 때까지 기다린다.
        while(!OpenLoopIsLogEnd());
        printf("\n 실험 종료\n\n");
        break;
    case 3 :                        // 사인파응답 실험을 시작한다.
        while(1)
        {
            // 현재 설정 듀티비를 얻는다.
            iduty = FuncGenGetMagnitude();
            duty = (float) iduty / 10.;
            printf("현재 듀티비 : %6.1f %%\n", (double)duty);
            printf("사인파 진폭(%%) (0 ~ 100):" );
            if(scanf("%f", &amp) != 0)
            {
                if(duty-ABS(amp)>=0&&duty+ABS(amp)<=100)
                    break;
            }
        }
        while(1)
        {
            printf("\n\n사인파 주파수 입력(hz) (0.01~20):" );
            if(scanf("%f", &hz) != 0)
            {
                if((hz >= 0.01) && (hz <= 20))
                    break;
            }
        }
        FuncGenApplySin((short) (amp*10.), hz);

        printf("\n 실험수행시간 : %d sec\n",
                                        OpenLoopGetExpTime());
        printf("\n 사인파응답 실험 중 .........");
        // 데이터 로깅이 끝날 때까지 기다린다.
        while(!OpenLoopIsLogEnd());
```

```
    printf("\n 실험 종료\n\n");
    break;
  case 4 :                    // 실험 시간을 변경한다.
    printf("현재 실험 수행시간 : %d sec\n",
                              OpenLoopGetExpTime());
    printf("최대 수행 가능시간 : %d sec\n", max_exptime);
    while(1)
    {
      printf("\n\n실험 수행시간 입력(sec) (1 ~ %d):",
                                    max_exptime );
      if(scanf("%d", &exptime) != 0)
      {
        if((exptime >=1) && (exptime <= max_exptime))
          break;
      }
    }
    OpenLoopSetExpTime(exptime);
    break;
  case 5 :                    // 데이터를 PC로 전송한다.
    printf("하이퍼 터미널의 [전송] → [텍스트 캡처] 선택\n");
    printf("파일명을 쓴다.\n\n");
    printf("준비가 되면 <enter> 키를 누른다.\n");
    gets(string);

    n_size = OpenLoopBufferSize();  // 버퍼 크기를 얻는다.
    log_intv = OpenLoopLogIntv();   // 데이터의 시간 간격

    printf("%%%%\n");
    printf("%%%% 개루프 실험 데이터 \n");
    printf("%%%%\n");
    printf("%%%% 데이터 간격 %f sec\n",
                              (double)log_intv);
    printf("%%%%\n");
    printf("%%%% 1.count 2.설정듀티비(%%) 3.속도(RPM)\n");
    printf("%%%% \n\n");

    for(i=0; i<n_size; i++)
    {
      OpenLoopGetBufferData(&iduty, &rpm, i);
      printf("%4d  %8.1f   %8.1f\n", i,
                  (double)iduty/10., (double) rpm);
    }
    printf("\n%%%% 데이터 전송이 완료되었음");
```

```
        printf("\n%%%% [전송] → [텍스트 캡처] → [중지]를 선택");
        printf("\n%%%% <enter> 키를 누른다.\n\n");
        gets(string);
        break;
      case 6 :                                    // 모터를 켠다.
        OpenLoopMotorOn();
        break;
      case 7 :
        OpenLoopMotorOff();                       // 모터를 끈다.
        break;
      case 8 :
        temp = select_motor();
        if(motor_id != temp)
        {
          motor_id = temp;
          eeprom_write_block(&motor_id, &ee_motor_id,
                                          sizeof(motor_id));
          printf("\n\n실험할 모터가 변경되었음.\n");
          printf("시스템을 리셋하고 다시 시작함.....\n");
          wdt_enable(WDTO_1S); // 시스템 리셋
          while(1);
        }
      }
    }
}
static char select_motor(void)
{
  long val;

  do
  {
    printf("\n\n 실험에 사용할 모터는? (1, 2) ");
    gets(string);

    val = strtol(string, NULL, 10);
  }while(!(val == 1 || val == 2));

  return (char)val;
}

static int menu(void)
{
  long val;
```

```
    do
    {
      printf("\n\n    << 개루프 실험 : 모터 #%d >> \n\n",
                                              (int) motor_id);
      printf("1. 초기 듀티비를 설정한다.\n");
      printf("2. 계단응답 실험을 한다.\n");
      printf("3. 사인파응답 실험을 한다.\n");
      printf("4. 실험 수행시간을 변경한다.\n");
      printf("5. 실험 데이터를 PC로 전송한다.\n");
      printf("6. 모터를 켠다.\n");
      printf("7. 모터를 끈다.\n");
      printf("8. 실험할 모터를 변경한다.\n");
      printf("\n선택 : ");

      gets(string);              // 키보드 입력을 문자열로 받는다.

      val = strtol(string, NULL, 10);
    }while(val < 1 || val > 8);

    return (int)val;
}
```

[프로그램 funcgen.c]

```
//=============================================================
// 개루프 실험 함수 발생기
//=============================================================

#include <math.h>
#include <stdlib.h>                    // for malloc
#include <avr/io.h>
#include <util/delay.h>

#include "scheduler.h"

#include "funcgen.h"
#include "openloop.h"

#define N_FUNCDATA    4096           // 버퍼 크기

static volatile unsigned short intv_usec;  //작업 주기-usec
static volatile unsigned short intv_tick;  //작업 주기-틱수
```

```
static volatile unsigned short step_start=0;
static volatile unsigned short task_count;
static volatile unsigned short n_data;
static volatile short amplitude;
static volatile short output;

static volatile char mode; // 0-출력변화 없음,
                           // 1-스텝입력모드, 2-사인파입력모드

static volatile short SinTable[N_FUNCDATA]; // 사인 테이블

#define NONE_MODE     0
#define STEP_MODE     1
#define SINE_MODE     2

//==========================================================
// 함수 발생기를 초기화한다.
//
//      입력 : interval - 작업주기(usec)
//==========================================================
//
void FuncGenInit(unsigned short interval /* usec */)
{
    int i;

    intv_usec = interval;
    intv_tick = SCHDGetTicks(interval);

    amplitude = 0;
    output    = 500;                // 모터 정지 출력 50%
    mode      = NONE_MODE;

    // 사인테이블값을 0으로 초기화
    for(i=0; i<N_FUNCDATA; i++)
         SinTable[i] = 0;
}

//==========================================================
// 실험 초기값을 설정한다.
//
// 입력 : value - 듀티비 (0.1%)
//==========================================================
//
```

```
void FuncGenSetNominal(short value)
{
    output = value;                    // Nominal 듀티비 설정
}

//=============================================================
// 현재 함수 발생기의 출력값을 반환한다.
//
// 반환값 - 출력값(0.1%)
//=============================================================
//

short FuncGenGetMagnitude(void)
{
     short mag;

    cli();
    mag = output;
    sei();

    return mag;
}

//=============================================================
// 주어진 시간 msec 후에 계단 입력을 가한다.
//
//      입력 : amp  - 계단 크기(듀티비 0.1%)
//             msec - 계단 입력이 가해질 시간(msec 단위)
//=============================================================
//
void FuncGenApplyStep(short amp, short msec)
{
    cli();

    step_start = (unsigned short) (((long) msec * 1000L)
                     /intv_usec); // 입력을 시작할 작업 카운트
    amplitude  = amp;             // 계단 크기
    task_count = 0;
    mode = STEP_MODE;             // 계단 신호 출력 시작
    OpenLoopLogStart();           // 개루프 응답 실험의 데이터 로깅 시작

    sei();
}
```

```
//===========================================================
// 사인파를 초기화한 후 사인파 입력을 모터에 가한다.
//
//      입력 : amp  - 사인파 진폭(듀티비 0.1%)
//             Hz   - 사인파 주파수(hz)
//===========================================================
//
void FuncGenApplySin(short amp, float Hz)
{
    int i, sec;
    float dt, omega;

    sec = OpenLoopGetExpTime();   // 실험 시간을 읽는다.

    //========================================================
    // 사인 테이블을 만든다.
    //========================================================
    dt = (float) intv_usec / 1000000.0;
    omega = (2.*3.1415926) * (float) Hz;
    omega = omega * dt;

    n_data = (unsigned short) ((float) sec / dt + 1.);
    if(n_data > N_FUNCDATA) n_data = N_FUNCDATA;

    for(i=0; i<n_data; i++)
       SinTable[i] = (int) (amp*sin(omega * (float)i));

    cli();
    task_count = 0;
    mode = SINE_MODE;               // 사인파 신호 출력 시작
    OpenLoopLogStart();             // 개루프 응답 실험의 데이터로깅 시작
    sei();
}

//===========================================================
// 함수 발생
//===========================================================
//
void FuncGen(unsigned char tid)
{
    SCHDRestartTask(tid, intv_tick);
    switch(mode)
    {
```

```
        case STEP_MODE:
            if(task_count == step_start)
            {
                output += amplitude;
                OpenLoopSetDuty(output);
            }

            if(OpenLoopIsLogEnd())
                mode = NONE_MODE;       // 데이터 로깅이 종료되면
                                        // 모드 변경
            break;

        case SINE_MODE:
            if((task_count < n_data) && !OpenLoopIsLogEnd())
            {
                OpenLoopSetDuty(output + SinTable[task_count]);
            }
            else
            {
                output += SinTable[task_count-1];
                mode = NONE_MODE;
            }

            break;

        default :
            OpenLoopSetDuty(output);
            break;
        }

        task_count++;
}
```

[헤더파일 funcgen.h]

```
#ifndef __FUNCGEN_H__
#define __FUNCGEN_H__

void  FuncGenInit(unsigned short interval /* usec */);
void  FuncGenSetNominal(short value);
short FuncGenGetMagnitude(void);
void  FuncGenApplyStep(short amp, short msec_after);
void  FuncGenApplySin(short amp, float Hz);
```

```
void  FuncGen(unsigned char tid);

#endif  // __FUNCGEN_H__
```

[헤더파일 task.h]

```
#ifndef __TASK_H__
#define __TASK_H__

//===========================
// Task ID
//===========================
#define FUNCGEN_TID      0        // 함수 발생 작업
#define OPENLOOP_TID     1        // 개루프 응답 작업
#define DISP_TID         2        // 데이터 표시 작업

//===========================
// Task Interval(usec)
//===========================
#define FUNCGEN_INTV     10000    // 함수 발생 작업의 주기(usec)
#define OPENLOOP_INTV    10000    // 개루프 응답 작업의 주기(usec)
#define DISP_INTV        30000    // 데이터 표시 작업의 주기(usec)

#endif  // __TASK_H__
```

[헤더파일 motorsystem.h]

```
#ifndef __MOTORSYSTEM_H__
#define __MOTORSYSTEM_H__

#define GEAR_RATIO       3.8      // 기어비
#define ENCODER_PPR    (512L*4L)  // 엔코더의 회전당 펄스 수

#endif  // __MOTORSYSTEM_H__
```

[헤더파일 openloop.h]

```
#ifndef __OPENLOOP_H__
#define __OPENLOOP_H__

void  OpenLoopInit(char motor_id, unsigned short intv,
                                        int *max_exptime);
char  OpenLoopIsLogEnd(void);
```

```
float OpenLoopLogIntv(void);
void  OpenLoopLogStart();
void  OpenLoopSetExpTime(short sec);
int   OpenLoopGetExpTime(void);
void  OpenLoopMotorOn(void);
void  OpenLoopMotorOff(void);
void  OpenLoopSetDuty(short duty);
void  OpenLoopGetData(short* Duty, float* rpm);
int   OpenLoopBufferSize(void);
void  OpenLoopGetBufferData(short* Duty, float* rpm, int idx);
void  OpenLoop(unsigned char tid);

#endif  // __OPENLOOP_H__
```

[프로그램 openloop.c]

```
//==========================================================
// 개루프 응답 실험
//==========================================================

#include <avr/io.h>
#include <util/delay.h>

#include "motorsystem.h"
#include "scheduler.h"

#include "openloop.h"
#include "counter.h"
#include "motordrv.h"

#define N_DATA   (1024*4)

static volatile short duty_buffer[N_DATA]; // 듀티비 버퍼
static volatile short vel_buffer[N_DATA];  // 속도 버퍼
static volatile short buffer_index;        // 버퍼 인덱스
static volatile char  log_end;             // 데이터 로깅을 알리는 플래그
static volatile short n_data = N_DATA;     // 로깅 사이즈

static volatile float intv_sec;            // 작업 주기-sec
static volatile unsigned short intv_usec;  // 작업 주기-usec
static volatile unsigned short intv_tick;  // 작업 주기-틱수
static volatile short duty;                // 듀티비(0.1%)
static volatile long  vel;                 // 속도-작업 주기당 펄스수
static char motor_num = 1;                 // 실험에 사용할 모터 번호
```

```
//==========================================================
// OpenLoop 실험을 초기화한다.
//
//  입력 : motor_id     - 실험에 사용할 모터
//         interval     - 작업 주기(usec)
//  출력 : max_exptime  - 최대 실험 시간(sec)
//==========================================================
//
void OpenLoopInit(char motor_id, unsigned short interval,
                                        int *max_exptime)
{
    int i;

    if(motor_id == 1 || motor_id == 2)
        motor_num = motor_id;
    else
        motor_num = 1;                      // 디폴트 값

    intv_sec  = (float)interval/1000000.;
    intv_usec = interval;
    intv_tick = SCHDGetTicks(interval);

    duty = 500;                             // 50%
    MotorDrvInit(20);                       // 20kHz PWM 신호
    if(motor_num == 1)
    {
        Counter1Init();                     // Counter #1 초기화
        MotorDrvSetDuty1(duty);
        MotorDrvON1();
    }
    else
    {
        Counter2Init();                     // Counter #1 초기화
        MotorDrvSetDuty2(duty);
        MotorDrvON2();
    }
    for(i=0; i<N_DATA; i++)
    {
        duty_buffer[i] = 0;
        vel_buffer[i] = 0;
    }

    buffer_index = 0;
```

```
    log_end = 1;

    *max_exptime = (int) ((float) n_data * intv_sec);
}

//=========================================================
// 실험수행시간을 설정한다.
//
//   sec - 실험을 수행하는 시간(초)
//=========================================================
//
void OpenLoopSetExpTime(short sec)
{
    n_data = (short) ((float)sec / intv_sec+0.5);

    if(n_data > N_DATA)
        n_data = N_DATA;
}

//=========================================================
// 설정된 실험 수행시간을 알려준다.
//
//   반환값 - 실험을 수행하는 시간(초)
//=========================================================
//
int OpenLoopGetExpTime(void)
{
    return ((int) ((float) n_data * intv_sec));
}

//=========================================================
// 모터를 켠다.
//=========================================================
//
void OpenLoopMotorOn()
{
    if(motor_num == 1)
        MotorDrvON1();
    else
        MotorDrvON2();
}

//=========================================================
```

```
// 모터를 끈다.
//=========================================================
//
void OpenLoopMotorOff()
{
    if(motor_num == 1)
        MotorDrvOFF1();
    else
        MotorDrvOFF2();
}

//==========================================================
// 데이터 저장이 종료 되었는지 알아본다.
//
//  반환값 : 1 - 종료
//           0 - 실험 중
//==========================================================
//
char OpenLoopIsLogEnd()
{
    return log_end;
}

//==========================================================
// 데이터 저장을 시작한다.
//==========================================================
//
void OpenLoopLogStart()
{
    cli();
    log_end = 0;                        // 실험 시작
    buffer_index = 0;                   // 인텍스를 0으로 한다.
    sei();
}

//==========================================================
// 모터에 가해지는 PWM 신호의 듀티비를 설정한다.
//
//      dutyA - 듀티비 (0.1% 단위)
//              50%일 때 모터 정지
//              0%일 때 역회전(최대속도)
//              100%일 때 정회전(최대속도)
//==========================================================
```

```
//
void OpenLoopSetDuty(short dutyA)
{
    if(dutyA < 0)    dutyA = 0;
    if(dutyA > 1000) dutyA = 1000;

    duty = dutyA;

    if(motor_num == 1)
    {
        cli();
        MotorDrvSetDuty1(duty);
        sei();
    }
    else
    {
        cli();
        MotorDrvSetDuty2(duty);
        sei();
    }
}

//==========================================================
// 데이터 로그 간격을 sec 단위로 반환한다.
//==========================================================

float OpenLoopLogIntv()
{
    return intv_sec;
}

//==========================================================
// 듀티비와 속도를 출력한다.
// 출력:
//   Duty - 듀티비(0.1%)
//   rpm  - 속도(RPM)
//==========================================================
//
void OpenLoopGetData(short* Duty, float* rpm)
{
    long speed;

    cli();
```

```
    *Duty = duty;
    speed = vel;
    sei();

    *rpm   = (float)speed / intv_sec * (60./ (float) ENCODER_PPR);
}

//==========================================================
// 버퍼의 크기를 반환한다.
//==========================================================
//
int OpenLoopBufferSize()
{
    return n_data;
}

//==========================================================
// 버퍼에 있는 데이터를 얻는다.
//
// 입력 : idx - 버퍼의 인덱스
// 출력 :
//   Duty - 듀티비(0.1%)
//   rpm  - 속도(RPM)
//   idx  - 버퍼 인덱스
//==========================================================
//
void OpenLoopGetBufferData(short* Duty, float* rpm, int idx)
{
    if(!log_end || idx >= n_data)
        return ;

    *Duty = duty_buffer[idx];
    *rpm  = (float) vel_buffer[idx] / intv_sec *
                                    (60./ (float)ENCODER_PPR);
}

//==========================================================
// OpenLoop 실험 작업
//==========================================================
//
void OpenLoop(unsigned char tid)
{
    SCHDRestartTask_DisabledI(tid, intv_tick);
```

```
    if(motor_num == 1)
    {
        Counter1ReadCount((long *)&vel);
        Counter1SetCount(10L);
    }
    else
    {
        Counter2ReadCount((long *)&vel);
        Counter2SetCount(10L);
    }

    vel -= 10L;
    sei();                                          // 인터럽트 허용

    if(!log_end)
    {
        duty_buffer[buffer_index]  = duty;
        vel_buffer[buffer_index] = (short) vel;

        buffer_index++;

        if(buffer_index == n_data)
            log_end = 1;
    }
}
```

[헤더파일 openloopdisp.h]

```
#ifndef __OPENLOOPDISP_H__
#define __OPENLOOPDISP_H__

void DispInit(unsigned short intv);
void Disp(unsigned char tid);

#endif // __OPENLOOPDISP_H__
```

[프로그램 openloopdisp.c]

```
//=========================================================
// 개루프 응답 실험 화면표시
//=========================================================
```

```
#include <stdio.h>

#include <avr/io.h>
#include <util/delay.h>

#include "disp.h"
#include "openloop.h"

#include "scheduler.h"
#include "lcd.h"

static volatile unsigned short disp_intv;
static char string[20];

void DispInit(unsigned short intv /* usec */)
{
    disp_intv = SCHDGetTicks(intv);

    LcdCommand(ALLCLR);
    LcdMove(0,0);                LcdPuts("duty(%):");
    LcdMove(1,0);                LcdPuts("RPM    :");
}

void Disp(unsigned char tid)
{
    short duty;
    float rpm;
    static int n_enter = 0;

    SCHDRestartTask(tid, disp_intv);

    n_enter++;

    if(n_enter % 5)              // 5주기마다 한 번씩 작업수행
        return;

    OpenLoopGetData(&duty, &rpm);

    sprintf(string, "%8.1f", (double)duty/10.);
    LcdMove(0, 8); LcdPuts(string);
    sprintf(string, "%8.1f", (double)rpm);
    LcdMove(1, 8); LcdPuts(string);
}
```

19
DC 모터의 속도제어

ATmega 128

19.1 속도제어 시스템

모터 제어시스템의 주요 응용 중 하나는 설정된 속도를 유지하는 것이다. 시스템이 구성되면 18장에서 본 바와 같이 주어진 회전 속도에 대해 가하여야 할 입력 전압을 구할 수 있다. 따라서 개루프 시스템으로 모터의 회전 속도를 제어할 수 있다. 그러나 모터를 운용함에 따라 모터온도가 증가하면 그림 19.1과 같이 모터의 내부 저항이 증가하여 회전수/토크 선도의 기울기가 급해진다. 이에 따라 마찰력과 평형을 이루기 위해 회전속도는 감소하게 된다. 이외에도 모터의 관성 부하의 변화와 같이 모터의 속도에 영향을 미치는 요소는 많다.

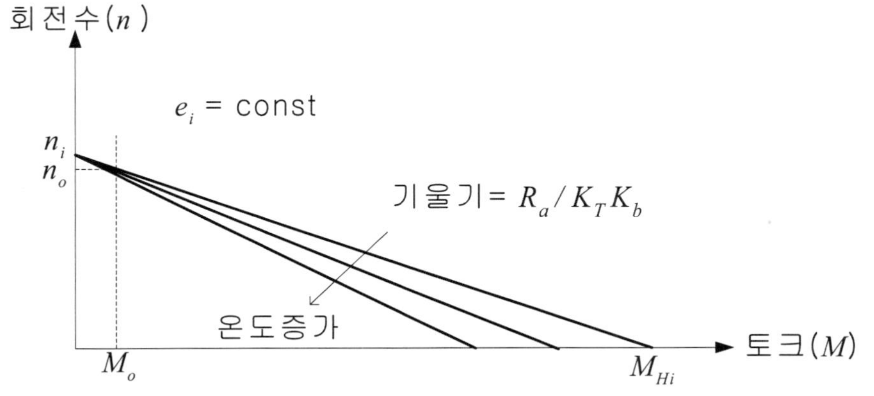

그림 19.1 온도 변화에 따른 DC 모터의 특성 변화

주변 환경의 변화에도 설정된 속도를 유지하기 위해 그림 19.2와 같이 속도를 되먹임하는 폐루프 시스템을 구성한다. 여기에서는 엔코더를 사용하여 모터의 회전속도를 측정한다. 제어기는 측정된 오차로부터 제어출력을 계산하여 H-브리지에 PWM 신호를 출력한다.

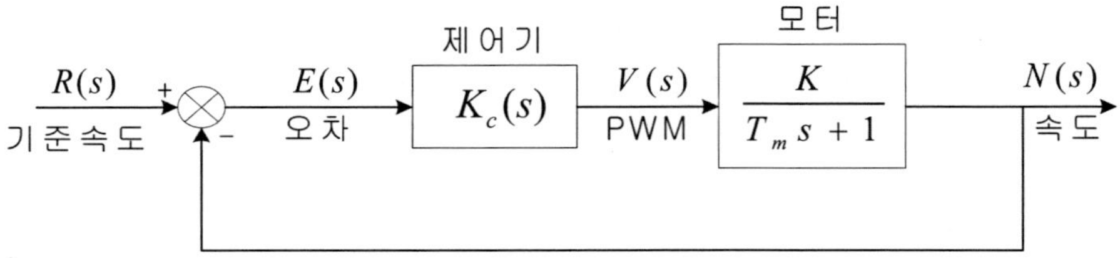

그림 19.2 속도제어 시스템

19.2 PID 제어기

이 절에서는 PID 제어기를 사용하는 속도제어 시스템을 고려한다.

19.2.1 비례 제어기 – P 제어

비례 제어기는 다음과 같이 표현된다.

$$K_c(s) = \frac{V(s)}{E(s)} = K_P \tag{19.1}$$

여기서 K_P는 비례 이득이다. 개루프 전달함수는 $\dfrac{K_P K / T_m}{s + 1/T_m}$로서 0형 시스템을 나타낸다. 즉 $R(s)$가 계단 입력으로 주어졌을 때 정상상태 오차가 나타난다. 폐루프 시스템의 전달함수는

$$G_c(s) = \frac{N(s)}{R(s)} = \frac{K_P K/(1+K_P K)}{[T_m/(1+K_P K)]s + 1} \tag{19.2}$$

이다. 단위 계단 입력이 주어졌을 때 정상상태 값은

$$\lim_{t\to\infty} n(t) = \lim_{s\to 0}\left\{s\, G_c(s) \times \frac{1}{s}\right\} = K_P K/(1+K_P K)$$

이며 정상상태에서 출력이 1이 되지 못한다. 그러나 K_P가 증가함에 따라 정상상태 오차가 줄어듦을 알 수 있다. 식 (19.2)에서 K_P가 증가하면 폐루프 시스템의 시정수가 작아짐을 알 수 있다. 즉 시스템의 반응속도가 빨라진다. 이는 그림 19.3의 근궤적 선도를 보면 잘 나타나 있다. K_P가 증가함에 따라 특성근의 크기는 점점 커진다.

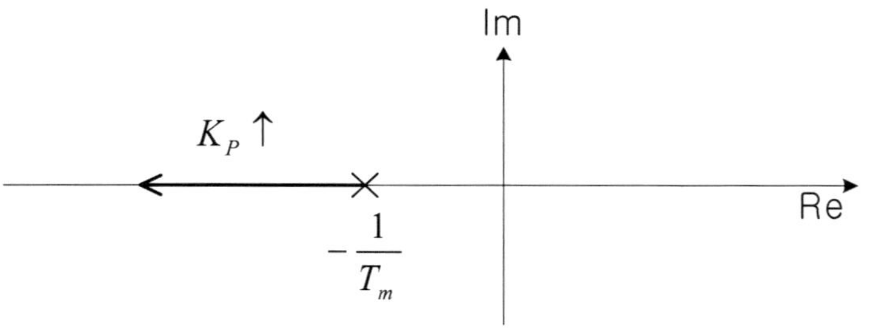

그림 19.3 비례 제어시스템의 근궤적 선도

특성근의 크기가 크면 시스템의 반응속도는 빨라지나 잡음에 민감해지고 또한 디지털 제어기의 샘플링에 따른 시간 지연과 같이 무시하였던 시스템 극의 영향이 나타나서 진동이 발생할 수 있다(근궤적 선도에서는 이득이 증가하더라도 진동이 발생하지 않는다).

19.2.2 적분 제어기 – I 제어

적분 제어를 적용하면 정상상태 오차를 없앨 수 있다. 적분 제어기는 다음과 같이 표현된다.

$$K_c(s) = \frac{V(s)}{E(s)} = \frac{K_I}{s} \tag{19.3}$$

여기서 K_I는 적분 이득이다. 개루프 전달함수는 $\frac{K_I K / T_m}{s(s+1/T_m)}$이 되어 1형 시스템이 된다. 즉 $R(s)$가 계단 입력으로 주어졌을 때 정상상태 오차가 없다. 적분 이득 변화에 따른 근궤적 선도는 그림 19.4와 같다.

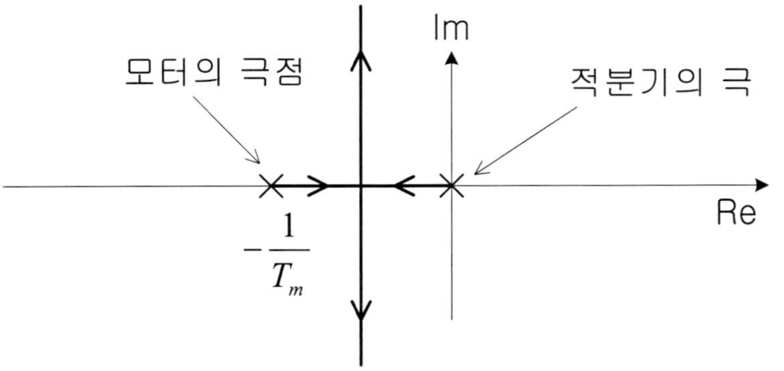

그림 19.4 적분 제어시스템의 근궤적 선도

적분 이득이 커짐에 따라 폐루프 시스템의 극이 복소수가 되고 시스템의 감쇠비가 작아짐을 알 수 있다. 감쇠비가 0.707보다 작아지면 시스템은 오버슈트가 생기고 진동하게 된다. 적분 이득이 커지면 역시 무시하였던 디지털 제어기의 시간 지연 요소가 나타나서 시스템이 불안해질 수 있다.

폐루프 전달함수는 다음과 같다.

$$\frac{N(s)}{R(s)} = \frac{K_I K / T_m}{s^2 + s / T_m + K_I K / T_m} = \frac{\omega_n^2}{s^2 + 2\zeta\omega_n s + \omega_n^2} \tag{19.4}$$

여기서

$$\omega_n = \sqrt{K_I K / T_m} \ \text{: 비감쇠 고유 진동수} \tag{19.5}$$

$$\zeta = \frac{1}{2\sqrt{K_I K T_m}} \ \text{: 감쇠비} \tag{19.6}$$

식 (19.4)는 표준적인 2차 시스템을 나타낸다.

19.2.3 비례적분 제어기 – PI 제어기

비례 제어와 적분 제어를 혼합하면 정상상태 오차를 없애면서 시스템의 반응을 빠르게 할 수 있다. 비례적분 제어기는 다음과 같이 표시된다.

$$K_c(s) = \frac{V(s)}{E(s)} = K_P + \frac{K_I}{s} = K_P\left(1 + \frac{1}{T_I s}\right) = \frac{K_P(s + 1/T_I)}{s} \tag{19.7}$$

여기서 $T_I = K_P / K_I$는 적분 시간이다. 개루프 전달함수는 적분 제어의 효과에 의해 1형 시스템인 $\frac{K_P K}{T_m}\frac{(s+1/T_I)}{s(s+1/T_m)}$이 된다. 따라서 계단 입력에 대해 정상상태 오차가 없어진다.

적분 시간 T_I가 시스템의 시정수 T_m보다 클 때 근궤적 선도는 그림 19.5와 같다. 이득이 증가함에 따라 적분기의 극점은 영점으로 향한다. 이때 폐루프 시스템의 극점은 느린 반응이지만 영점에 가까우므로 진폭이 작아 시스템의 반응에는 거의 나타나지 않는다. 따라서 전체 시스템의 성능은 이동된 모터의 극점에 의해 좌우된다. K_P가 커짐에 따라 시스템 반응은 비례 제어시스템과 유사하다.

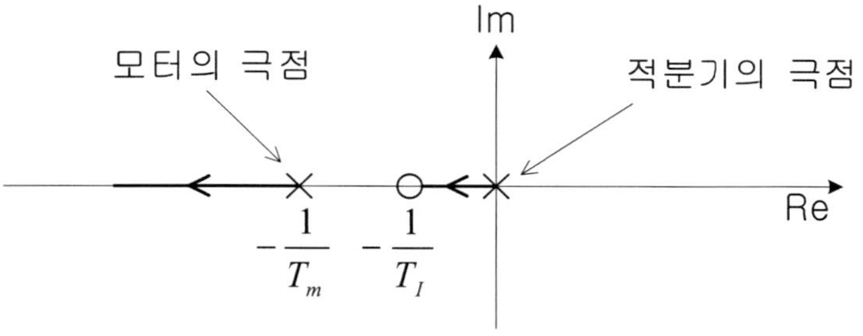

그림 19.5 비례적분 제어시스템의 근궤적 선도

적분시간 T_I가 시스템의 시정수 T_m보다 작을 때 근궤적 선도는 그림 19.6과 같다. K_P가 커짐에 따라 폐루프 시스템의 극점이 복소수가 되어 진동이 발생한다. 그러나 앞의 적분 제어와는 달리 K_P가 커짐에 따라 시스템의 감쇠비가 증가하여 좋은 응답 특성을 얻을 수 있다.

폐루프 전달함수는 다음과 같다.

$$\frac{N(s)}{R(s)} = \frac{K_P K / T_m (s + K_I / K_P)}{s^2 + s(1 + K_P K)/T_m + K_I K / T_m} = \frac{A s + \omega_n^2}{s^2 + 2\zeta\omega_n s + \omega_n^2} \tag{19.8}$$

여기서 $A = K_P K / T_m$, $\omega_n = \sqrt{K_I K / T_m}$, $\zeta = \dfrac{1 + K_P K}{2\sqrt{K_I K T_m}}$이다. 비례적분 제어시스템에 계단 입력을 가하면 식 (19.8)의 유한 영점의 영향에 따라 제어기는 계단 신호를 미분하게 되어 임펄스 제어 신호가 모터에 가해진다. 따라서 출력에 급격한 과도응답이 나타난다.

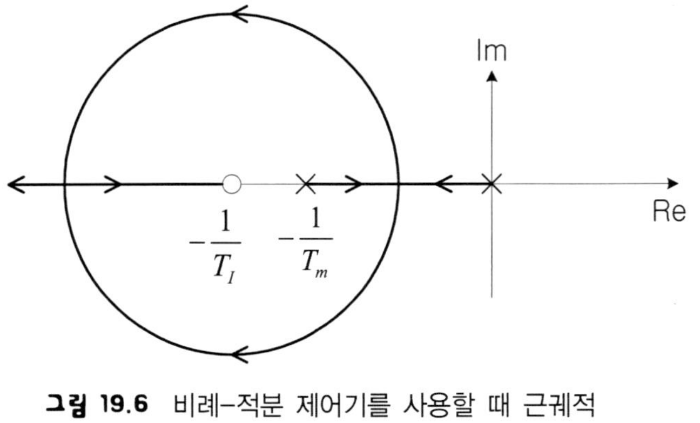

그림 19.6 비례–적분 제어기를 사용할 때 근궤적

19.2.4 변형된 비례적분 제어기

그림 19.7과 같이 속도 오차를 비례 되먹임하는 대신 속도를 비례 되먹임하도록 속도 제어 시스템을 구성하면 기준 속도는 적분을 통하여 제어기에 전달되므로 계단 입력이 제어기에 직접 가해지지 않아 부드러운 과도응답을 얻을 수 있다.

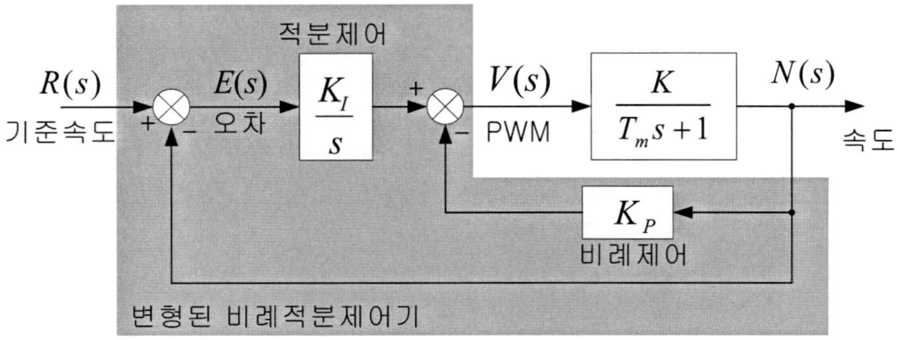

그림 19.7 변형된 비례-적분 제어기

폐루프 시스템의 전달함수는 다음과 같다.

$$\frac{N(s)}{R(s)} = \frac{K_I K / T_m}{s^2 + s(1 + K_P K)/T_m + K_I K / T_m} = \frac{\omega_n^2}{s^2 + 2\zeta\omega_n s + \omega_n^2} \tag{19.9}$$

식 (19.8)과 비교하면 분모는 동일한 반면 유한 영점이 제거되었다. 이는 표준적인 2차 시스템으로 계단응답의 성능지표인 오버슈트, 정착시간 등을 해석적으로 구할 수 있다.

오버슈트(M_p)	: $e^{-(\zeta/\sqrt{1-\zeta^2})\pi}$
상승시간(t_r)	: $\frac{1}{\omega_d} tan^{-1}\left(\frac{\omega_d}{-\sigma}\right)$
정착시간(t_s)	: $\frac{4}{\zeta\omega_n}$ (2% 기준)

여기서 $\sigma = -\zeta\omega_n$ 이고 $\omega_d = \omega_n\sqrt{1-\zeta^2}$ 는 감쇠 고유 진동수를 나타낸다.

그림 19.8은 $T_m = 0.065\,\mathrm{sec}$, $K = 213.5\,\mathrm{RPM/\%}$ 인 DC 모터 시스템에 제어 이득을 $K_P = 0.0127$, $K_I = 0.511$ 로 설정하였을 때 PI 제어시스템과 변형된 PI 제어시스템의 계단응답을 비교 도시하고 있다. 변형된 PI 제어시스템의 과도 응답이 PI 제어시스템에 비해 과도응답이 부드럽고 오버슈트가 적다.

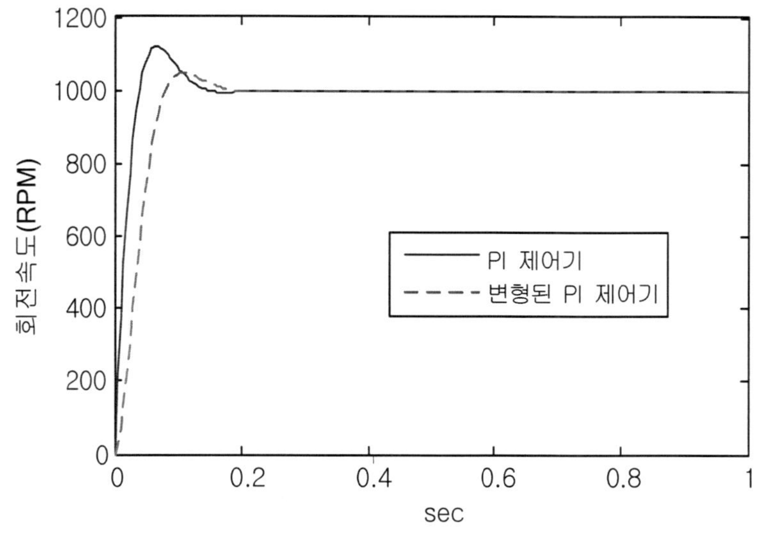

그림 19.8 변형된 PI 제어기의 계단응답

19.3 디지털 제어기의 샘플링 간격이 제어 시스템에 미치는 영향

모터의 속도는 제어 주기 동안 카운터에 입력된 펄스의 수를 계수하는 방법으로 측정한다. 이는 제어 주기 동안 평균 속도를 측정하게 되고 결과적으로 측정 속도를 제어 루프에서 사용할 때 시간 지연 요소로 작용한다. 제어시스템에서 시간 지연을 일으키는 요소는 이외에도 기계적인 불감대, PWM 신호 등이 있다. 이런 시간 지연 요소를 시스템에서 고려하면 그림 19.1의 제어시스템은 그림 19.9와 같이 표현된다.

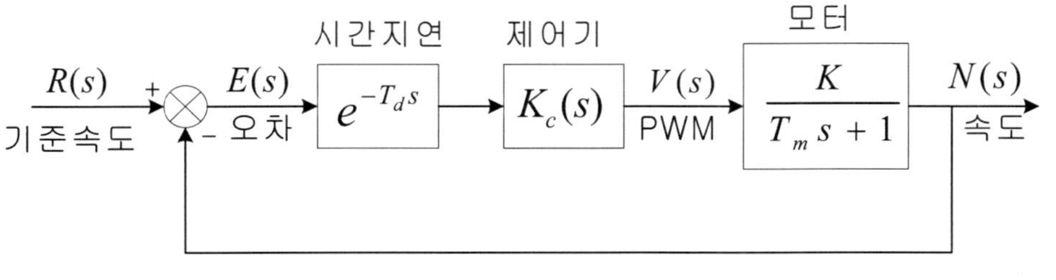

그림 19.9 시간 지연을 고려한 속도제어 시스템

시간 지연이 T_d 이면 시간 지연은 전달함수 $e^{-T_d s}$ 로 표현되고 다음과 같이 1차 시스템으로 근사화된다.

$$e^{-T_d s} \approx \frac{1}{T_d s + 1} \tag{19.10}$$

즉 $s = -1 / T_d$ 에 극점이 하나 더 추가되는 형태로 나타난다.

시간지연이 폐루프 시스템의 반응시간보다 아주 짧을 때는 시간지연 효과는 거의 나타나지 않으나 폐루프 시스템의 반응속도가 빨라짐에 따라 시간지연 효과가 나타나게 된다. 앞의 비례 제어시스템을 고려하여 보자. 그림 19.3의 근궤적 선도로부터 비례 이득이 증가함에 따라 폐루프 시스템의 반응이 빨라지지만 폐루프 시스템의 극이 실수축에 있으므로 계단응답에서 진동이 발생하지 않는다.

시간지연 요소를 추가한 근궤적 선도를 고려하여보자. 그림 19.10은 식 (19.10)으로 근사화된 시간지연 요소를 추가하였을 때 비례 제어기에 대한 근궤적을 보여준다. 비례 이득이 증가함에 따라 시간지연 요소의 영향으로 폐루프 시스템의 극이 복소근으로 된다. 즉 시스템에 진동이 발생함을 알 수 있다. 그림 19.11은 $T_m = 0.065\,\mathrm{sec}$, $K = 213.5\,\mathrm{RPM/\%}$ 인 시스템을 비례 제어를 하였을 때 제어주기에 따른 폐루프 시스템의 계단응답 실험 데이터를 보여준다.

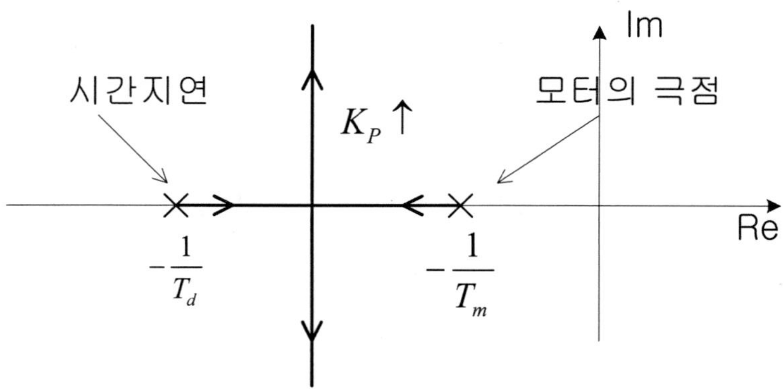

그림 19.10 시간지연 요소를 고려하였을 때 비례 제어시스템의 근궤적 선도

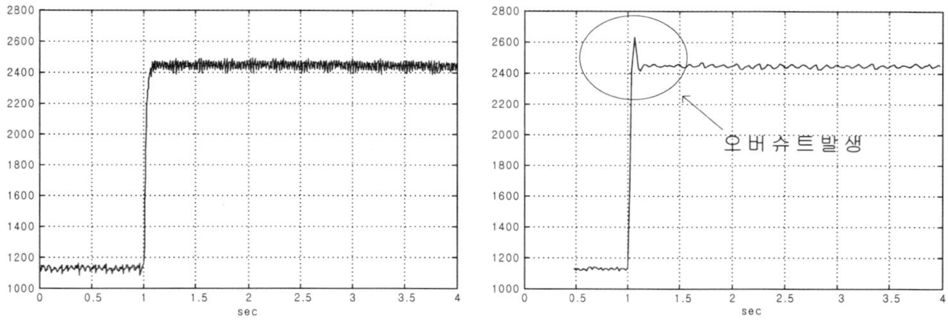

(a) 제어주기 : 5msec　　　(b) 제어주기 : 20msec

그림 19.11 시간지연에 따른 영향

그림 19.11(a)는 5msec 주기로 제어를 하였을 때 계단응답을 보여준다. 폐루프 시스템의 시정수는 25msec를 나타낸다. 그림 19.11(b)는 동일시스템에 대해 제어 주기를 20msec로 하였을 때 계단응답을 나타낸다. 폐루프 시스템의 시정수와 제어 주기가 근접하여 그림 19.10에서 설명한 바와 같이 샘플링에 의한 시간지연의 효과가 나타나서 오버슈트가 발생한다.

유사하게 시간지연은 적분 제어 및 비례적분 제어의 응답에서 진동을 과도하게 유발시킬 수 있다. 따라서 시간지연 요소를 무시할 수 없을 때는 이를 고려하여 설계하여야 한다.

19.4 적분 제어에 대한 출력 포화의 영향

식 (19.1), (19.3) 또는 식 (19.7) 등으로 표현되는 제어기의 신호에는 제한이 없다. 그러나 실제 제어기 신호로 모터를 구동하는 H-브리지 증폭기는 출력의 제한을 갖는다. PWM 신호의 듀티비는 0~100%로 제한된다. 제어기 신호가 증폭기의 제한 출력 이상으로 주어지더라도 증폭기는 최대 출력 이상을 낼 수가 없다. 이러한 것을 포화(saturation)라 한다. 그림 19.12는 증폭기 출력의 포화를 제어루프에 포함시켜 표현하고 있다. 실제 시스템에서 포화는 항상 존재하며 폐루프 시스템의 응답은 포화와 같은 비선형요소로 인해 선형응답과는 차이가 난다.

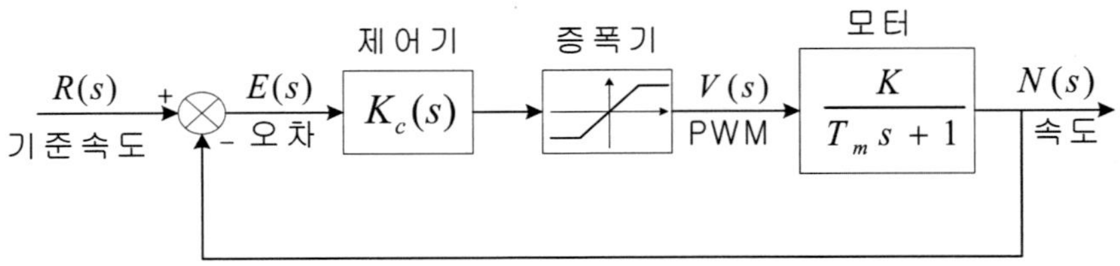

그림 19.12 출력 포화를 고려한 속도제어 시스템

출력 포화는 오차를 누적하는 적분 제어가 포함된 시스템에서는 출력의 과도한 시간 지연을 야기한다. 그림 19.13과 같이 포화에 따라 누적되는 오차는 포화가 없는 선형 응답에 비해 크게 된다. 출력이 기준 입력에 도달한 후에도 누적 오차를 줄이기 위해 시스템은 계속 출력이 증가하는 방향으로 제어 동작을 하게 되고 결과적으로 과도한 오버슈트가 나타나며 매우 늦게 정상상태에 도달한다.

이와 같은 현상을 Integral Wind-up이라 한다. 실제 제어시스템에서는 Integral Wind-up이 나타나지 않도록 하여야 한다. 이러한 적분 제어의 악영향을 줄이는 방법으로는 (1) 누적 오차에 제한을 두거나, (2) 출력이 기준 입력에 도달하면 누적 오차를 0으로 리셋하는 방법이 있으며, (3) 제어기의 표현형식을 변형하는 방법이 있다.

그림 19.8의 대상시스템에 대해 그림 19.14는 증폭기 포화에 있을 때 출력과 포화가 없는 선형응답을 비교하고 있다. 선형응답에 비해 오버슈트가 크고 아울러 정착시간이 길다. 모터 구동 방법으로 역상 PWM 제어를 사용하므로 제어기 출력의 범위는 -50%~50%이다(모터정지에 대한 듀티비를 0%로 간주한다).

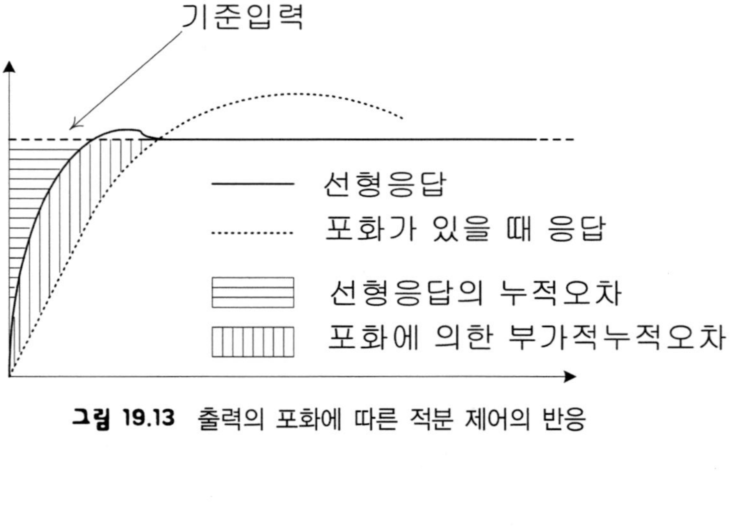

그림 19.13 출력의 포화에 따른 적분 제어의 반응

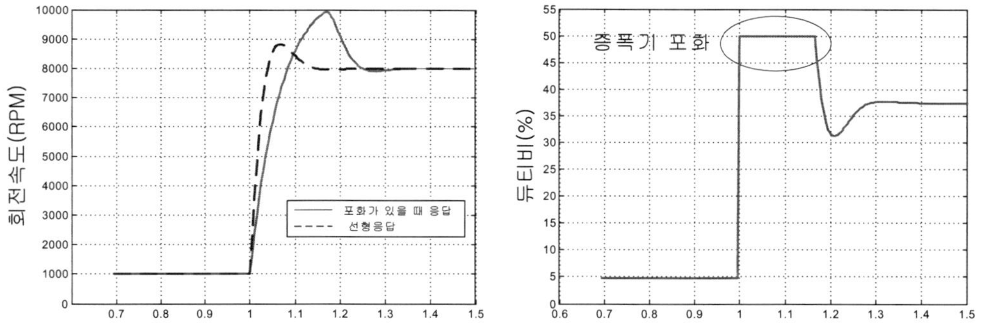

(a) 회전속도 출력 (b) 모터 입력 듀티비

그림 19.14 증폭기 포화에 따른 폐루프 시스템 응답(시뮬레이션 응답)

19.5 제어기의 구현

19.5.1 절대적 형태(Absolute Form)

PID 제어기는 다음과 같이 표현된다.

$$V(s) = \left(K_P + \frac{K_I}{s} + K_D\, s\right)E(s) = K_P\left(1 + \frac{1}{T_I\, s} + T_D\, s\right)E(s) \tag{19.11}$$

여기서 K_D는 미분 이득, $T_D = K_D / K_P$는 미분 시간 그리고 오차는 $E(s) = R(s) - N(s)$이다. 식 (19.11)을 시간 영역으로 표시하면 제어기의 출력은 다음과 같다.

$$v(t) = K_P\, e(t) + K_I \int_0^t e(\tau)\, d\tau + K_D\, \dot{e}(t) \tag{19.12}$$

여기서 오차는 $e(t) = r(t) - n(t)$이다. 식 (19.12)을 디지털 제어기로 구현하기 위해서는 이산화하여야 한다. k-번째 스텝에서의 출력은 다음과 같이 근사화할 수 있다.

$$\begin{aligned} v(k) &= K_P\, e(k) + K_I \sum_{i=0}^{k} e(i)\, \Delta t + K_D\, \frac{e(k) - e(k-1)}{\Delta t} \\ &= K_P\, e(k) + \overline{K}_I \sum_{i=0}^{k} e(i) + \overline{K}_D \{e(k) - e(k-1)\} \end{aligned} \tag{19.13}$$

여기서 Δt는 제어기의 샘플링 시간, $\overline{K}_I = K_I \Delta t$, 그리고 $\overline{K}_D = K_D / \Delta t$이다. 식 (19.13)은 절대적 형태로 표시한 이산 PID 제어기를 나타낸다.

그림 19.2에서 제어기의 출력은 제한이 없는 것으로 표현되어 있다. 그러나 모터 제어 시스템에서 출력 PWM 신호는 0%~100%로 제한된다. 출력의 제한이 있을 때는 식 (19.13)의 제어기 출력을 다음과 같이 제한한 후 출력한다.

$$v_l \le v(k) \le v_u \tag{19.14}$$

여기서 v_l과 v_u는 각각 출력의 최소값과 최대값을 나타낸다.

절대형 제어기 형태인 식 (19.13)은 적분 제어가 수행될 경우 제어기 출력의 포화에 의한 Integral Wind-up 현상이 나타난다. 이 현상을 제거하는 방법으로 제어기를 증분형 형태로 표현하는 방법이 있다.

19.5.2 증분형 형태(Incremental Form)

식 (19.13)으로부터 제어기 출력의 증분을 표시하면 다음과 같다.

$$\begin{aligned}\Delta v(k) &\equiv v(k) - v(k-1) \\ &= K_P[e(k) - e(k-1)] + \overline{K}_I e(k) + \overline{K}_D[e(k) - 2e(k-1) + e(k-2)]\end{aligned} \tag{19.15}$$

식 (19.15)를 사용하면 k-번째 스텝의 제어기 출력은 증분형으로 표시할 수 있다.

$$v(k) = v(k-1) + \Delta v(k), \quad v(0) = 0 \tag{19.16}$$

제어기 출력은 다음과 같이 제한한다.

$$v_l \le v(k) \le v_u \tag{19.17}$$

이 형태의 장점은 제어기 출력이 포화가 되면 식 (19.16)과 식 (19.17)에 의해 적분 제어 동작이 멈춘다. 따라서 제어기 출력이 포화에 따른 과도한 적분 제어 동작을 줄일 수 있다.

그림 19.15는 그림 19.8의 대상시스템에 대해 계단 입력을 1초 시점에서 가했을 때 실험에 의한 절대형 PI 제어기와 증분형 PI 제어기의 계단응답과 그리고 포화가 없는 선형응답(시뮬레이션 응답)을 비교하고 있다. 그림 19.15(a)는 모터의 속도 출력을 나타내고 있다. 포화의 영향에 의해 절대형/증분형 PI 제어기 응답 모두 선형응답에 비해 느린 상승 시간을 갖는다. 그러나 증분형 제어기의 응답은 절대형 제어기에 비해 오버슈트가 작

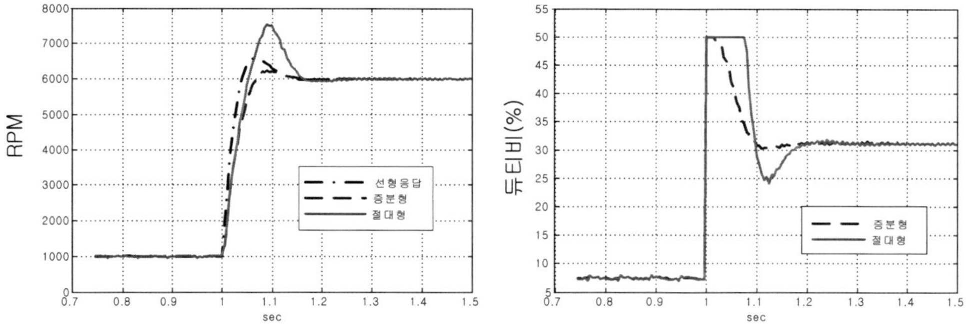

(a) 회전 속도 출력 (b) 제어기 출력

그림 19.15 절대형 PI 제어기와 증분형 PI 제어기의 출력 비교

을 뿐 아니라 정착 시간은 선형응답과 거의 같음을 알 수 있다. 그림 19.15(b)는 제어기의 출력을 보여준다. 계단 신호의 입력과 동시에 제어기 출력은 포화가 된다. 증분형은 포화가 되었을 때 적분 동작을 멈추어서 절대형에 비해 포화상태가 빨리 해제됨을 볼 수 있다. 이로 인해 증분형의 응답에서는 과도한 오버슈트가 발생하지 않는다.

증분형의 단점은 적분 동작이 없는 순수 비례 제어에서는 제어기 출력에 포화가 발생할 때 마다 시스템의 출력에 오프셋이 발생하여 시스템 출력에 매우 큰 정상상태 오차가 발생한다. 그러나 적분 동작이 있을 경우 이러한 비례 제어에서의 오프셋은 적분 동작이 보상하게 되어 정상적으로 동작하게 된다.

제어기 출력의 포화가 발생하지 않으면 증분형 형태와 절대적 형태의 제어기 출력은 동일하다. 따라서 **적분 동작이 있는 경우는 증분형 형태를, 적분 동작이 없는 경우는 절대형 형태를 쓰는 것이 바람직하다.**

19.5.3 제어출력의 정수 계산

식 (19.13) 및 식 (19.15)로 표현되는 제어기는 부동 소수점 계산을 하여야 한다. 부동 소수점 보조 프로세서를 가지고 있지 않는 ATmega128과 같은 마이크로컨트롤러에서는 부동 소수점 계산에 많은 시간이 소요된다. 이에 실시간 요구조건에 따라 정수 연산만으로 제어출력을 계산하는 것이 바람직하다.

우선 회전속도는 제어 주기 동안 계수되는 엔코더 펄스수이므로 이를 회전속도 단위로 사용하면 측정되는 회전속도는 정수로 주어진다. 모터 드라이버 프로그램 모듈에서 증폭기에 가하는 PWM 신호 듀티비는 정수이며 단위는 0.1%이다. 따라서 제어기 출력의 단위도 0.1%를 사용한다. 한편 18장에서 얻은 모터 전달함수의 단위는 RPM/%이다. 그림 19.16은 단위를 고려하여 시스템을 다시 표현한 것이다. 그림에서 제어기의 주기는 10msec로 가정하였다.

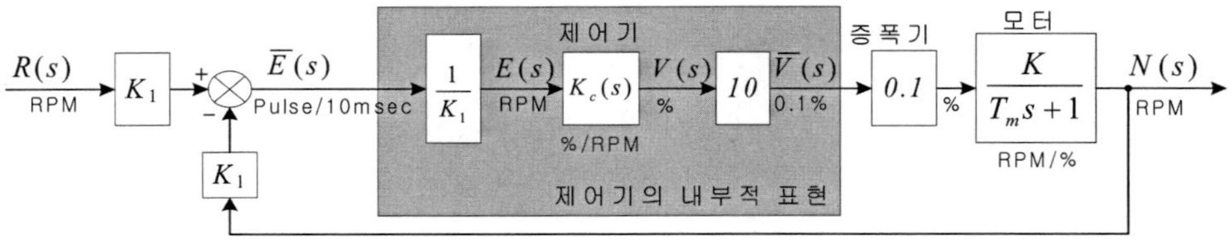

그림 19.16 제어기의 내부적 표현

여기서 K_1 은 RPM을 pulse/10msec로 단위 변환하는 상수이다. 여기에서 사용하는 엔코더는 회전당 512펄스를 출력하고, 카운터는 4체배하므로 회전당 2048펄스가 검출된다. 이로부터 K_1 을 계산하면 다음과 같다.

$$1\,\mathrm{RPM} = 2048\ \mathrm{pulse/60sec} = 2048\ \mathrm{pulse}/(6000 \times 10\mathrm{msec})$$
$$= 0.3413\ \mathrm{pulse/10msec}$$
$$\Longrightarrow K_1 = 0.3413\ \mathrm{pulse/10msec/RPM}$$

(가) 절대적 형태

그림 19.16에서 $\bar{e}(t)$ 와 $\bar{v}(t)$ 는 각각 pulse/10msec 단위의 오차와 0.1% 단위의 출력 듀티비를 나타낸다. PID 제어기를 이들 변수로 표현하면 PID 제어기의 절대형인 식 (19.13)은 다음과 같다.

$$10v(k) = \frac{10}{K_1}\left[K_P K_1 e(k) + \overline{K}_I \sum_{i=0}^{k} K_1 e(i) + \overline{K}_D \{K_1 e(k) - K_1 e(k-1)\}\right]$$

$$\Longrightarrow \bar{v}(k) = \frac{10}{K_1}\left[K_P \bar{e}(k) + \overline{K}_I \sum_{i=0}^{k} \bar{e}(i) + \overline{K}_D \{\bar{e}(k) - \bar{e}(k-1)\}\right] \quad (19.18)$$

정수 계산을 위해 식 (19.18)에 큰 정수 N을 곱한다.

$$N\bar{v}(k) = \frac{10NK_P}{K_1}\bar{e}(k) + \frac{10N\overline{K}_I}{K_1}\sum_{i=0}^{k}\bar{e}(i) + \frac{10N\overline{K}_D}{K_1}\{\bar{e}(k) - \bar{e}(k-1)\} \quad (19.19)$$

정수 N은 우변의 각 계수 $10NK_P/K_1$, $10N\overline{K}_I/K_1$, $10N\overline{K}_D/K_1$의 충분한 소수 이하 자리를 보존하도록 선택한다. $N=1000$이면 소수이하 3자리를 보존한다. 다음과 같이 정수형 이득을 정의하자.

$$\widetilde{K_P}=\left[10NK_P/K_1\right],\ \widetilde{K_I}=\left[10N\,\overline{K_I}/K_1\right],\ \widetilde{K_D}=\left[10N\,\overline{K}_D/K_1\right] \tag{19.20}$$

여기서 [·]는 부동소수점의 정수부분을 가려내는 오퍼레이터를 표시한다. 식 (19.19)는 정수 계산 형태로 바꿀 수 있다.

$$\overline{v}(k)=\left[\widetilde{K_P}\,\overline{e}(k)+\widetilde{K_I}\sum_{i=0}^{k}\overline{e}(i)+\widetilde{K_D}\left\{\overline{e}(k)-\overline{e}(k-1)\right\}\right]/N \tag{19.21}$$

제어기의 출력 제한은 다음과 같다.

$$10\ v_l\le\ \overline{v}(k)\le\ 10\ v_u \tag{19.22}$$

(나) 증분형 형태

식 (19.21)을 증분형 형태로 나타내면

$$\begin{aligned}&\Delta\tilde{v}(k)=\widetilde{K_P}\{\overline{e}(k)-\overline{e}(k-1)\}+\widetilde{K_I}\,\overline{e}(k)+\widetilde{K_D}\{\overline{e}(k)-2\,\overline{e}(k-1)+\overline{e}(k-2)\}\\&\tilde{v}(k)=\tilde{v}(k-1)+\Delta\tilde{v}(k),\qquad \tilde{v}(0)=0\end{aligned} \tag{19.23}$$

여기서 $\tilde{v}(k)=N\,\overline{v}(k)$를 나타낸다. $\tilde{v}(k)$를 다음과 같이 제한하고

$$10Nv_l\le\tilde{v}(k)\le 10Nv_u$$

모터에 대한 듀티비 출력은

$$\overline{v}(k)=\tilde{v}(k)/N \tag{19.24}$$

이다.

19.6 속도제어 프로그램 모듈

프로그램 velcon.c는 PID 속도 제어기를 19.5절에서 설명한 방법으로 구현한 속도제어 프로그램모듈이다. 모듈은 속도제어를 PID 방법으로 수행하는 작업함수와 다른 모듈과의 인터페이스를 제공하는 함수로 구성되어 있다. 속도제어 프로그램 모듈의 헤더파일은 velcon.h이다.

void VelConInit(char motor_id, unsigned short interval, int *max_logtime)

설명 : 속도제어 모듈을 초기화한다.

입력 : motor_id - 제어할 모터 번호
interval - 속도제어 작업의 주기(usec)

출력 : max_logtime - 최대 데이터 기록 시간

void VelConSetLogTime(short sec)

설명 : 데이터 기록 시간을 설정한다.

입력 : sec - 데이터 기록 시간(sec)

int VelConGetLogTime(void)

설명 : 설정된 데이터 기록 시간을 얻는다.

반환값 : 데이터 기록 시간(sec)

void VelConMotorOn()

설명 : 모터를 켠다.

void VelConMotorOff()

설명 : 모터를 끈다.

char VelConIsLogEnd()

설명 : 데이터 기록이 종료되었는지 알아본다.

반환값 : 1 - 데이터 기록 종료
0 - 데이터 기록 중

void VelConLogStart()

설명 : 데이터 기록을 시작한다.

float VelConLogIntv()

설명 : 데이터 기록의 시간 간격을 반환한다.

반환값 : 데이터 기록 시간 간격(sec)

void VelConGetGain(float *Kp, float *Ki, float *Kd)

설명 : 설정된 PID 제어기의 제어 이득을 얻는다.

출력 : Kp - 비례 이득(%/RPM)
Ki - 적분 이득(%/(RPM*sec))
Kd - 미분 이득(%/(RPM/sec))

void VelConSetGain(float Kp, float Ki, float Kd)

설명 : PID 제어기의 제어 이득 K_P, K_I, K_D를 설정한다.

입력 : Kp - 비례 이득(%/RPM)
Ki - 적분 이득(%/(RPM*sec))
Kd - 미분 이득(%/(RPM/sec))

void VelConSetVelRPM(float vel_rpm)

설명 : 속도 제어기의 기준 속도를 RPM 단위로 설정한다.

입력 : vel_rpm - 기준 속도(RPM)

void VelConSetVelPPS(long vel_pps)

설명 : 속도 제어기의 기준 속도를 PPS(pulse per sec) 단위로 설정한다.

입력 : vel_pps - 기준 속도(pps)

void VelConGetData(float* rpm_ref, float* rpm)

설명 : 설정된 기준 속도와 현재 속도를 얻는다.

출력 : rpm_ref - 설정된 기준 속도(RPM)
rpm - 현재 속도(RPM)

int VelConBufferSize(void)

설명 : 버퍼의 크기를 리턴한다..

반환값 : 데이터 버퍼의 크기

void VelConGetBufferData(float* rpm_ref, float* rpm, float* duty, int idx)

설명 : 데이터 버퍼로부터 기록된 데이터를 얻는다.

입력 : idx - 버퍼 인덱스

출력 : rpm_ref - 기록된 기준 속도(RPM)
rpm - 기록된 측정 속도(RPM)
duty - 기록된 듀티비 출력(%)

void VelCon_abs(unsigned char tid)

설명 : 절대형 속도제어 작업 함수

void VelCon_inc(unsigned char tid)

설명 : 증분형 속도제어 작업 함수

그림 19.17은 속도제어기를 사용하는 방법을 보여준다. 속도제어 작업 함수로는 VelCon_abs()

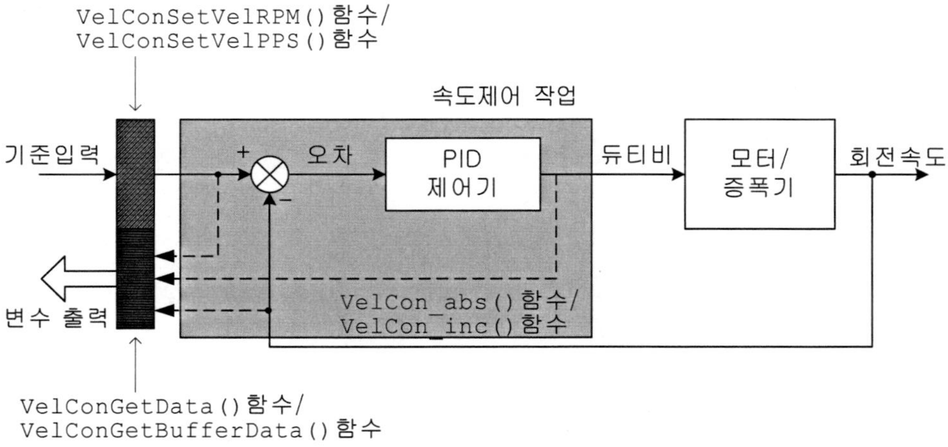

그림 19.17 속도제어 프로그램 모듈의 작업 함수 및 인터페이스 함수

와 VelCon_inc() 함수를 사용할 수 있다. 기준 입력은 VelConSetVelRPM() 또는 VelConSetVelPPS()로 설정할 수 있고 변수 출력은 VelConGetData() 또는 VelConGetBufferData() 함수로 얻을 수 있다. 제어 작업에서 사용되는 각종 파라미터는 속도제어 프로그램 모듈에선 제공하는 인터페이스 함수를 사용하여 설정할 수 있다.

DC 모터의 속도는 속도제어 프로그램 모듈에서 제공하는 작업 함수 및 인터페이스 함수를 사용하여 쉽게 제어할 수 있다. 프로그램 velconex.c는 제어 이득을 $K_P = 0.0127$, $K_I = 0.511$, $K_D = 0$ 로 설정하고 기준 속도를 하이퍼 터미널로부터 받아 DC 모터의 속도를 제어하는 프로그램이다.

[프로그램 velconex.c]

```
//============================
// 속도제어 예제
//============================
#include <stdio.h>
#include <avr/interrupt.h>

#include "usart.h"                          // 직렬 통신
#include "scheduler.h"                      // 스케줄러
#include "velcon.h"                         // 속도제어 모듈

int main()
{
     int max_exptime;

     Usart0Init(38400);                     // 직렬 통신 - 38400 보레이트
     SCHDInit();                            // 스케줄러 초기화
     sei();

     //모터 #1의 속도제어 루프초기화
     VelConInit(1, 10000, &max_exptime);
     VelConSetGain(0.0127, 0.511, 0);       // 이득 설정
     VelConMotorOn();                       // 모터를 켠다.

     SCHDAddTask(0, VelCon_inc);            // 증분형 속도제어 작업 등록
     SCHDStartAllTask(0);                   // 작업 시작

     while(1)
```

```
	{
		float ref_vel;			// 기준 속도

		printf("모터 기준속도 입력(RPM) : ");
		scanf("%f", &ref_vel);		// 기준 속도 입력
		VelConSetVelRPM(ref_vel);	// 기준 속도 설정
	}
}
```

[헤더파일 velcon.h]

```
//==================================================
// 속도제어 모듈
// 헤더 파일 velcon.h
//==================================================
//
#ifndef __VELCON_H__
#define __VELCON_H__

void VelConInit(char motor_id, unsigned short interval,
                int *max_exptime);
void VelConSetLogTime(short sec);
int  VelConGetLogTime(void);

void  VelConMotorOn(void);
void  VelConMotorOff(void);
char  VelConIsLogEnd(void);
void  VelConLogStart(void);
float VelConLogIntv(void);
void  VelConGetGain(float *Kp, float *Ki, float *Kd);
void  VelConSetGain(float Kp, float Ki, float Kd);
void  VelConSetVelRPM(float vel_rpm);
void  VelConSetVelPPS(long  vel_pps);
void  VelConGetData(float* rpm_ref, float* rpm);
int   VelConBufferSize(void);
void  VelConGetBufferData(float* rpm_ref, float* rpm,
                          float* duty, int idx);
void  VelCon_abs(unsigned char tid);
void  VelCon_inc(unsigned char tid);

#endif          // __VELCON_H__
```

[프로그램 velcon.c]

```
//===========================
// 모터 속도제어 모듈 - velcon.c
//===========================
//
#include <avr/io.h>
#include <util/delay.h>

#include "motorsystem.h"
#include "scheduler.h"

#include "velcon.h"
#include "counter.h"
#include "motordrv.h"

#define N_DATA         (1024+512)
#define N_GAIN         10000L
#define OUT_UP         500          // 최대 듀티비
#define OUT_LO         -500         // 최소 듀티비
#define N_OUT_UP       (N_GAIN*OUT_UP)
#define N_OUT_LO       (N_GAIN*OUT_LO)

static volatile float          intv_sec;     // 작업 주기-sec
static volatile unsigned short intv_usec;    // 작업 주기-msec
static volatile unsigned short intv_tick;    // 작업 주기-틱수

static volatile long  vel_cmd=0;      // 기준 속도(count/intv_sec)
static volatile long  vel;            // 현재 속도(count/intv_sec)
static volatile long  vel1;           // 이전 속도

static volatile long  err = 0;        // 현재 오차
static volatile long  ierr = 0;       // 누적 오차
static volatile long  err1 = 0;       // 이전 오차
static volatile long  err2 = 0;
static volatile short u_con=0;        // 제어출력(0.1% duty)
static volatile long  Kp_tilde = 0; // 내부 비례 이득
static volatile long  Ki_tilde = 0; // 내부 적분 이득
static volatile long  Kd_tilde = 0; // 내부 미분 이득

//================
// Log 데이터 버퍼
```

```
//=================
static volatile long  cmd_buffer[N_DATA];  // 기준 명령
static volatile long  vel_buffer[N_DATA];  // 속도
static volatile short duty_buffer[N_DATA]; // 입력 듀티비
static volatile short buffer_index;        // 버퍼 인덱스
static volatile short n_data = N_DATA;     // 버퍼 사이즈
static volatile char  log_end;
static volatile char  motor_num = 1;       // 모터 번호

//================================================
// 속도제어 루프를 초기화한다.
//    입력 : motor_id - 사용할 모터 id(1 or 2)
//           interval  - 작업주기(usec)
//    출력 : max_logtime - 최대 데이터 기록시간(sec)
//================================================
//
void VelConInit(char motor_id, unsigned short interval,
                                    int *max_logtime)
{
      int i;

      if(motor_id == 1 || motor_id == 2)
            motor_num = motor_id;
      else
            motor_num = 1;              // 디폴트 값

      intv_usec = interval;
      intv_sec  = (float)interval/1000000.;
      intv_tick = SCHDGetTicks(interval);

      MotorDrvInit(20);
      if(motor_num == 1)
      {
            Counter1Init();             // Counter #1 초기화
            MotorDrvSetDuty1(500);      // 모터 스톱
      }
      else
      {
            Counter2Init();             // Counter #2 초기화
            MotorDrvSetDuty2(500);      // 모터 스톱
      }

      VelConMotorOn();                  // 모터를 켠다.
```

```
	for(i=0; i<N_DATA; i++)
	{
		cmd_buffer[i] = 0;
		vel_buffer[i] = 0;
	}
	buffer_index = 0;
	log_end = 1;
	vel_cmd = 0;

	*max_logtime = (int) ((float) n_data * intv_sec);
}

//==================================================
// 데이터 기록 시간을 설정한다.
//	sec - 기록을 수행하는 시간(초)
//==================================================
//
void VelConSetLogTime(short sec)
{
	n_data = (short) ((float)sec / intv_sec+0.5);

	if(n_data > N_DATA)
		n_data = N_DATA;
}

//==================================================
// 설정된 데이터 기록 시간을 알려준다.
//	반환값 - 데이터 기록을 수행하는 시간(초)
//==================================================
//
int VelConGetLogTime(void)
{
	return ((int) ((float) n_data * intv_sec));
}

//==================================================
// 모터를 켠다.
//==================================================
//
void VelConMotorOn()
{
	if(motor_num == 1)
		MotorDrvON1();
```

```
    else
          MotorDrvON2();
}

//======================
// 모터를 끈다.
//======================
//
void VelConMotorOff()
{
    if(motor_num == 1)
          MotorDrvOFF1();
    else
          MotorDrvOFF2();
}

//======================================
// 데이터 저장이 종료되었는지 알아본다.
//    반환값 :              1 - 종료
//                          0 - 데이터 기록 중
//======================================
//
char VelConIsLogEnd()
{
    return log_end;
}

//======================================
// 데이터 저장을 시작한다.
//======================================
//
void VelConLogStart()
{
    cli();
    log_end = 0;                        // 데이터 기록 시작
    buffer_index = 0;                   // 인덱스를 0으로 한다.
    sei();
}

//======================================
// 데이터 저장 간격을 sec 단위로 반환한다.
//======================================
//
```

```
float VelConLogIntv()
{
      return ((float)intv_usec/1000000.);
}


//========================================
// 설정 이득을 얻는다.
//    출력: Kp - 비례 이득(%/RPM)
//          Ki - 적분 이득(%/(RPM*sec))
//          Kd - 미분 이득(%/(RPM/sec))
//========================================
//
void VelConGetGain(float *Kp, float *Ki, float *Kd)
{
      *Kp = (float) Kp_tilde/((float)N_GAIN*10.);
      *Ki = (float) Ki_tilde/(intv_sec*(float) N_GAIN*10.);
      *Kd = (float) Kd_tilde*intv_sec/((float) N_GAIN*10.);

      *Kp = *Kp * ENCODER_PPR * intv_sec / 60.;
      *Ki = *Ki * ENCODER_PPR * intv_sec / 60.;
      *Kd = *Kd * ENCODER_PPR * intv_sec / 60.;
}

//=========================================
// 이득을 설정한다.
//    입력: Kp - 비례 이득(%/RPM)
//          Ki - 적분 이득(%/(RPM*sec))
//          Kd - 미분 이득(%/(RPM/sec))
//=========================================
//
void VelConSetGain(float Kp, float Ki, float Kd)
{
      long Kpt, Kit, Kdt;

      Kpt= (long) (Kp * 10 * N_GAIN * 60. / intv_sec
                                     /(float)ENCODER_PPR);
      Kit = (long) (Ki * 10 * N_GAIN * 60.
                                    / (float)ENCODER_PPR);
      Kdt = (long) (Kd * 10 * N_GAIN * 60.
            / (intv_sec * intv_sec) / (float) ENCODER_PPR);

      cli();
```

```
	Kp_tilde = Kpt;
	Ki_tilde = Kit;
	Kd_tilde = Kdt;
	sei();
}

//============================================
// 속도제어 시스템의 기준 속도 명령 설정한다.
//	vel_rpm  - 기준 속도 명령(RPM)
//============================================
//
void VelConSetVelRPM(float vel_rpm)
{
	long velocity;			// 틱당 펄스수

	velocity = (long) (vel_rpm*ENCODER_PPR*intv_sec/60.);

	cli();
	vel_cmd = velocity;
	sei();
}

//============================================
// 속도제어 시스템의 기준 속도를 설정한다.
//	vel_pps  - 기준 속도 명령(PPS)
//============================================
//
void VelConSetVelPPS(long vel_pps)
{
	long velocity;			// 틱당 펄스수

	velocity = (vel_pps * (intv_usec/100L))/10000L;

	cli();
	vel_cmd = velocity;
	sei();
}

//==================================================
// 기준 속도와 현재 속도를 출력한다.
// 출력:
//	rpm_ref			- 기준 속도(RPM)
//	rpm			- 현재 속도(RPM)
```

```
//=================================================
//
void VelConGetData(float* rpm_ref, float* rpm)
{
      int vcmd, v;

      cli();
      vcmd = vel_cmd;
      v    = vel;
      sei();

      *rpm_ref     =((float)vcmd*60./(intv_sec*ENCODER_PPR));
      *rpm         =((float)v   * 60./(intv_sec*ENCODER_PPR));
}

//===========================
// 버퍼의 크기를 반환한다.
//===========================
//
int VelConBufferSize(void)
{
      return n_data;
}
//=============================================
// 버퍼에 있는 데이터를 얻는다.
// 입력 : idx - 버퍼의 인덱스
// 출력:
//    rpm_ref     - 기준 속도(RPM)
//    rpm         - 현재 속도(RPM)
//   duty         - 제어기 출력(duty %)
//=============================================
//
void VelConGetBufferData(float* rpm_ref, float* rpm,
                         float* duty, int idx)
{
      if(!log_end || idx >= n_data)
           return;

      *rpm_ref = ((float)cmd_buffer[idx] * 60.
                          / (intv_sec * ENCODER_PPR));
      *rpm     = ((float)vel_buffer[idx] * 60.
                          / (intv_sec * ENCODER_PPR));
      *duty    =  (float)duty_buffer[idx]/10.;
```

```
}

//=============================================
// 속도제어 작업(절대형)
//=============================================
//
void VelCon_abs(unsigned char tid)
{
      long derr;

      SCHDRestartTask_DisabledI(tid, intv_tick);

      if(motor_num == 1)
      {
            Counter1ReadCount((long *) &vel);
            Counter1SetCount(10L);
      }
      else
      {
            Counter2ReadCount((long *) &vel);
            Counter2SetCount(10L);
      }
      vel -= 10L;                        // 0으로 리셋하면 역회전시 문제점 발생

      sei();

      err = vel_cmd - vel;               // 현재 오차
      ierr += err;                       // 누적 오차
      derr = err - err1;

      u_con = (short) ((Kp_tilde * err + Ki_tilde * ierr
                    + Kd_tilde * derr) / N_GAIN);

      if(u_con > OUT_UP) u_con = OUT_UP;
      if(u_con < OUT_LO) u_con = OUT_LO;

      MotorDrvSetDuty1(u_con+500);  // 듀티비 출력

      if(!log_end)        // 데이터 기록
      {
            cmd_buffer[buffer_index] = vel_cmd;
            vel_buffer[buffer_index] = vel;
            duty_buffer[buffer_index]= u_con;
```

```
            buffer_index++;

            if(buffer_index == n_data)
                log_end = 1;
        }
        err1 = err;
}
//==================================
// 속도제어 작업(증분형)
//==================================
//
void VelCon_inc(unsigned char tid)
{
        static volatile long u=0;
        long du, derr, dderr;

        SCHDRestartTask_DisabledI(tid, intv_tick);

        if(motor_num == 1)
        {
            Counter1ReadCount((long *) &vel);
            Counter1SetCount(10L);
        }
        else
        {
            Counter2ReadCount((long *) &vel);
            Counter2SetCount(10L);
        }
        vel -= 10L;                    // 0으로 리셋하면 역회전시 문제점 발생

        sei();

        err = vel_cmd - vel;           // 현재 오차
        derr = err - err1;
        dderr = err - 2 * err1 + err2;

        du = (Kp_tilde * derr + Ki_tilde * err
           + Kd_tilde * dderr);

        u += du;

        if(u > N_OUT_UP) u = N_OUT_UP;
        if(u < N_OUT_LO) u = N_OUT_LO;
```

```
        u_con = (short) (u/N_GAIN);

        MotorDrvSetDuty1(u_con+500);  // 듀티비 출력

        if(!log_end)                  // 데이터 기록
        {
              cmd_buffer[buffer_index] = vel_cmd;
              vel_buffer[buffer_index] = vel;
              duty_buffer[buffer_index]= u_con;

              buffer_index++;

              if(buffer_index == n_data)
                          log_end = 1;
        }
        err2 = err1;
        err1 = err;
}
```

19.7 속도제어 실험

19.7.1 다중작업의 구성

제어 이득 설정에 따른 폐루프 시스템의 성능을 평가하기 위해 계단응답과 사인파응답 실험을 수행할 수 있도록 그림 19.18과 같이 프로그램을 구성한다.

함수 발생 작업 : 10msec 주기를 가지며 사용자의 요구에 따라 계단 신호/사인파 신호를 발생한다. 발생된 신호는 `VelConSetVelPPS()` 인터페이스 함수를 통하여 속도제어 작업의 기준 입력으로 가해진다. 속도제어 작업이 함수 발생작업의 입력을 받아 동작하므로 함수 발생작업의 우선순위를 가장 높게 작업-0으로 설정한다.

속도제어 작업 : 회전속도를 측정하고 기준 속도 입력과의 오차를 계산하여 PID 제어 동작을 수행한다. 10msec 주기로 동작하며 실험 데이터 처리를 위해 기준 속도, 현재 속도, 제어기 출력 듀티비를 버퍼에 기록한다. PID 제어기는 절대적 형태와 증분형 형태 두 가지를 모두 포함하며 사용자가 선택할 수 있다. 작업 우선순위는 함수 발생 작업 다음으로 작업-1로 설정한다.

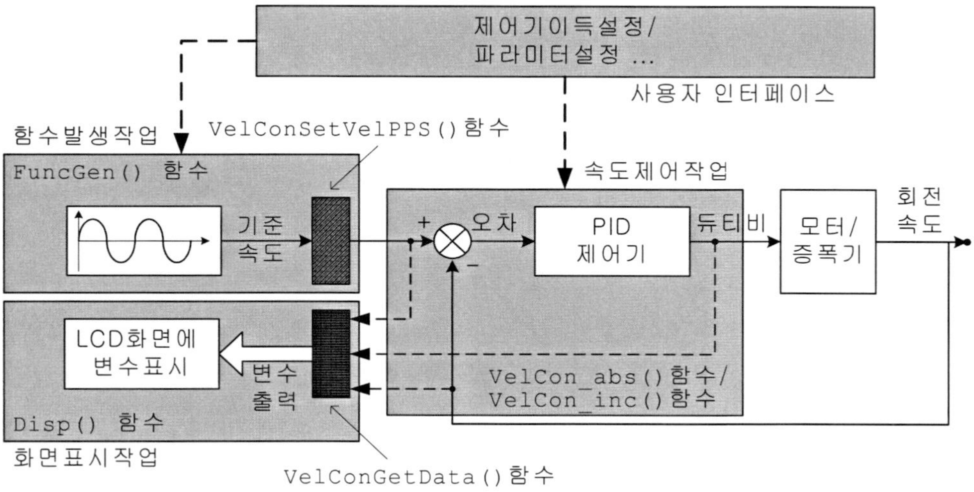

그림 19.18 속도제어 실험 프로그램의 구성

데이터 표시 작업 : 현재의 기준 속도와 모터 속도를 LCD에 표시하는 작업이다. 빠른 갱신 속도가 필요하지 않으므로 150msec 주기로 동작한다. 작업 우선순위는 가장 낮게 작업-2로 설정한다.

사용자 인터페이스 작업 : Background 작업(비실시간 작업)으로 제어 이득과 같은 실시간 작업의 파라미터를 설정하고 폐루프 응답 실험을 한다. 실험 종료 후 PC에 실험 데이터를 전송하여 실험 데이터를 후처리할 수 있도록 한다.

각 작업의 우선순위 및 작업 주기는 헤더파일 task.h에서 매크로로 정의되어 있다. 이 매크로를 편집하여 우선순위 및 작업주기를 조정할 수 있다. 현재 작업주기는 다음과 같이 모두 10msec로 설정되어 있다.

```
#define FUNCGEN_INTV    1000    // 함수발생 작업의 주기 (usec)
#define VELCON_INTV     1000    // 속도제어 작업의 주기 (usec)
```

19.7.2 프로그램 구성

실험 프로그램의 구성은 다음과 같다.

기존프로그램 : (13.4절을 참조하여 프로젝트를 설정)

usart0.c usart.h(13.3절) lcd.c lcd.h(13.1절) exmem.c(12.5절)
motordrv.c motordev.h(14.5절) counter.c counter.h (15.5절)
scheduler.c scheduler.h(17.3절) motorsystem.h(18.3절)

새로 작성한 프로그램 :

velconexp.c : 프로그램을 초기화하고 비실시간 작업인 사용자 인터페이스 작업을 수행한다. 실시간 작업의 파라미터를 설정할 수 있으며 계단응답 실험 및 사인파응답 실험을 시작한다. 실험 종료 후 속도제어 작업에서 기록한 속도 데이터를 PC에 전송한다.

velcondisp.c : 화면표시 프로그램 모듈이다. 화면표시 작업 함수와 인터페이스 함수로 구성되어 있다. 화면표시 작업 함수 `Disp()`는 속도제어 작업 모듈의 `VelConGetData()` 인터페이스 함수를 사용하여 기준 속도와 현재 속도를 읽어 LCD 화면에 표시한다.

velfuncgen.c : 함수 발생 프로그램 모듈로 작업 함수와 인터페이스 함수로 구성된다. 함수 발생 작업 함수 `FuncGen()`은 사용자 인터페이스 모듈의 명령에 따라 계단 신호 또는 사인파 신호를 발생하여 속도제어 작업 모듈의 `VelConSetVelPPS()` 함수를 통하여 속도제어기의 기준속도를 설정한다. 사인값 계산은 시간이 많이 소요되는 연산이므로 사인파 신호 발생 전에 사인값을 미리 계산하여 테이블에 저장한다. 작업 함수에서는 사인 테이블 값을 읽어 출력함으로써 실행속도를 높인다. 테이블의 개수는 매크로 `N_FUNCDATA`로 정의된다. 작업주기가 10msec이면 `N_DATA* 0.01`초 동안 사인함수를 발생한다.

velcon.c : 19.6절에서 설명한 속도제어 프로그램 모듈이다. 외부 모듈은 인터페이스 함수 `VelConLogStart()`의 명령으로 변수를 버퍼에 기록할 수 있다. 버퍼의 크기는 매크로 `N_DATA`로 정의한다. 19.5.3절의 상수 N은 매크로 `N_GAIN`으로 표현된다.

task_id.h : 작업 id 및 작업주기 설정

➤ 프로그램에서는 실험 중 설정한 파라미터를 EEPROM에 저장한다. 12.6.3절에서 설명한 바와 같이 ATmega128의 Brownout Detection 기능을 활성화시켜 EEPROM에 저장한 데이터가 손상되지 않도록 한다.

19.7.3 프로그램 수행

프로그램을 시작하면 다음 화면이 표시된다. 메뉴의 제목에는 현재 실험할 모터와 사용할 제어기가 표시된다.

```
《《 속도제어 실험 : 모터 #1, 증분형 제어기 》》
    1. 기준 속도를 설정한다.
    2. 계단응답 실험을 한다.
    3. 사인파응답 실험을 한다.
    4. 실험 수행 시간을 변경한다.
    5. 실험 데이터를 PC로 전송한다.
    6. 이득을 설정한다.
    7. 이득 및 실험 수행 시간을 EEPROM에 저장한다.
    8. 이득을 표시한다.
    9. 모터를 켠다.
   10. 모터를 끈다.
   11. 모터 및 제어기 형태를 변경한다.

   선택 :
```

메뉴 1 : 실험을 시작할 때 초기 속도를 설정한다. 속도 단위는 RPM이다.

메뉴 2 : 계단응답 실험을 수행한다. 메뉴 선택 후 계단 입력 크기를 RPM 단위로 입력한다. 크기 설정 후 1초 후에 계단 입력이 가해진다.

메뉴 3 : 사인파응답 실험을 수행한다. 메뉴 선택 후 사인파 입력 크기와 주파수를 입력한다. 크기는 RPM 단위, 주파수는 Hz 단위로 입력한다. 설정 후 사인파응답 실험이 시작된다.

메뉴 4 : 실험 수행 시간을 초 단위로 변경한다.

메뉴 5 : 실험 수행 후 데이터를 PC에 전송한다. 실험 완료 후 입력/출력 데이터는 내부 버퍼에 저장된다. 이 메뉴를 선택하면 내부 버퍼에 있는 값이 PC에 전송된다. 메뉴 선택 전에 하이퍼터미널의 [전송] → [텍스트 캡처]를 선택하고 파일명을 지정한다. 전송이 끝나게 되면 다시 하이퍼터미널의 [전송] → [텍스트 캡처] → [중단]을 선택한다. 데이터는 선택한 파일에 다음과 같은 형식으로 저장된다.

```
%
% 모터 #1 : 속도제어 실험 데이터
%
% 제어기 형태 : 증분형
%
% 데이터 간격 0.010000sec
% 비례 이득 :  0.083999 (%/RPM)
% 적분 이득 :  1.819989 (%/(RPM*sec))
% 미분 이득 :  0.000000 (%/(RPM/sec))
%
% 1.count   2.설정속도(RPM)   3.속도(RPM)   4.제어기 출력(%)
%

   0      999.02     1007.81      6.90
   1      999.02     1007.81      6.80
   2      999.02     1004.88      6.90
   3      999.02      993.16      8.00
   4      999.02      990.23      8.40
```

처음 열두 행은 실험 데이터의 시간 간격과 이득 및 기록한 데이터 종류를 보여준다. 예에서 각 행의 데이터는 10msec 간격으로 수집되었다. 데이터의 1열은 데이터 값을 저장한 순서를 나타낸다. 2열은 RPM 단위의 기준 속도, 3열은 RPM 단위의 회전 속도, 4열은 제어기 출력 듀티비를 % 단위로 나타낸다.

메뉴 6 : 제어 이득 K_P, K_I, K_D을 설정한다.

메뉴 7 : 제어 이득 및 실험 수행 시간을 EEPROM에 저장한다.

메뉴 8 : 설정된 제어 이득을 표시한다.

메뉴 9 : 모터를 켠다.

메뉴 10 : 모터를 켠다.

메뉴 11 : 실험할 모터와 제어기의 형태를 변경한다.

19.7.4 속도제어 실험

회전부하를 모터에 장착하고 다음 실험을 수행한다.

(1) 적분 이득과 미분 이득을 0으로 하여 비례 제어에 대한 계단응답 실험을 수행한다. 비례 제어 이득은 폐루프 시스템의 시정수가 18장에서 얻은 개루프 시스템의 시정수의 50%와 25%가 되도록 설정하고 계단응답을 관찰한다. 그리고 이론적 응답과 실험 데이터를 비교한다(순수 비례 제어에서는 절대형 제어기 형태를 사용한다. 계단 입력 크기는 포화가 일어나지 않도록 선택하여 선형 구간에서 작동하도록 한다).

(2) 비례 이득과 미분 이득을 0으로 하여 적분 제어 실험을 한다. 적분 이득을 감쇠비가 0.5와 0.1이 되도록 설정하고 이론적 응답과 실험 데이터를 비교 검토한다. 포화가 일어나지 않도록 계단 입력 크기를 선정하고 증분형 제어기 형태를 사용한다.

(3) 근궤적법을 사용하여 정상상태 오차가 없고 정착 시간을 개루프 전달함수의 시정수와 같도록 PID 제어 이득을 설정한다. 그리고 설정된 이득으로 계단응답 실험을 수행하고 예상 계단응답과 실제 응답을 비교 검토한다. 그리고 포화가 일어나도록 계단 입력을 가하고 절대형과 증분형의 출력을 비교 검토한다.

(4) 변형된 PI 제어기를 구성하고 실험 (3)를 수행한다.

[프로그램 velconexp.c]

```
//==============================================================
// 속도제어 루프 실험 main() 함수
//==============================================================
//
#include <stdio.h>
#include <stdlib.h>
#include <avr/eeprom.h>
#include <avr/wdt.h>
#include <avr/interrupt.h>

#include "lcd.h"
#include "usart.h"
#include "scheduler.h"
#include "task.h"
#include "velcon.h"
```

```
#include "velfuncgen.h"
#include "velcondisp.h"

static char select_motor(void);
static char select_form(void);
static int menu();

static char string[20];
#define ABS(x)   ((x)>0 ? (x) : -(x))

struct Parameter
{
    int   sec;                            // 실험 수행 시간
    float Kp;                             // 비례 이득
    float Ki;                             // 적분 이득
    float Kd;                             // 미분 이득
};

static struct Parameter ee_par   EEMEM;      // EEPROM 변수
static char ee_motor_id, ee_controller_form;

static char motor_id, controller_form;
int main()
{
  struct Parameter par;
  int max_exptime;

  LcdInit();                              // LCD 초기화
  Usart0Init(38400);                      // 직렬 통신 - 38400 보레이트
  SCHDInit();                             // 스케쥴러 초기화
  sei();

  //
  // EEPROM에 저장된 모터번호와 제어기 형태를 읽는다.
  //
  eeprom_read_block(&motor_id, &ee_motor_id, sizeof(motor_id));
  eeprom_read_block(&controller_form,
          &ee_controller_form, sizeof(controller_form));

  if(!(motor_id==1 || motor_id==2) ||
     !(controller_form==ABS_FORM ||
       controller_form==INC_FORM))
  {      // 저장된 제어기가 없음
```

```
    printf("\n\n\n");
    motor_id = select_motor();              // 사용할 모터 설정
    controller_form = select_form();        // 제어기 형태 설정
    printf("\n\n");

    eeprom_write_block(&motor_id, &ee_motor_id,
                                 sizeof(motor_id));
    eeprom_write_block(&controller_form,
          &ee_controller_form, sizeof(controller_form));
}
else
{
    printf("\n\n실험할 모터 : #%d\n", motor_id);
    printf("제어기 형태 : %s\n\n\n",
         controller_form==ABS_FORM ? "절대형" : "증분형");
}

// 작업 초기화
FuncGenInit(FUNCGEN_INTV);                  // 함수발생 작업
VelConInit(VELCON_INTV, &max_exptime);      // 속도제어 작업
DispInit(DISP_INTV);                        // 화면표시 작업

//============================================
// EEPROM에 저장된 변수를 읽는다.
//============================================
eeprom_read_block(&par, &ee_par, sizeof(par));
if(par.sec != 0xffff)           // 파라미터 설정값이 저장되어 있음
{
      VelConSetGain(par.Kp, par.Ki, par.Kd);
      VelConSetLogTime(par.sec);
}

//============================================
// 작업 등록 및 시작
//============================================
//
SCHDAddTask(FUNCGEN_TID, FuncGen);          // 함수발생 작업
if(controller_from == ABS_FORM)
   SCHDAddTask(VELCON_TID, VelCon_abs); // 절대형 속도제어 작업
else
   SCHDAddTask(VELCON_TID, VelCon_inc); // 증분형 속도제어 작업
SCHDAddTask(DISP_TID, Disp);                // 화면표시 작업

SCHDStartAllTask(0);                        // 작업 시작

while(1)
{
```

```
int   cmd, n_size, i, exptime;
float amp, rpm_ref, rpm, hz, duty;
float Kp, Ki, Kd, intv;
char temp_motor, temp_form;

cmd = menu();

switch(cmd)
{
case 1 :                              // 실험 초기값을 설정
  while(1)
  {       // 기준 속도를 읽는다.
          rpm_ref = FuncGenGetMagnitude();
          printf("현재 설정 속도 : %8.1f RPM\n",
                                      (double)rpm_ref);
          printf("설정 속도 입력(rpm) (-9000 ~ 9000):" );

          if(scanf("%f", &rpm_ref) != 0)
          {
            if(rpm_ref >= -9000 && rpm_ref <= 9000)
               break;
          }
  }
  FuncGenSetNominal(rpm_ref);
  break;

case 2 :                              // 계단응답 실험을 시작한다.
  while(1)
  {       // 기준 속도를 읽는다.
          rpm_ref = FuncGenGetMagnitude();
          printf("현재 설정 속도 : %8.1f RPM\n",
                                      (double) rpm_ref);
          printf("계단 크기 입력(rpm) (-9000 ~ 9000):" );

          if(scanf("%f", &amp) != 0)
          {
            if(rpm_ref+amp >= -9000 && rpm_ref+amp <= 9000)
               break;
          }
  }
  FuncGenApplyStep(amp, 1000); // 1초 후에 계단 입력 가함

  printf("\n 실험 수행시간 : %d sec\n", VelConGetLogTime());
```

```
  printf("\n 계단응답 실험 중 .........");
  while(!VelConIsLogEnd());    // 로깅이 끝날 때를 기다림
  printf("\n 실험 종료\n\n");
  break;

case 3 :                          // 사인파응답 실험을 시작한다.
  while(1)
  {        // 기준 속도를 읽는다.
          rpm_ref = FuncGenGetMagnitude();
          printf("현재 설정 속도 : %8.1f RPM\n",
                                      (double) rpm_ref);
          printf("사인파 진폭(rpm) (0~9000):" );

          if(scanf("%f", &amp) != 0)
          {
            if(rpm_ref-ABS(amp)>=-9000 &&
                rpm_ref+ABS(amp) <= 9000)
               break;
          }
  }
  while(1)
  {
          printf("\n\n사인파 주파수 입력(hz) (0.01 ~ 20):" );
          if(scanf("%f", &hz) != 0)
          {
            if((hz >= 0.01) && (hz <= 20))
               break;
          }
  }
  FuncGenApplySin(amp, hz);

  printf("\n 실험 수행시간 : %d sec\n",
                                  VelConGetLogTime());
  printf("\n 사인파응답 실험 중 .........");
  while(!VelConIsLogEnd());    // 로깅이 끝날 때를 기다림
  printf("\n 실험 종료\n\n");
  break;

case 4 :                          // 실험 시간을 변경한다.
  printf("현재 실험 수행시간 : %d sec\n",
                                  VelConGetLogTime());
  printf("최대 수행 가능시간 : %d sec\n", max_exptime);
  while(1)
```

```
        {
                printf("\n\n실험 수행시간 입력(sec) (1 ~ %d):",
                                                max_exptime );
                if(scanf("%d", &exptime) != 0)
                {
                  if((exptime >= 1) && (exptime <= max_exptime))
                      break;
                }
        }
        VelConSetLogTime(exptime);
        break;

      case 5 :                              // 데이터를 PC로 전송한다.
        printf("하이퍼 터미널의 [전송] → [텍스트 캡처]를 선택\n");
        printf("파일명을 쓴다.\n\n");
        printf("준비가 되면 <enter> 키를 누른다.\n");
        gets(string);

        n_size = VelConBufferSize();      // 버퍼 크기를 얻는다.
        intv   = VelConLogIntv();         // 데이터 간격을 얻는다.
        VelConGetGain(&Kp, &Ki, &Kd);     // 설정 이득을 얻는다.

        printf("%%\n");
        printf("%% 모터 #%d : 속도제어 실험 데이터 \n", motor_id);
        printf("%% \n");
        printf("%% 제어기 형태 : %s\n",
          controller_form == ABS_FORM ? "절대형" : "증분형");
        printf("%%\n");

        printf("%% 데이터 간격 %fsec\n", (double) intv);
        printf("%% 비례 이득 :  %f (%%/RPM)\n", (double)Kp);
        printf("%% 적분 이득 :  %f (%%/(RPM*sec))\n", (double)Ki);
        printf("%% 미분 이득 :  %f (%%/(RPM/sec))\n", (double)Kd);
        printf("%%\n");
        printf("%% 1.count, 2.설정속도(RPM) 3.속도(RPM)  \
                4.제어기 출력(듀티 %%)\n");
        printf("%% \n\n");
        for(i=0; i<n_size; i++)
        {
                VelConGetBufferData(&rpm_ref, &rpm, &duty, i);
                printf("%4d  %10.2f  %10.2f  %10.2f\n", I,
            (double)rpm_ref, (double)rpm, (double)duty);
        }
```

```
    printf("\n%% 데이터 전송이 종료되었음");
    printf("\n%% [전송] → [텍스트 캡처] → [중지]를 선택하고");
    printf("\n%% <enter> 키를 누른다.\n\n");
    gets(string);
    break;

  case 6 :                          // 이득을 설정한다.
    VelConGetGain(&Kp, &Ki, &Kd);
    printf("비례 이득(%10.5f %%/RPM)        : ", (double) Kp);
    scanf("%f", &Kp);
    printf("적분 이득(%10.5f %%/(RPM*sec)) : ", (double) Ki);
    scanf("%f", &Ki);
    printf("미분 이득(%10.5f %%/(RPM/sec)) : ", (double) Kd);
    scanf("%f", &Kd);

    VelConSetGain(Kp, Ki, Kd);
    break;

  case 7 :        // 설정된 이득 및 실험 수행시간을 EEPROM에 저장
    VelConGetGain(&par.Kp, &par.Ki, &par.Kd);
    par.sec = exptime;
    eeprom_write_block(&par, &ee_par, sizeof(par));
    break;
  case 8 :                          // 설정이득을 표시한다.
    VelConGetGain(&Kp, &Ki, &Kd);
    printf("비례 이득 = %10.5f %%/RPM\n", (double) Kp);
    printf("적분 이득 = %10.5f %%/(RPM*sec)\n", (double) Ki);
    printf("미분 이득 = %10.5f %%/(RPM/sec)\n", (double) Kd);
    break;

  case 9 :                          // 모터를 켠다.
    VelConMotorOn();
    break;

  case 10 :                         // 모터를 끈다.
    VelConMotorOff();
    break;

  case 11 :
    printf("\n\n");
    temp_motor = select_motor();
    temp_form  = select_form();
```

```
        if(!(temp_motor == motor_id && temp_form ==
                                        controller_form))
        {
            motor_id = temp_motor;
            controller_form = temp_form;

            eeprom_write_block(&motor_id, &ee_motor_id,
                                        sizeof(motor_id));
            eeprom_write_block(&controller_form,
             &ee_controller_form, sizeof(controller_form));

            printf("\n\n실험할 모터 또는 제어기 형태가 변경.\n");
            printf("시스템을 리셋하고 다시 시작함.....\n");

            wdt_enable(WDTO_1S);        // 시스템 리셋
            while(1);
        }
      }
  }
}

static char select_motor()
{
  long val;
  do
  {
     printf("실험에 사용할 모터는? (1, 2) ");
     gets(string);

     val = strtol(string, NULL, 10);
  }while(!(val == 1 || val == 2));
  return (char) val;
}

static char select_form()
{
  long val;
  do
  {
     printf("실험에 사용할 제어기 형태는?(절대형:1,증분형:2)");
     gets(string);

     val = strtol(string, NULL, 10);
```

```
  }while(!(val == 1 || val == 2));
  return (char) val;
}

static int menu()
{
  long val;

  do
  {
     printf("\n\n << 속도제어 실험:모터 #%d, %s >> \n\n",
                motor_id, controller_form == ABS_FORM ?
                                         "절대형" : "증분형");
     printf("1.  기준 속도를 설정한다.\n");
     printf("2.  계단응답 실험을 한다.\n");
     printf("3.  사인파응답 실험을 한다.\n");
     printf("4.  실험 수행시간을 변경한다.\n");
     printf("5.  실험 데이터를 PC로 전송한다.\n");
     printf("6.  이득을 설정한다.\n");
     printf("7.  이득 및 실험 수행시간을 EEPROM에 저장한다.\n");
     printf("8.  이득을 표시한다.\n");
     printf("9.  모터를 켠다.\n");
     printf("10. 모터를 끈다.\n");
     printf("11. 모터 및 제어기 형태를 변경한다.\n");
     printf("\n선택 : ");

     gets(string);                        // 키보드 입력을 문자열로 받는다.

     val = strtol(string, NULL, 10);
  }while(val < 1 || val > 11);

  return (int)val;
}
```

[헤더파일 task.h]

```
#ifndef __TASK_H__
#define __TASK_H__

//==========================
// Task ID
//==========================
#define FUNCGEN_TID      0
```

```
#define VELCON_TID        1
#define DISP_TID          2

//========================
// Task Interval(usec)
//========================
#define FUNCGEN_INTV      10000            함수 발생 작업주기(usec)
#define VELCON_INTV       10000            속도제어 작업주기(usec)
#define DISP_INTV         30000            데이터표시 작업주기(usec)

#endif  // __TASK_H__
```

[헤더파일 velfuncgen.h]

```
#ifndef __VELFUNCGEN_H__
#define __VELFUNCGEN_H__

void  FuncGenInit(unsigned short interval /* usec */);
void  FuncGenSetNominal(float value);
float FuncGenGetMagnitude(void);
void  FuncGenApplyStep(float amp, short msec);
void  FuncGenApplySin(float amp, float Hz);
void  FuncGen(unsigned char tid);

#endif  // __VELFUNCGEN_H__
```

[프로그램 velfuncgen.c]

```
//==================================================
// velfuncgen.c
// 속도제어 실험을 위한 함수 발생기
//==================================================

#include <math.h>

#include "scheduler.h"
#include "motorsystem.h"
#include "velfuncgen.h"
#include "velcon.h"
```

```
#define N_FUNCDATA          (1024+512)

static volatile unsigned short intv_usec;   // 작업 주기-usec
static volatile unsigned short intv_tick;   // 작업 주기-틱수
static volatile unsigned short step_start=0;// 스텝 시작
static volatile unsigned short task_count;  // 작업 카운트
static volatile unsigned short n_data;
static volatile long amplitude;  // 계단 크기 또는 사인파 진폭
static volatile long output;     // 함수 출력

static volatile char   mode;     // 0-출력 변화 없음,
                                 // 1-계단 입력 모드, 2-사인파 입력 모드
static volatile long SinTable[N_FUNCDATA]; //사인 테이블

#define NONE_MODE       0
#define STEP_MODE       1       // 계단 입력 실험
#define SINE_MODE       2       // 사인파 입력 실험

#define RPM2PPS(rpm)    ((long) ((rpm)*ENCODER_PPR/60.))
#define PPS2RPM(pps)    ((float)((pps)*60L/ENCODER_PPR))

//========================================================
// 함수 발생기를 초기화한다.
//      입력 : interval - 작업 주기(usec)
//========================================================
//
void FuncGenInit(unsigned short interval /* usec */)
{
    int i;

    intv_usec = interval;
    intv_tick = SCHDGetTicks(interval);

    amplitude  = 0;
    output     = 0;                   // 모터 정지
    mode   = NONE_MODE;

    // 사인테이블값을 0으로 초기화
    for(i=0; i<N_FUNCDATA; i++)
          SinTable[i] = 0;
}
```

```
//=======================================================
// 실험 초기값을 설정한다.
// 입력 : rpm - 속도 초기값(RPM)
//=======================================================
//
void FuncGenSetNominal(float rpm)
{
    output = RPM2PPS(rpm);
}

//=======================================================
// 현재 함수 발생기의 출력값을 반환한다.
// 반환값 - 출력값(RPM)
//=======================================================
//
float FuncGenGetMagnitude(void)
{
    long mag;

    cli();
    mag = output;
    sei();

    return PPS2RPM(mag);
}

//=======================================================
// 주어진 시간 msec후에 계단 입력을 가한다.
//  입력 : amp  - 계단 입력 크기(RPM)
//         msec - 계단 입력이 가해질 시간(msec 단위)
//=======================================================
//
void FuncGenApplyStep(float amp, short msec)
{
    cli();

    step_start = (unsigned short) (((long) msec * 1000L)
                        /intv_usec);// 계단 입력을 시작할 작업카운트
    amplitude  = RPM2PPS(amp);        // 계단 입력 크기(pps)
    task_count = 0;

    mode = STEP_MODE;
    VelConLogStart();                 // 속도제어 실험의 데이터 로깅 시작
```

```
    sei();
}

//=====================================================
// 사인파를 초기화한 후 사인파 입력을 모터에 가한다.
//   입력 : amp  - 사인파 진폭(RPM)
//          Hz   - 사인파 주파수(hz)
//=====================================================
//
void FuncGenApplySin(float amp, float Hz)
{
    int i, sec;
    float dt, omega;

    // 속도제어 모듈에서 실험 수행시간을 읽는다.
    sec = VelConGetLogTime();

    //====================
    // 사인 테이블을 만든다.
    //====================
    dt = (float) intv_usec / 1000000.0;
    omega = (2.*3.1415926) * (float) Hz;
    omega = omega * dt;

    n_data = (unsigned short) ((float) sec / dt + 1.);
    if(n_data > N_FUNCDATA) n_data = N_FUNCDATA;

    for(i=0; i<n_data; i++)
          SinTable[i] = RPM2PPS(amp*sin(omega*(float)i));

    cli();
    task_count = 0;
    mode = SINE_MODE;
    VelConLogStart();          // 속도제어 실험의 데이터 로깅 시작
    sei();
}

//==============================================
// 함수 발생 작업
//==============================================
//
void FuncGen(unsigned char tid)
{
```

```
        SCHDRestartTask(tid, intv_tick);
        switch(mode)
        {
        case STEP_MODE:
            if(task_count == step_start)
            {
               output += amplitude;
               VelConSetVelPPS(output);
            }
            if(VelConIsLogEnd())            // 데이터 로깅이 종료되면
               mode = NONE_MODE;            // 모드 변경

            break;

        case SINE_MODE:
            if((task_count < n_data) && !VelConIsLogEnd())
            {
                VelConSetVelPPS(output+SinTable[task_count]);
            }
            else
            {
               output += SinTable[task_count-1];
               mode = NONE_MODE;
            }
            break;
        default :
            VelConSetVelPPS(output);
            break;
        }
        task_count++;
    }
```

[헤더파일 velcondisp.h]

```
#ifndef __VELCONDISP_H__
#define __VELCONDISP_H__

void DispInit(unsigned short intv);
void Disp(unsigned char tid);

#endif      // __VELCONDISP_H__
```

[프로그램 velcondisp.c]

```
//=====================================================
// velcondisp.c
// 속도제어 실험의 상태를 LCD에 표시한다.
//=====================================================
//
#include <stdio.h>

#include "velcondisp.h"
#include "velcon.h"
#include "scheduler.h"
#include "lcd.h"

static volatile unsigned short disp_intv;
static char string[20];
static float rpm_ref;
static float rpm;

//=============================================
// 화면표시 작업 초기화
//=============================================
//
void DispInit(unsigned short intv /* usec */)
{
    disp_intv = SCHDGetTicks(intv);

    LcdCommand(ALLCLR);
    LcdMove(0,0);               LcdPuts("rpm ref:");
    LcdMove(1,0);               LcdPuts("rpm    :");
}

//=============================================
// 화면표시 작업
//=============================================
//
void Disp(unsigned char tid)
{
    static int n_enter = 0;

    SCHDRestartTask(tid, disp_intv);
```

```
        if(n_enter++ % 5)
                return;

        // 속도제어 모듈에서 기준 속도, 현재 속도를 읽는다.
        VelConGetData(&rpm_ref, &rpm);

        // LCD에 기준 속도와 현재 속도를 표시한다.
        sprintf(string, "%7.1f", (double)rpm_ref);
        LcdMove(0, 9); LcdPuts(string);
        sprintf(string, "%7.1f", (double)rpm);
        LcdMove(1, 9); LcdPuts(string);
}
```

20
DC 모터의 위치제어

ATmega 128

20.1 위치제어 시스템

20.1.1 시스템의 구성

그림 20.1과 같이 폐루프 시스템을 구성하여 모터의 위치를 제어할 수 있다. 모터의 위치만 측정하고 위치 오차의 비례, 적분, 미분값을 사용하는 PID 제어기로 위치를 제어한다.

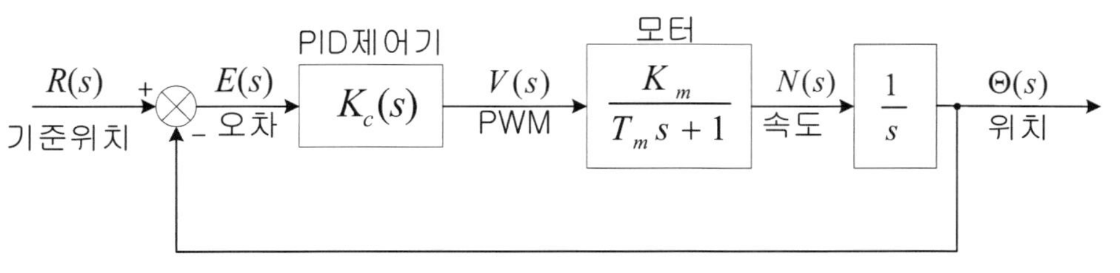

그림 20.1 PID 위치 제어기

20.1.2 비례 제어(P-제어)

비례 제어기는 $K_c(s) = K_P$ 로 주어진다. 이때 개루프 전달함수는 다음과 같다.

$$G(s)H(s) = \frac{K_m K_P}{s(T_m s + 1)} = \frac{K_m K_P / T_m}{s(s + 1/T_m)} \tag{20.1}$$

식 (20.1)은 폐루프 시스템이 계단 입력에 대해 정상상태 오차가 없는 1형 시스템을 나타낸다. 비례 이득 K_P 에 따른 근궤적 선도는 그림 20.2와 같다.

비례 이득이 증가함에 따라 폐루프 시스템의 응답 속도는 빨라지나 감쇠비가 작아짐을 알 수 있다.

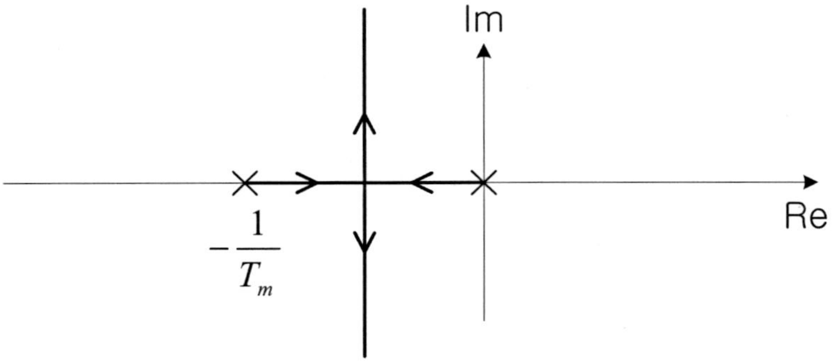

그림 20.2 비례 제어기를 사용할 때 근궤적 선도

20.1.3 비례미분 제어(PD-제어)

비례 제어만 하면 그림 20.2와 같이 이득을 증가시킴에 따라 감쇠비가 감소하게 된다. 감쇠비 개선을 위해 비례미분 제어를 적용한다. 비례미분 제어기는 다음과 같이 표시된다.

$$K_c(s) = K_P + K_D\, s = K_P(1 + T_D\, s) \tag{20.2}$$

개루프 전달함수는 다음과 같다.

$$G(s)H(s) = \frac{K_m K_P (1 + T_D\, s)}{s\,(T_m s + 1)} = \frac{K_m K_P T_D}{T_m} \frac{(s + 1/T_D)}{s\,(s + 1/T_m)} \tag{20.3}$$

비례미분 제어기를 사용할 때 폐루프 시스템의 전달함수는

$$\frac{\Theta(s)}{R(s)} = \frac{K_m (K_P + K_D s)/T_m}{s^2 + (1 + K_m K_D)/T_m\, s + K_m K_P / T_m} \tag{20.4}$$

미분 시간 T_D를 고정하였을 때 K_P의 증가에 따른 근궤적은 그림 20.3과 같다. 비례미분 제어를 함으로써 영점이 추가된다. 그림 20.3과 같이 영점의 추가는 시스템의 감쇠비를 증가시키는 역할을 하게 된다.

비례미분 제어기의 출력은 $V(s) = (K_P + K_D\, s)E(s)$이다. 이를 시간영역에서 표시하면

$$v(t) = K_P\, e(t) + K_D\, \dot{e}(t) = K_P[r(t) - \theta(t)] + K_D\left[\dot{r}(t) - \dot{\theta}(t)\right] \tag{20.5}$$

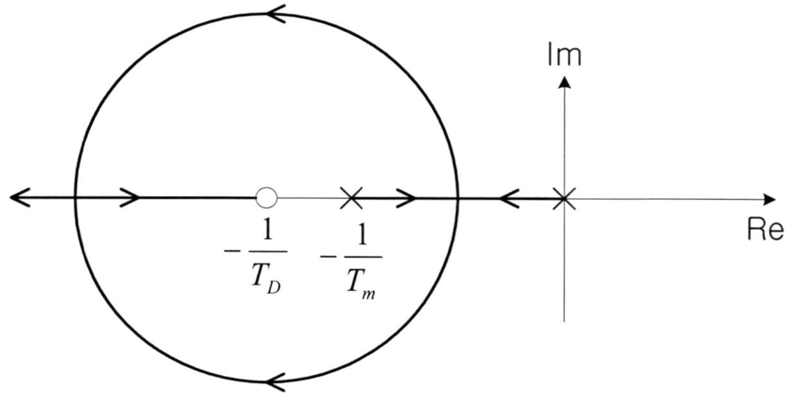

그림 20.3 비례-미분 제어기를 사용할 때 근궤적

이다. 기준 입력이 계단 신호로 주어졌을 때 식 (20.5)의 우변 두 번째 항으로 나타나는 미분 동작은 계단신호를 미분하므로 임펄스 신호가 제어기의 출력에 나타난다. 계단 신호에 대한 모터의 반응이 매우 급격하게 나타난다. 기준 입력에 대한 미분 동작은 미분 제어 대신 속도를 되먹임하여 없앨 수 있다.

20.1.4 속도 되먹임 제어

PD 제어기에서 미분 제어는 위치 오차를 미분하여 얻으므로 근본적으로 속도 정보를 내포하고 있다. 미분 동작은 측정 잡음에 매우 민감할 뿐 아니라 식 (20.5)에서 설명한 바와 같이 기준 위치의 변경에도 매우 민감하게 반응한다. 모터 제어시스템에서 모터의 속도를 직접 측정할 수 있으면 미분 동작을 사용하는 것보다 측정 속도를 직접 되먹임하는 것이 바람직하다. 그림 20.4는 속도 되먹임을 하는 위치제어 시스템을 보여준다.

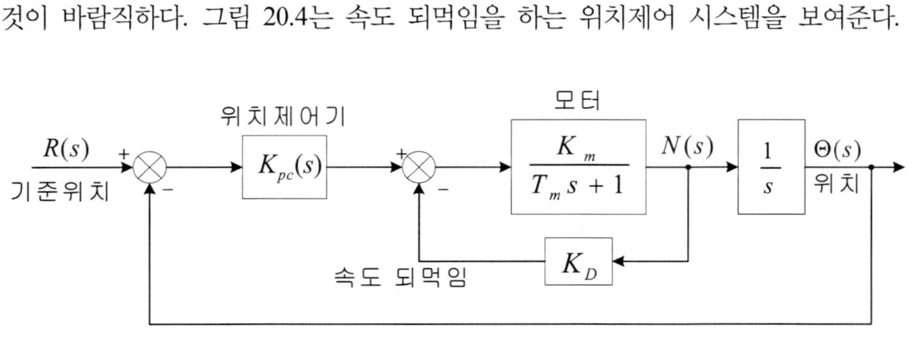

그림 20.4 속도 되먹임 루프

위치 제어기로 비례 제어, 즉 $K_{pc}(s) = K_P$를 선택하면 폐루프 시스템의 전달함수는 다음과 같다.

$$\frac{\Theta(s)}{R(s)} = \frac{K_m K_P / T_m}{s^2 + (1 + K_m K_D)/T_m s + K_m K_P / T_m} \tag{20.6}$$

속도 되먹임에서는 기준 입력을 미분하지 않으므로 유한 영점이 나타나지 않는다. PD 제어의 폐루프 전달함수인 식 (20.4)와 비교해보면 폐루프 극점은 동일하여 시스템의 특성을 나타내는 감쇠비와 감쇠 고유 진동수 같으나, 영점이 다르므로 과도응답이 차이가 난다. 특성 방정식은 비례미분 제어와 같으므로 근궤적은 PD 제어와 동일하게 그림 20.3과 같다.

속도 되먹임제어에서 제어기 출력 $v(t)$는 다음과 같이 표현된다.

$$v(t) = K_P[r(t) - \theta(t)] + K_D \dot{\theta}(t) = K_P[r(t) - \theta(t)] + K_D n(t) \tag{20.7}$$

식 (20.5)와 비교하면 기준 입력의 미분이 없다. 계단 입력에 대해서 보다 부드러운 동작을 함을 알 수 있다.

20.1.5 비례-미분-적분제어(PID 제어)

그림 20.1은 위치제어 시스템이 항상 1형 시스템임을 보여준다. 즉 정상상태 오차가 없음을 나타낸다. 그러나 실제 시스템에서는 마찰력, 기어의 Backlash와 같은 비선형 요소로 인해 1형임에도 정상상태 오차가 존재하게 된다. 이러한 정상상태 오차는 비례이득이 커짐에 따라 줄어들게 된다. 하지만 비례 이득을 크게 하면 신호 잡음 및 외란에 민감해질 뿐 아니라 무시하였던 시간지연 요소들이 나타나 시스템이 불안정해질 수 있으므로 무한히 크게 할 수는 없다.

적분 제어를 추가하게 되면 유한한 비례 이득으로도 정상상태 오차를 없앨 수 있다. PID 제어기는 다음과 같이 표현된다.

$$\begin{aligned} K_c(s) &= K_P + K_D s + K_I / s \\ &= K_P\{1 + T_D s + 1/(T_I s)\} \\ &= \frac{K_P(T_D T_I s^2 + T_I s + 1)}{T_I s} \end{aligned} \tag{20.8}$$

그림 20.5는 $T_D / T_I \ll 0.25$ 일 때 PID 제어기에 대한 근궤적 선도를 나타낸다.

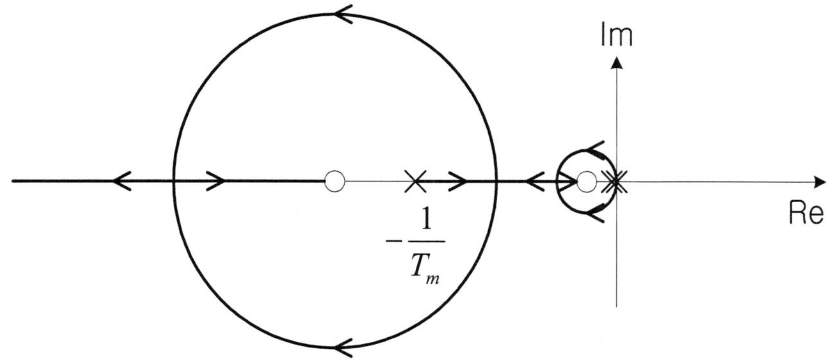

그림 20.5 PID 제어기를 사용할 때 근궤적

적분 제어의 영향으로 극점과 영점이 추가된다. 적분기의 극점은 영점으로 근접하게 되어 느린 반응이지만 진폭이 작아 시스템의 과도응답에는 영향이 거의 나타나지 않는다. 하지만 다른 극점에 의한 과도응답이 거의 사라진 후 반응이 느린 적분기 극점의 영향은 출력에 긴 꼬리가 남겨 바람직하지 않을 수 있다.

적분 제어가 포함된 경우 속도제어 시스템과 마찬가지로 제어기 출력의 포화가 있을 경우 Integral Wind-up 현상이 발생하므로 제어기 구현시 이를 고려하여야 한다.

20.1.6 시간지연 요소가 위치제어 시스템에 미치는 영향

19.3절에서는 시간지연 요소가 속도제어 시스템의 응답에 미치는 영향에 대해 알아보았다. 여기서는 시간지연 요소가 위치제어 시스템에 미치는 영향을 알아보도록 하자. 그림 20.6은 시간지연을 고려한 비례 위치제어 시스템을 나타낸다.

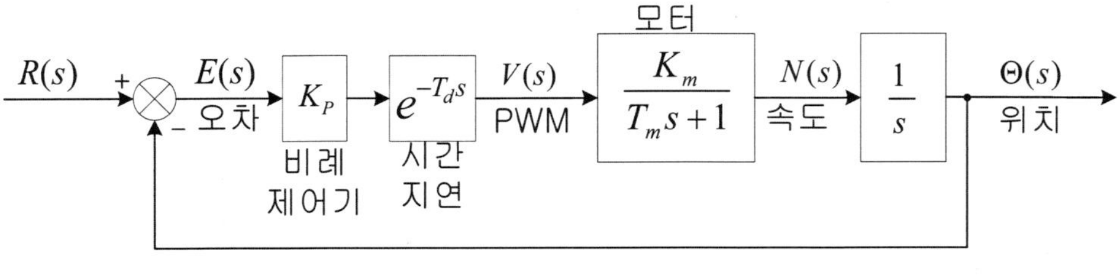

그림 20.6 시간지연을 고려한 위치제어 시스템

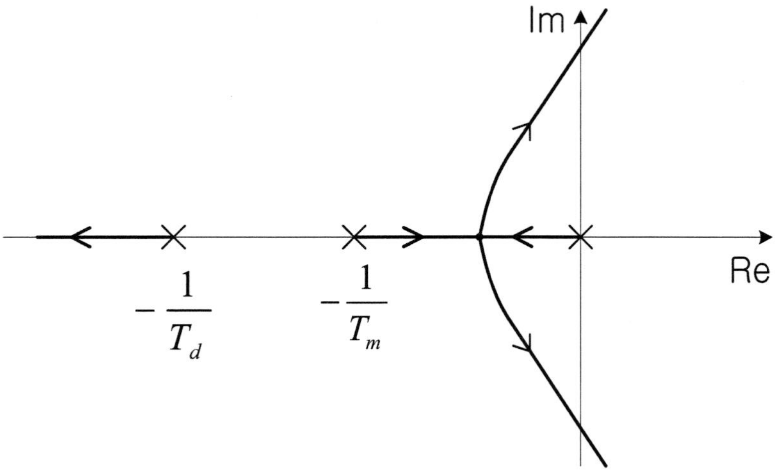

그림 20.7 시간지연을 고려한 비례 제어시스템의 근궤적

식 (19.10)과 같이 시간지연을 근사화하면 비례 제어를 하였을 때 근궤적 선도는 그림 20.7과 같다. 그림 20.2는 시간지연을 고려하지 않았으므로 폐루프 시스템은 비례 이득을 증가시키더라도 불안정해지지 않는다는 것을 나타낸다. 그러나 그림 20.7은 시간지연 요소에 의해 비례 이득이 커지면 근궤적이 복소 평면의 오른쪽 반평면으로 넘어 가서 폐루프 시스템이 불안정해지는 것을 알 수 있다. 실제 시스템에서는 시간지연 요소가 나타나며 특히 비례 이득이 커지면 시간지연 요소의 영향이 크게 나타난다.

앞에서 잠시 언급한 바와 같이 위치제어 시스템은 1형 시스템이므로 정상상태 오차가 없으나 마찰력이 존재할 때는 정상상태 오차가 나타난다. 이때 정상상태 오차는 비례 이득에 반비례하므로 비례 이득을 크게 하는 것이 바람직하나 큰 비례 이득은 그림 20.7에서와 같이 시스템을 불안정하게 할 수 있어 비례 이득의 크기를 무한정 크게 할 수는 없다.

20.1.7 제어기 설계 시 유의하여야 할 사항

그림 20.1과 20.4에서 모터의 위치는 모터의 속도를 적분하여 얻게 된다. 적분 동작은 sec 단위를 기준으로 이루어지므로 속도의 단위가 sec를 기준으로 하지 않으면(예: rev/min, rad/min) 이를 sec 단위로 변환하여야 한다. 여기서는 속도의 단위로 deg/sec를 사용하기로 하자.

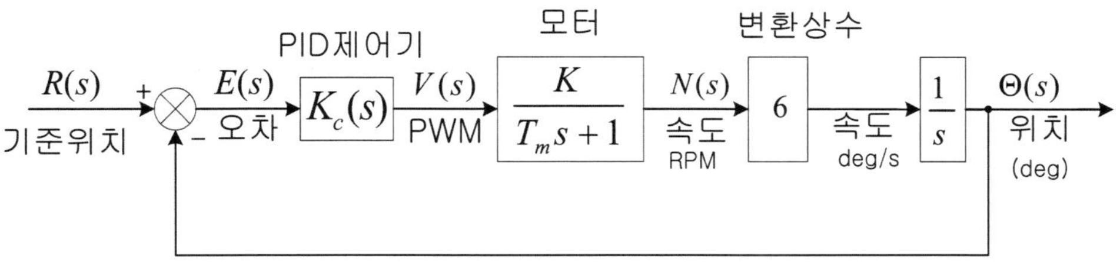

그림 20.8 수정된 PID 위치 제어기

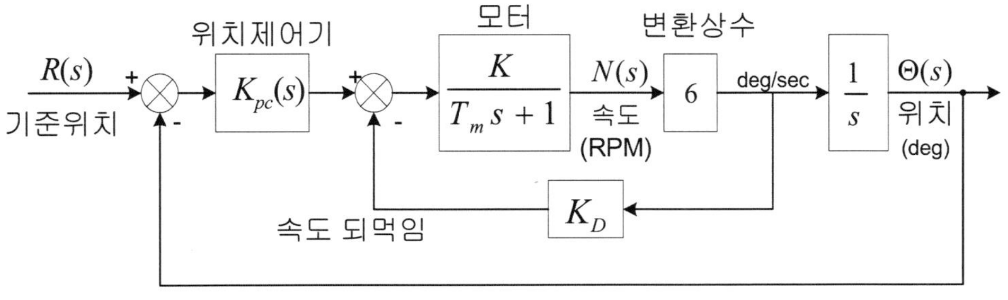

그림 20.9 수정된 속도 되먹임제어기

단위 변경에 따라 그림 20.1과 그림 20.4는 각각 그림 20.8과 20.9와 같이 표현된다. 그림 20.8과 20.9에서 모터의 이득 K는 18장에서 구한 이득이고 단위는 RPM/%이다. 그림 20.1과 비교하였을 때 위치 제어를 위한 모터의 이득은 다음과 같다.

$$K_m = 6K \tag{20.9}$$

20.2 제어기 구현

20.2.1 절대적 형태(Absolute Form)

PID 제어기는 다음과 같이 표현된다.

$$V(s) = \left(K_P + \frac{K_I}{s} + K_D s\right)E(s) = K_P\left(1 + \frac{1}{T_I s} + T_D s\right)E(s) \tag{20.10}$$

여기서 K_D는 미분 이득, $T_D = K_D / K_P$는 미분 시간 그리고 오차는 $E(s) = R(s)$

$-\Theta(s)$이다. 식 (20.10)을 시간 영역으로 표시하면 제어기의 출력은 다음과 같다.

$$v(t) = K_P e(t) + K_I \int_0^t e(\tau) d\tau + K_D \dot{e}(t) \tag{20.11}$$

여기서 오차는 $e(t) = r(t) - \theta(t)$이다. 식 (20.11)을 디지털 제어기로 구현하기 위해서는 이산화하여야 한다. k-번째 스텝에서의 출력은 다음과 같이 근사화할 수 있다.

$$\begin{aligned} v(k) &= K_P e(k) + K_I \sum_{i=0}^{k} e(i) \Delta t + K_D \frac{e(k) - e(k-1)}{\Delta t} \\ &= K_P e(k) + \overline{K}_I \sum_{i=0}^{k} e(i) + \overline{K}_D \{e(k) - e(k-1)\} \end{aligned} \tag{20.12}$$

여기서 Δt는 제어기의 샘플링 시간, $\overline{K}_I = K_I \Delta t$, 그리고 $\overline{K}_D = K_D / \Delta t$이다. 식 (20.12)는 절대적 형태로 표시한 이산 PID 제어기를 나타낸다.

출력의 제한이 있으므로 제어기 출력을 다음과 같이 제한한 후 출력한다.

$$v_l \le v(k) \le v_u \tag{20.13}$$

여기서 v_l과 v_u는 각각 출력의 최소값과 최대값을 나타낸다.

20.2.2 증분형 형태(Incremental Form)

적분 제어에 따른 Integral Wind-up 현상을 방지하려면 식 (20.12)를 증분형으로 표현하는 방법이 있다. 식 (20.12)에서 증분을 표시하여 보자.

$$\begin{aligned} \Delta v(k) &\equiv v(k) - v(k-1) \\ &= K_P [e(k) - e(k-1)] + \overline{K}_I e(k) + \overline{K}_D [e(k) - 2e(k-1) + e(k-2)] \end{aligned} \tag{20.14}$$

k-번째 스텝의 제어기 출력은 증분형으로 표시할 수 있다.

$$v(k) = v(k-1) + \Delta v(k), \quad v(0) = 0 \tag{20.15}$$

제어기 출력은 다음과 같이 제한한다.

$$v_l \le v(k) \le v_u \tag{20.16}$$

식 (20.15)와 식 (20.16)은 출력에 포화가 있을 때 적분 제어 동작을 멈춘다. 따라서 제어기 출력이 포화가 있더라도 과도한 적분 제어 동작을 줄일 수 있다.

19.5.2절에서 언급한 바와 같이 적분 동작이 있는 경우는 증분형 형태를 적분동작이 없는 경우는 절대형 형태를 쓰는 것이 바람직하다.

20.2.3 제어출력의 정수 계산

19.5.3절에서 언급한 바와 같이 식 (20.12), (20.13), (20.15), (20.16)을 정수 계산식으로 변경하는 것이 필요하다.

우선 회전 각도는 현재 계수되는 엔코더 펄스수이므로 이를 회전 각도 단위로 사용하면 측정되는 회전 각도는 정수로 주어진다. 모터 드라이버 프로그램 모듈에서 증폭기에 가하는 PWM 신호 듀티비는 정수이며 단위는 0.1%이다. 따라서 제어기 출력의 단위도 0.1%를 사용한다. 그림 20.10은 단위를 고려하여 시스템을 다시 표현한 것이다.

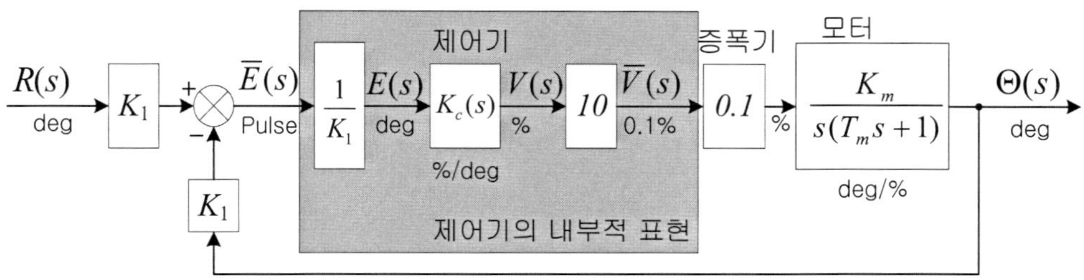

그림 20.10 위치 제어기의 내부적 표현

여기서 K_1 은 deg를 pulse로 단위 변환하는 상수이다. 여기에서 사용하는 엔코더는 회전당 512펄스를 출력하고, 카운터는 4체배하므로 회전당 2048펄스가 검출된다. 이로 K_1 을 계산하면 다음과 같다.

$$360\,\mathrm{deg} = 2048\ \mathrm{pulse}$$
$$\Longrightarrow K_1 = 2048/360 = 5.689\ \mathrm{pulse/deg}$$

(가) 절대적 형태

그림 20.10에서 $\bar{e}(t)$ 와 $\bar{v}(t)$ 는 각각 pulse 단위의 오차와 0.1% 단위의 출력 듀티비를 나타낸다. PID 제어기를 이들 변수로 표현하면 PID 제어기의 절대형인 식 (20.12)는 다음과 같다.

$$10\,v(k) = \frac{10}{K_1}\left[K_P K_1 e(k) + \overline{K}_I \sum_{i=0}^{k} K_1 e(i) + \overline{K}_D \{K_1 e(k) - K_1 e(k-1)\}\right]$$

$$\Rightarrow \bar{v}(k) = \frac{10}{K_1}\left[K_P \bar{e}(k) + \overline{K}_I \sum_{i=0}^{k} \bar{e}(i) + \overline{K}_D \{\bar{e}(k) - \bar{e}(k-1)\}\right] \quad (20.17)$$

정수 계산을 위해 식 (20.17)에 큰 정수 N을 곱한다.

$$N\bar{v}(k) = \frac{10NK_P}{K_1}\bar{e}(k) + \frac{10N\overline{K}_I}{K_1}\sum_{i=0}^{k}\bar{e}(i) + \frac{10N\overline{K}_D}{K_1}\{\bar{e}(k) - \bar{e}(k-1)\} \quad (20.18)$$

정수 N은 우변의 각 계수 $10NK_P/K_1$, $10N\overline{K}_I/K_1$, $10N\overline{K}_D/K_1$의 충분한 소수 이하 자리를 보존하도록 선택한다. $N=1000$이면 소수이하 3자리를 보존한다. 다음과 같이 정수형 이득을 정의하자.

$$\widetilde{K_P} = [10NK_P/K_1],\ \widetilde{K_I} = [10N\overline{K_I}/K_1],\ \widetilde{K_D} = [10N\overline{K_D}/K_1] \quad (20.19)$$

여기서 [·]는 부동소수점의 정수 부분을 가려내는 오퍼레이터를 표시한다. 식 (20.18)은 정수 연산 형태로 바꿀 수 있다.

$$\bar{v}(k) = \left[\widetilde{K_P}\,\bar{e}(k) + \widetilde{K_I}\sum_{i=0}^{k}\bar{e}(i) + \widetilde{K_D}\{\bar{e}(k) - \bar{e}(k-1)\}\right]/N \quad (20.20)$$

제어기의 출력 제한은 다음과 같다.

$$10\ v_l \le \bar{v}(k) \le 10\ v_u \quad (20.21)$$

(나) 증분형 형태

식 (20.20)을 증분형 형태로 나타내면

$$\Delta\tilde{v}(k) = \widetilde{K_P}\{\bar{e}(k) - \bar{e}(k-1)\} + \widetilde{K_I}\,\bar{e}(k) + \widetilde{K_D}\{\bar{e}(k) - 2\bar{e}(k-1) + \bar{e}(k-2)\}$$
$$\tilde{v}(k) = \tilde{v}(k-1) + \Delta\tilde{v}(k), \qquad \tilde{v}(0) = 0 \quad (20.22)$$

여기서 $\tilde{v}(k) = N\bar{v}(k)$를 나타낸다. $\tilde{v}(k)$를 다음과 같이 제한하고

$$10\,N v_l \le \tilde{v}(k) \le 10\,N v_u$$

모터에 대한 듀티비 출력은

$$\bar{v}(k) = \tilde{v}(k)/N \tag{20.23}$$

이다.

20.3 위치제어 프로그램 모듈

프로그램 poscon.c는 PID 위치 제어기를 20.2절에서 설명한 방법으로 구현한 위치제어 프로그램 모듈이다. 모듈은 위치제어를 PID 방법으로 수행하는 작업 함수와 다른 모듈과의 인터페이스를 제공하는 함수로 구성되어 있다. 위치제어 프로그램 모듈의 헤더파일은 poscon.h이다.

void PosConInit(char motor_id, unsigned short interval, int *max_logtime)

설명 : 위치제어 모듈을 초기화한다.

입력 : `motor_id` - 제어할 모터
`interval` - 위치제어 작업의 주기(usec)

출력 : `max_logtime` - 최대 데이터 기록 시간

void PosConSetLogTime(short sec)

설명 : 데이터 기록시간을 설정한다.

입력 : `sec` - 데이터 기록시간(sec)

int PosConGetLogTime(void)

설명 : 설정된 데이터 기록시간을 얻는다.

반환값 : 데이터 기록시간(sec)

void PosConMotorOn()

설명 : 모터를 켠다.

void PosConMotorOff()

설명 : 모터를 끈다.

char PosConIsLogEnd()

설명 : 데이터 기록이 종료되었는지 알아본다.

반환값 : 1 - 데이터 기록 종료
　　　　0 - 데이터 기록 중

void PosConLogStart()

설명 : 데이터 기록을 시작한다.

float PosConLogIntv()

설명 : 데이터 기록의 시간 간격을 반환한다.

반환값 : 데이터 기록 시간 간격(sec)

void PosConGetGain(float *Kp, float *Ki, float *Kd)

설명 : 설정된 PID 제어기의 제어 이득을 얻는다.

출력 : Kp - 비례 이득(%/RPM)
　　　Ki - 적분 이득(%/(RPM*sec))
　　　Kd - 미분 이득(%/(RPM/sec))

void PosConSetGain(float Kp, float Ki, float Kd)

설명 : PID 제어기의 제어 이득 K_P, K_I, K_D를 설정한다.

입력 : Kp - 비례 이득(%/RPM)
　　　Ki - 적분 이득(%/(RPM*sec))
　　　Kd - 미분 이득(%/(RPM/sec))

void PosConSetPosPulse(long pulse)

설명 : 위치 제어기의 위치 명령을 pulse 단위로 설정한다.

입력 : pulse - 위치 명령(pulse)

void PosConSetPosDeg(float deg)

설명 : 위치 제어기의 위치 명령을 deg 단위로 설정한다.

입력 : deg - 위치 명령(deg)

void PosConGetPulseData(long *pos_ref, long *pos)

설명 : 설정된 위치 명령과 현재 위치를 pulse 단위로 얻는다.

출력 : pos_ref - 설정된 위치 명령(pulse)
pos - 현재 위치(pulse)

void PosConGetDegData(float *pos_ref, float *pos)

설명 : 설정된 위치 명령과 현재 위치를 deg 단위로 얻는다.

출력 : pos_ref - 설정된 위치 명령(deg)
pos - 현재 위치(deg)

int PosConBufferSize(void)

설명 : 버퍼의 크기를 리턴한다.

반환값 : 데이터버퍼의 크기

void PosConGetBufferData(float* pos_ref, float* pos, float* duty, int idx)

설명 : 데이터 버퍼로부터 기록된 데이터를 얻는다.

입력 : idx - 버퍼인덱스

출력 : pos_ref - 기록된 위치 명령(deg)
pos - 기록된 위치(deg)
duty - 기록된 듀티비 출력(%)

void PosCon_abs(unsigned char tid)

설명 : 절대형 위치제어 작업 함수

void PosCon_inc(unsigned char tid)

설명 : 증분형 위치제어 작업 함수

[헤더파일 poscon.h]

```
#ifndef __POSCON_H__
#define __POSCON_H__

void  PosConInit(char motor_id, unsigned short interval, int
*max_time);
void  PosConSetLogTime(short sec);
int   PosConGetLogTime(void);
void  PosConMotorOn(void);
void  PosConMotorOff(void);
char  PosConIsLogEnd(void);
void  PosConLogStart(void);
float PosConLogIntv(void);
void  PosConGetGain(float *Kp, float *Ki, float *Kd);
void  PosConSetGain(float Kp, float Ki, float Kd);
void  PosConSetPosPulse(long pulse);
void  PosConSetPosDeg(float deg);
void  PosConGetPulseData(long* pos_cmd, long* pos);
void  PosConGetDegData(float *pos_com, float* pos);
int   PosConBufferSize();
void  PosConGetBufferData(float* pos_ref, float* pos, float* du-
ty, int idx);
void  PosCon_abs(unsigned char tid);
void  PosCon_inc(unsigned char tid);

#endif // __POSCON_H__
```

[프로그램 poscon.c]

```
//===========================================================
// 모터 위치제어
//===========================================================
//
#include <avr/io.h>
#include <util/delay.h>

#include "motorsystem.h"
#include "scheduler.h"
```

```
#include "poscon.h"
#include "counter.h"
#include "motordrv.h"

#define N_DATA        (1024+512)
#define N_GAIN        100000L
#define OUT_UP        500               // 최대 듀티비
#define OUT_LO        -500              // 최소 듀티비
#define N_OUT_UP      (N_GAIN*OUT_UP)
#define N_OUT_LO      (N_GAIN*OUT_LO)

static volatile float        intv_sec;     //
static volatile unsigned short intv_usec;  // 작업 주기 - usec
static volatile unsigned short intv_tick;  // 작업 주기 - 틱수
static volatile long  pos_cmd=0;           // 위치 명령(pulse)
static volatile long  pos;                 // 현재 위치(pulse)
static volatile long  pos1;                // 이전 위치

static volatile long  err = 0;
static volatile long  ierr = 0;            // 누적 오차
static volatile long  err1 = 0;            // 이전 오차
static volatile long  err2 = 0;
static volatile short u_con=0;             // 제어출력(0.1% duty)
static volatile long long Kp_tilde = 0;    // 디폴트 비례 이득
static volatile long long Ki_tilde = 0;    // 디폴트 적분 이득
static volatile long long Kd_tilde = 0;    // 디폴트 미분 이득

//==================================================
// Log 데이터 버퍼
//==================================================
static volatile long  cmd_buffer[N_DATA];  // 위치 명령
static volatile long  pos_buffer[N_DATA];  // 현 위치
static volatile short duty_buffer[N_DATA]; // 입력 듀티비
static volatile short buffer_index;        // 버퍼 인덱스
static volatile short n_data = N_DATA;     // 버퍼 사이즈
static volatile char  log_end;
static volatile char  motor_num = 1;       // 모터 번호

//=========================================================
// 위치제어 루프를 초기화한다.
//
//      입력 : motor_id - 사용할 모터 id(1 or 2)
//             interval - 작업주기(usec)
```

```
//
//      출력 : max_logtime - 최대 데이터 기록시간(sec)
//=============================================================
//
void PosConInit(char motor_id, unsigned short interval,
                                        int *max_logtime)
{
      int i;

      if(motor_id == 1 || motor_id == 2)
            motor_num = motor_id;
      else
            motor_num = 1;              // 디폴트 값

      intv_sec  = (float) interval/ 1000000.;
      intv_usec = interval;
      intv_tick = SCHDGetTicks(interval);

      MotorDrvInit(20);                 // 20kHz PWM 신호

      if(motor_num == 1)
      {
            Counter1Init();             // Counter #1 초기화
            MotorDrvSetDuty1(500);      // 모터 스톱
      }
      else
      {
            Counter2Init();             // Counter #1 초기화
            MotorDrvSetDuty2(500);      // 모터 스톱
      }

      PosConMotorOn();

      for(i=0; i<N_DATA; i++)
      {
            cmd_buffer[i] = 0;
            pos_buffer[i] = 0;
      }

      buffer_index = 0;
      log_end = 1;

      pos_cmd = 0;
```

```
	*max_logtime = (int) ((float) n_data * intv_sec);
}

//==========================================================
// 데이터 기록 시간을 설정한다.
//
//	sec - 기록을 수행하는 시간(초)
//==========================================================
//
void PosConSetLogTime(short sec)
{
	n_data = (short) ((float)sec / intv_sec+0.5);

	if(n_data > N_DATA)
		n_data = N_DATA;
}

//==========================================================
// 설정된 데이터 기록 시간을 알려준다.
//
//	반환값 - 데이터 기록을 수행하는 시간(초)
//==========================================================
//
int PosConGetLogTime(void)
{
	return ((int) ((float) n_data * intv_sec));
}

void PosConMotorOn(void)
{
	if(motor_num == 1)
		MotorDrvON1();
	else
		MotorDrvON2();
}

void PosConMotorOff(void)
{
	if(motor_num == 1)
		MotorDrvOFF1();
	else
		MotorDrvOFF2();
}
```

```
//==========================================================
// 데이터 저장이 종료되었는지 알아본다.
//
//    반환값 :        1 - 종료
//                    0 - 실험 중
//==========================================================
//
char PosConIsLogEnd()
{
     return log_end;
}

//==========================================================
// 데이터 저장을 시작한다.
//==========================================================
//
void PosConLogStart()
{
     cli();
     log_end = 0;                          // 실험 시작
     buffer_index = 0;                     // 인덱스를 0으로 한다.
     sei();
}

//==========================================================
// 데이터 로그 간격을 usec 단위로  반환한다.
//==========================================================
//
float PosConLogIntv()
{
     return intv_sec;
}

//==========================================================
// 설정 이득을 얻는다.
//
//    출력: Kp - 비례 이득(%/deg)
//          Ki - 적분 이득(%/(deg*sec))
//          Kd - 미분 이득(%/(deg/sec))
//==========================================================
//
void PosConGetGain(float *Kp, float *Ki, float *Kd)
{
```

```
    *Kp = ((float) Kp_tilde / (float) N_GAIN/ 10.) *
                                    (ENCODER_PPR/360.);
    *Ki = ((float) Ki_tilde /
                    (intv_sec *(float) N_GAIN * 10.)) *
                    (ENCODER_PPR/360.);
    *Kd = ((float) Kd_tilde * intv_sec /
            ((float)N_GAIN * 10.)) * (ENCODER_PPR/360.);
}

void PosConSetGain(float Kp, float Ki, float Kd)
{
    long Kpt, Kit, Kdt;

    Kpt = (long) ((Kp * 10. * (float) N_GAIN) *
                    (360./ENCODER_PPR));
    Kit = (long) ((Ki * 10. * (float) N_GAIN  * intv_sec)*
                    (360./ENCODER_PPR));
    Kdt = (long) ((Kd * 10. * (float) N_GAIN / intv_sec) *
                    (360./ENCODER_PPR));

    cli();
    Kp_tilde = Kpt;
    Ki_tilde = Kit;
    Kd_tilde = Kdt;
    sei();
}

//==========================================================
// 위치제어 시스템의 위치 명령 설정한다.
//      pulse  - 위치 명령(pulse)
//==========================================================
//
void PosConSetPosPulse(long pulse)
{
    cli();
    pos_cmd = pulse;
    sei();
}

//==========================================================
// 위치제어 시스템의 위치 명령 설정한다.
//      deg  - 위치 명령(deg)
//==========================================================
```

```
//
void PosConSetPosDeg(float deg)
{
      long cmd;

      cmd = deg * ((float)ENCODER_PPR / 360.);

      cli();
      pos_cmd = cmd;
      sei();
}

//=======================================================
// 위치 명령과 현재 위치를 pulse 단위로 출력한다.
// 출력:
//    pos_ref                          - 기준 위치(pulse)
//    position                         - 현재 위치(pulse)
//========================================================
//
void PosConGetPulseData(long* pos_ref, long* position)
{
      cli();

      *pos_ref  = pos_cmd;
      *position = pos;

      sei();
}

//========================================================
// 기준 위치와 현재 위치를 deg 단위로 출력한다.
// 출력:
//    pos_ref        - 기준 위치(deg)
//    position       - 현재 위치(deg)
//========================================================
//
void PosConGetDegData(float* pos_ref, float* position)
{
      long temp_cmd, temp;

      cli();
      temp_cmd = pos_cmd;
      temp = pos;
```

```
	sei();

	*pos_ref  = ((float) temp_cmd  * 360.)/
	                          (float) ENCODER_PPR;
	*position = ((float) temp * 360.)/
	                          (float) ENCODER_PPR;
}

//==========================================================
// 버퍼의 크기를 반환한다.
//==========================================================
//
int PosConBufferSize()
{
	return N_DATA;
}

//==========================================================
// 버퍼에 있는 데이터를 얻는다.
//
// 입력 : idx - 버퍼의 인덱스
// 출력:
//	pos_ref		- 기준 위치(deg)
//	position	- 현재 위치(deg)
//	duty		- 제어기 출력(duty %)
//==========================================================
//
void PosConGetBufferData(float* pos_ref, float* position,
                                    float *duty, int idx)
{
	if(!log_end || idx >= N_DATA)
		return;

	*pos_ref  = ((float)cmd_buffer[idx] * 360.)/
	                              (float) ENCODER_PPR;
	*position = ((float)pos_buffer[idx] * 360.)/
	                              (float) ENCODER_PPR;
	*duty     = (float)duty_buffer[idx]/10.;
}

//==========================================================
// 위치제어 작업(절대형)
//==========================================================
```

```
//
void PosCon_abs(unsigned char tid)
{
      long derr;
      long vel, lcon;
      static long p_pos=0;

      SCHDRestartTask_DisabledI(tid, intv_tick);

      if(motor_num == 1)
            Counter1ReadCount((long *) &pos);
      else
            Counter2ReadCount((long *) &pos);

      vel = pos-p_pos;
      p_pos = pos;

      sei();

      err = pos_cmd - pos;                // 현재 오차
      ierr += err;                        // 누적 오차
      derr = err - err1;

      lcon = (long) ((Kp_tilde * err + Ki_tilde * ierr +
                  Kd_tilde * derr) / N_GAIN);

      u_con = (short) lcon;

      if(lcon > OUT_UP) u_con = OUT_UP;
      if(lcon < OUT_LO) u_con = OUT_LO;

      if(motor_num == 1)
            MotorDrvSetDuty1(u_con+500);
      else
            MotorDrvSetDuty2(u_con+500);

      if(!log_end)
      {
            cmd_buffer[buffer_index] = pos_cmd;
            pos_buffer[buffer_index] = pos;
            duty_buffer[buffer_index]= u_con;

            buffer_index++;
```

```
			if(buffer_index == N_DATA)
				log_end = 1;
		}
		err1 = err;
}

//=========================================================
// 위치제어 작업(증분형)
//=========================================================
//
void PosCon_inc(unsigned char tid)
{
		static volatile long u=0;
		long du, derr, dderr, vel;
		static long p_pos=0;

		SCHDRestartTask_DisabledI(tid, intv_tick);

		if(motor_num == 1)
			Counter1ReadCount((long *) &pos);
		else
			Counter2ReadCount((long *) &pos);

		vel = pos-p_pos;
		p_pos = pos;

		sei();

		err = pos_cmd - pos;			// 현재 오차
		derr = err - err1;
		dderr = err - 2 * err1 + err2;

		du = (Kp_tilde * derr + Ki_tilde * err + Kd_tilde * dderr);

		u += du;

		if(u > N_OUT_UP) u = N_OUT_UP;
		if(u < N_OUT_LO) u = N_OUT_LO;

		u_con = (short) (u/N_GAIN);

		if(motor_num == 1)
			MotorDrvSetDuty1(u_con+500);
```

```
        else
                MotorDrvSetDuty2(u_con+500);

        if(!log_end)
        {
                cmd_buffer[buffer_index] = pos_cmd;
                pos_buffer[buffer_index] = pos;
                duty_buffer[buffer_index]= u_con;

                buffer_index++;

                if(buffer_index == n_data)
                                log_end = 1;
        }

        err2 = err1;
        err1 = err;
}
```

20.4 위치제어 실험

20.4.1 다중작업의 구성

제어 이득 설정에 따른 폐루프 시스템의 성능을 평가하기 위해 계단응답과 사인파응답 실험을 수행할 수 있도록 그림 20.11과 같이 프로그램을 구성한다.

함수발생 작업 : 10msec 주기를 가지며 사용자의 요구에 따라 계단 신호/사인파 신호를 발생한다. 발생된 신호는 `PosConSetPosDeg()` 인터페이스 함수를 통하여 위치제어 작업의 위치 명령으로 가해진다. 위치제어 작업이 함수 발생 작업의 입력을 받아 동작하므로 함수 발생 작업의 우선순위를 가장 높게 작업-0으로 설정한다.

위치제어 작업 : 회전각을 측정하고 위치 명령과의 오차를 계산하여 PID 제어 동작을 수행한다. 10msec 주기로 동작하며 실험 데이터 처리를 위해 위치 명령, 현재 위치, 제어기 출력 듀티비를 버퍼에 기록한다. PID 제어기는 절대적 형태와 증분형 형태 두 가지를 모두 포함하며 사용자가 선택할 수 있다. 작업 우선순위는 함수 발생 작

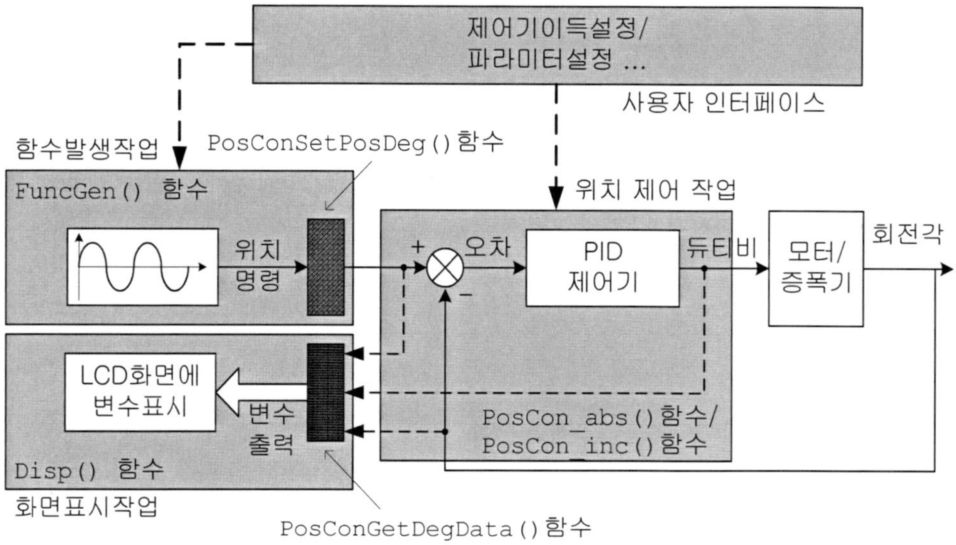

그림 20.11 위치제어 실험 프로그램의 구성

업 다음으로 작업-1로 설정한다.

데이터 표시 작업 : 현재의 위치 명령과 모터 위치를 LCD에 표시하는 작업이다. 빠른 갱신 속도가 필요하지 않으므로 150msec 주기로 동작한다. 작업 우선순위는 가장 낮게 작업-2로 설정한다.

사용자 인터페이스 작업 : Background 작업(비실시간 작업)으로 제어 이득과 같은 실시간 작업의 파라미터를 설정하고 폐루프 응답 실험을 한다. 실험 종료 후 PC에 실험 데이터를 전송하여 실험 데이터를 후처리할 수 있도록 한다.

각 작업의 우선순위 및 작업 주기는 헤더파일 task.h에서 매크로로 정의되어 있다. 이 매크로를 편집하여 우선순위 및 작업 주기를 조정할 수 있다.

```
#define FUNCGEN_INTV     1000    // 함수발생 작업의 주기 (usec)
#define POSCON_INTV      1000    // 속도제어 작업의 주기 (usec)
```

20.4.2 프로그램 구성

실험 프로그램의 구성은 다음과 같다.

기존프로그램 : (13.4절을 참조하여 프로젝트를 설정)

usart0.c usart.h(13.3절) lcd.c lcd.h(13.1절) exmem.c(12.5절)
motordrv.c motordev.h(14.5절) counter.c counter.h(15.5절)
scheduler.c scheduler.h(17.3절) motorsystem.h(18.3절)

새로 작성한 프로그램 :

posconexp.c : 프로그램을 초기화하고 비실시간 작업인 사용자 인터페이스 작업을 수행한다. 실시간 작업의 파라미터를 설정할 수 있으며 계단응답 실험 및 사인파응답 실험을 시작한다. 실험 종료 후 위치제어 작업에서 기록한 속도 데이터를 PC에 전송한다.

poscondisp.c : 화면표시 프로그램 모듈이다. 화면표시 작업 함수와 인터페이스 함수로 구성되어 있다. 화면표시 작업 함수 `Disp()`는 위치제어 작업 모듈의 `PosConGetDegData()` 인터페이스 함수를 사용하여 위치 명령과 현재 위치를 읽어 LCD 화면에 표시한다.

posfuncgen.c : 함수 발생 프로그램 모듈로 작업 함수와 인터페이스 함수로 구성된다. 함수 발생 작업 함수 `FuncGen()`은 사용자 인터페이스 모듈의 명령에 따라 계단 신호 또는 사인파 신호를 발생하고 위치제어 작업 모듈의 `PosConSetVelPPS()` 함수를 통하여 위치 제어기에 위치 명령을 전달한다. 사인값 계산은 시간이 많이 소요되는 연산이므로 사인파 신호 발생 전에 사인값을 미리 계산하여 테이블에 저장한다. 작업 함수에서는 사인 테이블 값을 읽어 출력함으로써 실행 속도를 높인다. 테이블의 개수는 매크로 `N_FUNCDATA`로 정의된다. 작업주기가 10msec이면 `N_DATA*0.01`초 동안 사인함수를 발생한다.

poscon.c : 20.3절에서 설명한 위치제어 프로그램 모듈이다. 외부 모듈은 인터페이스 함수 `PosConLogStart()`의 명령으로 변수를 버퍼에 기록할 수 있다. 버퍼의 크기는 매크로 `N_DATA`로 정의한다. 20.2.3절의 상수 N은 매크로 `N_GAIN`으로 표현된다.

task_id.h : 작업 id 및 작업주기 설정

➤ 프로그램에서는 실험 중 설정한 파라미터를 EEPROM에 저장한다. 12.6.3절에서 설명한 바와 같이 ATmega128의 Brownout Detection 기능을 활성화시켜 EEPROM에 저장한 데이터가 손상되지 않도록 한다.

20.4.3 프로그램 수행

프로그램을 시작하면 다음 화면이 표시된다. 메뉴의 제목에는 현재 실험할 모터와 사용할 제어기가 표시된다.

```
《 위치제어 실험 : 모터 #1, 증분형 제어기 》
   1. 위치를 이동한다.
   2. 계단응답 실험을 한다.
   3. 사인파응답 실험을 한다.
   4. 실험 수행 시간을 변경한다.
   5. 실험 데이터를 PC로 전송한다.
   6. 이득을 설정한다.
   7. 이득 및 실험 수행 시간을 EEPROM에 저장한다.
   8. 이득을 표시한다.
   9. 모터를 켠다.
  10. 모터를 끈다.
  11. 모터 및 제어기 형태를 변경한다.

  선택 :
```

메뉴 1 : 모터의 위치를 이동한다.

메뉴 2 : 계단응답 실험을 수행한다. 메뉴 선택 후 계단 입력 크기를 deg 단위로 입력한다. 크기 설정 후 1초 후에 계단 입력이 가해진다.

메뉴 3 : 사인파응답 실험을 수행한다. 메뉴 선택 후 사인파 입력 크기와 주파수를 입력한다. 크기는 deg 단위, 주파수는 Hz 단위로 입력한다. 설정 후 사인파응답 실험이 시작된다.

메뉴 4 : 실험 수행 시간을 초 단위로 변경한다.

메뉴 5 : 실험 수행 후 데이터를 PC에 전송한다. 실험 완료 후 입력/출력 데이터는 내부 버퍼에 저장된다. 이 메뉴를 선택하면 내부 버퍼에 있는 값이 PC에 전송된다. 메뉴 선택 전에 하이퍼터미널의 [전송] → [텍스트 캡처]를 선택하고 파일명을 지정한다. 전송이 끝나게 되면 다시 하이퍼터미널의 [전송] → [텍스트 캡처] → [중단]을 선택한다. 데이터는 선택한 파일에 다음과 같은 형식으로 저장된다.

```
%
% 모터 #1 : 위치제어 루프 실험 데이터
%
% 제어기 형태 : 증분형
%
% 데이터 간격 0.0050000sec
% 비례 이득 :  0.083999 (%/deg)
% 적분 이득 :  1.819989 (%/(deg*sec))
% 미분 이득 :  0.000000 (%/(deg/sec))
%
% 1.count 2.위치 명령(deg) 3.위치(deg) 4.제어기 출력(듀티%)
%

 198     0.00     0.00     0.00
 199     0.00     0.00     0.00
 200    49.92     0.00    19.90
 201    49.92     2.81    18.80
 202    49.92    11.07    15.50
 203    49.92    24.79    10.00
 204    49.92    40.61     3.70
 205    49.92    56.60    -2.60
 206    49.92    71.19    -8.50
```

처음 열두 행은 실험 데이터의 시간 간격과 이득 및 기록한 데이터 종류를 보여준다. 예에서 각 행의 데이터는 5msec 간격으로 수집되었다. 데이터의 1열은 데이터 값을 저장한 순서를 나타낸다. 2열은 deg 단위의 위치 명령, 3열은 deg 단위의 위치, 4열은 제어기 출력 듀티비를 % 단위로 나타낸다.

메뉴 6 : 제어 이득 K_P, K_I, K_D 을 설정한다.

메뉴 7 : 제어 이득 및 실험 수행 시간을 EEPROM에 저장한다.

메뉴 8 : 설정된 제어 이득을 표시한다.

메뉴 9 : 모터를 켠다.

메뉴 10 : 모터를 켠다.

메뉴 11 : 실험할 모터와 제어기의 형태를 변경한다.

20.4.3 위치제어 실험

회전 부하를 모터에 장착하고 다음 실험을 수행한다.

(1) 미분/적분 이득을 0으로 하고 비례 이득을 변화시키면서 반응을 관찰한다.

(2) 비례 이득을 적절한 값으로 고정하고 미분 이득을 변화시키면서 반응을 관찰한다.

(3) 정착시간 100msec, 감쇠비 0.5 이상이 되도록 PD 제어기를 설계하고 계단응답을 수행하여 검증하라. 또한 예상되는 계단응답과 실험으로 얻어진 응답을 비교한다.

(4) 속도 되먹임제어기를 구성하여 앞의 PD 제어기와 반응을 비교한다.

(5) 적분 제어를 포함하여 적분 이득을 증가시키면서 시스템의 정상상태 오차와 반응을 관찰한다.

20.5 위치/속도 혼합제어기

모터가 원하는 속도 프로파일(profile)을 따라가면서 이동하다 목적된 위치에서 정지하여야 하는 경우를 고려해보자. 속도 프로파일을 추종하기 위해서는 속도제어를 사용하고 목적 위치에 도달하였을 때는 위치제어를 사용하도록 두 개의 제어시스템을 혼합하여 한다. 목적 지점에서 위치제어를 함으로써 정지토크를 발생시킬 수 있다.

그림 20.12는 위치/속도 혼합 제어시스템의 사다리꼴 속도 프로파일이 주어질 때 위치/속도 혼합 제어시스템의 모터의 속도를 나타낸다. 목적 위치에 가기 위하여 가속, 정속, 감속구간을 거치고 목적위치 근처에서 위치제어 모드로 변환하여 정확한 위치를 찾아간다.

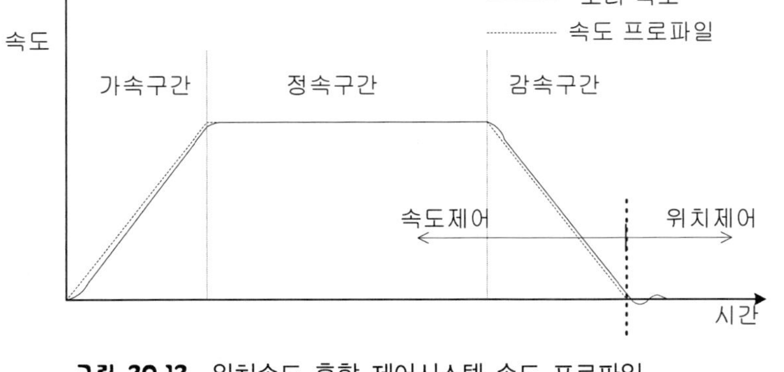

그림 20.12 위치속도 혼합 제어시스템 속도 프로파일

[프로그램 posconexp.c]

```
//=========================================================
// 위치 제어 루프 실험 main()함수
//=========================================================
//
#include <stdio.h>
#include <stdlib.h>

#include <avr/eeprom.h>
#include <avr/wdt.h>
#include <avr/interrupt.h>

#include "lcd.h"
#include "usart.h"
#include "scheduler.h"

#include "task.h"
#include "poscon.h"
#include "posfuncgen.h"
#include "poscondisp.h"

static char select_motor(void);
static char select_form(void);
static int  menu(void);

static char string[20];
#define ABS(x)   ((x)>0 ? (x) : -(x))

struct Parameter
{
   int  sec;                          // 실험수행시간
   float Kp;                          // 비례이득
   float Ki;                          // 적분이득
   float Kd;                          // 미분이득
};


static struct Parameter ee_par EEMEM;  // EEPROM에 변수
static char ee_motor_id, ee_controller_form;
static char motor_id, controller_form;

#define ABS_FORM 1
#define INC_FORM 2
```

```
int main()
{
  struct Parameter par;
  int  max_exptime;
  char temp_motor, temp_form;

  LcdInit();                                // LCD 초기화
  Usart0Init(38400);                        // 직렬통신 - 38400 보레이트
  SCHDInit();                               // 스케쥴러 초기화
  sei();

  //
  // EEPROM에 저장된 모터번호와 제어기 형태를 읽는다.
  //
  eeprom_read_block(&motor_id, &ee_motor_id, sizeof(motor_id));
  eeprom_read_block(&controller_form,
          &ee_controller_form, sizeof(controller_form));

  if(!(motor_id==1 || motor_id==2)||
     !(controller_form==ABS_FORM  || controller_form==INC_FORM))
  {
    // 저장된 제어기가 없음
    printf("\n\n\n");
    motor_id = select_motor();              // 사용할 모터 설정
    controller_form = select_form();  // 제어기 형태 설정
    printf("\n\n");

    eeprom_write_block(&motor_id, &ee_motor_id, sizeof
                                                (motor_id));
    eeprom_write_block(&controller_form,
          &ee_controller_form, sizeof(controller_form));
  }
  else
  {
     printf("\n\n실험할 모터 : #%d\n", motor_id);
     printf("제어기 형태 : %s\n\n\n",
                  controller_form==ABS_FORM ? "절대형" : "증분형");
  }

  FuncGenInit(FUNCGEN_INTV);                // 함수발생기 초기화
  PosConInit(motor_id, POSCON_INTV, &max_exptime);
  DispInit(DISP_INTV);                      // 화면표시작업 초기화
```

```
//=========================================================
// EEPROM에 저장된 변수를 읽는다.
//=========================================================

eeprom_read_block(&par, &ee_par, sizeof(par));
if(par.sec != 0xffff)            // 파라미터 설정값이 저장되어 있음
{
   PosConSetGain(par.Kp, par.Ki, par.Kd);
   PosConSetLogTime(par.sec);
}

//=========================================================
// 작업등록 및 시작
//=========================================================
//
SCHDAddTask(FUNCGEN_TID, FuncGen);          // 함수발생기 등록
if(controller_form == ABS_FORM)
  SCHDAddTask(VELCON_TID, PosCon_abs);      // 절대형 속도제어기
else
  SCHDAddTask(VELCON_TID, PosCon_inc);      // 증분형 속도제어기
SCHDAddTask(DISP_TID, Disp);                // 화면표시작업 등록

SCHDStartAllTask(0);                        // 작업 시작

while(1)
{
  int   cmd, n_size, i, exptime;
  float amp, pos_ref, pos, hz, duty;
  float Kp, Ki, Kd, intv;

  cmd = menu();

  switch(cmd)
  {
  case 1 :                                  // 위치 이동
    while(1)
    {
      // 현재 설정 위치를 읽는다.
      pos_ref = FuncGenGetRefPos();
      printf("현재 설정 위치 : %8.2f deg\n",
                                   (double)pos_ref);
      printf("이동 위치 입력(deg) (-36000 ~ 36000):" );
      if(scanf("%f", &pos_ref) != 0)
```

```
      {
        if(pos_ref >= -36000 && pos_ref <= 36000)
          break;
      }
    }
    FuncGenMovPos(pos_ref);
    break;
  case 2 :                              // 계단 응답 실험을 시작한다.
    while(1)
    {
      // 현재 설정 위치를 읽는다.
      pos_ref = FuncGenGetRefPos();
      printf("현재 설정 위치 : %8.2f deg\n",
                                        (double)pos_ref);
      printf("스텝 크기 입력(deg) (-36000~36000):" );

      if(scanf("%f", &amp) != 0)
      {
        if(amp >= -36000 && amp <= 36000)
          break;
      }
    }
    // 1초 후에 스텝입력을 가함
    FuncGenApplyStep(amp, 1000);

    printf("\n 실험수행 시간 : %d sec\n",
                                PosConGetLogTime());
    printf("\n 계단 응답 실험 중 .........");
    while(!PosConIsLogEnd());           // 데이터로깅 종료를 기다림
    printf("\n 실험 종료\n\n");
    break;
  case 3 :                              // 사인파 응답 실험을 시작한다.
    while(1)
    {
      // 현재 설정 위치를 읽는다.
      pos_ref = FuncGenGetRefPos();
      printf("현재 설정 위치 : %8.2f deg\n", (double) pos_ref);
      printf("사인파 진폭(deg) (0~360):" );

      if(scanf("%f", &amp) != 0)
      {
        if(amp >= -360 && amp <= 360)
        break;
```

```
      }
    }

    while(1)
    {
      printf("\n\n사인파 주파수 입력(hz)(0.01~20):" );
      if(scanf("%f", &hz) != 0)
      {
        if((hz >= 0.01) && (hz <= 20))
          break;
      }
    }
    FuncGenApplySin(amp, hz);

    printf("\n 실험수행 시간 : %d sec\n", PosConGetLogTime());
    printf("\n 사인파 응답 실험 중 .........");
    while(!PosConIsLogEnd());        // 데이터로깅 종료를 기다림
    printf("\n 실험 종료\n\n");
    break;
  case 4 :                           // 실험시간을 변경한다.
    printf("현재 실험 수행시간 : %d sec\n", PosConGetLogTime());
    printf("최대 수행 가능시간 : %d sec\n", max_exptime);
    while(1)
    {
      printf("\n\n실험 수행시간 입력(sec) (1 ~ %d):",
                                      max_exptime );
      if(scanf("%d", &exptime) != 0)
      {
        if((exptime >= 1) && (exptime <= max_exptime))
          break;
      }
    }
    PosConSetLogTime(exptime);
    break;

  case 5 :                           // 데이터를 PC로 전송한다.
    printf("하이퍼터미널의 [전송]->[텍스트캡처]를 선택하고\n");
    printf("파일명을 쓴다.\n\n");
    printf("준비가 되면 <enter> 키를 누른다.\n");
    gets(string);
```

```
  n_size = PosConBufferSize();      // 버퍼 크기를 얻는다.
  intv   = PosConLogIntv();         // 데이터 간격을 얻는다.
  PosConGetGain(&Kp, &Ki, &Kd);     // 설정 이득을 얻는다.

  printf("%%\n");
  printf("%% 모터 #%d : 위치 제어 루프 실험 데이터 \n", motor_id);
  printf("%% \n");
  printf("%% 제어기 형태 : %s\n",
         controller_form == ABS_FORM ? "절대형" : "증분형");
  printf("%%\n");
  printf("%% 데이터 간격 %fsec\n", (double) intv);
  printf("%% 비례 이득 :  %f (%%/deg)\n", (double)Kp);
  printf("%% 적분 이득 :  %f (%%/(deg*sec))\n", (double)Ki);
  printf("%% 미분 이득 :  %f (%%/(deg/sec))\n", (double)Kd);
  printf("%%\n");
  printf("%% 1. count, 2. 위치 명령(deg) 3. 위치(deg)
        4. 출력(듀티 %%)\n");
  printf("%% \n\n");

  for(i=0; i<n_size; i++)
  {
    PosConGetBufferData(&pos_ref, &pos, &duty, i);
    printf("%4d  %10.2f  %10.2f  %10.2f\n",
      i, (double)pos_ref, (double)pos, (double)duty);
  }
  printf("\n%% 데이터 전송이 종료되었음");
  printf("\n%% [전송]->[텍스트 캡처]->[중지]를 선택하고");
  printf("\n%% <enter> 키를 누른다.\n\n");
  gets(string);
  break;
case 6 :                              // 이득을 설정한다.
  PosConGetGain(&Kp, &Ki, &Kd);
  printf("비례 이득(%10.5f %%/deg)         : ", (double) Kp);
  scanf("%f", &Kp);
  printf("적분 이득(%10.5f %%/(deg*sec))  : ", (double) Ki);
  scanf("%f", &Ki);
  printf("미분 이득(%10.5f %%/(deg/sec))  : ", (double) Kd);
  scanf("%f", &Kd);

  PosConSetGain(Kp, Ki, Kd);
  break;
case 7 :                              // 설정된 이득 및 실험수행시간을
                                         EEPROM에 저장
```

```
      PosConGetGain(&par.Kp, &par.Ki, &par.Kd);
      par.sec = exptime;
      eeprom_write_block(&par, &ee_par, sizeof(par));
      break;
    case 8 :                               // 설정 이득을 표시한다.
      PosConGetGain(&Kp, &Ki, &Kd);
      printf("비례 이득 = %10.5f %%/deg\n", (double) Kp);
      printf("적분 이득 = %10.5f %%/(deg*sec)\n", (double) Ki);

      printf("미분 이득 = %10.5f %%/(deg/sec)\n", (double) Kd);
      break;
    case 9 :                               // 모터를 켠다.
      PosConMotorOn();
      break;
    case 10 :                              // 모터를 끈다.
      PosConMotorOff();
      break;
    case 11 :
      printf("\n\n");
      temp_motor = select_motor();
      temp_form  = select_form();

      if(!(temp_motor == motor_id &&
                          temp_form == controller_form))
      {
        motor_id = temp_motor;
        controller_form = temp_form;

        eeprom_write_block(&motor_id, &ee_motor_id,
                                         sizeof(motor_id));
        eeprom_write_block(&controller_form,
            &ee_controller_form, sizeof(controller_form));

        printf("\n\n실험할 모터 또는 제어기 형태가 변경되었음.\n");
       printf("시스템을 리셋하고 다시 시작함.....\n");

        wdt_enable(WDTO_1S);           // 시스템 리셋
        while(1);
      }
    }
  }
}
```

```
static char select_motor()
{
    long val;

    do
    {
        printf("실험에 사용할 모터는? (1, 2) ");
        gets(string);

        val = strtol(string, NULL, 10);
    }while(!(val == 1 || val == 2));

    return (char) val;
}

static char select_form()
{
    long val;

    do
    {
        printf("실험에 사용할 제어기 형태는?(절대형:1,증분형:2) ");
        gets(string);

        val = strtol(string, NULL, 10);
    }while(!(val == 1 || val == 2));

    return (char) val;
}

static int menu(void)
{
    long val;

    do
    {
        printf("\n\n << 위치 제어 실험:모터 #%d, %s >> \n\n",
              motor_id, controller_form == ABS_FORM ?
                                         "절대형":"증분형");
        printf("1.  위치를 이동한다.\n");
        printf("2.  계단 응답 실험을 한다.\n");
        printf("3.  사인파 응답 실험을 한다.\n");
        printf("4.  실험 수행 시간을 변경한다.\n");
```

```
        printf("5.  실험 데이터를 PC로 전송한다.\n");
        printf("6.  이득을 설정한다.\n");
        printf("7.  이득 및 실험 수행 시간을 EEPROM에 저장한다.\n");
        printf("8.  이득을 표시한다.\n");
        printf("9.  모터를 켠다.\n");
        printf("10. 모터를 끈다.\n");
        printf("11. 모터 및 제어기 형태를 변경한다.\n");
        printf("\n선택 : ");

        gets(string);                       // 키보드입력을 문자열로 받는다

        val = strtol(string, NULL, 10);
    }while(val < 1 || val > 11);

    return (int)val;
}
```

[헤더파일 task.h]

```
#ifndef __TASK_H__
#define __TASK_H__

//==========================================================
// Task ID
//==========================================================
#define FUNCGEN_TID                         0
#define POSCON_TID                          1
#define DISP_TID                            2

//==========================================================
// Task Interval(usec)
//==========================================================

#define FUNCGEN_INTV                    10000   // 함수 발생 작업 주기
(usec)
#define POSCON_INTV                     10000   // 위치 제어 작업 주기
(usec)

#endif      // __TASK_H__
```

[헤더파일 funcgen.h]

```
#ifndef __FUNCGEN_H__
#define __FUNCGEN_H__

//===========================================================
// 함수발생기를 초기화한다.
//
//    입력 : interval - 작업주기(usec)
//===========================================================
//
void  FuncGenInit(unsigned short interval /* usec */);
void  FuncGenMovPos(float pos);
float FuncGenGetRefPos(void);
void  FuncGenApplyStep(float amp, short msec_after);
void  FuncGenApplySin(float amp, float Hz);
void  FuncGen(unsigned char tid);

#endif     // __FUNCGEN_H__
```

[헤더파일 poscondisp.h]

```
#ifndef __DISP_H__
#define __DISP_H__

void DispInit(unsigned short intv);
void Disp(unsigned char tid);

#endif     // __DISP_H__
```

[프로그램 posfuncgen.c]

```
//===========================================================
// posfuncgen.c
//
// 위치 제어 루프 실험을 위한 함수발생기
//===========================================================

#include <math.h>
```

```
#include "scheduler.h"
#include "motorsystem.h"
#include "posfuncgen.h"
#include "poscon.h"

#define N_FUNCDATA                    (1024+512)

static volatile unsigned short intv_usec;  // 작업주기 - usec
static volatile unsigned short intv_tick;  // 작업주기 - 틱수
static volatile unsigned short step_start=0;
static volatile unsigned short task_count;
static volatile unsigned short n_data;
static volatile float amplitude;
static volatile float output;

static volatile char mode;              // 0 - 출력변화없음,
                                        // 1 - 스텝입력모드,
                                        // 2 - 사인파입력모드
static volatile float SinTable[N_FUNCDATA];        //사인 테이블

#define NONE_MODE                       0
#define STEP_MODE                       1
#define SINE_MODE                       2

#define DEG2PULSE(deg) ((long)((deg)*(float) \
                     ENCODER_PPR \ / 360.)) // RPM을 PPS로 변환
#define PULSE2DEG(pulse) ((pps) * 360. / (float) \
                     ENCODER_PPR))// PPS를 RPM으로 변환

//=========================================================
// 함수발생기를 초기화한다.
//
//    입력 : interval - 작업주기(usec)
//=========================================================
//
void FuncGenInit(unsigned short interval /* usec */)
{
   int i;

   intv_usec = interval;
   intv_tick = SCHDGetTicks(interval);
```

```
    amplitude = 0;
    output = 0;                              // 모터 정지
    mode = NONE_MODE;

    // 사인테이블값을 0으로 초기화
    for(i=0; i<N_FUNCDATA; i++)
        SinTable[i] = 0;
}

//===========================================================
// 위치를 이동한다.
// 입력 : pulse - 위치(deg)
//===========================================================
//
void FuncGenMovPos(float deg)
{
    output = deg;
}

//===========================================================
// 현재 함수 발생기의 출력값을 리턴한다.
//
// 리턴값 - 출력값(deg)
//===========================================================
//
float FuncGenGetRefPos(void)
{
    float mag;

    cli();
    mag = output;
    sei();

    return mag;
}

//===========================================================
// 주어진 시간 msec후에 스텝입력을 가한다.
//    입력 : amp  - 스텝크기(deg)
//              msec - 스텝이 가해질 시간(msec단위)
//===========================================================
//
```

```
void FuncGenApplyStep(float amp, short msec)
{
    cli();

    step_start = (unsigned short) (((long) msec * 1000L)
                    /intv_usec);          // 스텝을 시작할 작업카운트
    amplitude  = amp;                     // 스텝 크기(pps)

    task_count = 0;

    mode = STEP_MODE;
    PosConLogStart();  // 속도제어 실험의 데이터로깅을 시작한다.

    sei();
}

//==========================================================
// 사인파를 초기화한 후 사인파입력을 모터에 가한다.
//
//    입력 : amp  - 사인파 진폭(RPM)
//           Hz   - 사인파 주파수(hz)
//==========================================================
//
void FuncGenApplySin(float amp, float Hz)
{
    int i, sec;
    float dt, omega;

    // 위치 제어모듈에서 실험 수행 시간을 읽는다.
    sec = PosConGetLogTime();

    //======================================================
    // 사인 테이블을 만든다.
    //======================================================
    dt = (float) intv_usec / 1000000.0;
    omega = (2.*3.1415926) * (float) Hz;


    omega = omega * dt;

    n_data = (unsigned short) ((float) sec / dt + 1.);
    if(n_data > N_FUNCDATA) n_data = N_FUNCDATA;
```

```
    for(i=0; i<n_data; i++)
        SinTable[i] = amp * sin(omega * (float)i);

    cli();
    task_count = 0;
    mode = SINE_MODE;
    PosConLogStart(); // 위치제어 실험의 데이터 로깅을 시작한다.
    sei();
}

//=====================================================
// 함수발생 작업
//=====================================================
//
void FuncGen(unsigned char tid)
{
    SCHDRestartTask(tid, intv_tick);

    switch(mode)
    {
    case STEP_MODE:
        if(task_count == step_start)
        {
            output += amplitude;
            PosConSetPosDeg(output);
        }

        if(PosConIsLogEnd())
        mode = NONE_MODE;               // 데이터 로깅이 종료되면 모드변경

        break;

    case SINE_MODE:
        if((task_count < n_data) && !PosConIsLogEnd())
        {
            PosConSetPosDeg(output + SinTable[task_count]);
        }
        else
        {
            output += SinTable[task_count-1];
            mode = NONE_MODE;
        }
        break;
```

```
    default :
        PosConSetPosDeg(output);
        break;
    }
    task_count++;
}
```

[프로그램 poscondisp.c]

```
#include <stdio.h>

#include <avr/io.h>
#include <util/delay.h>

#include "poscondisp.h"
#include "poscon.h"

#include "scheduler.h"
#include "lcd.h"

static volatile unsigned short disp_intv;
static char string[20];
static float pos_ref;
static float pos;

void DispInit(unsigned short intv /* usec */)
{
    disp_intv = SCHDGetTicks(intv);

    LcdCommand(ALLCLR);
    LcdMove(0,0);                    LcdPuts("pos ref:");
    LcdMove(1,0);                    LcdPuts("pos    :");
}

void Disp(unsigned char tid)
{
    static int n_enter = 0;

    SCHDRestartTask(tid, disp_intv);
```

```
        if(n_enter % 4)
        {
              n_enter++;
              return;
        }

        n_enter++;

        PosConGetDegData(&pos_ref, &pos);

        sprintf(string, "%8.2f", (double) pos_ref);
        LcdMove(0, 9); LcdPuts(string);
        sprintf(string, "%8.2f", (double) pos);
        LcdMove(1, 9); LcdPuts(string);
}
```

본 과제(결과물)는 교육과학기술부의 재원으로 한국연구재단의 지원을 받아 수행된 광역경제권 선도산업 인재양성사업의 연구결과입니다.

Following are results of a study on the "Human Resource Development Center for Economic Region Leading Industry" Project, supported by the Ministry of Education, Science & Tehnology(MEST) and the National Research Foundation of Korea(NRF).

정가 27,000원

ATmega128을 이용한 실시간 모터 제어(개정판)

2011년 8월 12일 초　판 인쇄
2015년 2월 17일 개정판 발행
저　자 : 이인석
발행자 : 우명찬·송　준
발행처 : 홍릉과학출판사
주　소 : 서울시 강북구 인수동 455-60
142-885
등　록 : 1976년 10월 21일 제5-66호
전　화 : (02) 999-2274~5, 903-7037, 996-8341
팩　스 : (02) 905-6729
e-mail: hongpub@hongpub.co.kr
http://www.hongpub.co.kr
ISBN: 979-11-5600-341-0

저자와의
협의하에
인지생략